陕西省重点研发计划项目资助

时差定位系统仿真与评估

Simulation and Evaluation of Time Difference of Arrival Positioning System

李文臣　赵会宁　李　宏
贺思三　张政超　马亚红　著

西安电子科技大学出版社

内容简介

本书较系统地论述了时差定位系统仿真与评估的相关理论与实现方法，初步建立了完善的时差定位系统建模、仿真与试验评估体系。

全书共10章，内容包括：时差定位技术概述；时差定位系统构成与定位原理；时差测量方法及误差模型；时差定位系统定位性能；复杂电磁环境对时差定位系统的影响；环境信号仿真模型；时差定位系统数字仿真；时差定位系统内场半实物仿真试验设计；时差定位系统综合试验方法；时差定位系统定位精度试验评估方法。

本书内容全面，深入浅出，图文并茂，可作为信息对抗技术、雷达信号处理及相关专业的教材，也可供高等院校有关专业的研究生和教师以及部队和有关行业的技术人员参考。

图书在版编目(CIP)数据

时差定位系统仿真与评估／李文臣等著．—西安：西安电子科技大学出版社，2022．9

ISBN 978-7-5606-6508-5

Ⅰ．①时…　Ⅱ．①李…　Ⅲ．①时差—定位系统　Ⅳ．①P228

中国版本图书馆CIP数据核字(2022)第104847号

策　　划　李惠萍
责任编辑　宁晓蓉
出版发行　西安电子科技大学出版社(西安市太白南路2号)
电　　话　(029)88202421　88201467　　　邮　　编　710071
网　　址　www.xduph.com　　　电子邮箱　xdupfxb001@163.com
经　　销　新华书店
印刷单位　咸阳华盛印务有限责任公司
版　　次　2022年9月第1版　2022年9月第1次印刷
开　　本　787毫米×1092毫米　1/16　印张　18
字　　数　426千字
印　　数　1～2000册
定　　价　45.00元

ISBN 978-7-5606-6508-5／P

XDUP 6810001-1

前　言

无源时差定位是现代电子侦察的重要手段。该技术具有作用距离远、隐蔽性强、定位精度高等优点，近年来受到了广泛关注。时差定位系统仿真与评估是时差定位系统论证、研制、装备定型、装备部署的重要手段，相关技术直接关系到时差定位系统的作战能力、发展速度和发展水平，因此，深入研究时差定位系统的建模、仿真和试验评估理论与技术，具有重要意义。

在总结分析目前时差定位系统的基础上，本书试图阐述时差定位系统建模、仿真、内场/外场试验、性能评估的关键技术。书中给出了时差定位系统仿真模型，开发了时差定位系统，并对外场实装试验、内场仿真试验和替代等效推算试验等试验评估方法进行了创新性研究，初步建立了完善的时差定位系统建模、仿真与试验评估体系。本书阐述的有关技术为时差定位系统的性能分析、试验方案设计、定位精度评估和战略战术应用提供了有力的支撑。

本书研究内容体现在以下七个方面：

(1) 系统研究了时差定位系统的构成、定位原理和定位性能。给出了平面三站时差定位、四站时差定位、五站时差定位、多站最小二乘时差定位等定位模型和误差模型，以及时差定位性能度量模型和定位精度 Cramer-Rao 门限；仿真分析了时差定位系统的定位性能和定位精度的影响因素，研究了多站时差定位误差和定位模糊问题；证明了四站时差定位解析法能够达到定位精度的 Cramer-Rao 门限；说明了最小二乘时差定位优于五站时差定位解析法，能够达到定位精度的 Cramer-Rao 门限。

(2) 研究了时差测量方法及测量误差模型，包括侦察信号模型、脉冲描述字时差测量模型、相关法时差测量误差模型、综合时间测量误差模型、时差信号分选等；提出了基于 SNR 的综合时间测量误差模型，并仿真分析了时差测量方法和相关误差模型。

(3) 系统研究了时差定位系统面临的复杂电磁环境，建立了电磁环境复杂度等级并给出了评估方法，同时给出了雷达、模拟通信、数字通信、数据链和有源干扰等环境信号模型。仿真分析了信号 SNR、有源干扰、诱饵信号对时差配对和时差测量的影响，以及复杂电磁环境对信号分选识别、连续跟踪的影响。

(4) 研究了时差定位系统数字仿真，给出了侦察信号综合仿真模型，实现了多路数字信号变采样合成；另外给出了电波传播衰减模型、大气衰减模型、路径衰减统计模型、天线方向图和资源调度模型等数字仿真关键模型；开发了时差定位功能级仿真和数字视频仿真软件，给出了仿真流程和软件界面设计等，界面可视化强，能够对外场试验和内场半实物仿真试验提供支撑。

(5) 研究了时差定位系统内场半实物仿真试验设计，分析了时差定位内场半实物仿真系统框架及其指标要求、时差信号产生方法、内场半实物仿真时延控制模型、内场半实物仿真流程控制等内场半实物仿真关键技术；给出了两种内场半实物仿真建设方法——硬件延迟线法和虚拟延迟线法，突破了内场延迟线长度的限制，并给出了一种基于多通道矢量信号源的时差定位内场半实物仿真试验平台的构建方法。

（6）给出了时差定位系统综合试验方法，主要包括时差定位系统试验总体设计、时差定位系统指标和试验设计、复杂电磁环境构建方法、复杂电磁环境适应性试验；分析了数学仿真试验、半实物仿真试验、外场实装试验等三种试验方法的相互关系。

（7）论述了时差定位系统定位精度试验评估方法，主要包括试验数据预处理、三站时差定位替代等效推算试验评估、多站时差定位替代等效推算试验评估、时差定位辐射源替代等效推算模型和推算实例等；建立了三站和多站时差定位的综合时间测量误差（ITME）参数模型，给出了参数解算方法以及替代等效推算模型和推算实例。该方法能够根据单条试验航线的时差定位数据推算出 ITME 参数，进而获取任意基站构型、任意辐射源参数、任意辐射源位置的定位误差。

全书共 10 章，其中：第 1 章概述了时差定位技术的发展研究现状、趋势及其试验评估技术研究现状；第 2 章介绍了时差定位系统构成与定位原理；第 3 章系统地论述了时差测量方法及误差模型；第 4 章研究了时差定位系统定位性能；第 5 章阐述了复杂电磁环境对时差定位系统的影响；第 6 章系统给出了时差定位系统环境信号仿真模型；第 7 章研究了时差定位系统数字仿真模型、功能/信号级仿真软件设计与开发；第 8 章研究了时差定位系统内场半实物仿真试验设计的关键技术；第 9 章研究了时差定位系统综合试验方法；第 10 章研究了时差定位系统定位精度试验评估方法，并给出了仿真评估实例。

本书是集体智慧的结晶。李文臣拟定了全书的内容，李文臣、赵会宁撰写了第 1 章；李文臣、张政超和马亚红撰写了第 2、3、4 章；李宏、李文臣和贺思三撰写了第 5 章；李文臣和贺思三撰写了第 6 章；李文臣、赵会宁撰写了第 7 章；李文臣、李宏撰写了第 8、9 章；李文臣撰写了第 10 章。初稿完成后，李宏和赵会宁对全书进行了整理和定稿。

本书的相关课题研究得到了陕西省重点研发计划项目（项目编号：2020GY－082）的资金支持，在编著过程中得到了西京学院领导的大力支持，西京学院郭建新教授、王祖良教授、尼涛副教授，以及海军工程大学刘涛教授、空军预警学院刘俊凯副教授、63892 部队陈冬冬副研究员、西安工业大学李飞博士等对本书的研究内容提出了宝贵意见。

西京学院研究生于洪涛、王少飞、方子维、李臣辉和本科生李靓琳、冯红航等为本书撰写提供了协助和支持。书中有些内容参考了有关单位或个人发表的论文和出版的书籍，在此一并深表感谢。最后感谢西安电子科技大学出版社相关人员为本书出版付出的辛勤劳动。

时差定位系统仿真与评估是研究时差定位原理和评估定位性能的重要手段，作为一门新的研究方向，系统理论还在发展，尽管目前还存在很多需要改进和深入研究的问题，但它为无源定位技术提供了一种新的学术层面的启发。希望本书的问世能为时差定位系统研究开拓一个新的途径，为时差定位系统仿真和评估理论的拓宽与发展贡献微薄的力量。由于作者水平有限，虽多方讨论和几经改稿，书中错误、缺点和短见之处在所难免，恳请读者和各方面专家不吝赐教。

著　者

2022 年 5 月

目　录

第 1 章　时差定位技术概述

时差定位作为一种无源定位方法，具有定位精度高、覆盖范围广、布站机动性强、反隐身性强、对接收系统要求较低等优点，近年来引起了人们越来越多的关注。时差定位系统广泛应用于地对空、空对地、空对海等电磁环境监视。研究复杂电磁环境下时差定位系统仿真与评估技术对于评估时差定位系统性能，提升国家预警侦察能力具有重要的现实意义。

本章系统概述了时差定位技术的发展现状及趋势、时差测量体制研究现状、时差定位性能分析研究现状，以及时差定位试验评估技术研究现状。

1.1 引　言

面对电子对抗、隐身技术迅速发展的严峻形势，传统的有源定位系统将不可避免地面临着反辐射导弹、目标隐身技术、低空突防、超低空突防和先进的综合性电子干扰的挑战，有源定位系统自身的生存也成了紧迫问题。随着电子技术的发展，在越来越强调探测系统反隐性能和隐蔽性的趋势下，采用被动方式工作的无源定位系统作为发展的重要方向越来越受到人们的重视。

无源定位是指测量站不向目标发射电磁波，仅通过接收辐射源所辐射、反射和散射的电磁波来确定目标的位置，无源定位技术可用于对干扰源、手机、电台等辐射源进行定位。与有源定位系统相比，无源定位可增强系统在电子战环境下的反侦察、抗干扰、抗隐身、抗反辐射武器等能力，具有侦察距离远、抗干扰能力强、定位精度高和反应速度快等特点，还具有一定的对隐身目标和低空、超低空突防目标进行探测的能力，因此被广泛应用到航海、航空、航天和电子战领域。另外，无源定位技术在民用系统中也具有重要作用。

无源定位分为单站、双站、三站、多站定位等，定位方法包括测向交叉定位、时差定位、相差定位、多普勒差定位、联合定位等，其中时差(TDOA)定位是无源定位的重要组成部分。根据工作平台不同，时差定位系统可分为陆基时差定位、机载时差定位、星载时差定位、室内时差定位等。陆基时差定位主要对机载辐射源进行定位；机载时差定位和星载时差定位主要对地面辐射源或海面辐射源进行定位；室内时差定位主要应用于定位室内目标的位置，用于工业控制领域。

时差定位具有定位精度高、覆盖范围广等优点，非常适用于对海监视，如对舰队、潜艇进行连续监视，以便及时了解掌握来自海上的威胁。研究复杂电磁环境下时差定位系统建模仿真与试验评估对于评估时差定位系统的作战效能，提升国家预警侦察能力具有重要的现实意义。

建模仿真是时差定位系统论证和方案设计的理论基础，试验评估是时差定位系统定型试验的关键环节，本书抓住这两点，对三站/四站(多站)时差定位系统的建模、仿真和试验评估进行了比较全面、系统的研究，包括时差定位系统构成、定位原理、定位性能、时差测量误差、复杂电磁环境的影响、环境信号仿真模型、侦察信号多路数字合成、电波传播衰减模型、大气衰减模型、路径衰减统计模型、天线方向图和资源调度模型、时差定位系统功能级/信号级仿真、内场半实物仿真、综合试验方法、定位精度替代等效推算试验评估等关键技术。最后结合外场试验情况，给出了试验数据处理和定位精度的替代等效推算结果。

本书为时差定位系统战技指标论证、研制方案设计、试验环境构建、试验方案设计、试验数据处理和定位性能评估等提供了方法和设计依据，具有重要的理论价值和工程应用价值，相关技术已在试验中得到应用。书中相关内容可以为时差定位系统设计单位、外场试验单位、高等院校科研机构等的科研技术人员提供参考，为时差定位系统设计和试验方案设计提供有效支撑。

1.2　时差定位技术的发展现状及趋势

1.2.1　无源定位技术体制

无源定位技术体制包括到达角(AOA)定位、到达时间(TOA)定位、多普勒频差(FDOA)定位、时差(TDOA)定位、混合定位等。定位技术体制选择的主要依据是使用要求和战术技术指标，需要综合考虑系统在实现上的可行性、运行的可靠性、技术的先进性，当主要定位对象是空中机动目标时，最重要的是定位精度和处理实时性。多站情况下 TDOA 定位技术对接收机系统要求较低，同时可以获取较高的定位精度，因此应用广泛。

1. AOA 定位

AOA(Angle of Arrival)定位即交叉定位或到达方向定位，测向交叉定位是一种成熟的技术体制，至今仍在不断完善和发展。交叉定位是通过各测向机测得辐射源的角度进行定位的，一个 AOA 测量值可以确定目标辐射源的一个角度方向，如果有两次不同地点的有效测量，则辐射源的位置就可以利用两个角度方向相交确定出来。用两个测向站进行交会时，两条测向线的交会点是最可能的所求位置。测向误差将导致定位误差，定位误差不仅与测向误差大小有关，还与目标到测向机的距离及相对位置有关。通常，可以利用多个地点的 AOA 测量值来提高测量的精度。

测向交叉定位基本原理如图 1-1 所示。定位的目的是获得真实位置的尽可能准确的估

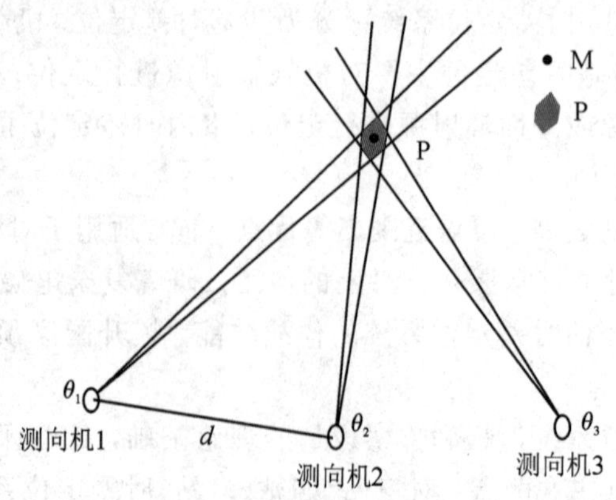

图 1-1　测向交叉定位示意图

计位置，即最可能的位置 P，实际上真实的位置 M 仅以一定的概率位于多边形内，多边形随测向机数的增多而增大。目前宽频带测向机所能达到的测向均方根误差一般在 0.5°～2°量级。以方位测量精度为 0.5°(均方根值，即 Root Mean Square，简写为 RMS)为例，当目标距离测向站 150 km 时，定位误差为 3.4 km，约为目标距离的 2.3%，这个精度基本接近战术使用中 2%的要求。同时如果只针对主瓣侦收，则定位实时性差，所以必须立足于旁瓣侦察。因此实际使用的交叉定位系统通常为三个测向站，并建立数传通信，同时在战术配置中，其方位向交会角不能太小，否则定位误差会变大。

AOA 方法虽然原理简单，但它存在一定的缺陷，为了得到精确的 AOA 估计，关键的一点就是信号从发射点到天线需为视线(Line of Sight，LOS)传播，因此对于非视线(Non Line of Sight，NLOS)信道存在一定困难。另外，AOA 的测量设备都是多天线系统，各通道之间的一致性要求很高，设备不但昂贵而且笨重。再者 AOA 估计算法的复杂度较高，用于测量、储存、处理等会占用过多的软硬件资源。

2. TOA 定位

TOA(Time of Arrival)定位方法是通过测量辐射源和接收机之间的绝对到达时间进行定位的。将信号的传播延迟与电磁波传播速度相乘就得到电磁波的传播距离，测量该辐射源和多个接收机之间的传播距离我们就可以定义一组定位圆方程(以二维坐标为例)，则信源就位于以接收机为圆心，传播距离为半径的圆上。如果至少有三个接收机能测到同一个信号的 TOA，则移动台位置就可以通过三个圆的交点得到。TOA 定位技术的实现要求辐射源与接收站之间严格的时间同步，这样才能求得辐射源信号的绝对到达时间。实际中，对非合作辐射源定位，则这一条件就更不可能达到。

3. FDOA 定位

FDOA(Frequency Difference of Arrival)定位方法是通过测量各接收机之间所接收信号的多普勒频率差实现定位的，该方法常应用于卫星对地观测定位。因为除了地球同步卫星以外，其它的卫星相对地球上的物体是有相对运动的，这样辐射源信号到达各颗卫星时就会产生多普勒频移，又由于卫星位置不一样所以这些多普勒频移是不一样的，则形成了 FDOA。每一个 FDOA 在三维空间将对应一个曲面，各个 FDOA 曲面的交点就是目标辐射源的定位位置。

4. TDOA 定位

TDOA(Time Difference of Arrival)定位方法是通过测量目标辐射源到不同测量站之间的到达时间差进行定位的。通过将副站接收到的信号同主站接收到的信号作互相关运算，可得到相关峰值，峰值对应的延迟时间就是 TDOA 估计值。在二维坐标中，一个 TDOA 值可以定义一条以两个基站为焦点的双曲线，目标辐射源就位于双曲线上。如果有三个基站参与测量，就可以得到两个 TDOA 值，得到两条双曲线，其交点就是目标辐射源的位置。因此，这种方法又称为双曲线定位技术。

三站/多站时差定位是时差定位的常用模式。由于基站空间自身位置是可以确定的，而辐射源一般在地球表面，因此三个定位基站可以对辐射源进行定位，但当考虑空间辐射源，例如机载辐射源时，三站时差定位存在一定的系统误差。另外为了测量信号的到达时差，基站之间必须能够做到精确同步。

5. 混合定位技术

混合定位技术是利用上述两种或者多种不同类型的信号特征测量值来实现定位的，如通过 TOA/AOA、TDOA/AOA、TDOA/TOA、TDOA/FDOA 等组合进行定位估计。与纯 TDOA 或 FDOA 定位相比，TDOA/FDOA 体制所需观测站更少，双站即可实现地面目标定位，三站可实现空间目标定位。多站 TDOA/FDOA 定位技术正越来越多地受到雷达侦察领域的关注，成为新的研究热点。美国洛克希德·马丁(Lockheed Martin)公司从 20 世纪 90 年代起就开展了相关的实用技术研究，并于 1996 年申请了专利。2001 年起，纽约州立大学 Mark L. Fowler 课题组发表了雷达脉冲串 TDOA/FDOA 定位技术的系列研究报告。国内也有多家单位开展了雷达信号时差频差定位体制研究，并取得了初步进展。

1.2.2 时差定位技术发展现状

随着信号截获测量技术、数据处理技术和信息传输技术的发展，无源定位技术在电子战系统中占据着越来越重要的地位。无源时差定位具有精度高、定位快和"四抗"(抗反辐射导弹、反隐身技术、电子抗干扰、反低空突防技术)能力强等优点，时差定位的基准站模式有地基模式、空基模式和空地一体模式。空间分布基准站时差定位具有定位精度高、覆盖范围广、监视时间长等优点，非常适用于对海监视，如对航母舰队、潜艇的连续监视，以便及时了解掌握来自海上的威胁。对辐射源的无源定位在导航、遥感、航空、监控等方面有着广泛的应用。

对无源时差定位技术的研究在 20 世纪 60 年代就已经开始了，并在各个方面取得了令人瞩目的成就，从"罗兰(LORAN)"系统至今已发展到第四代，目前"罗兰 C"的应用最为广泛，俄罗斯的"瓦莱丽亚(Valeria)"系统、乌克兰的"卡拉秋塔(Kolchuga)"系统、捷克的"塔玛拉(Tamara)"系统、以色列的 EL/L－8388 系统都是时差定位系统。目前国外已有空对地辐射源、地对空辐射源以及舰对舰的多目标无源定位系统。由于测时精度的关系，现有的无源时差定位要达到 1% 的相对定位精度，一般都采用基线距离长达数十千米的长基线系统。

1. 美国

美国从 1976 年发射了空间三星时差电子侦察无源定位系统"白云"后，在 20 世纪 90 年代已发展了第二代。卫星时差定位系统中，进行无模糊定位至少需要三颗卫星，三颗卫星接收到的两路时差形成两组双曲面，如果辐射源在地球表面，那么两条双曲面和地球表面的交点就确定了辐射源的位置。有报道说，新一代"白云"目前在轨运行的至少有 4 组共 16 颗卫星，每组 1 颗主星配 3 颗副星，仍采用了高精度时差定位体制(其中主星还可能具备光学侦察功能，以进一步提高定位精度)，"白云"系统在战区导弹防御(TMD)体系和国家导弹防御(NMD)体系中得到了应用。

美国"白云"海洋监视卫星如图 1－2 所示。"白云"海洋监视卫星系统自服役后就成为了美国海军海洋监视的主力军，在多场局部战争和地区冲突中为美军提供了大量珍贵情报，例如在叙利亚战争期间，用于监视俄罗斯海军舰艇的密集调动。

图1-2　美国“白云”海洋监视卫星

美国洛克希德·马丁公司的F22猛禽战斗机上安装了AN/ALR-94无源探测系统，该系统单站工作模式下可以在10～30 s内对敌方雷达实施精确定位；组网多机协同工作模式下，可以利用宽基线相位干涉仪实现准确测向与协同定位，定位精度可达50 m，并能够确认辐射源的战斗序列。F22战斗机如图1-3所示。

图1-3　美国F22战斗机

2. 俄罗斯

俄罗斯85V6 Vega/Orion电子侦察系统是相对传统的直接发现(DF)系统，利用两个或更多的基站，通过多方位测量技术定位目标发射源。Vega/Orion系统频率为0.2～18 GHz，瞬态带宽500 MHz，侦测距离400 km，方位扫描范围360°，站间距离最长30 km。俄罗斯85V6 Vega/Orion电子侦察系统如图1-4所示。

俄罗斯的MC5-90无源定位系统采用三站时差定位并广泛应用于防空体系，通过三个站同时获得的目标数据，利用时差定位原理实现对目标的定位与跟踪，该系统已在俄罗斯防空体系中广泛采用并称能探测到B-2隐形轰炸机。

俄罗斯最新研制的Lantan/Almaz-Antey Valeria E(瓦莱丽亚)辐射源定位系统采用圆柱形宽带相控阵天线，可以对机载辐射源进行探测、跟踪和识别。系统频率范围0.15～

(a) 基站展开状态图

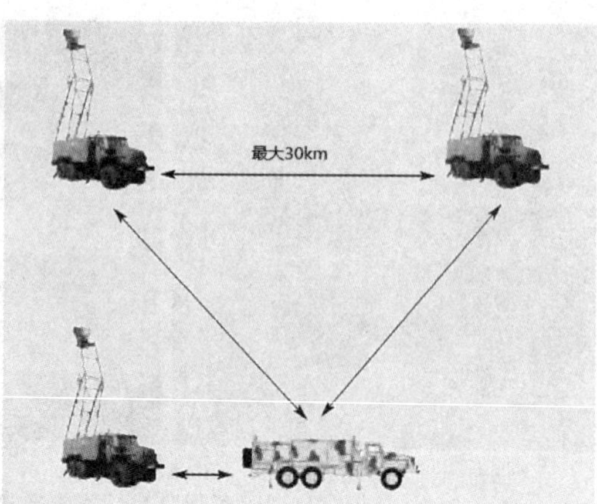

(b) 多站组网部署模式

图 1-4　俄罗斯 85V6 Vega/Orion 电子侦察系统

18 GHz，可扩展至 40 GHz，瞬时带宽 100～500 MHz，站间距离 10～30 km，侦测距离 500 km，定位精度 500～700 m。

3. 捷克

捷克的 KRTP-86/91 Tamara(塔玛拉)辐射源定位系统是三站时差定位系统，可对空中、地面和海面辐射源目标进行定位、识别与跟踪。Tamara 系统为二维系统，由 3 个天线系统、3 个接收站、计算系统、信息控制和显示系统组成。要保证辐射源位置定位精度小于距离的 1%，主站和副站之间的基线长应为 15～50 km，目标探测距离大于 400 km，可以自动跟踪 72 个空中目标。通过无线电中继站进行副站到主站的信息传输。

Tamara 系统据称频率范围为 830 MHz～18 GHz，辐射源目标包括 JTIDS/Link-16 终端的发射信号。设计目标包括在 200 海里(370 km)跟踪 F-15、在 215 海里(398 km)跟踪 F-16。1991 年，KRTP-86 被改进的 KRTP-91 取代。捷克 KRTP-91 Tamara 辐射源定位系统如图 1-5 所示。

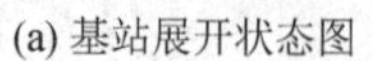

(a) 基站展开状态图

(b) 内部系统控制台

图 1-5　捷克 KRTP-91 Tamara 辐射源定位系统

捷克 ERA Vera(维拉)辐射源定位系统是 Tamara 系统的改进型，是目前世界上最成熟、最实用的无源时差系统，该系统属于电子情报支援系统，用来检测和识别机载、地面和海面电磁脉冲辐射源，确定其坐标并对目标进行跟踪。它的三站系统或四站系统可以在较宽的频带范围内处理各种辐射源的信号，作用距离达 500 km，可以同时跟踪 200 个目标。据悉，该系统曾在科索沃战争中击落美国 F-117 隐身飞机时起到了积极作用。捷克 ERA Vera 辐射源定位系统如图 1－6 所示。

(a) 基站展开状态图

(b) 内部系统控制台

图 1－6　捷克 ERA Vera 辐射源定位系统

Vera 系统部署包括二维方案和三维方案，首先每一种方案都有两种设计方式 Vera-A 和 Vera-E。Vera-E 是一种可独立运行的电子情报系统，可以在工作频带内侦察各种辐射源，适当部署三站或四站，可采用 TDOA 定位技术实现目标定位和跟踪。

二维方案的 Vera 系统由 1 个主站、2 个副站和信息处理站组成，站间通信无线电中继线路为接收站集成部件。Vera 系统的作用距离可达 450 km，相对于中心站的方位视场为 120°。当主站在两副站之间，且距离两副站相等时，将基站放在一条直线上是 Vera 二维系统的理想结构。为了保证对脉冲辐射源信号定位所需的精度，站间基线长为 50～70 km。

三维方案的系统与二维系统不同之处在于增加了一个接收站，主站位于等边三角形中心，三个副站位于三角形顶点，与中心站相隔 25～30 km。该系统构型能保证对 360°范围内的脉冲射源进行检测和定位，作用距离可达 300 km。

4. 乌克兰

乌克兰宝石设计局 Topaz 的 Kolchuga(铠甲或卡拉秋塔)系统是一种远程测向电子支持措施接收器系统，有单站和三站结构形式。单站系统主要用来探测敌方无线电信号，对信号进行分析和识别，在防空体系中担任预警任务，联网模式可以使用三角测量和 TDOA 技术提供发射器定位系统的功能；三站系统能够对 450～600 km 低空目标进行定位和跟踪。乌克兰 Kolchuga 辐射源定位系统如图 1－7 所示。

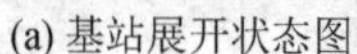

(a) 基站展开状态图

(b) 内部系统控制台

图 1-7　乌克兰 Kolchuga 辐射源定位系统

5. 以色列

以色列航空航天工业公司(IAI)的子公司 ELTA Systems 开发的 EL/L-8385 辐射源定位系统是一个集成的电子支援措施(ESM)和电子情报(ELINT)系统，其最新型号为ELTA-EL/L-8388-3D。该系统适合安装于各种平台，例如飞机、无人机、船舶、地面车辆和固定位置。该系统主要用于对空早期预警，采用短基线时差定位体制，能够搜索、拦截、测量、定位、分析和监测地面、机载和海军雷达，同时能根据调频或数字音频广播(DAB)塔的目标反射来监测和跟踪空中威胁。以色列 ELL-8385 辐射源定位系统如图 1-8 所示。

图 1-8　以色列 ELL-8385 辐射源定位系统

6. 中国

我国也将无源时差定位作为电子战领域的一项关键技术，目前许多科研院所和高校进行了课题和装备研究，采用的方法包括交叉定位、时差定位、多普勒频差定位、相位变化率定位、联合定位等，但主要采用的还是测向定位和时差定位技术。中国电子科技集团、国防科技大学、西安电子科技大学、电子科技大学等单位在这方面进行了大量有益的工作，并取得了一定的研究成果。

现有的文献资料和网络资源表明：中国电子科技集团的 YLC-20 辐射源定位系统在概念上基于 KRTP-91 Tamara，但结合了精确的 DF 和 TDOA 功能来定位机载和地面辐射源，频率范围为 380 MHz～12 GHz。YLC-20 辐射源定位系统如图 1-9 所示。

图 1-9　YLC-20 辐射源定位系统

最近披露的 DWL002 辐射源定位系统主要用于防空或海面目标监测，可以在复杂的电磁环境中对机载、舰载或陆基发射器进行监测和定位。该系统采用了宽带数字化接收机、长基线 TDOA 与 AOA 等技术，利用同基站的两部天线实现俯仰角测量，典型配置包括三个基站，可扩展至四站配置。DLW002 辐射源定位系统如图 1-10 所示。

图 1-10　DLW002 辐射源定位系统

时差定位技术在民用领域也发挥着重要作用。移动公司在 GSM 和第三代移动通信系统中采用了时差定位技术，在 GSM 系统中采用了增强观测时差(E-OTD)定位技术，在

WCDMA 系统中采用了 OTDOA-IPDL 定位技术，室内环境中也可以采用时差定位技术。无线电管理委员会的无线电监测也可以采用时差定位技术，用于查找无线电干扰源和不明信号源，调查无线电频谱的占用情况等。

1.2.3 时差定位技术的优势

TDOA 定位技术与前面介绍的其它定位技术相比，具有以下优势。

首先，与 AOA 定位技术相比，TDOA 测量只需单天线接收系统，TDOA 估计算法比 AOA 估计算法简单，不需要 AOA 测量中复杂的阵列天线系统，相对来说硬件更容易设计实现，设备成本相对更低、体积更小、易于组网。TDOA 定位技术抗 NLOS 信道环境能力更强。TDOA 估计由于其本身的相关积累，可以处理低信噪比的扩频信号，信号带宽越宽 TDOA 估计精度将越高，而这些刚好都是 AOA 的弱项；在卫星对地观测定位上，TDOA 定位对卫星天线姿态没有要求，而 AOA 则要求较高。

其次，与 TOA 定位技术相比，TDOA 不需要知道信号从目标辐射源到各测量站的绝对时间，因此不需要辐射源与测量站之间的时间同步，即不需辐射源与测量站都具有绝对时钟，而只需各测量站之间能够实现同步数据采集就行。现在全球定位系统(GPS)、伽利略、北斗等系统都可以提供很高精度的站间时间同步。

最后，与 FDOA 定位技术相比，TDOA 定位技术不仅可以应用于目标辐射源与测量站之间具有相对运动时的情况，而且还可以应用于没有相对运动时的情况。FDOA 技术对接收设备频率稳定度的要求较高，而 TDOA 的要求要小得多，同样对于低信噪比信号、宽带信号，FDOA 的测量精度将显著下降。

1.3 时差测量体制研究现状

1.3.1 常规脉冲描述字方法

常规脉冲描述字方法是测量信号具有某一特征的时间点，信号特征包括波形过零点或最大值，或者包络的最小值或最大值，也可以是任何调制包络发生突变的前沿或后沿。基站在时域获取辐射源脉冲描述字，不进行相关处理，基站间只传输脉冲描述字。各基站传输脉冲描述字测量值到主站，主站根据各基站的脉冲描述字来确定各基站的信号是否属于同一脉冲信号，并利用脉冲到达时间信息进行时差定位。

该方法主要适用于定位基站在某辐射源同一个波束覆盖范围内，要求基站间空间距离很近，可以同时满足对辐射源主瓣的侦察；或定位基站距离辐射源比较近，满足辐射源副瓣侦察信噪比要求，该方法时差测量误差大。

为了适应复杂电磁环境，各定位基站可以同时采用相干测向体制，同时利用脉内信息测量技术，提升侦察信号分选和识别能力。

1.3.2 基站内信号相关处理方法

为了满足远距离侦察定位要求，新一代时差定位系统(包括星载)利用主副瓣信号的相关处理模式，即利用雷达主瓣侦察信号对雷达副瓣侦察信号进行相关处理提高信噪比

(SNR)，以测量雷达脉冲到达时刻。假设主瓣侦察信号 SNR 很强时，相关效果和雷达匹配滤波相同，否则就要考虑匹配样本信号噪声对相关处理的影响。

基站内信号相关处理方法利用基站分时获取的雷达主瓣和副瓣信号相关处理得到脉冲前沿时间。该方法能够获取高 SNR 信号，提升脉冲到达时间检测能力和检测精度，适用于远距离侦察。由于雷达天线波束比较窄(几度)，所以各基站不可能同时获取雷达主瓣信号。为了提高基站对雷达副瓣的侦察能力，各基站以雷达主瓣信号为样本，对后续侦察信号(包括主瓣和副瓣)进行相关处理，获取脉冲到达时间和脉冲周期，其它脉内特征(频率、编码或跳频率)采用侦察到的雷达主瓣样本信号分析获得。

该体制仅仅适用于波形不变或变化非常慢的雷达信号。由于每个基站都要用到雷达主瓣强信号，要求雷达发射信号脉内特征保持一段时间，至少持续至间歇周期出现，以便提升信号相关概率，因此初次定位时间和雷达扫描率有关。

该方法主要针对常规雷达，常规雷达信号脉冲描述字不变或变化速度慢，例如常规雷达采用定频工作、跳频工作、变脉内特征等模式，由于这些模式种类固定，因此间歇一段时间会出现相同信号(频率或脉内信息)，另外雷达通常采用多脉冲相关工作模式，在某时间段内会出现连续相关多脉冲串序列，在该时间段内脉冲是相关的。

假设雷达脉内信号有 $N=KL$ 种(信号长度为 K 种、编码方式为 L 种，常规一般为 30 种)，频率为 M 种(一般为 20 种)，因此总体信号样本为 600 种。对于干扰系统来说，要想干扰这些雷达信号，需要干扰能量分配。对于相关时差定位来说，假设 600 种信号是随机变化的，雷达重复频率为 200 Hz 时，同脉冲信号 3 s 就可以重复出现一次，因此要侦察到一个强脉冲信号，利用该强脉冲进行匹配，3 s 就可以测量一次。随着侦察时间的增加，环境雷达信号样本逐渐增加，对雷达脉冲的时间测量就逐渐增加，相应定位概率也逐渐增加。

对侦察到的强样本信号进行脉内特征分析，获取脉冲描述字，包括脉宽、中心频率、带宽、调制样式(编码、LFM、NLFM)、辐射源方向等，脉冲描述字作为不同基站间脉冲配对的基础，脉冲配对后，利用脉冲到达时间的测量数据就可以得到脉冲到达两基站的时差。对于随机编码信号(例如 AN/SPY-1 雷达采用 M 序列编码信号模式)或其它长重复周期信号(数秒重复一次的信号)，由于辐射源脉冲样本数量很多，侦察基站很难获取全部强样本信号，短时间内不同基站间获取同样本信号的概率很小，因此基站间脉冲描述字协同数据率很小，甚至不能定位，这时需要采用基站间相关处理方法，即多基站信号协同工作模式。

1.3.3　基站间信号相关处理方法

基站间相关处理方法采用多基站信号协同工作模式，基站间传输样本信号和脉冲描述字，各基站可以利用其它基站的强样本信号进行相关处理，提高信号的 SNR，提升脉冲到达时间的检测能力和检测精度，只要一个基站接收到雷达主瓣强信号，就可以实现时差定位。该方法随着宽带信道传输技术的发展逐渐发展起来，能够适应任意编码信号，应用前景广泛，是时差定位新体制。

基站间信号相关处理方法主要针对频率捷变和波形捷变(变脉宽、脉冲编码、频率编码)雷达，该类雷达脉间波形变化或变化周期非常短(仅相参处理时间内波形保持不变)，对于相位编码和频率编码雷达，各基站侦察到的雷达主瓣信号不可能相同。为了满足主瓣和副瓣侦察，基站间需要传输信号，例如主站侦察到雷达主瓣信号后，将采样获取的脉冲信号段样本传输到各副站，副站根据样本信号对副站侦察到的雷达信号进行相关处理，获取同脉冲到达的时刻，由于各副站利用同样的样本信号进行相关处理，因此得到的脉冲到达时刻是相同脉冲到达不同基站的到达时刻；当然副站侦察到的雷达主瓣信号也可以传输到其它副站或主站，实现时差测量的灵活模式。

基站信号处理的工作过程如下：N 个基站同时间接收同步侦察命令，同时间对同频带进行采集，采集同样长度信号。假设 N 个基站中第 k 基站侦察到某辐射源的主瓣信号，该信号很强，可以作为强样本信号，其它基站属于副瓣侦察，侦察信号 SNR 比较小。第 k 个基站的强样本信号传输到其它基站(或经过主站传输到其它基站)，其它基站利用该强样本信号进行相关处理，得到两样本信号的时间差，即两基站接收信号时差。所有时差量传输到主站，主站按照时差定位算法解算辐射源位置。

基站间信号相关处理工作模式也可以是所有基站同时将采集信号传输到主站，主站负责分析提取强样本信号，利用强样本信号进行相关处理。这样任何一个基站侦察到强信号后，时差定位系统均可以成功对辐射源定位。

1.4 时差定位性能分析研究现状

1.4.1 时差定位性能影响因素

无源定位作为有源定位方法的有益补充，较有源定位方法具有作用距离远、隐蔽接收、不易被对方发觉的优点。传统的无源定位方法大多采用多个接收机测向，交叉定位，但其测向精度低，难以满足实际要求。随着多平台通信技术的发展和时差测量技术的进步，时差定位已经成为现代无源定位技术中最具有发展前景的定位方法。采用时差定位体制的无源探测定位系统在目标探测和定位精度上，较测向定位系统有了较大的提高。

时差定位系统由多个基站组成，包括一个主站和若干副站，主站是时差定位系统的信息处理中心，主站信息处理中心获取三个或者三个以上基站采集信号的到达时间和各基站的位置，然后按照定位算法获取空间辐射源位置。时差定位的方法比较多，有最大似然估计、最小二乘估计、最小加权均方估计以及一些直接求解方法。

辐射源到达两基站的时间差构成一个双曲面(线)，时差相同的点在平面上为双曲线，在三维空间为双曲面，多站时差定位通过求解曲线或曲面的交点获取辐射源位置信息。在无约束情况下，要实现任意空间辐射源的三维无源定位至少需要四站(基站)，四站分别接收辐射源信号，得到三路独立的时差数据，从而得到由三个时差方程组成的定位方程组。如果将基站和辐射源约束到一个平面上，就可以实现三站时差定位，即利用平面双曲线交点实现二维定位；另外如果将辐射源约束到地球表面上，同样可以实现三站时差定位，即三站分别接收辐射源信号，辅助目标位于地球表面的约束，求解联立非线性方程组即可完成对辐射源目标的三维定位。影响时差定位性能的因素包括基站空间位置、站址测量误差、定位模型误差、时间测量误差、时间同步误差等，其中时间测量误差是影响时差定位系统定位性能的关键因素之一。

时差测量误差模型是时差定位系统性能计算的基础，Seymour Stein 博士在 IEEE ASSP 上发表的 *Algorithms for ambiguity function processing* 论文中给出了时间/频率测量误差和信噪比模型。实际时间测量误差方差和辐射源系统参数及信号参数、侦察设备系统参数、两者距离等因素有关。系统参数确定后，测量距离远近决定了时间测量能力和测量误差。无限远处的侦察设备不能侦察到相关信号，时差测量无从谈起，随着测量距离的减小，侦察设备逐渐能侦察到信号且时差测量误差逐渐减小。

机载时差定位系统受飞行器飞行高度的限制，一般飞行高度在20 km以下，对远距离海面或战区的电子装备进行侦察，可以认为定位基站和侦察对象在同一平面内，因此采用三站时差完全可以实现定位功能，但当辐射源相距比较近时，目标高度对定位性能产生影响，要对目标准确定位至少需要四站，另外考虑到系统冗余，时差定位系统可以采用五站或更多基站协同定位。

时差定位按照基线的长短可以分为长基线时差定位和短基线时差定位。在地基情况下，采用长基线时差定位具有精度高、对设备要求低的优点。

1.4.2　时差定位性能研究现状

大量文献讨论了不同基站数目(三，四，五)、不同布站模式的时差定位精度，讨论了不同的雷达位置、接收机位置、时间测量误差和接收机位置测量误差对定位精度的影响，但针对时差定位性能进行系统研究的文献比较少，仍需要在定位方法、定位性能、脉冲配对、扩谱信号相关处理、抗干扰处理等方面开展系统研究。

在观测站定址精度、参数测量精度一定的情况下，多站编队时差定位精度与站间构型密切相关，研究最优的站间构型以提高侦察系统的定位精度、增大有效侦察区域尤为重要。

无源定位系统令人关注的一项趋势是从根本上改变定位系统中侦察设备分选处理信号的机制。在复杂多变的辐射源信号环境下，把来自同一辐射源的信号从若干信号里提取出来，叫作信号分选。保证主站和副站接收到的是同一信号的同一个发射脉冲的过程，叫作脉冲配对。在脉冲配对前，选择稳定的信号参数适当对信号流进行稀释处理，即初分选，可大大降低脉冲配对的运算量，初分选的目的不是将辐射源脉冲列从交迭脉冲列中分离出来，而是对参与脉冲配对的数据进行稀释及归类。针对信号分选和脉冲配对，如何构建复杂电磁环境对时差定位系统进行考核是研究的重点。

1.5　时差定位试验评估技术研究现状

1.5.1　时差定位系统试验评估需求

在多站时差定位系统试验中，如何科学地进行试验尤其是对固定辐射源目标、空中运动辐射源目标定位试验方法进行设计，建立多站时差定位精度分布模型，分析影响定位精度的主要因素，这是迫切需要解决的问题。此项研究可为装备外场试验、实装训练提供一定的理论依据，对今后各类无源定位装备的研制、鉴定以及技术改进也都有一定的理论和工程实践应用价值。

综合考虑需要研究三、四、五站协同辐射源时差定位，以便制定试验方案，建立定位精度的替代等效推算模型，评估实际工作情况下的定位性能。需要系统研究时差定位算法模型、时差测量误差模型、理论定位误差模型、功能仿真流程控制模型，并建立功能仿真系统，研究不同外场布站方案和不同体制雷达参数对试验结果的影响，并对定位精度进行仿真评估，验证定位精度的外场试验替代等效推算模型的正确性。

时差定位系统试验评估基本模式有三种，即外场实装试验法、内场仿真试验法和替代等效推算试验法。

1.5.2 时差定位外场实装试验评估技术

外场实装试验法的首要条件就是在接近实际使用环境条件下，用真实的电子装备，严格按照规定的战术技术指标要求，根据工作实际需要选择试验区域，配置时差定位系统和各类配试电子装备，构造出典型的真实电磁信号环境，并在这种环境下考核时差定位系统，以达到接近实战的试验效果。外场实装试验法的优点是数据真实可靠；缺点是缺少辐射源定位对象，真实电磁环境构建困难，试验耗费巨大，数据量获取有限。

中国吉林一号光学 A 星拍摄的美国内利斯空军基地外场照片如图 1 - 11 所示。在试验外场可以在近似实战条件下对电子装备进行试验、鉴定、电子对抗战术训练等。

图 1 - 11　美国内利斯空军基地外场照片

复杂电磁环境下的时差定位装备试验是一个庞大的系统工作，如何合理准确地试验验证和评估时差定位装备定位性能有一定的困难，外场试验需要多部雷达和雷达诱饵，以检验时差定位系统对多辐射源目标的分辨能力，另外需要多架飞机协同飞行。外场试验条件构建或相关试验条件建设是时差定位系统性能评估的关键环节。

开展基于实际工作场景的完全意义上的时差定位系统试验评估比较困难，主要体现在三个方面：一是由于涉及电子装备的地面试验和高空(空间)试验，因此试验耗费资源比较多，投入比较大；二是定位辐射源对象参数难以准确掌握，另外定位对象根据战术需要是变化的；三是随着电子对抗技术的发展，电子对抗新技术不断涌现，即使能购买到定位对象，也不可能是最新或实战中使用的。因此在未知对象电子装备的情况下，如何评估时差定位系统性能是试验评估的关键技术。

时差定位系统的定位性能对战场电磁环境高度敏感，受电磁环境的影响极大，在不同级别电磁环境下，完成特定任务能力的评估需要大量的试验数据作为评估依据。

1.5.3　时差定位内场仿真试验评估技术

内场仿真试验目前主要有内场辐射式/注入式半实物仿真试验(或称为内场半实物仿真试验)、计算机数学仿真试验。

内场半实物仿真试验是用硬件和软件来仿真电子装备的电磁性能，由计算机控制试验系统产生典型试验环境中的真实射频信号，把时差定位系统放置在内场中，并利用计算机模拟该系统的装载平台，通过注入式或辐射式传播电磁信号，从而检验时差定位系统的性能。

美国爱德华兹空军基地贝尼菲尔德内场微波暗室(BAF)试验场景如图 1-12 所示，BAF 可以提供雷达目标回波和电子对抗仿真，可以开展关键电子战试验项目。

(a) 微波暗室吸波材料

(b) F/A-18战斗机内场测试

图 1-12　内场微波暗室试验场景

计算机数学仿真试验是在建立时差定位系统和环境辐射源装备数学模型的基础上，通过计算机仿真试验来评估时差定位系统的性能。内场仿真试验的优点是可以建立真实的辐射源定位对象，试验成本低，可重复性好，可以获取大量数据；其缺点是对数学模型要求高，模型需要经过校验。

外场试验可信度高，但受到两大因素的限制：一是缺少真实定位对象；二是费效比高，保密性差。与此相反，内场仿真试验评估方法能够克服上述困难，能够灵活方便地反映装备在不同战情条件下的定位性能，具有试验环境可控(复杂电磁环境构建容易)、数据录取容易、测量数据精度高、试验重复性好、费效比低、保密性好等优点，而且可以对外场试验难以做到的技术细节进行检验，为时差定位系统评估提供了一条有效途径。

半实物仿真具备了数学仿真的优点，同时又具备外场实装对抗试验可信度高的特点，是时差定位系统试验的重要组成部分。内场半实物仿真试验的特点是：电子装备实战环境是在运动中实现目标探测、信息处理，内场半实物仿真试验模式可以构建全过程仿真系统；内场半实物仿真试验可以在真实的射频环境下进行；内场半实物仿真试验通常在微波暗室进行；内场半实物仿真试验系统可以提供高密度射频信号流、噪声和背景环境。通过战情软件设置模拟干扰对抗环境，可以实现复杂电磁环境下时差定位系统全过程闭环仿真试验。

关于时差定位内场仿真试验研究的论文很少，大部分文献只是研究一些仿真模型，未发现系统研究时差定位半实物仿真的文献。

1.5.4 时差定位替代等效推算试验评估技术

替代等效推算试验法是外场实装试验法和内场仿真试验法的有机融合，综合了两者的优点，该方法已成为主要的试验评估模式之一。其总体思路是：采用真实辐射源的替代装备进行外场动态试验，这些装备在性能、体制和技术方面与时差定位系统的定位对象相近或相似，获得对替代装备的试验数据，然后比较替代装备和真实定位对象的差异，进行详细的系统参数分析和系统建模仿真，建立定位性能的等效推算关系，由间接的替代试验结果外推到期望的真实试验结果，最终得出对真实定位对象的试验结果。

替代等效推算试验评估是电子装备试验评估的重要手段，主要应用在雷达、雷达电子战试验评估中，技术比较成熟。替代等效推算试验评估理论在时差定位系统试验中的应用才刚刚起步，关于多站时差定位系统的试验评估体系的资料比较少。时差定位系统性能试验评估的目的是：根据外场时差定位数据，推算时差定位系统性能。由于外场试验时间和经费的限制，外场试验不可能遍历所有定位场景和所有辐射源对象。为了评估时差定位系统的定位性能，外场试验通常采用时差定位系统地面布站方式，机载辐射源按照预定航线飞行，通过试验数据处理得到任意基站构型、任意辐射源、任意辐射源位置的几何精度因子 GDOP(Geometric Dilution of Precision)。常规时差定位模型通常将时差测量误差假定为常数，陈永光教授在《电子学报》发表的《三站时差定位的精度分析与推算模型》一文给出了三站时差定位直线布站情况下的定位精度推算模型，但没有考虑时差测量误差随侦察信号信噪比的变化。

1.6 本书的结构安排

本书研究了时差定位仿真模型，开发了时差定位系统，并对外场实装试验、内场仿真试验和替代等效推算试验等试验评估方法进行了创新性研究，初步建立了完善的时差定位系统建模、仿真与试验评估体系。全书共 10 章，各章内容安排如下：

第 1 章主要介绍了时差定位技术的发展现状及趋势、时差测量体制研究现状、时差定位性能分析研究现状、时差定位试验评估技术研究现状。

第 2 章介绍了时差定位系统构成与定位原理，给出了平面三站时差定位、四站时差定位、五站时差定位、多站最小二乘时差定位等定位模型。

第 3 章研究了时差测量方法及测量误差模型，包括侦察信号模型、脉冲描述字时差测量模型、相关法时差测量误差模型、综合时间测量误差模型、时差信号分选等，分析了时差测量方法和相关误差模型。

第 4 章分析了时差定位系统定位性能，给出了时差定位性能度量模型、时差定位误差模型、时差定位精度的影响因素、定位性能仿真等。给出了平面三站时差定位、四站时差定位、五站时差定位、最小二乘时差定位的定位误差模型和定位精度的 Cramer-Rao 门限。证明了四站时差定位解析法能够达到定位精度的 Cramer-Rao 门限；最小二乘时差定位优于五站时差定位解析法，能够达到定位精度的 Cramer-Rao 门限。

第 5 章系统研究了时差定位系统面临的复杂电磁环境，建立了电磁环境复杂度等级并给出了评估方法，仿真分析了信号 SNR、有源干扰、诱饵信号对时差配对和时差测量的影响，以及复杂电磁环境对信号分选识别、连续跟踪的影响。

第 6 章对时差定位系统所面临的电磁环境信号进行建模仿真，包括雷达信号、模拟通信信号、数字通信信号、数据链信号和有源干扰信号，给出了信号模型和信号仿真波形。

第 7 章研究了时差定位系统数字仿真，给出了侦察信号综合仿真模型，实现了多路数字信号变采样合成，另外给出了电波传播衰减模型、大气衰减模型、路径衰减统计模型、天线方向图和资源调度模型等数字仿真关键模型；介绍了时差定位系统数字仿真软件，给出了时差定位系统功能级/信号级仿真流程和软件界面设计等。

第 8 章研究了时差定位系统内场半实物仿真试验设计，分析了时差定位内场半实物仿真系统框架及其指标要求、时差信号产生方法、内场半实物仿真时延控制模型、内场半实物仿真流程控制等内场半实物仿真关键技术。

第 9 章给出了时差定位系统综合试验方法，主要包括时差定位系统试验总体设计、时差定位系统指标和试验设计、复杂电磁环境构建方法、复杂电磁环境适应性试验。

第 10 章论述了时差定位系统定位精度试验评估方法，主要包括试验数据预处理、三站时差定位替代等效推算试验评估、多站时差定位替代等效推算试验评估、时差定位辐射源替代等效推算模型和推算实例等。该方法能够根据单条试验航线的时差定位数据推算 ITME 参数，进而获取任意基站构型、任意辐射源参数、任意辐射源位置的定位误差。

第2章　时差定位系统构成与定位原理

时差定位系统通过多个基站接收到同一辐射源发射信号的到达时间差来确定定位方程，通过解方程组得到目标辐射源位置，时差定位就是求解双曲面(线)交点的过程。辐射源到达两基站的时间差构成一个双曲面(线)，时差相同的点在平面上为双曲线，在三维空间为双曲面，曲线或曲面的交点就是辐射源位置。常用时差定位系统包括三站时差定位系统、四站时差定位系统、五站时差定位系统，时差定位系统主站一般具备比相测向功能，通过测向进一步提高信号分选和配对能力。

本章介绍了时差定位系统构成与基本原理。首先给出了时差定位系统组成和时间同步方法；然后详细介绍了时差定位的原理，针对三站、四站及五站的情况，分别介绍了时差定位的直接及间接求解方法；针对五站(或大于五站)时差定位时，测量基站存在冗余，给出了最小二乘法时差定位求解方法。

2.1　时差定位系统概述

2.1.1　时差定位系统的组成

时差定位系统不知道目标信号发出的时间，不可能测出信号由目标到达基站的绝对时间，因此，只能针对同一个信号比较它到达不同基站的时间差，通过时间差来解算辐射源的位置。对于时差定位需要实现频域、空域、时域三同步，才能使各基站同时侦收到观察区域内的同一辐射源，即各基站分布在一个广阔区域内，各基站侦收波束必须同时照射目标，各基站频率应该同步到辐射源频率范围内，各基站的信号分析或采样时间也应该同步到同一个时间窗口。时差定位系统包括多个基站，即一个主站和多个副站。典型的时差定位基站构成框图如图 2-1 所示。

时差定位系统主站一般由射频前端、测向接收机、信号侦察接收机、时差测量接收机、综合信息处理单元(时差定位和数据处理)、数据传输模块、测量控制模块、数据显示与控制终端、定位和时间同步模块、天线单元等组成。时差定位系统副站和主站相比可以缺少测向接收机、信号侦察接收机、综合信息处理单元等。根据工程需要，副站与主站可以结构相同，以便实现主站定位功能。

各单元或模块功能如下：

(1) 测向接收机采用比幅法或比相法实现辐射源方向测量。

(2) 时差测量接收机完成脉冲配对和时差测量，时差测量可以采用常规脉冲描述字方法、基站内信号相关处理方法、基站间信号相关处理方法。

(3) 综合信息处理单元完成辐射源时差定位、跟踪滤波和数据处理。

(4) 测量控制模块完成天线指向、频率调制和采样时间控制，实现时差定位系统的频

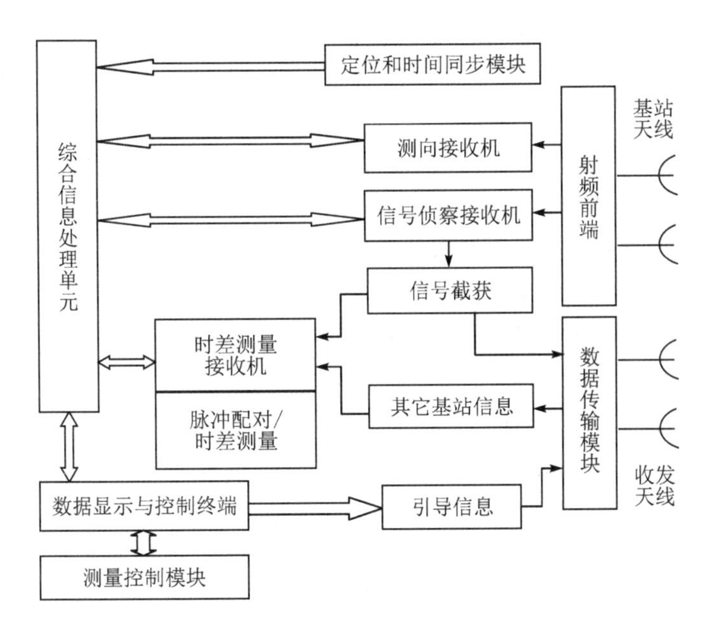

图 2-1　时差定位基站构成框图

域、空域、时域同步。

(5) 数据显示与控制终端完成环境辐射源参数显示、辐射源位置数据显示、航迹显示、定位基站状态控制、数据文件管理等。

(6) 数据传输模块完成基站间信息传输，包括侦察脉冲描述字或中频信号数据、引导信息等。

(7) 信号侦察接收机可以采用瞬时测频接收机和超外差接收机，瞬时测频接收机完成环境信号监测和分选识别，超外差接收机完成辐射源信号下变频和中频信号采集。

(8) 定位和时间同步模块完成基站位置定位和基站时钟同步。例如基站间可以采用北斗或 GPS 差分定位，并采用授时模块完成时间同步。

GPS 授时模块在任意时刻能同时接收其视野范围内 4～8 颗卫星的信号，其内部硬件电路和软件通过对接收到的信息进行编码和处理，能从中提取并输出两种时间信号：一个是间隔为 1 s 的同步脉冲信号 1 pps，其脉冲前沿与协调世界时(Universal Time Coordinated，UTC)的同步误差不超过 1 ns，二是包括在串口输出信息中的 UTC 绝对时间，它是与 1 pps 脉冲相对应的。一旦天线位置固定下来，它只需要接收一颗卫星的信号便可维持其精密的时间输出，高精度授时模块误差范围±3 ns。北斗和 GPS 的授时精度属于同级别。

基站包括主站和副站。主站首先要完成空间辐射源测向和信号侦察分选，确定需要定位的辐射源的频率和方向信息，引导各基站调谐至相同的频率，并根据实际基站位置对各基站的天线指向进行修正。主站自身接收辐射源信号，同时也接收从副站转发的信号，通过相关处理实现信号到达时差测量。副站完成信号的侦察，将侦察到的信号传输到主站，一般副站本身都不对信号进行到达时间的测量。

多基站接收到的脉冲串在幅度起伏上是不一致的，这会增加时差测量的误差，常规脉冲描述字方法要求信号段最少采集到十几个脉冲，通过多次测量平均改善时差测量精度。对于基站内/基站间信号相关处理方法，可以通过相关处理提高信噪比，因此信号段采集长度可以缩短，考虑基站位置延迟因素，一般 2～3 个脉冲就可以得到高精度时差测量结果。

2.1.2 时间同步方法

对于时差定位系统来说，为了实现定位首先需要精确测量基站位置，基站位置坐标可以通过差分 GPS 或大地测量方法精确标定。由于站间距离远，只有各站在同一时间基准下才能实现时间差的测量，时间同步方式对于时差测量至关重要。

时差定位系统时间同步方法包括基于信号同步的时差测量、基于时间同步的时差测量。两种同步方式都依赖数据链路，可采用数传设备或微波转发设备，其中数传通信一般仅用于控制信号的传送和话务通信。

1. 基于信号同步的时差测量

定位基站接收到辐射源信号后，立即将信号变频至中频通过数据链路转发到定位主站；主站设置多个通道同时接收多个副站的转发信号，形成多路信号，由主站统一进行采集测量。主副站传输采用固定传输信道，例如微波或光纤。这种方式下不需要各站精确的时钟同步，副站不对信号进行处理，只完成接收和转发。

在基站位置准确测量基础上，基站间距是确定的，因此基站间信息传输时延是已知量，包括传输距离(路径时延)、通信设备固有时延。两基站接收辐射源信号的时延就是主站接收到副站信道传输同一信号的时延减去基站间信息传输时延。这种方法将不同地点时差测量转化为单站时间测量，巧妙地回避了时间同步的问题。

当基线长度超过 15 km 时，转发设备必须克服视距的限制；数据链路还应选择适当的频率，尽可能减少背景干扰信号数量和传播路径造成的信号失真。例如捷克的“塔玛拉”系统就采用了这种技术，转发天线架设高度约为 25 m。

2. 基于时间同步的时差测量

主站和副站等各基站均设有时间同步模块，拥有统一的时间基准。各基站分别测量辐射源信号的到达时间，信号到达时间信息经数据链发送到主站，主站根据各地的时钟基准进行计算，得到时间差。各基站的时间同步精度决定了整个系统的测时精度。

在每次信号采集测量之前，主站首先给副站发送时间同步信号，在这个同步信号触发下，各基站完成一个信号段的采集记录并发送结果，再等下一个同步信号的触发。为降低数据率和数传带宽，应避免传输全脉冲数据，只传送测量结果。这种方式下，副站要具备基本的中频数字信号处理能力，其构造与主站一致。

定位准确度与系统配置有关，要获得好的定位准确度，目标距离与基线长度的比值不能太大，即基线长度不能太短；另一方面基线越长，站间协同难度越大，定位条件越难满足。

2.2 时差定位原理

2.2.1 平面三站时差定位

按照时差定位原理，如果将基站和辐射源约束到一个平面上，就可以实现三站时差定位，即利用平面双曲线交点实现二维定位；另外如果将辐射源约束到地球表面上，同样可以实现三站时差定位，即三站分别接收辐射源信号，辅以目标位于地球表面的约束，求解联立非线性方程组即可完成对辐射源目标的三维定位。

机载时差定位系统受飞行器飞行高度的限制，一般高度在 20 km 以下，对远距离海面或战区的电子装备进行侦察，可以认为定位基站和侦察对象在同一平面内，因此可以采用三站时差定位；另外地面时差定位系统对空中或地面辐射源定位时，辐射源距离基站较远时可近似认为辐射源位于水平面，也可以用三站时差定位。但是当辐射源距离比较近时，定位基站和辐射源的高度差将对时差定位性能产生较大影响，这时要对目标准确定位至少需要四站。

假设三个基站的位置分别为 $R_0(x_0,y_0)$、$R_1(x_1,y_1)$ 和 $R_2(x_2,y_2)$，其中 $R_0(x_0,y_0)$ 位于坐标原点，即 $(x_0,y_0)=(0,0)$，目标位置为 $R(x,y)$，基站和目标位置示意图如图 2-2 所示。

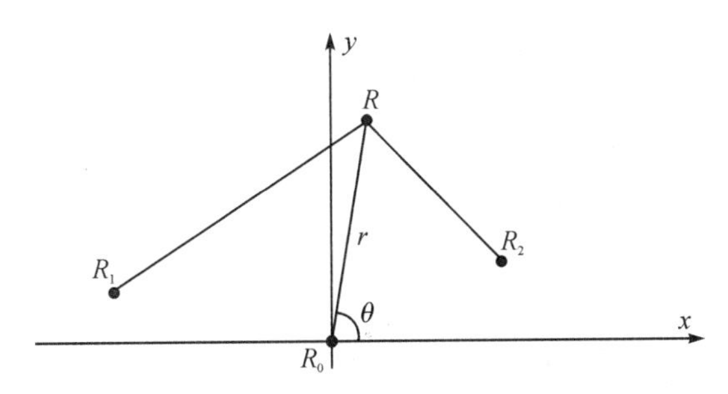

图 2-2　基站和目标位置示意图

目标信号到各站的时间分别为 t_0、t_1 和 t_2，利用时差测量得到信号到达第 i 副站与主站的距离差为 $d_i=t_i-t_0(i=1,2)$，于是得到时差测量表达式为

$$d_i=c(t_i-t_0)=\sqrt{(x-x_i)^2+(y-y_i)^2}-\sqrt{(x-x_0)^2+(y-y_0)^2} \tag{2-1}$$

利用 $(x_0,y_0)=(0,0)$，时差定位表达式为

$$\begin{cases} d_1=c(t_1-t_0)=\sqrt{(x-x_1)^2+(y-y_1)^2}-\sqrt{x^2+y^2} \\ d_2=c(t_2-t_0)=\sqrt{(x-x_2)^2+(y-y_2)^2}-\sqrt{x^2+y^2} \end{cases} \tag{2-2}$$

可见三站定位原理就是利用三站确定两组双曲线的交点。简化得到

$$x_ix+y_iy+d_i\sqrt{x^2+y^2}=\frac{1}{2}(x_i^2+y_i^2-d_i^2) \tag{2-3}$$

式中 c 为光速。

写成极坐标表达式，得到

$$r=\frac{x_i^2+y_i^2-d_i^2}{2(x_i\cos\theta+y_i\sin\theta+d_i)} \tag{2-4}$$

式中：$x=r\cos\theta$；$y=r\sin\theta$。

解得含 θ 的函数表达式

$$A\cos\theta+B\sin\theta=C \tag{2-5}$$

$$
\begin{cases}
A=(x_1^2+y_1^2-d_1^2)x_2-(x_2^2+y_2^2-d_2^2)x_1 \\
B=(x_1^2+y_1^2-d_1^2)y_2-(x_2^2+y_2^2-d_2^2)y_1 \\
C=-(x_1^2+y_1^2-d_1^2)d_2+(x_2^2+y_2^2-d_2^2)d_1
\end{cases}
\tag{2-6}
$$

从而可得

$$
\theta=\arcsin\frac{C}{\sqrt{A^2+B^2}}-\Phi(A,\ B)\ \text{或}\ \theta=\pi-\arcsin\frac{C}{\sqrt{A^2+B^2}}-\Phi(A,\ B) \tag{2-7}
$$

式中：$\Phi(A,\ B)$表示相位角，$\Phi(A,\ B)=\arctan(A/B)$，利用θ可以得到r。

2.2.2　多站(≥4 站)时差定位

在无约束情况下，要实现任意空间辐射源的三维无源定位至少需要四站，四站分别接收辐射源信号，得到三路独立的时差数据，从而得到由三个时差方程组成的定位方程组，通过解方程组得到辐射源位置。当基站数量大于 4 个时，时差定位系统存在冗余，可以求最优解。

设待定的辐射源位置为$R(x,\ y,\ z)$，基站位置$R_i(x_i,\ y_i,\ z_i)$，其中主站位置$R_0(x_0,\ y_0,\ z_0)$，副站位置$R_i(x_i,\ y_i,\ z_i)(i=1,\ 2,\ \cdots,\ N)$，即基站总数为$N+1$。多站 2 时差定位基站分布图如图 2-3 所示。

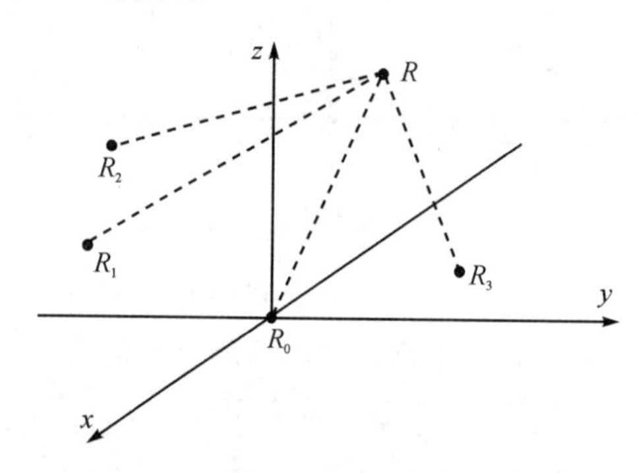

图 2-3　多站 2 时差定位基站分布图

辐射源信号到各站的时间分别为t_i，利用时差测量得到信号到达第i副站与主站的距离差为$d_i=c(t_i-t_0)$，即表达式为

$$
d_i=c(t_i-t_0)=r_i-r_0 \tag{2-8}
$$

式中：$r_i=\sqrt{(x-x_i)^2+(y-y_i)^2+(z-z_i)^2}$，$i=0,\ 1,\ \cdots,\ N$，$i=0$表示主站。

解析法通过方程组联立，利用多站确定的至少三组双曲面的交点，得到辐射源位置$R(x,\ y,\ z)$。

整理简化得

$$
x(x_i-x_0)+y(y_i-y_0)+z(z_i-z_0)+d_i\sqrt{(x-x_0)^2+(y-y_0)^2+(z-z_0)^2}=p_i \tag{2-9}
$$

式中：$p_i=[(x_i^2+y_i^2+z_i^2)-(x_0^2+y_0^2+z_0^2)-d_i^2]/2$。

为了分析方便，设定主站位置为坐标原点，即可设$(x_0,\ y_0,\ z_0)=(0,\ 0,\ 0)$，上式转换为

$$
xx_i+yy_i+zz_i=p_i-d_i\sqrt{x^2+y^2+z^2} \tag{2-10}
$$

式中：$d_i=\sqrt{(x-x_i)^2+(y-y_i)^2+(z-z_i)^2}-\sqrt{x^2+y^2+z^2}$；$p_i=(x_i^2+y_i^2+z_i^2-d_i^2)/2$。

1. 四站间接求解法

当 $N=3$ 时，可以得到 N 个方程，写成矩阵形式有

$$\boldsymbol{AX}=\boldsymbol{B} \tag{2-11}$$

式中 $\boldsymbol{A}=\begin{bmatrix} x_1 & y_1 & z_1 \\ x_2 & y_2 & z_2 \\ \cdots & \cdots & \cdots \\ x_N & y_N & z_N \end{bmatrix}$，$\boldsymbol{B}=\begin{bmatrix} p_1-d_1 r \\ p_2-d_2 r \\ \cdots \\ p_N-d_N r \end{bmatrix}$，$\boldsymbol{X}=\begin{bmatrix} x \\ y \\ z \end{bmatrix}$，$r=\sqrt{x^2+y^2+z^2}$。

可见当 $N=3$ 时，即采用一个主站和三个副站，共四站定位时，利用间接法可以进行无模糊的二维定位，解得目标位置 $\boldsymbol{X}$。当 $N>3$ 时，可以得到 N 个方程，因此存在数据冗余，可以采用最小二乘获取最优解。

采用间接求解法首先把 r 看成已知量，从而可解得 x、y、z 关于 r 的函数解，然后将 x、y、z 代入 r 的表达式中求出 r。当 4 个基站不部署在同平面时，方程组系数矩阵 $\boldsymbol{A}$ 的秩 $\text{rank}(\boldsymbol{A})=3$，这时用伪逆法解方程组，可得

$$\boldsymbol{X}=(\boldsymbol{A}^{\mathrm{T}}\boldsymbol{A})^{-1}\boldsymbol{A}^{\mathrm{T}}\begin{bmatrix} p_1-d_1 r \\ p_2-d_2 r \\ p_3-d_3 r \end{bmatrix} \tag{2-12}$$

$(\boldsymbol{A}^{\mathrm{T}}\boldsymbol{A})^{-1}\boldsymbol{A}^{\mathrm{T}}$ 为已知量，可以写成

$$(\boldsymbol{A}^{\mathrm{T}}\boldsymbol{A})^{-1}\boldsymbol{A}^{\mathrm{T}}=\begin{bmatrix} a_{11} & a_{12} & a_{13} \\ a_{21} & a_{22} & a_{23} \\ a_{31} & a_{32} & a_{33} \end{bmatrix} \tag{2-13}$$

x、y、z 的 r 参数解可写成

$$\begin{bmatrix} x \\ y \\ z \end{bmatrix}=\begin{bmatrix} a_{11} & a_{12} & a_{13} \\ a_{21} & a_{22} & a_{23} \\ a_{31} & a_{32} & a_{33} \end{bmatrix}\begin{bmatrix} p_1 \\ p_2 \\ p_3 \end{bmatrix}-\begin{bmatrix} a_{11} & a_{12} & a_{13} \\ a_{21} & a_{22} & a_{23} \\ a_{31} & a_{32} & a_{33} \end{bmatrix}\begin{bmatrix} d_1 r \\ d_2 r \\ d_3 r \end{bmatrix}=\begin{bmatrix} n_1 r+m_1 \\ n_2 r+m_2 \\ n_3 r+m_3 \end{bmatrix} \tag{2-14}$$

式中 $n_i=-\sum_{j=1}^{3}a_{ij}d_j$；$m_i=\sum_{j=1}^{3}a_{ij}p_j$，$i=1, 2, 3$。

利用 $r=\sqrt{x^2+y^2+z^2}$，得到

$$(n_1 r+m_1)^2+(n_2 r+m_2)^2+(n_3 r+m_3)^2=r^2 \tag{2-15}$$

简化得

$$a_0 r^2+b_0 r+c_0=0 \tag{2-16}$$

式中

$$\begin{cases} a_0=n_1^2+n_2^2+n_3^2-1 \\ b_0=2(n_1 m_1+n_2 m_2+n_3 m_3) \\ c_0=m_1^2+m_2^2+m_3^2 \end{cases} \tag{2-17}$$

解方程组可得

$$r=\frac{-b_0\pm\sqrt{b_0^2-4a_0 c_0}}{2a_0} \tag{2-18}$$

解析法具有速度快的优点，解得 r 具有两个值 r_1 和 r_2，因此解析法存在定位模糊问题。解模糊的方法如下：若 $r_1 \cdot r_2 < 0$，则取正值作为 r。若 r_1 和 r_2 都为正，当 $N=3$ 时，则需要其它辅助测量信息，如某站测得的方位角，代入 r_1 和 r_2 得到两个位置点，计算这两个位置点对于该站的两个方位角，将这两个方位角与测量得到的方位角作比较，从而可以确定正确的 r 值。

当 $N>3$ 时，可以将得到的时差数据分为两个子集，每个子集都可以得出两个 r 的解，将两个子集求解出的 r 值进行最近距离匹配，从而确定正确的 r 值，消除目标的定位模糊。

2. 五站直接求解法

当多站无源定位系统部署有 5 个站时，可把 r 也当作一个未知量。将式(2-10)写成

$$xx_i + yy_i + zz_i + d_i\sqrt{x^2+y^2+z^2} = p_i \tag{2-19}$$

进一步写成矩阵形式为

$$\begin{bmatrix} x_1 & y_1 & z_1 & d_1 \\ x_2 & y_2 & z_2 & d_2 \\ x_3 & y_3 & z_3 & d_3 \\ x_4 & y_4 & z_4 & d_4 \end{bmatrix} \begin{bmatrix} x \\ y \\ z \\ r \end{bmatrix} = \begin{bmatrix} p_1 \\ p_2 \\ p_3 \\ p_4 \end{bmatrix} \tag{2-20}$$

适当选取站址可使 $\text{rank}(\boldsymbol{A})=4$，则该方程有唯一解。在工程实践上，增加一个被动站就增加一层站间数据通信和同步控制的难度，复杂性和设备量增加，因此一般最多选择五个站。五站直接求解法要求五站不能在一个平面内，否则会出现方程组无解现象。

2.3　多站最小二乘时差定位

当多站无源定位系统部署有五个或五个以上基站时，测量基站存在冗余，由于时间测量误差和站址误差的影响，存在无解现象，可以利用最小二乘法(Least Square Method, LSM)进行时差定位求解，求解最小估计误差位置。

设待定的辐射源位置为 $\boldsymbol{R}=[x, y, z]^{\mathrm{T}}$，主站位置 $\boldsymbol{R}_0=[x_0, y_0, z_0]^{\mathrm{T}}$，副站位置 $\boldsymbol{R}_i=[x_i, y_i, z_i]^{\mathrm{T}}$，$i=0, 1, \cdots, N$，基站总数为 $N+1$，主站和副站统称为基站。最小二乘时差定位示意图如图 2-4 所示。

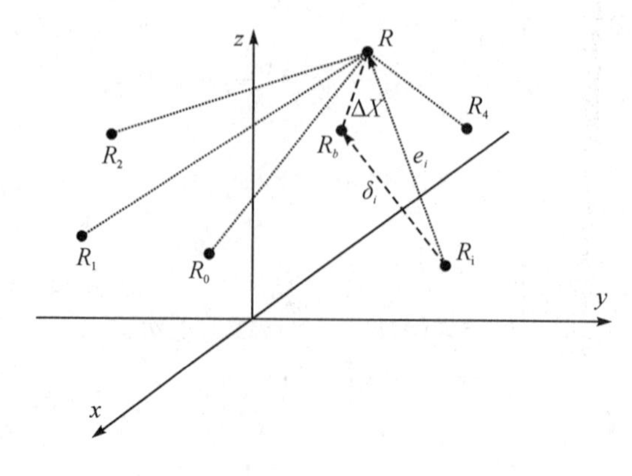

图 2-4　最小二乘时差定位示意图

实际上测得的时间 t_i 及计算折合的 r_i 都不是精确的，它们含有各种因素引起的误差。由第 i 个基站测得的到达时间，可得一组时间或距离测量方程如下：

$$\tau_i = T_0 + \frac{r_i}{c} + \varepsilon_i \tag{2-21}$$

$$r_i = \sqrt{(x-x_i)^2 + (y-y_i)^2 + (z-z_i)^2} \tag{2-22}$$

式中：$i=0, 1, \cdots, N$，$i=0$ 为主站；τ_i 为信号由目标到达基站的测量数值；T_0 为发射信号的时间；r_i 为目标与第 i 个基站之间的距离；ε_i 反映了由电波传播扰动、时间的测量误差、基站位置误差等因素引起的综合时间测量误差，当只考虑时差测量误差和站址误差时，时差 ε_i 的方差为 $\sigma_i^2 = \sigma_{Ti}^2 + \sigma_{Pt}^2$，其中 σ_{Ti}^2 为时差测量误差方差；站址(时间)误差方差 $\sigma_{Pt}^2 = \sigma_{ri}^2/(3c^2)$，$\sigma_{ri}^2 = \sigma_{xi}^2 + \sigma_{yi}^2 + \sigma_{zi}^2$，通常 $\sigma_{xi}^2 = \sigma_{yi}^2 = \sigma_{zi}^2 = \sigma_s^2$。

为了消去 T_0 的共同分量，可以用时间差来列出一组距离或时差测量方程，即

$$\tau_i - \tau_{i+1} = \frac{r_i - r_{i+1}}{c} + (\varepsilon_i - \varepsilon_{i+1}) \tag{2-23}$$

式中：$i=0, 1, \cdots, N-1$。

写成矩阵形式为

$$\boldsymbol{HT} = \frac{\boldsymbol{Hr}}{c} + \boldsymbol{H\varepsilon} \tag{2-24}$$

$$\boldsymbol{H} = \begin{bmatrix} 1 & -1 & 0 & \cdots & 0 & 0 \\ 0 & 1 & -1 & \cdots & 0 & 0 \\ \vdots & \vdots & \vdots & \ddots & \vdots & \vdots \\ 0 & 0 & 0 & \cdots & 1 & -1 \end{bmatrix}_{N\times(N+1)} \tag{2-25}$$

式中：$\boldsymbol{H}$ 为 $N\times(N+1)$ 阶的差分矩阵；$\boldsymbol{T} = [\tau_0 \quad \tau_1 \quad \cdots \quad \tau_N]^{\mathrm{T}}$；$\boldsymbol{r} = [r_0 \quad r_1 \quad \cdots \quad r_N]^{\mathrm{T}}$；$\boldsymbol{\varepsilon} = [\varepsilon_0 \quad \varepsilon_1 \quad \cdots \quad \varepsilon_N]^{\mathrm{T}}$；$\boldsymbol{T}_0 = [T_0 \quad T_0 \quad \cdots \quad T_0]^{\mathrm{T}}$。

设定综合时间测量误差矢量 $\boldsymbol{\varepsilon}$ 的均值为零，即 $E[\boldsymbol{\varepsilon}] = \boldsymbol{0}$。各基站的综合时间测量是相互独立的，综合时间测量误差矢量 $\boldsymbol{\varepsilon}$ 的协方差具有以下形式：

$$\boldsymbol{P}_\varepsilon = E(\boldsymbol{\varepsilon\varepsilon}^{\mathrm{T}}) = \mathrm{diag}([\sigma_0^2 \quad \sigma_1^2 \quad \cdots \quad \sigma_N^2]) \tag{2-26}$$

式中：diag()为对角阵函数。

对应的时差测量误差的均值为零，则其协方差表达式为

$$\boldsymbol{P}_\Delta = E[(\boldsymbol{H\varepsilon})(\boldsymbol{H\varepsilon})^{\mathrm{T}}] = \boldsymbol{H} \cdot E(\boldsymbol{\varepsilon\varepsilon}^{\mathrm{T}})\boldsymbol{H}^{\mathrm{T}} = \boldsymbol{HP}_\varepsilon\boldsymbol{H}^{\mathrm{T}} \tag{2-27}$$

在对 N 个测量站进行到达时间测量以后，通过得出的$[\tau_0-\tau_1, \cdots, \tau_{N-1}-\tau_N]^{\mathrm{T}}$ 即 $\boldsymbol{H}\cdot\boldsymbol{T}$，可以估计目标的位置。设辐射源真实位置为 $\boldsymbol{R} = [x, y, z]^{\mathrm{T}}$，则位置估值用 $\hat{\boldsymbol{R}} = [\hat{x}, \hat{y}, \hat{z}]^{\mathrm{T}}$。利用最小二乘线性估计的方法，先得出一个初估值$\boldsymbol{R}_b$ 作为参考点，然后在$\boldsymbol{R}_b$ 处线性化，再对目标位置进行线性估计，这种估计准则是使均方误差的指标达到最小。

若已知时差测量误差的协方差 $\boldsymbol{P}_\Delta$，作误差的加权二次型，得到

$$\boldsymbol{J}_W = (\boldsymbol{H\varepsilon})^{\mathrm{T}}\boldsymbol{W}(\boldsymbol{H\varepsilon}) = (\boldsymbol{H\varepsilon})^{\mathrm{T}}\boldsymbol{P}_\Delta^{-1}(\boldsymbol{H\varepsilon}) \tag{2-28}$$

式中：$\boldsymbol{W} = \boldsymbol{P}_\Delta^{-1}$。

现在的问题是找出一个 $\hat{\boldsymbol{R}}$ 作为目标位置的估值，从而使$\boldsymbol{J}_W$ 达到最小。各测量站指向

真实目标的单位矢量用$\boldsymbol{e}_0$，$\boldsymbol{e}_1$，…，$\boldsymbol{e}_N$ 来表示。若给定初值$\boldsymbol{R}_b$(可以通过四站时差定位获取初值)，各测量站指向初值目标的单位矢量用 $\boldsymbol{\delta}_0$，$\boldsymbol{\delta}_1$，…，$\boldsymbol{\delta}_N$ 来表示，$\boldsymbol{\delta}_i=\dfrac{(\boldsymbol{R}_b-\boldsymbol{R}_i)^{\mathrm{T}}}{\|\boldsymbol{R}_b-\boldsymbol{R}_i\|}$，可得目标位置 $\boldsymbol{R}$ 与初估值 $\boldsymbol{R}_b$ 之间的差值矢量为 $\Delta\boldsymbol{X}=\hat{\boldsymbol{R}}-\boldsymbol{R}_b=r_i\boldsymbol{e}_i-\boldsymbol{\delta}_i$，$r_i=\boldsymbol{e}_i\boldsymbol{\delta}_i+\boldsymbol{e}_i\Delta\boldsymbol{X}$，$\boldsymbol{e}_i=\dfrac{(\boldsymbol{R}-\boldsymbol{R}_i)^{\mathrm{T}}}{r_i}=\dfrac{(\boldsymbol{R}-\boldsymbol{R}_i)^{\mathrm{T}}}{\|\boldsymbol{R}-\boldsymbol{R}_i\|}$，由于$|\boldsymbol{\delta}_i|\gg|\Delta\boldsymbol{X}|$，故 $\boldsymbol{e}_i\cong\dfrac{\boldsymbol{\delta}_i}{|\boldsymbol{\delta}_i|}$，$\boldsymbol{e}_i\boldsymbol{\delta}_i\cong|\delta_i|$，用 δ_i 表示$|\boldsymbol{\delta}_i|$。可得

$$\tau_i=\boldsymbol{T}_0+\frac{r_i}{c}+\varepsilon_i=T_0+\frac{\boldsymbol{e}_i\boldsymbol{\delta}_i+\boldsymbol{e}_i\Delta\boldsymbol{X}}{c}+\varepsilon_i=T_0+\frac{\delta_i+\boldsymbol{e}_i\Delta\boldsymbol{X}}{c}+\varepsilon_i \tag{2-29}$$

由此列出时差值测量方程为

$$\tau_i-\tau_{i+1}=\frac{(\delta_i-\delta_{i+1})}{c}+(\boldsymbol{e}_i-\boldsymbol{e}_{i+1})\cdot\frac{\Delta\boldsymbol{X}}{c}+(\varepsilon_i-\varepsilon_{i+1}) \tag{2-30}$$

把它写成矢量矩阵形式，得

$$\boldsymbol{HT}=\frac{\boldsymbol{H\delta}}{c}+\frac{\boldsymbol{HF}\Delta\boldsymbol{X}}{c}+\boldsymbol{H\varepsilon} \tag{2-31}$$

$$\begin{cases}\boldsymbol{T}=[\tau_0\quad\tau_1\quad\cdots\quad\tau_N]^{\mathrm{T}}\\ \boldsymbol{\varepsilon}=[\varepsilon_0\quad\varepsilon_1\quad\cdots\quad\varepsilon_N]^{\mathrm{T}}\\ \boldsymbol{\delta}=[\delta_0\quad\delta_1\quad\cdots\quad\delta_N]^{\mathrm{T}}\\ \boldsymbol{F}=[e_0\quad e_1\quad\cdots\quad e_N]^{\mathrm{T}}\cong\left[\dfrac{\boldsymbol{\delta}_0}{|\boldsymbol{\delta}_0|}\quad\dfrac{\boldsymbol{\delta}_1}{|\boldsymbol{\delta}_1|}\quad\cdots\quad\dfrac{\boldsymbol{\delta}_N}{|\boldsymbol{\delta}_N|}\right]^{\mathrm{T}}\end{cases} \tag{2-32}$$

由上式，时差测量误差可用下式表达

$$\boldsymbol{H\varepsilon}=\boldsymbol{HT}-\frac{1}{c}\boldsymbol{H\delta}-\frac{1}{c}\boldsymbol{HF}\Delta\boldsymbol{X} \tag{2-33}$$

将它代入式(2-28)所示加权二次型$\boldsymbol{J}_W$ 则得

$$\begin{aligned}\boldsymbol{J}_W&=(\boldsymbol{H\varepsilon})^{\mathrm{T}}\boldsymbol{W}(\boldsymbol{H\varepsilon})=(\boldsymbol{H\varepsilon})^{\mathrm{T}}\boldsymbol{P}_{\Delta}^{-1}(\boldsymbol{H\varepsilon})\\&=\left[\boldsymbol{HT}-\frac{1}{c}\boldsymbol{H\delta}-\frac{1}{c}\boldsymbol{HF}\Delta\boldsymbol{X}\right]^{\mathrm{T}}\boldsymbol{P}_{\Delta}^{-1}\left[\boldsymbol{HT}-\frac{1}{c}\boldsymbol{H\delta}-\frac{1}{c}\boldsymbol{HF}\Delta\boldsymbol{X}\right]\end{aligned} \tag{2-34}$$

对它求梯度，即可得

$$\frac{\partial\boldsymbol{J}_W\Delta\boldsymbol{X}}{\partial\Delta\boldsymbol{X}}=-\frac{2}{c}(\boldsymbol{HF})^{\mathrm{T}}\boldsymbol{P}_{\Delta}^{-1}\left[\boldsymbol{HT}-\frac{1}{c}\boldsymbol{H\delta}-\frac{1}{c}\boldsymbol{HF}\Delta\boldsymbol{X}\right] \tag{2-35}$$

令上述梯度等于零，可得 $\Delta\boldsymbol{X}$ 的估值 $\Delta\hat{\boldsymbol{X}}$ 为

$$\Delta\hat{\boldsymbol{X}}=\hat{\boldsymbol{R}}-\boldsymbol{R}_b=[(\boldsymbol{HF})^{\mathrm{T}}\boldsymbol{P}_{\Delta}^{-1}\boldsymbol{HF}]^{-1}(\boldsymbol{HF})^{\mathrm{T}}\boldsymbol{P}_{\Delta}^{-1}[c\boldsymbol{HT}-\boldsymbol{H\delta}] \tag{2-36}$$

得到辐射源的位置估计：

$$\hat{\boldsymbol{R}}=\boldsymbol{R}_b+\Delta\hat{\boldsymbol{X}} \tag{2-37}$$

将 $\hat{\boldsymbol{R}}$ 作为$\boldsymbol{R}_b$，重新迭代计算 $\hat{\boldsymbol{R}}$。利用上式不断迭代即可得到最小二乘定位解。

四站或多站的三维空间时差定位也可以用最小二乘来求解。但最小二乘对位置初估值比较敏感，容易得到局部最优解，因此在多站(大于四站)最小二乘求解定位数据时，通常先用四站求解析解，然后以解析解为初始定位点，用最小二乘迭代方法求解定位的最优解。

第3章　时差测量方法及误差模型

时差测量误差和基站时统误差、系统信号采样率、时差测量方法、两站接收信号多普勒和侦察信号强度等因素有关。常用时差测量方法包括时域处理方法、频域处理方法和最大似然估计方法等，其中时域处理方法包括 ASDF(Average Square Difference Function)、AMDF(Average Magnitude Difference Function)、DCF(Direct Correlation Function)等。脉冲描述字时差测量方法属于 ASDF 或 AMDF 方法，该方法是测量信号具有某一特征的时间点，例如波形过零点或最大值、发生突变的前沿或后延等，该方法要求信号具有高信噪比，一般只有主瓣侦察才能满足信噪比要求。

相关法时差测量方法或互模糊函数属于 DCF 方法，采用基站间或基站内信号相关，样本信号具备高信噪比，相关效果和雷达匹配滤波相同，可以增强副瓣侦察或低信噪比信号，能有效提升时差测量能力和测量精度，具有最好的性能，因此时差定位系统一般采用相关法时差测量方法。

本章研究了时差测量方法及测量误差模型，首先给出了侦察信号模型和脉冲描述字时差测量模型和测量方法；然后重点分析了相关法时差测量模型，给出了两侦察信号的相关输出信噪比模型；接着引入站址误差、时统误差和基站侦察方程，考虑信噪比对时差测量误差的影响，提出了综合时间测量误差模型，并给出了基于 SNR 的综合时间测量误差模型和基于固定参数的综合时间测量误差模型；最后简单介绍了时差信号的分选、脉冲配对以及相关法时差多峰值问题。

3.1　侦察信号模型

3.1.1　侦察信号功率模型

时差定位系统第 i 个基站侦察信号功率 P_i 表示为

$$P_i=\frac{P_t G_t(\phi_i) G_i(\theta_i)\lambda^2}{(4\pi R_i)^2 L_{jr} L_{rt}} \tag{3-1}$$

式中：P_t 为辐射源发射信号峰值功率，峰值功率用于复数信号；$G_t(\phi_i)$为辐射源在第 i 个基站方向上的天线增益；$G_i(\theta_i)$为第 i 个基站的接收增益；λ 为信号工作波长；L_{jr} 为基站功率接收损耗(包括基站接收损耗、单程大气损耗、波束损耗等)；L_{rt} 为信号源发射损耗；R_i 为第 i 个基站与辐射源的距离。

基站接收机噪声功率为

$$\delta_i^2=kF_n B_i T_0 \tag{3-2}$$

式中：$k=1.3806\times10^{-23}$(J/K)为玻尔兹曼常数；接收机噪声温度 $T_0=290$ K；B_i 为第 i 个基站接收机带宽，实际数字仿真中，B_i 应取数字采样频率 f_s；F_n 为接收机噪声系数。该噪声功率为单边带噪声功率，主要用于复数信号中，适于基带分析。

辐射源发射信号峰值功率指单边带信号功率，包括信号实部和虚部，分别各占功率的一半。实际雷达发射信号为实信号，属于双边带信号，因此实部信号功率为峰值功率的一半。基站接收信号包括辐射源信号和接收机噪声，从能量守恒的角度，单边带(复数)或双边带(实部)得到的信噪比是相同的。

第 i 个基站接收信号的信噪比为

$$\mathrm{SNR}_i=\frac{P_i/2}{\delta_i^2/2}=\frac{P_i}{\delta_i^2}=\frac{P_\mathrm{t}G_\mathrm{t}(\phi_i)G_i(\theta_i)\lambda^2}{\delta_i^2(4\pi R_i)^2L_\mathrm{jr}L_\mathrm{rt}}=\frac{P_\mathrm{t}G_\mathrm{t}(\phi_i)G_i(\theta_i)\lambda^2}{kF_\mathrm{n}B_iT_0(4\pi R_i)^2L_\mathrm{jr}L_\mathrm{rt}} \tag{3-3}$$

式中：$(P_i/2)/(\delta_i^2/2)$是双边带信噪比，P_i/δ_i^2 是单边带信噪比，二者是等效的。

设侦察接收机与某雷达的距离为 r，侦察接收机天线增益为 2 dB，雷达发射功率为 5000 kW，天线增益为 41 dB，设频率为 3 GHz，侦察接收机带宽为 50 MHz，雷达发射机系统损耗 L_rt 为 3 dB，侦察接收机功率接收损耗 L_jr 为 3 dB，考虑对雷达主瓣进行侦察，则侦察距离与侦察信噪比的关系如图 3-1 所示。

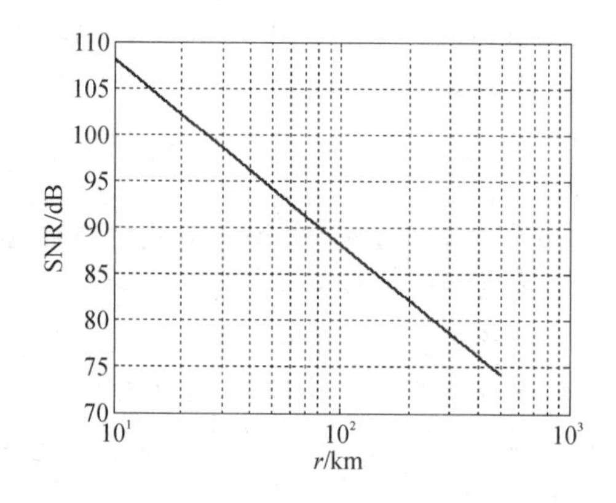

图 3-1　某雷达侦察距离与侦察信噪比的关系图

3.1.2　侦察信号时域模型

实际基站接收机一般在中频工作，在接收信号的过程中采用 IQ 两路正交混频。第 i 个侦察接收机接收到的辐射源信号用复数表示为

$$\begin{aligned}s_i(t)&=\sqrt{P_i}\,s(t-\tau_i)\exp(\mathrm{j}2\pi f_{\mathrm{d}i}t)\\&=\sqrt{P_i}\exp[\mathrm{j}2\pi f_\mathrm{c}(t-\tau_i)]\,v(t-\tau_i)\exp(\mathrm{j}2\pi f_{\mathrm{d}i}t)\end{aligned} \tag{3-4}$$

式中：P_i 为第 i 个侦察接收机接收信号功率；$s(t)=\exp(\mathrm{j}2\pi f_\mathrm{c}t)v(t)$为辐射源信号；$f_\mathrm{c}$ 为载波频率；$v(t)$为基带信号；$\tau_i=R_i/c$ 为时间延迟，c 为光速；R_i 为侦察接收机和辐射源的距离；$f_{\mathrm{d}i}=v_i/\lambda$ 为单程多普勒频率，v_i 为辐射源与第 i 个基站的相对速度，λ 为信号波长，$i=0，1，\cdots，N-1$，N 为基站数，$i=0$ 表示主站。

多普勒频移 f_i 是辐射源和基站的相互运动引起的，对于机载时差定位系统，各基站与辐射源的空间位置关系不同，对应的相对速度也不相同，因此多普勒频率也不同，机载基站与辐射源相对关系如图 3-2 所示。则第 i 个基站与辐射源的相对速度为

$$v_i=V_i\cos\varphi_i+V_\mathrm{s}\cos\phi_i \tag{3-5}$$

式中：V_i 为第 i 基站的速度；V_s 为辐射源速度；φ_i 为第 i 基站速度方向与辐射源方向的夹

角；ϕ_i 为辐射源速度方向与第 i 基站方向的夹角。

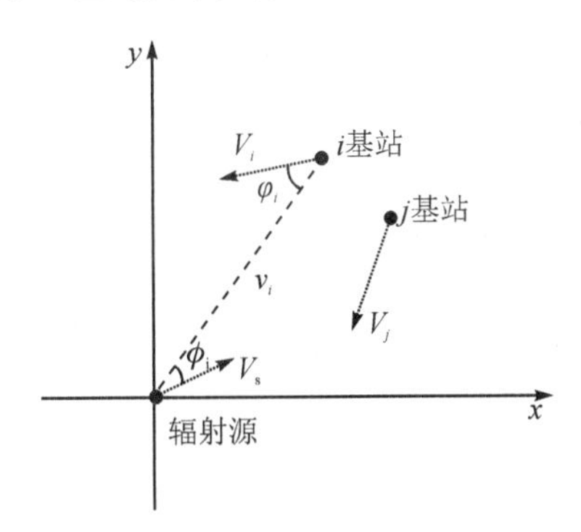

图 3－2　机载基站与辐射源相对关系图

不同体制基带信号 $v(t)$的详细描述参见第 6 章，本节仅以常用雷达信号为例。雷达信号是 N_p 个宽度为 T_r 的矩形脉冲构成的 LFM 脉冲串，基带信号 $v(t)$为

$$v(t)=\sum_{k=0}^{N-1}\operatorname{rect}\left(\frac{t-kT_r}{T_p}\right)\exp\left[\mathrm{j}\pi b(t-kT_r)^2\right] \tag{3-6}$$

式中：T_r 为脉冲重复周期，即 PRI；T_p 为脉冲宽度；$b=B/T_p$ 为 LFM 调频斜率，B 为信号带宽；矩形函数 $\operatorname{rect}(t)=\begin{cases}1, & |t|\leqslant 0.5\\ 0, & \text{其它}\end{cases}$。

基站接收到的综合信号用复数表示为

$$x_i(t)=s_i(t)+n_i(t) \tag{3-7}$$

式中 $x_i(t)$为第 i 基站接收到某辐射源信号；$n_i(t)$为接收机噪声，噪声功率为 δ_i^2。

接收机噪声为高斯带限白噪声，即在接收机通频带内噪声功率谱是均匀的，其幅度服从瑞利分布，具体可用一个高斯过程的样本函数来表示，带通噪声复信号表示为

$$n_i(t)=\sqrt{\frac{\delta_i^2}{2}}\,\tilde{n}_i(t)\exp(\mathrm{j}2\pi f_c t) \tag{3-8}$$

式中：$\tilde{n}_i(t)=n_{di}(t)+\mathrm{j}n_{qi}(t)$为复高斯随机信号；$n_{di}(t)$和 $n_{qi}(t)$为独立的均值为 0，方差为 1 的高斯随机信号；f_c 为载波频率。

3.1.3　侦察解析信号模型

通常用实部和虚部组成的解析信号进行信号分析，解析信号的实部和虚部是正交的，解析信号通过正交 IQ 双通道接收获取，或通过希尔伯特(Hilbert)变换获取。

正交 IQ 双通道接收示意图如图 3－3 所示，直接用本振信号下变频，滤波得到 I 通道数据；用 90°移相后的本振信号下变频，滤波得到 Q 通道数据。

解析信号的实部和虚部是希尔伯特变换对，实部就是原信号或者说是实际存在的信号(即 I 通道信号)。如果采样信号只采集到信号的实部，虚部信号(即 Q 通道信号)可以用希尔伯特(Hilbert)变换获取，Hilbert 变换表达式为

$$\hat{x}(t)=H\{x(t)\}=\frac{1}{\pi}\int_{-\infty}^{\infty}\frac{x(u)}{t-u}\mathrm{d}u=x(t)\otimes\frac{1}{\pi t} \tag{3-9}$$

式中：$\otimes$为卷积符号；$x(t)$为实部信号。

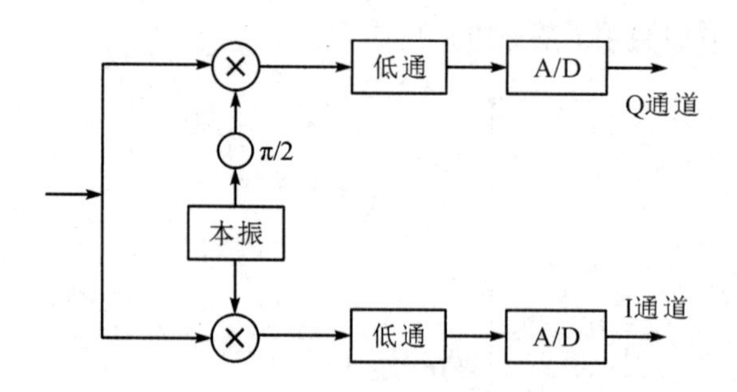

图 3-3　正交 IQ 双通道接收示意图

两信号的卷积表示为

$$x(t) \otimes y(t) = y(t) \otimes x(t) = \int_{-\infty}^{\infty} x(\tau) y(t-\tau) \mathrm{d}\tau \tag{3-10}$$

信号的傅里叶变换和反变换公式如下：

$$\begin{cases} X(\omega) = \mathrm{FT}(x(t)) = \int_{-\infty}^{\infty} x(t) \exp(-\mathrm{j}\omega t) \mathrm{d}t \\ x(t) = \mathrm{IFT}(X(\omega)) = \dfrac{1}{2\pi} \int_{-\infty}^{\infty} X(\omega) \exp(\mathrm{j}\omega t) \mathrm{d}\omega \end{cases} \tag{3-11}$$

式中：ω 为角频率；FT 表示傅里叶变换，IFT 表示傅里叶反变换；$x(t)$为时域信号；$X(\omega)$为频域信号。

通过变量替换，用频率表示的傅里叶变换和反变换公式如下：

$$\begin{cases} X(f) = \mathrm{FT}(x(t)) = \int_{-\infty}^{\infty} x(t) \exp(-\mathrm{j}2\pi f t) \mathrm{d}t \\ x(t) = \mathrm{IFT}(X(f)) = \int_{-\infty}^{\infty} X(f) \exp(\mathrm{j}2\pi f t) \mathrm{d}f \end{cases} \tag{3-12}$$

式中：f 为频率；FT 表示傅里叶变换，IFT 表示傅里叶反变换；$x(t)$为时域信号；$X(f)$为频域信号。

卷积信号的傅里叶变换为

$$\mathrm{FT}(x(t) \otimes y(t)) = \int_{-\infty}^{\infty} \int_{-\infty}^{\infty} x(\tau) y(t-\tau) \exp(-\mathrm{j}\omega t) \mathrm{d}\tau \mathrm{d}t \tag{3-13}$$

式中：ω 为角频率。

令 $\gamma = t - \tau$，则 $t = \gamma + \tau$，二重积分变量替换的雅可比行列式为 $|J| = \left| \dfrac{\partial(\gamma, \tau)}{\partial(t, \tau)} \right| = \begin{vmatrix} 1 & -1 \\ 0 & 1 \end{vmatrix} = 1$，因此可以直接变量替换，得到

$$\begin{aligned} \mathrm{FT}(x(t) \otimes y(t)) &= \int_{-\infty}^{\infty} \int_{-\infty}^{\infty} x(\tau) y(t-\tau) \exp(-\mathrm{j}\omega t) \mathrm{d}\tau \mathrm{d}t \\ &\xrightleftharpoons{\gamma = t - \tau} \int_{-\infty}^{\infty} x(\tau) \int_{-\infty}^{\infty} y(\gamma) \exp[-\mathrm{j}\omega(\gamma + \tau)] \mathrm{d}t \mathrm{d}\tau \\ &= \int_{-\infty}^{\infty} x(\tau) \exp(-\mathrm{j}\omega\tau) \mathrm{d}\tau \int_{-\infty}^{\infty} y(\gamma) \exp(-\mathrm{j}\omega\gamma) \mathrm{d}\gamma \\ &= \mathrm{FT}(x(t)) \mathrm{FT}(y(t)) \end{aligned} \tag{3-14}$$

因此卷积信号的频谱等于两信号频谱的积。对于 Hilbert 变换，相当于 $y(t)=\frac{1}{\pi t}$，$y(t)$的傅里叶变换为

$$\mathrm{FT}\left(\frac{1}{\pi t}\right)=\int_{-\infty}^{\infty}\frac{1}{\pi t}\exp(-\mathrm{j}\omega t)\,\mathrm{d}\tau=\exp\left(-\mathrm{j}\,\frac{\pi}{2}\right)\mathrm{sgn}(\omega)$$
$$=-\mathrm{j}\,\mathrm{sgn}(\omega) \tag{3-15}$$

式中：$\mathrm{sgn}(\omega)=\begin{cases}1 & \omega>0\\ 0 & \omega=0\\ -1 & \omega<0\end{cases}$。

Hilbert 变换是 $y(t)$的频谱引入 $\pi/2$ 相移，表达式为

$$\mathrm{FT}\{\hat{x}(t)\}=X(\omega)-\mathrm{j}\,\mathrm{sgn}(\omega)X(\omega) \tag{3-16}$$

解析信号表示：

$$\mathrm{FFT}\{x(t)+\mathrm{j}\hat{x}(t)\}=X(\omega)[\mathrm{sgn}(\omega)+1] \tag{3-17}$$

通过 Hilbert 变换可以将实部信号转换为具有实部和虚部的解析信号，仿真信号带宽 3 MHz，脉宽 10 μs，中心频率 6 MHz，采样率 30 MHz。Hilbert 变换获取解析信号如图 3-4 所示，给出了 Hilbert 变换前后的信号频谱。

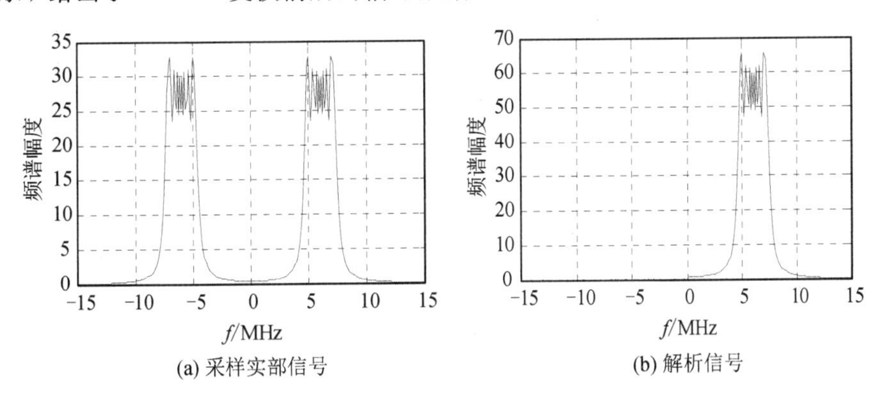

图 3-4　Hilbert 变换获取解析信号

3.2　脉冲描述字时差测量

脉冲描述字时差测量方法是测量信号具有某一特征的时间点，信号特征包括波形过零点或最大值，或者包络的最小值或最大值，也可以是任何调制包络发生突变的前沿或后延。基站在时域获取辐射源脉冲描述字，不进行相关处理，基站间只传输脉冲描述字。该方法主要适用于定位基站与某辐射源在同一个波束覆盖范围内，要求基站间空间距离很近，可以同时满足对辐射源主瓣的侦察要求；或定位基站距离辐射源比较近，满足辐射源副瓣侦察 SNR 要求。

各基站传输测量脉冲描述字到主站，主站根据各基站的脉冲描述字来确定各基站的信号是否属于同脉冲信号，并利用脉冲到达时间信息进行时差定位，该方法时差测量误差大。

3.2.1 脉冲描述字时差测量模型

1. 脉冲到达时间测量模型

脉冲到达时间可以采用前沿法或重心法。前沿法比较视频输出信号与检测门限的大小，当视频信号大于判决门限时记下所在的时间单元，该时间单元的中心时刻就是所测得的脉冲开始时刻τ_{TOA}。判决门限通常取信号幅度的50%，该时间单元的中心时刻就是到达时刻。

重心法是利用脉冲的重心位置作为脉冲到达时刻。重心法脉冲到达时间测量模型为

$$\tau_{TOA}=\frac{\Delta\sum_{n}ns(n)}{\sum_{n}s(n)} \tag{3-18}$$

式中：n为采样单元编号；$s(n)$为对应采样单元的幅度；Δ为采样时间间隔。

2. 脉冲宽度测量模型

脉冲宽度测量的方法是测量脉冲到达前后沿的时间，前后沿到达时刻的判决门限取信号幅度的50%。脉冲宽度测量模型为

$$\tau_{PW}=\tau_{EOA}-\tau_{TOA} \tag{3-19}$$

式中：τ_{EOA}为脉冲结束时间；τ_{TOA}为脉冲发射时间。

3. 重频分选数学模型

假设被分选信号序列如图3-5所示。首先，以A_1脉冲为基准脉冲，以A_1、A_2之间的时间间隔$t_{PRI}=t_{TOA2}-t_{TOA1}$为假想脉冲列的PRI来不断地设置预置窗口，就可成功地选出脉冲列A的各个脉冲。但如果首先以(A_1, B_1)或(A_1, C_1)或(A_1, B_2)或(B_1, C_1)的间隔进行分选窗口的预置，将不会分选出有意义的脉冲列。只有以(A_1, A_2)、(B_1, B_2)或(C_1, C_2)的间隔进行窗口预置，才能得到成功的分选。从物理概念和理论上都可证明，为了降低虚警概率和漏警概率，成功分选所需脉冲数应取4～5个，即取4～5个脉冲间隔作为判决的准则。少于此脉冲数，则认为不是一个实际的脉冲列，再以新的间隔进行分选。这种方法的缺点是处理时间的浪费量很大。

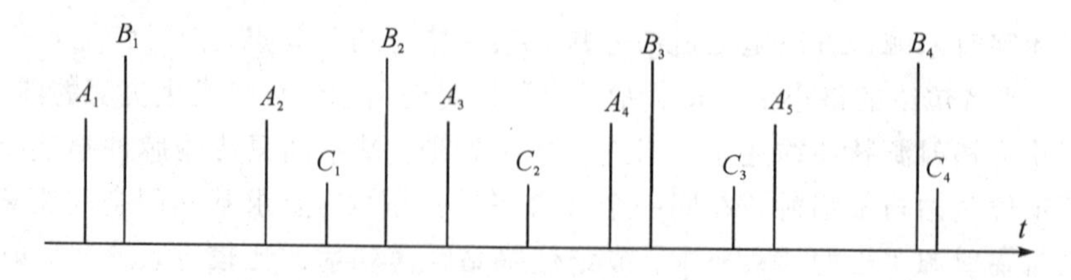

图3-5 被分选信号序列

4. 目标识别数学模型

通常目标的最终识别采用模板匹配法。模板匹配法是直接以各类训练样本点的集合所构成的区域表示各类决策区，并以点间距离作为样本相似性量度的主要依据，即空间中两

点距离越近，表示实际上两样本越相似。关于距离可以采用修正的“City Block”距离，它将归一化和计算距离两个步骤结合起来，计算表达式为

$$d(X,Y)=\sum_{i=1}^{n}w_i\frac{|x_i-y_i|}{x_i} \tag{3-20}$$

式中：$d(X,Y)$ 为匹配测量模板数据与样本模板数据之间的距离，x_i 为由传感器测量得到的测量模板数据，y_i 为知识库中的样本模板数据，w_i 为第 i 个特征参数在识别整体中所占的权值。

5. 基于脉冲描述字的信号到达时间配对

根据各基站测量得到的脉冲识别结果，获取脉冲描述字，由于同辐射源脉冲描述字相同，只是脉冲到达时间不同，因此可以利用脉冲描述字，对不同基站获取的同辐射源信号进行信号到达时间配对。

由于雷达和雷达诱饵工作频率相同，脉冲相互重叠，因此当雷达配备诱饵时，基站侦察到的信号脉冲重叠，很难识别雷达脉冲和诱饵脉冲；如果存在多个雷达诱饵，识别更加困难。此种情况下常规基于脉冲描述字的信号到达时间配对不能满足时差定位需要。为了提高此类信号的识别能力，通常采用信号相关处理方法。基站信号相关脉冲时间的识别能力和雷达脉冲信号带宽有关，信号带宽越大，脉冲的分辨能力越强，同时可以提高脉冲检测的信噪比。相对基于脉冲描述字的信号识别和到达时间配对，基站信号相关处理方法具有一定的优越性。

3.2.2 时差测量方法和误差分析

采用基于信号特征的时差测量方法，信号要存在有特征的、便于计量的点。比如，它可以是信号波形的过零点或最大值，或者包络的最小值或最大值，也可以是任何调制包络发生突变的前沿或后延，通过测量信号特征点时间来确定各信号的到达时间。因为已知各站的间距，所以扣除信号从各副站转发到主站的延迟时间后就得到信号从辐射源到达各副站的精确时间差。

在需要高精度测量的时候，测量信号特征点的具体时间并不容易。最常用的信号特征点是信号幅度发生明显变化时的边沿所在时间，一般是高频信号的幅度在具有脉冲调制时的包络前后沿。如果前后沿非常陡峭，用它们作为采时位置，读取时钟的具体时间，就测出了这个沿的时间。当时钟周期为 Δ 时，读取一个时间的分辨率就是 Δ，比较两个间隔很近的信号，两信号时间差最大误差将不会大于 2Δ。如果我们采用 200 MHz 的中频，时差测量的最大误差约为 10 ns。但是实际情况是任何输出解调包络的电路都有一定的带宽，加上视频电路的带宽限制，使信号的前后沿都有一定的时间跨度，可以采用比较电路，获得信号强度达到某一电平的时间作为特征点时间。由于前后沿过程占有一定的时间，当信号的最大幅度不同时，前后沿达到设定的比较电平的时间与实际的前后沿开始的时间差将不是一个恒定的值，从而使这个信号的特征点的计时产生一定的误差，获取信号前后沿的示意图如图 3-6 所示。当信号伴随噪声时，前后沿的波形进一步失真，信号上叠加有噪声会使比较电平发生变动，使得时差测量误差进一步加大。

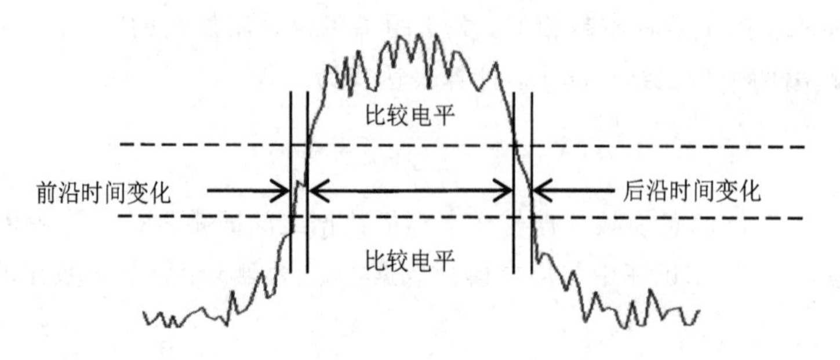

图 3-6　获取信号前后沿的示意图

过零点也是一个可以利用的信号特征点，对过零点时间的测量完全等同于把比较电平放在零，看信号电压什么时候越过比较电平。当没有噪声时，对它的测量可以达到足够高的精度。由于噪声的存在，过零点的实际位置也会被左右，这样同样会产生时间测量误差。对于小信号，如果噪声幅度是信号最大幅度的 15%，当信号在过零点处的幅度由零增大到其最大值用 50 ns 时，过零点的时间测量误差约为 15 ns。

信号峰值也可以作为信号特征进行时差测量，峰值不同于过零点，在峰值附近，脉冲幅度的变化一般比较缓慢，该特征十分不利于峰值时间的确定，需要对信号波形进行一定的处理才能进行峰值检测。要利用信号在峰值附近的慢变化，截取峰值附近的一小段信号进行平滑，尽可能减小噪声的影响，当范围足够小时，信号波形可以近似为抛物线形状，通过解方程可以提取抛物线峰值。

另外在后面的相关处理时差测量中，由于相关输出分辨率比较高，相关峰值比较光滑，因此该方法尤其适用于相关处理时差测量。

抛物线方程为

$$y(t)=at^2+bt+c \tag{3-21}$$

峰值时间为

$$t_p=-\frac{b}{2a} \tag{3-22}$$

工程上一般取峰值附近三点或五点进行最大值求解，系列点要跨采样获取的最大值。

三点法取峰值附近等间隔的 3 个点，假设采样时刻为 $-T$、0、T，幅度值分别为 A_{-1}、A_0、A_1，则直接得出

$$\begin{cases} a=\dfrac{A_1+A_{-1}-2A_0}{2T^2} \\ b=\dfrac{A_1-A_{-1}}{2T} \end{cases} \tag{3-23}$$

于是得到

$$t_p=-\frac{b}{2a}=0.5T\,\frac{A_1-A_{-1}}{2A_0-(A_1+A_{-1})} \tag{3-24}$$

五点法取峰值附近等间隔的 5 个点，假设采样时刻为 $-2T\sim 2T$，幅度值分别为 $A_{-2}\sim A_2$，用最小二乘法得出

$$
\begin{cases}
a=\dfrac{2(A_2+A_{-2})-(A_1+A_{-1})-2A_0}{14T^2} \\
b=\dfrac{2(A_2-A_{-2})+(A_1-A_{-1})}{10T}
\end{cases}
\tag{3-25}
$$

于是得到

$$
t_{\rm p}=0.7T\,\frac{2(A_2-A_{-2})+(A_1-A_{-1})}{2A_0+(A_1+A_{-1})-2(A_2+A_{-2})}
\tag{3-26}
$$

在目前的工程实际中，通过测量信号特征点获得优于 5 ns 的时差精度是一件相当困难的事情。综上所述，通过测量信号特征点时间实现时差测量虽然简单，但它的精度较低，对于误差在 20 ns 以上的情况是可以采用的，但是不能满足更高精度要求。

3.3　相关法时差测量误差模型

为了满足远距离侦察定位要求，新一代时差定位系统(包括星载)利用主副信号的相关比较模式，利用雷达主瓣侦察信号对雷达副瓣侦察信号进行相关处理提高 SNR，以测量雷达脉冲到达时刻。假设主瓣侦察信号 SNR 很强时，相关效果和雷达匹配滤波相同，否则就要考虑匹配样本信号噪声对相关处理的影响。

相关法是采用对两个信号进行相关运算的方法来计算它们之间的时间差，也叫时差相关法。相关法能够充分利用同一脉冲信号的相似性，获得最大信噪比检测信号，提高时间测量精度，同时有助于多脉冲信号的配对分选。相关法具有更高的处理增益和测量精度，且原则上对脉冲串是否相参没有特殊要求，但运算量大、处理复杂，站间数据转发压力大。

3.3.1　相关法时差测量模型

相关法(或互模糊函数)时差测量方法包括基站内信号相关处理方法和基站间信号相关处理方法，两者均是利用基站侦察的主瓣强信号与副瓣弱信号相关处理，提高脉冲信号检测概率，并提高脉冲到达时间测量精度。当主瓣侦察信号 SNR 很强时，相关效果和雷达匹配滤波相同，否则就要考虑匹配样本信号噪声对相关处理的影响。

相关法的信号采集与处理技术难度相对较大。首先是信号采集，多站之间的时间和频率同步是时差-频差精确测量的关键。时间同步意味着各站 A/D 数据采集应采用同样的时间基准；频率同步则需要各站的本振严格相参，避免在变频环节引入额外的随机频差。模拟信号转发会引入额外的时差频差，且信噪比损耗大；数字转发可避免上述困难，但侦察系统的高速采样数据流给数据传输带来巨大压力，如何高效压缩数据成为关键。

1. 互相关函数

两基站接收到某辐射源信号，假设 $T_{\rm L}$ 时间内均包含 $N_{\rm p}$ 个相同脉冲，脉冲宽度均为 $T_{\rm r}$。第 i、j 个基站接收信号 $x_i(t)$和 $x_j(t)$的相对延迟时间 $T_{\rm d}=(R_i-R_j)/c$，R_i、R_j 为辐射源到第 i、j 个基站的距离。

自相关(self-correlation)和互相关(cross-correlation)个函数都是对相关性即相似性的度量。自相关就是函数和函数本身的相关性，当函数中有周期性分量的时候，自相关函数的极大值能够很好地体现这种周期性。互相关就是两个函数之间的相似性，当两个函数都具有相同周期分量的时候，它的极大值同样能体现这种周期性的分量。

两基站信号的互相关函数为

$$R_{ij}(\tau)=R_{ji}^{*}(-\tau)=\int[x_i(t)-E(x_i(t))]^{*}[x_j(t+\tau)-E(x_j(t))]\mathrm{d}t \tag{3-27}$$

由于 $E(x_i(\tau))$ 和 $E(x_j(\tau))$ 均为 0，因此两基站信号的互相关函数为

$$R_{ij}(\tau)=\int x_i^{*}(t)x_j(t+\tau)\mathrm{d}t \tag{3-28}$$

式中：$R_{ij}(\tau)$为互相关函数，“ * ”为求共轭；$x_i(t)$和 $x_j(t)$为互相关输入信号。

两信号的相似性用互相关系数来表示，互相关系数表达式为

$$C_{ij}(\tau)=\frac{|R_{ij}(\tau)|^2}{|R_{ii}(0)||R_{jj}(0)|}=\frac{\left|\int x_i^{*}(t)x_j(t+\tau)\mathrm{d}\tau\right|^2}{\int|x_i(t)|^2\mathrm{d}t\int|x_j(t)|^2\mathrm{d}t} \tag{3-29}$$

式中：互相关系数 $0\leqslant C_{ij}\leqslant 1$，互相关系数越大，两个信号的相近程度越高，$C_{ij}=0$ 表示两者没有相似性，$C_{ij}=1$ 表示两者 100% 相似。 当信号满足广义平稳和广义各态历经性时，$\int|x_i(t)|^2\mathrm{d}t$ 和$\int|x_j(t)|^2\mathrm{d}t$ 近似为常数，即 $C_{ij}(\tau)$ 的分母是常数。

互相关函数的傅里叶变换为

$$\begin{aligned}\mathrm{FT}(R_{ij}(\tau))&=\int R_{ij}(\tau)\exp(-\mathrm{j}\omega\tau)\,\mathrm{d}t\\&=\iint x_i^{*}(t)x_j(t+\tau)\exp(-\mathrm{j}\omega\tau)\,\mathrm{d}t\,\mathrm{d}\tau\\&=\int x_i^{*}(t)\int x_j(t+\tau)\exp(-\mathrm{j}\omega\tau)\,\mathrm{d}t\,\mathrm{d}\tau\\&=\int x_i^{*}(t)\int x_j(\gamma)\exp(-\mathrm{j}\omega(\gamma-t))\,\mathrm{d}\gamma\,\mathrm{d}t\\&=\left[\int x_i(t)\exp(-\mathrm{j}\omega t)\,\mathrm{d}t\right]^{*}\int x_j(\gamma)\exp(-\mathrm{j}\omega\gamma)\,\mathrm{d}\gamma\\&=\mathrm{FT}^{*}(x_i(\tau))\,\mathrm{FT}(x_j(\tau))\end{aligned} \tag{3-30}$$

因此互相关函数的频谱等于两函数频谱共轭相乘。互相关函数可以用傅里叶变换 FT 和傅里叶反变换 IFT 实现，互相关函数表达式为

$$R_{ij}(t)=\mathrm{IFT}[\mathrm{FT}^{*}(x_i(t))\,\mathrm{FT}(x_j(t))] \tag{3-31}$$

式中：FT 为傅里叶变换，IFT 为傅里叶反变换。$R_{ij}(t)$可以通过快速算法实现，分别求取 $x_i(t)$和 $x_j(t)$信号的傅里叶变换；然后求频谱的共轭函数乘积；最后求傅里叶反变换得到 $R_{ij}(t)$。

在处理的过程中如果使用了变频，并假定严格使用了相同的本振 ω_0，所得到的 $x_i(t)$和 $x_j(t)$的频谱应该是 $X_i(\omega+\omega_0)$和 $X_j(\omega+\omega_0)$，如果共轭相乘的结果是 $X_i^{*}(\omega+\omega_0)X_j(\omega+\omega_0)$。对它进行傅里叶反变换，得到 $R_{ij}(t)\exp(-\mathrm{j}\omega_0 t)$；另外如果考虑到可能存在的本振之间的相位差，所得到的结果中的本振表达式中还存在一个相位因子，由于 $|R_{ij}(t)\exp(-\mathrm{j}\omega_0 t)|=|R_{ij}(t)|$，因此不影响包络信号的检测。但是如果本振有差别，得到的相关输出包络不等于 $|R_{ij}(t)|$，会影响相关检测。

互相关法时差测量通过对两个信号进行相关运算来计算两者的时间差，互相关输出最

大值对应的时间延迟的估计，即

$$\hat{T}_d = \underset{t}{\mathrm{argmax}} |R_{ij}(t)| \tag{3-32}$$

式中：$\underset{t}{\mathrm{argmax}}$ 表示求 $|R_{ij}(t)|$ 最大值对应的时间 t。因此，互相关函数峰值所对应的时间将代表这两个形状几乎一样的信号之间的时间差。

2. 离散信号互相关

在相关法的工程实现中，为降低数据量和处理时间，接收机需要将信号混频到中频或视频进行处理。在数字仿真或实际侦测中，可以利用零中频信号进行相关时差测量。

假若基站接收离散复信号 $x_i(n)$ 和 $x_j(n)$，两基站离散信号的相关表达式为

$$R_{ij}(m) = \sum x_i^*(n) x_j(n+m) \tag{3-33}$$

离散信号互相关通常用快速傅里叶变换和傅里叶反变换实现。假设 $x_i(n)$ 长度为 M，$x_j(n)$ 信号长度为 K，实际时差定位系统中一般 $M=K$。

实际做 FFT 时，存在循环卷积，$x_i(n)$ 和 $x_j(n)$ 均通过补零使信号长度为 $M+K$，即 $x_i(n)$ 补零 K 个点，$x_j(n)$ 补零 M 个点，这样满足卷积的不混叠条件。实际取 $M+K$ 的最小 2 次幂 N 为 FFT 长度，即信号要进一步补零到 N。两基站离散信号的相关表达式为

$$R_{ij}(m) = \mathrm{IFFT}\{\mathrm{FFT}^*[x_i(n)]\,\mathrm{FFT}[x_j(n)]\} \tag{3-34}$$

式中：FFT 为快速傅里叶变换，IFFT 为快速傅里叶反变换；“ * ”为求共轭。

为了降低脉压后输出脉冲的旁瓣电平，可以对强样本信号进行适当加权，常用的加权函数有三角窗、道尔夫-切比雪夫、泰勒函数、海明(Hamming)窗、汉宁(Hanning)窗、布拉克曼(Blackman)窗，具体参见第 6 章。

基于相关法的时差测量具体算法流程为：

步骤 1：i 基站信号 $x_i(n)$ 数据长度为 M，j 基站信号 $x_j(n)$ 数据长度为 K，取 $K+M$ 的最小 2 次幂 N。

步骤 2：假设 $x_i(n)$ 为强样本信号，可以是全脉冲长度，对全脉冲信号进行时域加窗(可以全样本加窗或不加窗)。

步骤 3：对加窗后的 $x_i(n)$ 补零使信号长度为 N，FFT 处理 $X_i(K)=\mathrm{FFT}[x_i(n)]$。

步骤 4：$x_j(n)$ 信号补零使信号长度为 N，FFT 处理 $X_j(K)=\mathrm{FFT}[x_j(n)]$。

步骤 5：求互相关输出 $R_{ij}(m)=\mathrm{IFFT}\{X_i^*(K)X_j(K)\}$，其中 $X_i^*(K)$ 为 $X_i(K)$ 的共轭。

步骤 6：信号峰值检测获取时差数值。

3.3.2　相关法时差测量输出 SNR 模型

1. 相关法时差测量 SNR 模型

第 i、j 两个基站接收到辐射源信号，并考虑接收机噪声，综合接收复信号为

$$\begin{cases} x_i(t) = s_i(t) + n_i(t) = \sqrt{P_i}\, s(t-\tau_i)\exp(\mathrm{j}2\pi f_{\mathrm{d}i} t) + n_i(t) \\ x_j(t) = s_j(t) + n_j(t) = \sqrt{P_j}\, s(t-\tau_j)\exp(\mathrm{j}2\pi f_{\mathrm{d}j} t) + n_j(t) \end{cases} \tag{3-35}$$

式中：P_i 为信号峰值功率；$s(t)$ 为辐射源发射信号；$f_{\mathrm{d}i}$ 为多普勒频率；延迟时间 $\tau_i = R_i/c$；R_i 为基站与辐射源的距离；$n_i(t)$ 为接收机噪声；i、j 分别表示第 i、j 基站。

第 i、j 基站接收信号的相关处理为

$$
\begin{aligned}
R_{ij}(t) &= \int x_i^*(\tau)x_j(\tau+t)\mathrm{d}\tau \\
&= \int [s_i(\tau)+n_i(\tau)]^*[s_j(\tau+t)+n_j(\tau+t)]\mathrm{d}\tau \\
&= \int [s_i^*(\tau)s_j(\tau+t)+n_i^*(\tau)s_j(\tau+t)+s_i^*(\tau)n_j(\tau+t)+n_i^*(\tau)n_j(\tau+t)]\mathrm{d}\tau
\end{aligned} \tag{3-36}
$$

式中：$\int [s_i^*(\tau)s_j(\tau+t)]\mathrm{d}\tau$ 为两基站接收辐射源信号的互相关；$\int [n_i^*(\tau)n_j(\tau+t)]\mathrm{d}\tau$ 为两个基站接收机噪声的互相关；$\int [n_i^*(\tau)s_j(\tau+t)+s_i^*(\tau)n_j(\tau+t)]\mathrm{d}\tau$ 为信号和噪声的互相关，由于两者不相关，因此该项为零。相关处理后采用包络检波获取最大数值对应的时间点，即为时间差。

假设辐射源发射 N_{p} 个脉冲，两侦察接收机接收到的信号均含有 N_{p} 个脉冲，长度相同且均大于 $N_{\mathrm{p}}T_{\mathrm{p}}$，其中 N_{p} 为脉冲数，T_{p} 为单个脉冲的重复周期。多脉冲信号侦察接收示意图如图 3-7 所示。在不考虑多普勒影响的情况下，当 $\tau=(R_i-R_j)/c$ 时，相关处理获取最大数值，即第 i 个侦察接收机相对第 j 个侦察接收机时间延迟了 τ。

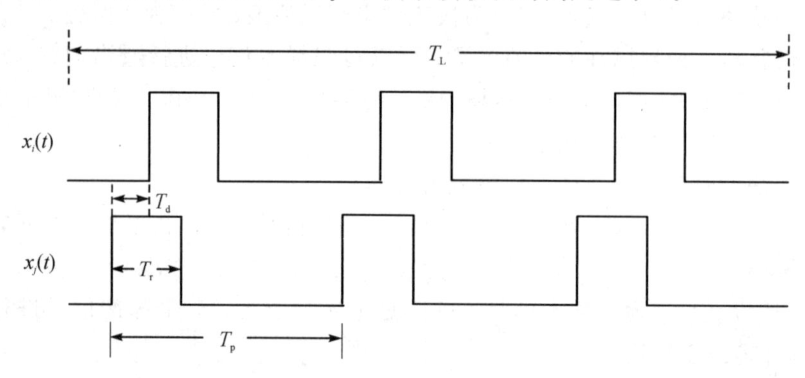

图 3-7　多脉冲信号侦察接收示意图

各基站具有相同的信号采样率 f_{s}，互相关处理信号采样长度 T_{L}。实际互相关处理基于离散信号形式，离散采样间隔 $\Delta=1/f_{\mathrm{s}}$，第 i、j 基站接收信号离散表达式为

$$
\begin{cases}
x_i(n)=s_i(n)+n_i(n)=\sqrt{P_i}\,s(n\Delta-\tau_i))\exp(\mathrm{j}2\pi f_{\mathrm{d}i}n\Delta)+n_i(n) \\
x_j(n)=s_j(n)+n_j(n)=\sqrt{P_j}\,s(n\Delta-\tau_j)\exp(\mathrm{j}2\pi f_{\mathrm{d}j}n\Delta)+n_j(n)
\end{cases} \tag{3-37}
$$

式中：P_i 为信号功率；$s(t)$为辐射源发射信号；$f_{\mathrm{d}i}$ 为多普勒频率；延迟时间 $\tau_i=R_i/c$；R_i 为基站与辐射源的距离；$n_i(t)$为接收机噪声；i、j 分别表示第 i、j 基站。

第 i、j 基站接收到离散信号的相关处理为

$$
\begin{aligned}
R_{ij}(m) &= \sum x_i^*(n)x_j(n+m) \\
&= \sum [s_i(n)+n_i(n)]^*[s_j(n+m)+n_j(n+m)]
\end{aligned} \tag{3-38}
$$

为了得到相关输出的最大信噪比，假设第 i、j 基站采样起始时刻相同，两基站与信号源距离相同即 $\tau_i=\tau_j$，多普勒频率也相同即 $f_{\mathrm{d}i}=f_{\mathrm{d}j}$，得到

$$\begin{cases} s_i(n) = \sqrt{P_i}\, s(n) \\ s_j(n) = \sqrt{P_j}\, s(n) \end{cases} \tag{3-39}$$

式中：$s(n)=s(n\Delta-\tau_i)\exp(\mathrm{j}2\pi f_{di} n\Delta)$为幅度为 1 的雷达复数脉冲，$T_L=N_p T_p$，总采样点数为 $T_L f_s$。

第 i、j 基站接收辐射源信号的相关输出最大值为

$$R_{ss}(0)=\sum s_i^*(n)s_j(n)=\sqrt{P_iP_j}N_pT_rf_s \tag{3-40}$$

$m=0$ 时，相关输出均值及平方均值分别为

$$\begin{aligned} E[R_{ij}(0)] &= E\sum[s_i(n)+n_i(n)]^*[s_j(n)+n_j(n)] \\ &= \sqrt{P_iP_j}N_pT_rf_s \end{aligned} \tag{3-41}$$

$$\begin{aligned} E[|R_{ij}(0)|^2] &= E\sum_n\sum_m[s_i(n)+n_i(n)]^*[s_j(n)+n_j(n)][s_i(m)+n_i(m)][s_j(m)+n_j(m)]^* \\ &= E\sum_n\sum_m[s_i^*(n)s_j(n)+n_i^*(n)s_j(n)+s_i^*(n)n_j(n)+n_i^*(n)n_j(n)]\times \\ &\quad [s_i(m)s_j^*(m)+n_i(m)s_j^*(m)+s_i(m)n_j^*(m)+n_i(m)n_j^*(m)] \\ &= P_iP_j(N_pT_rf_s)^2+\delta_i^2P_jN_pT_rf_s+\delta_j^2P_iN_pT_rf_s+\delta_i^2\delta_j^2N_pT_pf_s \end{aligned} \tag{3-42}$$

相关输出最大值处的噪声方差为

$$\begin{aligned} \mathrm{var}[R_{ij}(0)] &= E\{|R_{ij}(0)|^2\}-(E[R_{ij}(0)])^2 \\ &= \delta_i^2P_jN_pT_rf_s+\delta_j^2P_iN_pT_rf_s+\delta_i^2\delta_j^2N_pT_pf_s \end{aligned} \tag{3-43}$$

由于时差定位的各基站接收机瞬时带宽相同且同步，即 $\delta_i^2=\delta_j^2=kF_nf_sT_0$，于是得到两基站的相关输出信噪比模型为

$$\begin{aligned} \mathrm{SNR}_c &= \mathrm{SNR}(\tau)\Big|_{\tau=\frac{R_i-R_j}{c}=0}=\frac{|R_{ss}(0)|^2}{\mathrm{var}[R_{ij}(0)]}=\frac{P_iP_jN_pT_rf_s}{P_i\delta_j^2+P_j\delta_i^2+\dfrac{T_p}{T_r}\delta_i^2\delta_j^2} \\ &= \frac{\dfrac{P_i}{\delta_i^2}\dfrac{P_j}{\delta_j^2}N_pT_rf_s}{\dfrac{P_i}{\delta_i^2}+\dfrac{P_j}{\delta_j^2}+\dfrac{T_p}{T_r}}=\frac{\dfrac{P_i}{kF_nT_0}\dfrac{P_j}{kF_nT_0}N_pT_rf_s}{\dfrac{P_i}{kF_nT_0}+\dfrac{P_j}{kF_nT_0}+\dfrac{T_p}{T_r}f_s} \end{aligned} \tag{3-44}$$

可见两基站接收信号相关输出信噪比的影响因素包括基站信噪比、采样时间长度、信号占空比 T_r/T_p、采样率等，而与辐射源信号带宽无关。

假设第 i 基站接收信号为强样本信号，忽略接收机噪声影响，即 $\sigma_i^2=0$。强样本信号相关输出的信噪比为

$$\mathrm{SNR}(\tau)\Big|_{\tau=\frac{R_i-R_j}{c}}=\frac{P_iP_jN_pT_rf_s}{P_i\delta_j^2+P_j\delta_i^2+\dfrac{T_p}{T_r}\delta_i^2\delta_j^2}=\frac{P_jN_pT_rf_s}{\delta_j^2}=\frac{P_jN_pT_r}{kF_nT_0} \tag{3-45}$$

因此强样本信号相关和雷达匹配滤波相同。

2. 仿真结果

采样率 50 MHz，接收机噪声带宽 50 MHz，脉冲宽度 15 μs，LFM 带宽 3 MHz，信噪比 0 dB，信号占空比 $T_r:T_p=1:11$ 时，单个脉冲相关输出信号仿真结果如图 3-8 所示。

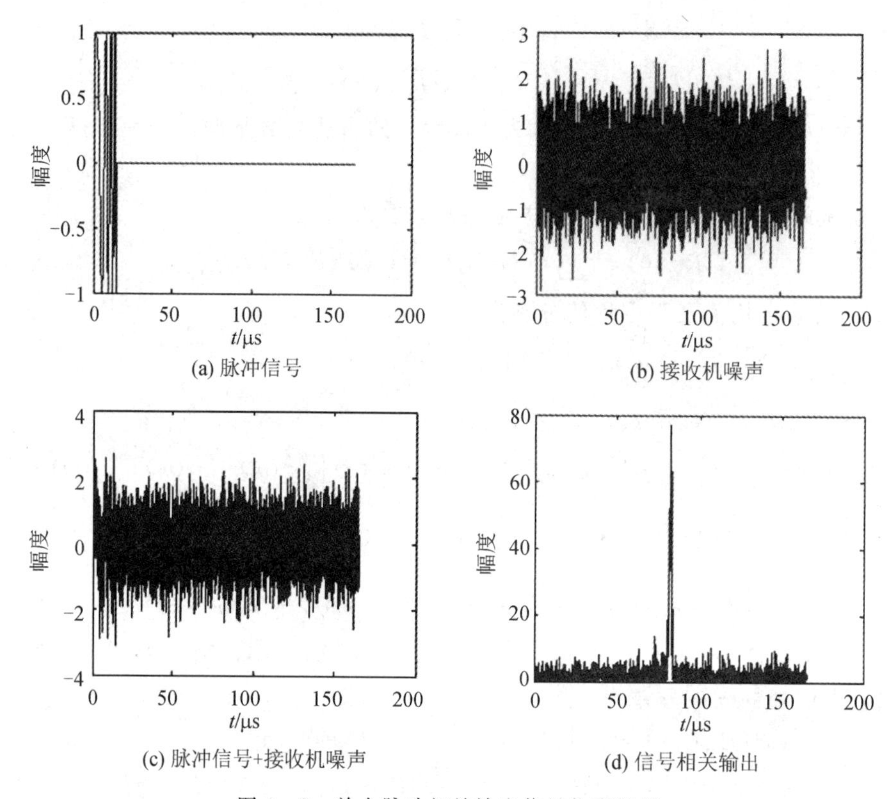

图 3-8　单个脉冲相关输出信号仿真结果

下面对互相关法时差测量输出信噪比模型进行数字视频仿真。设侦察接收机互相关处理时间长度 $T_c=2$ ms，采样率 50 MHz，Monte-Carlo 仿真得到数字视频仿真和信噪比理论公式对比曲线，如图 3-9 所示。结果表明数字视频仿真结果和信噪比理论公式两误差曲线很好地吻合，证明了信噪比理论公式的正确性。

图 3-9(a)为脉冲宽度 T_r 与互相关输出信噪比的关系曲线。仿真参数：侦察接收机侦察到单脉冲信号(即 $N_p=1$)，信号带宽 3 MHz，输入 SNR 分别为－10 dB 和 0 dB。表明侦察到单脉冲信号时，脉冲宽度越宽，互相关输出信噪比越大；输入信噪比越大，互相关输出信噪比越大。

图 3-9(b)为脉冲信号带宽 B 与互相关输出信噪比的关系曲线。仿真参数：侦察接收机侦察到单脉冲信号，脉冲宽度 200 μs，输入 SNR 分别为－10 dB 和 0 dB，带宽 0.1～10 MHz。表明互相关输出信噪比与接收雷达信号带宽无关。

图 3-9(c)为输入信噪比和输出信噪比关系曲线。仿真参数：侦察接收机侦察到单脉冲信号，脉冲宽度 200 μs，带宽 3 MHz，输入 SNR 为－10～10 dB。结果表明通过互相关处理可以提高信噪比。

图 3-9(d)为雷达信号脉冲数和互相关输出信噪比的关系曲线。仿真参数：侦察接收机侦察到脉冲为 1～20 个，单个脉冲信号宽度 20 μs，带宽 3 MHz，输入信噪比为 0 dB。表明随着脉冲数增加，互相关输出信噪比增加。

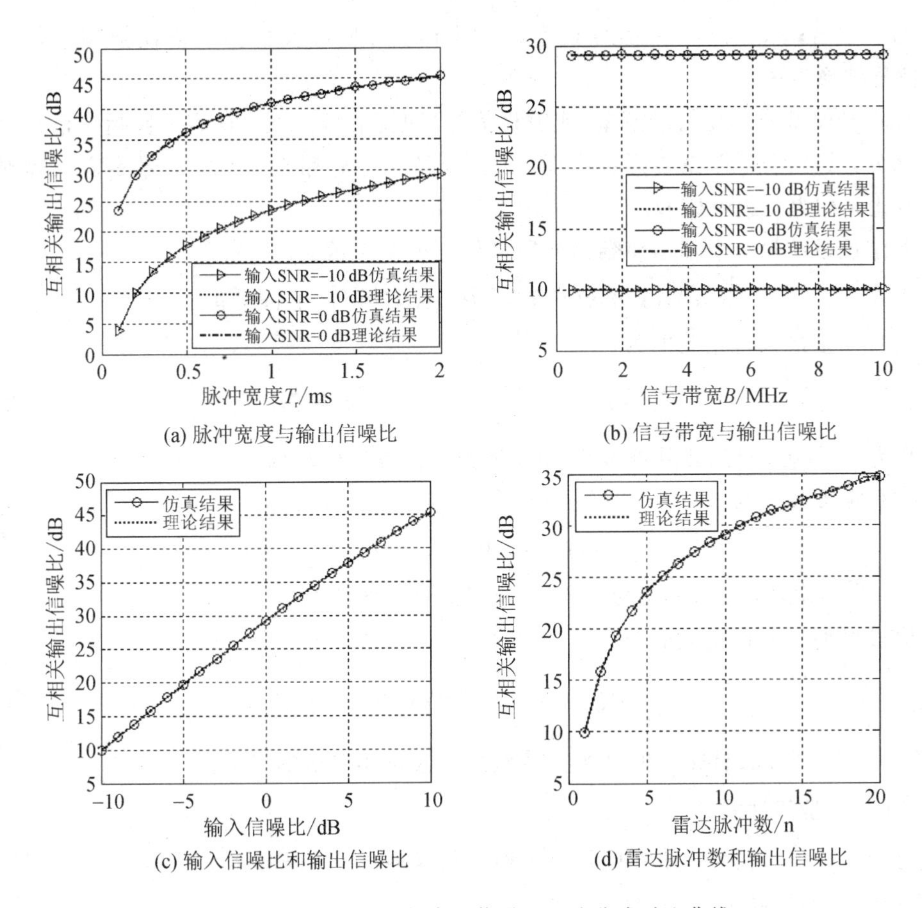

(a) 脉冲宽度与输出信噪比　(b) 信号带宽与输出信噪比

(c) 输入信噪比和输出信噪比　(d) 雷达脉冲数和输出信噪比

图 3-9　数字视频仿真和信噪比理论公式对比曲线

3.3.3　相关法时差测量误差 CRB 模型

1. 信号相关峰值功率

$s(t)$信号的自相关 $R_{ss}(t)$表示为

$$
\begin{aligned}
R_{ss}(t) &= \mathrm{IFT}\left[\mathrm{FT}^*(s(t))\,\mathrm{FT}(s(t))\right] \\
&= \frac{1}{2\pi}\int_{-\infty}^{\infty} S^*(\omega)S(\omega)\exp(\mathrm{j}\omega t)\,\mathrm{d}\omega \\
&= \frac{1}{2\pi}\int_{-\infty}^{\infty} |S(\omega)|^2\exp(\mathrm{j}\omega t)\,\mathrm{d}\omega
\end{aligned} \tag{3-46}
$$

式中：ω 为角频率；$S(\omega)$表示 $s(t)$信号频谱；$R_{ss}(0)$为最大自相关值，同时又是信号总能量 E_x，即 $E_x=R_{ss}(0)$。

利用连续时间的帕斯瓦尔定理，信号总能量 E_x 为

$$
\begin{aligned}
E_x = R_{ss}(0) &= \int_{-\infty}^{\infty} |s(t)|^2\,\mathrm{d}t \\
&= \frac{1}{2\pi}\int_{-\infty}^{\infty} |S(\omega)|^2\,\mathrm{d}\omega = \int_{-\infty}^{\infty} |S(f)|^2\,\mathrm{d}f
\end{aligned} \tag{3-47}
$$

式中：$|s(t)|$为信号；$S(\omega)$表示 $s(t)$信号频谱；f 为频率；ω 为角频率；$|S(\omega)|^2$ 为信号

角频率的功率谱；$|S(f)|^2$ 为信号频率的功率谱。可见最大自相关值仅依赖于信号总能量，与信号波形无关。

侦察信号模型分为复信号模型(或解析信号)和实信号模型。复信号包括实信号和虚信号两个部分，其频谱不存在共轭对称性，因此又称为单边带信号；实信号具有共轭对称的频谱，因此又称为双边带信号。

时差定位系统第 i 个基站侦察信号用复信号模型表示为

$$s(t)=\sqrt{P_i}\exp[\mathrm{j}\theta(t)]=\sqrt{P_i}\{\cos[\theta(t)]+\mathrm{j}\sin[\theta(t)]\} \tag{3-48}$$

复信号模型最大自相关值为

$$E_x=R_{\mathrm{ss}}(0)=\int_{-\infty}^{\infty}|s(t)|^2\mathrm{d}t=TP_i \tag{3-49}$$

式中：T 为信号持续时间或脉冲宽度；P_i 为侦察信号峰值功率。

实信号模型表示为

$$s(t)=\sqrt{P_i}\cos[\theta(t)] \tag{3-50}$$

式中：$\theta(t)$为相位角，随时间变化；P_i 为侦察信号峰值功率。

实信号模型最大自相关值为

$$E_x=R_{\mathrm{ss}}(0)=\int_{-\infty}^{\infty}|s(t)|^2\mathrm{d}t=\frac{1}{2}TP_i \tag{3-51}$$

因此，复信号模型最大自相关值是实信号模型最大自相关值的 2 倍。

2. CRB 模型表达式

针对侦察复信号模型，侦察接收机噪声为复噪声，其信号频谱为单边带，复信号(或单边带)噪声功率谱密度 η_0 表示为

$$\eta_0=kF_{\mathrm{n}}T_0 \tag{3-52}$$

式中：$k=1.3806\times10^{-23}$(J/K)为玻尔兹曼常数，$T_0=290$ K 为接收机噪声温度，F_{n} 为接收机噪声系数。噪声功率谱密度表示单位频率(Hz)内的噪声功率，该值乘以带宽即为噪声功率。

针对侦察实信号模型，侦察接收机噪声为实噪声，其信号频谱为双边带，实信号(或双边带)噪声功率谱密度为 $\eta_0/2$。

噪声导致的时间测量误差大小与信号有效带宽和有效信噪比有关，时差测量误差的方差克拉美劳界(CRB)下限为

$$\sigma_\tau^2\geqslant\frac{N_0}{4\pi^2\int_{-\infty}^{\infty}(f-\bar{f})^2|S(f)|^2\mathrm{d}f}=\frac{N_0}{4\pi^2B_{\mathrm{rms}}^2E_x}=\frac{1}{4\pi^2B_{\mathrm{rms}}^2\mathrm{SNR_c}} \tag{3-53}$$

式中：B_{rms} 为信号的均方根带宽；N_0 为噪声功率谱密度；E_x 为最大自相关值；$S(f)$为信号 $s(t)$的频域表示；$\bar{f}$ 为信号的频域中心，f 为频率；$\mathrm{SNR_c}$ 为相关输出信噪比。

如果 $s(t)$为复信号，N_0 为单边带(复数)噪声功率谱密度，即 $N_0=\eta_0$；如果 $s(t)$为实信号，N_0 为双边带(实部)信号噪声功率谱密度，即 $N_0=\eta_0/2$。

复信号模型和实信号模型的相关法输出峰值信噪比是相同的，表示为

$$\mathrm{SNR_c}=\frac{E_x}{N_0}=\int_{-\infty}^{\infty}\frac{|S(f)|^2}{N_0}\mathrm{d}f=\frac{TP_i}{kF_\mathrm{n}T_0} \tag{3-54}$$

用雷达脉冲压缩的形式，上式可以表示为

$$\mathrm{SNR_c}=\frac{TB_iP_i}{kBF_\mathrm{n}T_0}=\frac{DP_i}{kB_iF_\mathrm{n}T_0}=\frac{DP_i}{\delta_i^2} \tag{3-55}$$

式中：$k=1.3806\times10^{-23}$(J/K)为玻尔兹曼常数；$T_0=290$ K 为接收机噪声温度；F_n 为接收机噪声系数；B_i 为信号带宽；T 为信号持续时间或脉冲宽度；$D=TB_i$ 为信号处理增益；δ_i^2 为接收机噪声功率。相关输出的最大信噪比仅依赖于信号能量和输入噪声的功率，与信号的波形无关。

信号的均方根带宽 B_rms 表达式如下

$$B_\mathrm{rms}^2=\frac{\int_{-\infty}^{\infty}(f-\bar{f})^2|S(f)|^2\mathrm{d}f}{\int_{-\infty}^{\infty}|S(f)|^2\mathrm{d}f} \tag{3-56}$$

式中：$S(f)$为信号的频域表示；$\bar{f}$ 为信号的频域中心；f 为频率。

对于 LFM 信号，频谱近似为矩形函数 $\mathrm{rect}(f/B)$，取 $f\in[-B/2, B/2]$，$\bar{f}=0$，其信号的均方根带宽 B_rms 为

$$B_\mathrm{rms}^2=\frac{\int_{-\infty}^{\infty}f^2|S(f)|^2\mathrm{d}f}{\int_{-\infty}^{\infty}|S(f)|^2\mathrm{d}f}=\frac{\int_{-B/2}^{B/2}f^2\mathrm{d}f}{\int_{-B/2}^{B/2}\mathrm{d}f}=\frac{B^2}{12} \tag{3-57}$$

式中：B 为带宽；f 为频率；$|S(f)|^2=1$ 为功率谱。

由式(3-52)，LFM 信号的相关时差测量误差下限为

$$\sigma_t=\frac{1}{2\pi B_\mathrm{rms}\sqrt{\mathrm{SNR_c}}}=\frac{2\sqrt{3}}{2\pi B\sqrt{\mathrm{SNR_c}}}\approx\frac{1}{k_\mathrm{c}B\sqrt{\mathrm{SNR_c}}} \tag{3-58}$$

式中：k_c 称为信号影响因子，不同信号 k_c 有所不同，$k_\mathrm{c}=1.5\sim2$，对于 LFM 信号，$k_\mathrm{c}=1.81$；B_rms 为信号的均方根带宽；B 为 LFM 信号带宽；$\mathrm{SNR_c}$ 为相关输出信噪比。

3. 仿真结果

带宽 1 MHz，脉宽 100 μs，基站采样信号 10 MHz，两个基站采样均包括 4 个脉冲，信噪比与时间测量误差仿真结果如图 3-10 所示。仿真结果表明，由于噪声影响，时间测量误差每次都是变化的，但是从统计意义上，随信噪比增加，时间测量误差逐渐减小。

以时差定位基站接收机对某雷达辐射源侦察为例，雷达脉冲宽度为 6.4 μs、12.7 μs、25.4 μs、51 μs，脉冲重复频率为 300 Hz，信号带宽 5 MHz，峰值功率 5 mW。设两基站侦察信号长度均为一个雷达信号周期，对雷达副瓣侦察时侦察 SNR 和时间测量误差如图 3-11 所示，其中图3-11(a)为距离与 SNR 的关系曲线；图 3-11(b)为距离与时差测量误差的关系曲线。仿真表明通过相关处理，可以大幅度提高侦察 SNR，在距离某雷达 500 km 时，对雷达副瓣侦察时的时间测量误差小于 0.19 ns，测量精度非常高。(读者可用手机扫描图 3-11 上的二维码观看彩色原图，以弥补黑白印刷不能体现仿真图细节的缺憾。)

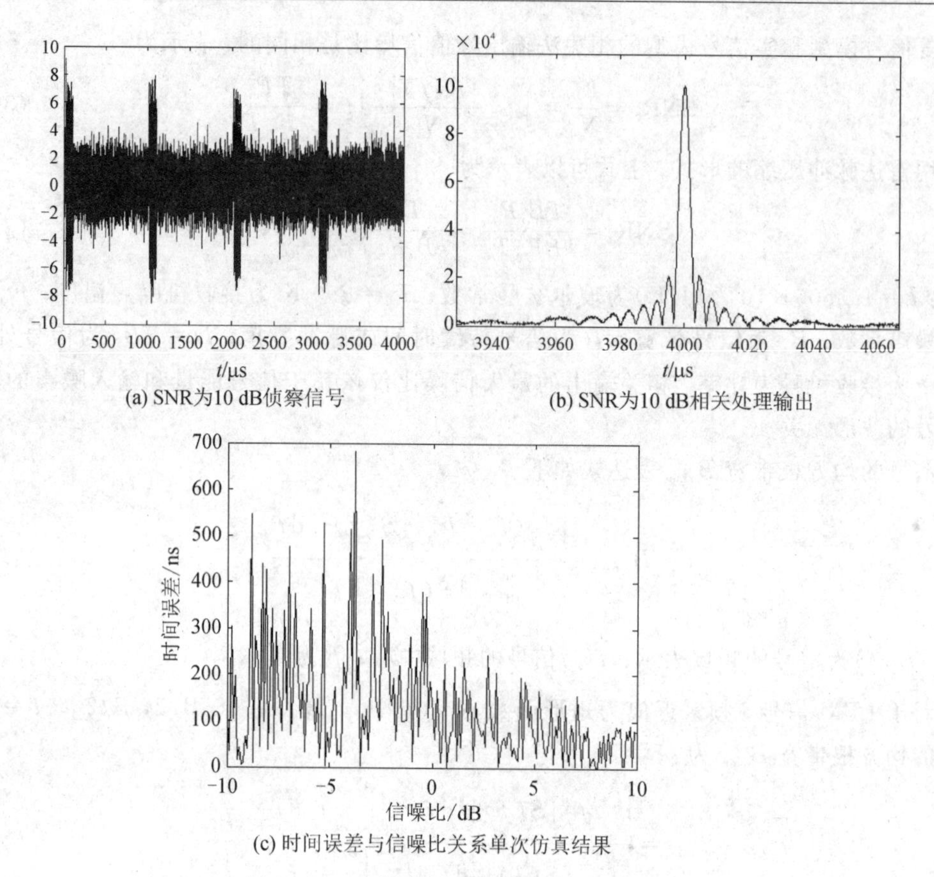

(a) SNR为10 dB侦察信号　　(b) SNR为10 dB相关处理输出

(c) 时间误差与信噪比关系单次仿真结果

图 3-10　信噪比与时间测量误差仿真结果

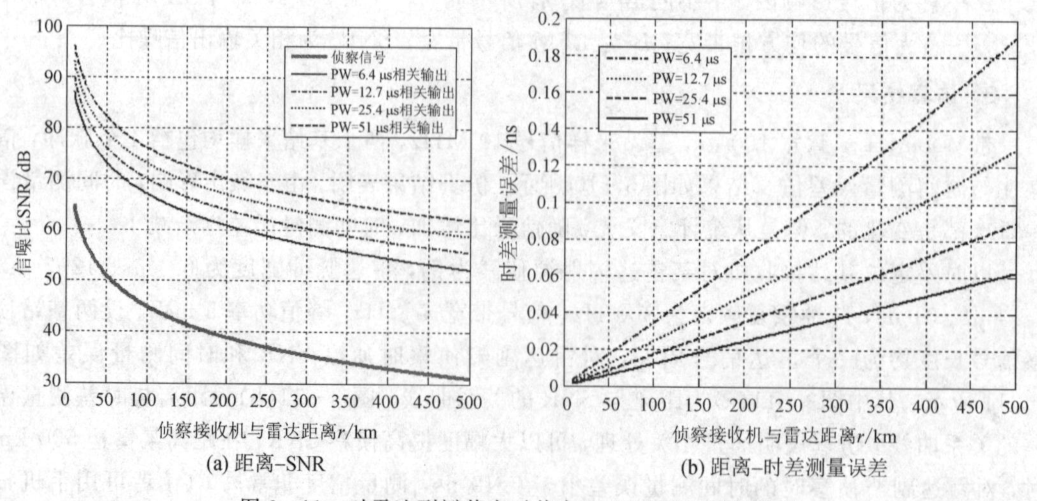

(a) 距离-SNR　　(b) 距离-时差测量误差

图 3-11　对雷达副瓣侦察时侦察 SNR 和时间测量误差

3.3.4　相关时差测量的多普勒影响

1. 多普勒对 LFM 信号相关时差测量的影响

雷达通常采用 LFM 信号，多普勒对 LFM 信号的相关处理影响比较大。设某雷达信号表达式为

$$s(t)=\sum_{i=0}^{N-1}\mathrm{rect}\left(\frac{t-iT_{\mathrm{r}}}{T_{\mathrm{p}}}\right)\exp[\mathrm{j}\pi k(t-iT_{\mathrm{r}})^2]\exp[\mathrm{j}2\pi f_{\mathrm{c}}t] \tag{3-59}$$

时差定位系统第 i 基站接收辐射源信号的时域表达式为

$$s_i(t)\approx A_i\sum_{m=0}^{N-1}\mathrm{rect}\left(\frac{t-\tau_i-mT_{\mathrm{r}}}{T_{\mathrm{p}}}\right)\exp[\mathrm{j}\pi k(t-\tau_i-mT_{\mathrm{r}})^2]\exp\left[\mathrm{j}2\pi(f_{\mathrm{c}}+f_{\mathrm{d}i})t-\mathrm{j}2\pi\frac{R_i}{\lambda}\right] \tag{3-60}$$

式中：N 为脉冲数目；T_{r} 为脉冲重复周期，即 PRI；T_{p} 为脉冲宽度；$k=B/T_{\mathrm{p}}$ 为调频斜率，B 为带宽，$B\ll f_{\mathrm{c}}$；时间延迟 $\tau_i=R_i/c$；多普勒 $f_{\mathrm{d}i}=v_i/\lambda$；$R_i$ 和 v_i 分别为第 i 基站与辐射源的距离和相对速度；f_{c} 为信号中心频率，$\lambda=c/f_{\mathrm{c}}$，c 为光速；A_i 为信号幅度；矩形函数 rect(t)的定义为 $\mathrm{rect}(t)=\begin{cases}1, & t\in(0,1)\\ 0, & \text{其它}\end{cases}$。

第 i、j 基站接收辐射源信号相关处理，假设 $A_i=A_j=1$，得到两站的相关处理表达式为

$$\begin{aligned}
R_{ij}(\tau)&=\int x_i^*(t)x_j(t+\tau)\mathrm{d}t\\
&=\sum_{m=0}^{N-1}\sum_{n=0}^{N-1}\exp[\mathrm{j}\varphi]\int_{-\infty}^{\infty}\mathrm{rect}\left(\frac{t-\tau_i-mT_{\mathrm{r}}}{T_{\mathrm{p}}}\right)\mathrm{rect}\left(\frac{t+\tau-\tau_j-nT_{\mathrm{r}}}{T_{\mathrm{p}}}\right)\times\\
&\quad\exp\left\{\mathrm{j}2\pi kt\left[\left(\frac{f_{\mathrm{d}j}-f_{\mathrm{d}i}}{k}+\tau+\tau_i-\tau_j+(m-n)T_{\mathrm{r}}\right)\right]\right\}\\
&=\sum_{m=0}^{N-1}\sum_{n=0}^{N-1}\exp[\mathrm{j}\varphi]T_{\mathrm{p}}\mathrm{rect}\left(\frac{\tau+\tau_i-\tau_j+(m-n)T_{\mathrm{r}}}{2T_{\mathrm{p}}}\right)\left(1-\frac{|\tau+\tau_i-\tau_j+(m-n)T_{\mathrm{r}}|}{T_{\mathrm{p}}}\right)\times\\
&\quad\mathrm{sinc}\left\{k\pi T_{\mathrm{p}}\left(\frac{f_{\mathrm{d}j}-f_{\mathrm{d}i}}{k}+\tau+\tau_i-\tau_j+(m-n)T_{\mathrm{r}}\right)\left(1-\frac{|\tau+\tau_i-\tau_j+(m-n)T_{\mathrm{r}}|}{T_{\mathrm{p}}}\right)\right\}
\end{aligned} \tag{3-61}$$

式中：$\varphi=2\pi(f_{\mathrm{c}}+f_{\mathrm{d}j})\tau+2\pi(R_i-R_j)/\lambda+\pi k[\tau-\tau_j-\tau_i-(m+n)T_{\mathrm{r}}][\tau+\tau_i-\tau_j+(m-n)T_{\mathrm{r}}]$ 为相位项，对于固定的 τ_i、τ_j、R_i、R_j、f_{c}，φ 是 τ、m、n 的函数。

多脉冲相关时，会出现多个峰值，且峰值相互叠加。多普勒使基站信号相关输出产生时延，为了便于研究，可以对单个脉冲的时域输出进行分析，多个脉冲的情况结果相同，只是产生多个脉冲输出。当基站接收信号存在多普勒频移差，即 $f_{\mathrm{d}j}-f_{\mathrm{d}i}\neq 0$ 时，LFM 信号相关处理后时域主瓣被展宽，副瓣被抬高，同时相关输出会产生一个附加时延：

$$\Delta t=\frac{f_{\mathrm{d}j}-f_{\mathrm{d}i}}{k} \tag{3-62}$$

式中：k 为 LFM 信号调频斜率，有正/负调频。当 Δt 为正时，相关输出峰值时间 τ 会提前；反之会延迟。

2. 仿真结果

当基站相对辐射源的最大径向速度差为 77.5 m/s，针对 S 波段(3 GHz)，带宽1 MHz，脉宽 100 μs，多普勒差为 775 Hz，对应的相关输出延迟为 77.5 ns，产生的距离误差为23.25 m，多普勒对相关法时差测量的仿真结果如图 3-12 所示，其中(a)为辐射源信号；(b)为相关输出。仿真表明对于 LFM 信号，多普勒影响对相关法时差测量带来系统偏差，本仿真相关输出延迟为 77.5 ns，远大于 SNR 引起的时间测量误差。

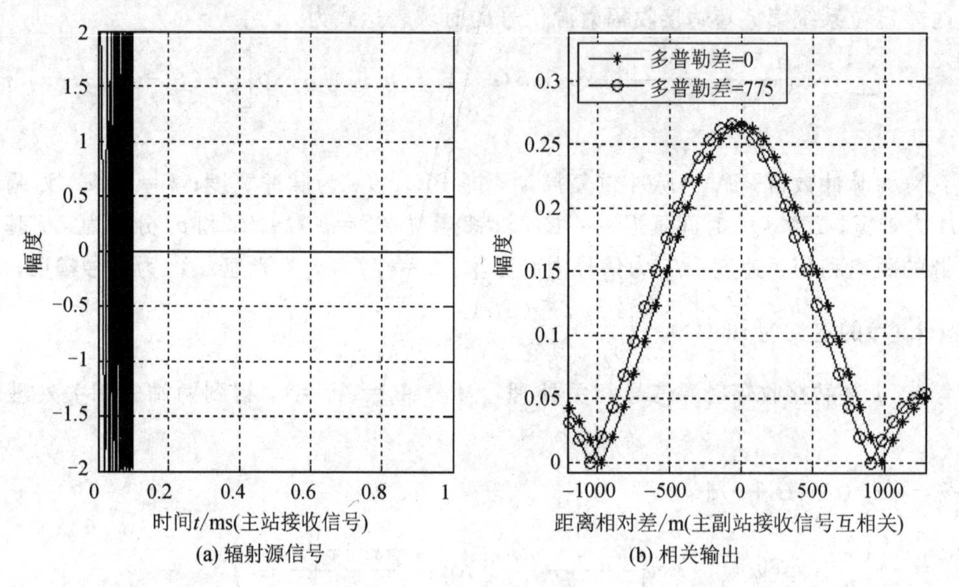

(a) 辐射源信号　(b) 相关输出

图 3-12　多普勒对相关法时差测量的仿真结果

对于 LFM 信号来说，影响相关时差测量的因素包括目标速度、信号波长(或频率)、信号带宽、信号脉宽。当最大径向速度差为 77.5 m/s 时，针对频率 3 GHz(S 波段)和 6 GHz (C 波段) 的 LFM 信号辐射源，相关法时差测量影响因素仿真曲线如图 3-13 所示。

仿真表明相对速度固定情况下，频率越高多普勒速度越大，对应的相关输出误差(延迟或提前)也越大；辐射源信号调频率越大，速度引起的时差测量误差越小，反之越大。例如同等带宽情况下，脉宽越大(调频斜率越小)，对应的相关输出误差越大；同等脉宽情况下，

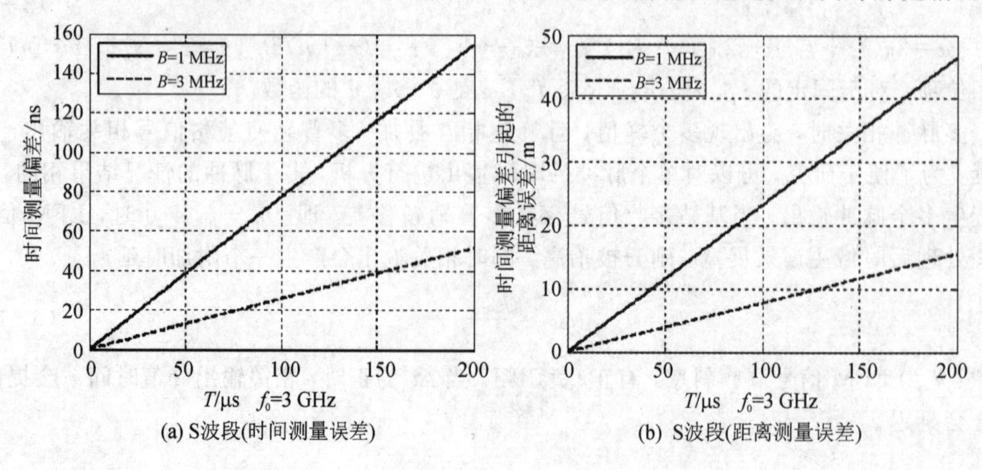

(a) S波段(时间测量误差)　(b) S波段(距离测量误差)

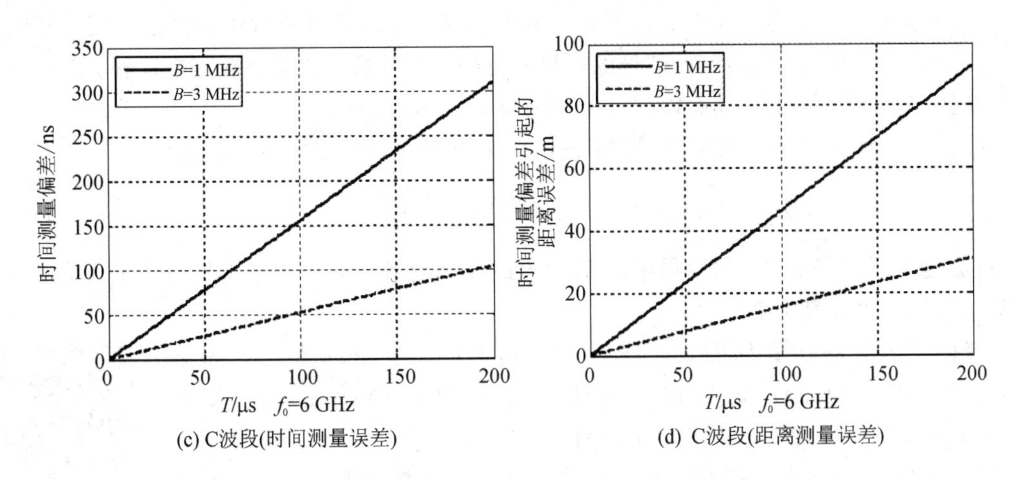

(c) C波段(时间测量误差)　　(d) C波段(距离测量误差)

图 3-13　相关法时差测量影响因素仿真曲线(速度差 77.5 m/s)

信号带宽越大(调频率越大)，对应的时差测量误差越小。

综合可见针对 LFM 信号，需要考虑速度对相关法时差测量的影响。

3.3.5　互模糊函数法时差-频差测量模型

1. 互模糊函数法时差-频差测量

为了弥补多普勒频率差对相关处理时差测量带来的误差，需要对相关处理法引入频差补偿因子，即采用互模糊函数方法，通过计算两基站接收信号之间的相关函数进行时差-频差联合估计，从而补偿频差带来的时差测量误差。互模糊函数法可直接实现时差-频差的联合估计，即互模糊函数是两信号基于距离延迟时间 τ 和多普勒频偏 f_d 的二维函数。

信号 $x_i(t)$ 与信号 $x_j(t)$ 基于延迟时间 τ 和多普勒频移 f_d 的信号相关输出响应函数或称为时频相关函数，表达式为

$$\chi(\tau, f_d)=\int_{-\infty}^{\infty} x_i^*(t)x_j(t+\tau)\exp(\mathrm{j}2\pi f_d t)\,\mathrm{d}t \tag{3-63}$$

式中：* 表示求共轭，f_d 为多普勒频移，τ 为延迟时间。

互模糊函数定义为

$$\mathrm{AF}(\tau, f_d)=|\chi(\tau, f_d)|^2=\left|\int_{-\infty}^{\infty} x_i^*(t)x_j(t+\tau)\exp(\mathrm{j}2\pi f_d t)\,\mathrm{d}t\right|^2 \tag{3-64}$$

$\chi(t, f)$ 的傅里叶变换为

$$\begin{aligned}\mathrm{FT}[\chi(\tau, f_d)]&=\int_{-\infty}^{\infty}\int_{-\infty}^{\infty} x_i^*(t)x_j(t+\tau)\exp(\mathrm{j}2\pi f_d t)\exp(-\mathrm{j}\omega\tau)\,\mathrm{d}t\mathrm{d}\tau\\&=\int_{-\infty}^{\infty} x_i^*(t)\exp(\mathrm{j}2\pi f_d t)\int_{-\infty}^{\infty} x_j(\gamma)\exp(-\mathrm{j}\omega(\gamma-t))\,\mathrm{d}\gamma\mathrm{d}t\\&=\int_{-\infty}^{\infty} x_i^*(t)\exp(\mathrm{j}2\pi f_d t)\exp(\mathrm{j}\omega t)\,\mathrm{d}t\int_{-\infty}^{\infty} x_j(\gamma)\exp(-\mathrm{j}\omega\gamma)\,\mathrm{d}\gamma\\&=[\mathrm{FT}(x_i(t)\exp(-\mathrm{j}2\pi f_d t))]^*[\mathrm{FT}(x_j(t))]\end{aligned} \tag{3-65}$$

因此互模糊函数可以用 FT 和 IFT 实现：

$$\chi(\tau, f_d)=\mathrm{IFT}\{[\mathrm{FT}(x_i(t)\exp(-\mathrm{j}2\pi f_d t))]^*[\mathrm{FT}(x_j(t))]\} \tag{3-66}$$

式中：FT 为傅里叶变换，IFT 为傅里叶反变换。$\chi(\tau, f_d)$可以通过快速算法实现，分别求取 $x_i(t)\exp(-j2\pi f_d t)$和 $x_j(t)$信号的傅里叶变换；然后求频谱的共轭函数乘积；最后傅里叶反变换得到 $\chi(\tau, f_d)$，进而得到互模糊函数 $AF(\tau, f_d)$。

按照等间隔遍历 f_d，得到二维 $AF(\tau, f_d)$。多普勒频率的取值范围为

$$f_d \in \left[-\frac{2\nu_{max}}{\lambda}, \frac{2\nu_{max}}{\lambda}\right] \tag{3-67}$$

式中：λ 为信号波长；ν_{max} 为辐射源与基站的最大相对速度，考虑辐射源在两基站间运动，两基站的最大多普勒为 $2\nu_{max}/\lambda$。

互模糊函数的仿真如图 3-14 所示，其中(a)为 LFM 信号，脉宽 100 μs，带宽 100 kHz；(b)为 13 位 Bark 码信号，脉宽 100 μs；(c)为 LFM 信号(输入 SNR=3 dB)；(d)为 Bark 码信号(输入 SNR=3 dB)。可见 LFM 信号模糊图为刀劈形状，存在延迟和多普勒耦合，多普勒不补偿直接相关时，提取的峰值存在耦合误差；Bark 信号模糊图近似图钉形状，对多普勒比较敏感，一般需要多普勒补偿才能有效提取时差和频差数值。

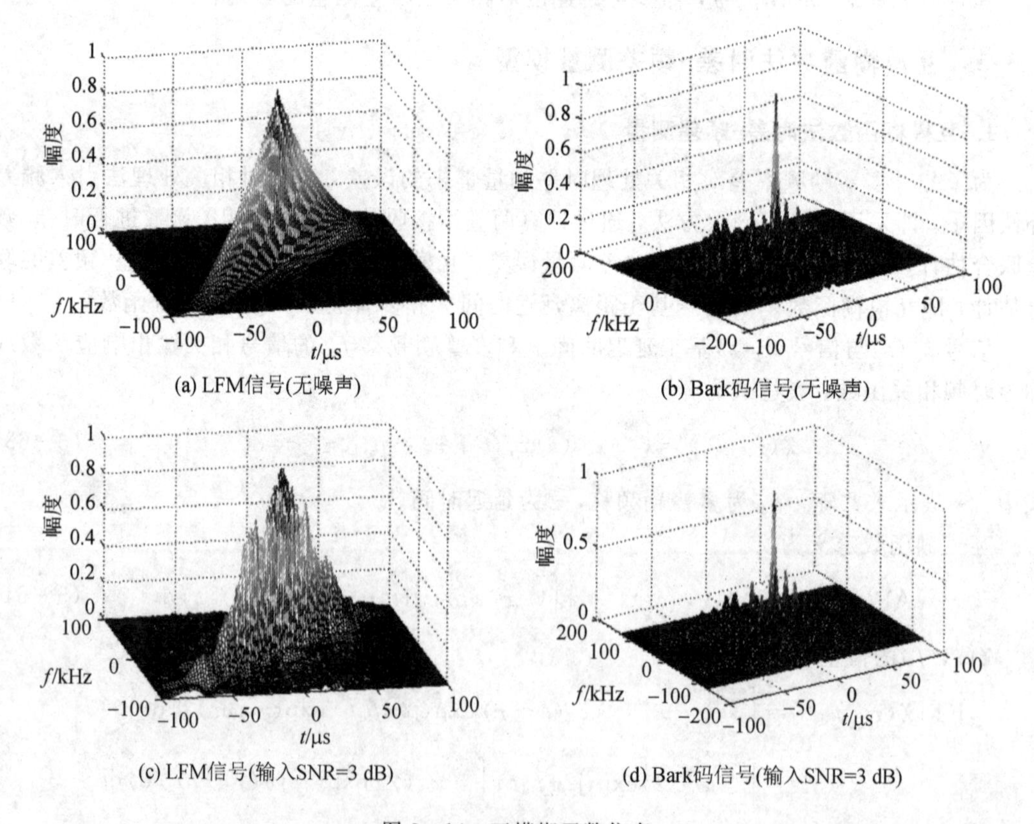

图 3-14　互模糊函数仿真

仿真表明不同信号的互模糊函数是不同的：无噪声情况下，通过二维抛物线插值可以获取准确的互模糊函数的最大值，即得到准确的时差和频差数值；存在接收机噪声情况下，时差和频差测量存在误差，不同信号测量误差不同。

假定两基站信号分别为 $x_i(t)$、$x_j(t)$，其中 i 基站为主站，基站信号表达式为

$$
\begin{cases}
x_i(t)=s_i(t)+n_i(t)=\sqrt{P_i}\,s(t-\tau_i)\exp(\mathrm{j}2\pi f_{\mathrm{d}i}t)+n_i(t)\\
x_j(t)=s_j(t)+n_j(t)=\sqrt{P_j}\,s(t-\tau_j)\exp(\mathrm{j}2\pi f_{\mathrm{d}j}t)+n_j(t)
\end{cases}
\tag{3-68}
$$

忽略噪声 $n_i(t)$和 $n_j(t)$，$x_i(t)$和 $x_j(t)$两信号互模糊函数 $\mathrm{AF}(\tau, f_\mathrm{d})$的最大值出现在 $x_i(t)\exp(-\mathrm{j}2\pi f_\mathrm{d}t)$和 $x_j(t+\tau)$信号样式完全相关的位置：

$$
\begin{cases}
x_i(t)\exp(-\mathrm{j}2\pi f_\mathrm{d}t)=\sqrt{P_i}\,s(t-\tau_i)\exp[\mathrm{j}2\pi(f_{\mathrm{d}i}-f_\mathrm{d})t]\\
x_j(t+\tau)=\sqrt{P_j}\,s(t-\tau_j+\tau)\exp(\mathrm{j}2\pi f_{\mathrm{d}j}(t+\tau))
\end{cases}
\tag{3-69}
$$

得到互模糊函数达到最大值的条件为

$$
\begin{cases}
\tau=\tau_j-\tau_i\\
f_\mathrm{d}=f_{\mathrm{d}i}-f_{\mathrm{d}j}
\end{cases}
\tag{3-70}
$$

其中最大值时 $x_i(t)\exp(-\mathrm{j}2\pi f_\mathrm{d}t)$和 $x_j(t+\tau)$相差一个固定相位常数 $\exp(\mathrm{j}2\pi f_{\mathrm{d}j}\tau)$，对互模糊函数 $\mathrm{AF}(\tau, f_\mathrm{d})$没有影响。

2. 互模糊函数法时差-频差测量误差模型

在 $\mathrm{AF}(\tau, f_\mathrm{d})$二维平面上搜索互模糊函数的峰值可得到时差、频差估计值。测量精度取决于两站输入信噪比、信号样式、带宽、脉宽等因素。利用互模糊函数，得到时差-频差联合估计方差克拉美劳界(CRB)下限为

$$
\begin{cases}
\sigma_\tau^2\geqslant\dfrac{\delta^2}{4\pi^2\displaystyle\int_{-\infty}^{\infty}(f-\bar{f})^2|S(f)|^2\mathrm{d}f}=\dfrac{\delta^2}{4\pi^2B_{\mathrm{rms}}^2E_x}\\
\sigma_{f_\mathrm{d}}^2\geqslant\dfrac{\delta^2}{4\pi^2\displaystyle\int_{-\infty}^{\infty}(t-\bar{t})^2|s(t)|^2\mathrm{d}t}=\dfrac{\delta^2}{4\pi^2T_{\mathrm{rms}}^2E_x}
\end{cases}
\tag{3-71}
$$

式中：$\delta^2=\eta_0/2$ 为噪声功率谱密度；E_x 为最大自相关值；B_{rms}^2 为带宽均方差；T_{rms}^2 为脉宽均方差；$\bar{t}$、$\bar{f}$ 分别为信号的时域和频域中心。

带宽均方差 B_{rms}^2 和脉宽均方差 T_{rms}^2 的表达式为

$$
\begin{cases}
T_{\mathrm{rms}}^2=\dfrac{\displaystyle\int_{-\infty}^{\infty}(t-\bar{t})^2|s(t)|^2\mathrm{d}t}{\displaystyle\int_{-\infty}^{\infty}|s(t)|^2\mathrm{d}t}\\
B_{\mathrm{rms}}^2=\dfrac{\displaystyle\int_{-\infty}^{\infty}(f-\bar{f})^2|S(f)|^2\mathrm{d}f}{\displaystyle\int_{-\infty}^{\infty}|S(f)|^2\mathrm{d}f}
\end{cases}
\tag{3-72}
$$

式中：$s(t)$、$S(f)$分别为信号的时域和频域表示；$\bar{t}$、$\bar{f}$ 分别为信号的时域和频域中心。

3.4　综合时间测量误差模型

根据多站时差定位理论和模型研究，可知时差定位性能最终影响因素包括布站方式、站址测量误差、定位模型误差、时差测量误差、电波传播扰动误差等。其中时差测量误差和主副站时统误差(时间同步误差)、系统信号采样率、时差测量方法、两站接收信号多普勒

频差、侦察信号强度等因素有关。受到基站和辐射源天线动态扫描、两者之间的距离、辐射源发射信号样式和功率资源调度等因素的影响，侦察信号强度是时变的，因此时差测量精度是动态变化的。

为了分析方便，不考虑多路径影响，忽略电波传播扰动误差和两站接收信号多普勒处理误差，将站址测量误差和时间测量误差统称为综合时间测量误差（Integrated Time Measuring Error，ITME），有

$$\sigma_{\mathrm{m}}=\sqrt{\sigma_{\mathrm{Pt}}^{2}+\sigma_{\mathrm{T}}^{2}}=\sqrt{\sigma_{\mathrm{Pt}}^{2}+\sigma_{\mathrm{c}}^{2}+\sigma_{\mathrm{t1}}^{2}} \tag{3-73}$$

式中：σ_{Pt} 为基站的站址测量误差对应的时间误差；$\sigma_{\mathrm{T}}^{2}=\sigma_{\mathrm{c}}^{2}+\sigma_{\mathrm{t1}}^{2}$ 为时间测量误差；σ_{c} 为系统固有时差测量误差，该数值是常数，包括主副站时统误差、系统信号采样率和时差测量方法引起的时差测量误差等；σ_{t1} 为侦察信号信噪比引起的时差测量误差，该数值是动态量。

3.4.1 基于 SNR 的综合时间测量误差模型

为了求解综合时间测量误差的通用情况，下面推导考虑 SNR 情况下的综合时间测量误差表达式。对于相关处理方法，侦察信号信噪比引起的时间测量误差为

$$\sigma_{\mathrm{t1}}=\frac{1}{k_{\mathrm{c}}B\sqrt{\mathrm{SNR_c}}}=\frac{\tau}{k_{\mathrm{c}}\sqrt{\mathrm{SNR_c}}} \tag{3-74}$$

式中：B 为信号带宽；$\tau=1/B$ 为相关输出脉宽；k_{c} 是信号影响因子，对于确定信号为常数，例如对于 LFM 信号，$k_{\mathrm{c}}=1.81$；$\mathrm{SNR_c}$ 为相关处理信噪比。为了进行时差测量，首先要满足目标检测需要，因此通常相关处理信噪比要大于 13 dB。

由侦察方程可知第 i 个侦察接收机接收信号信噪比为

$$\frac{P_i}{\delta_i^2}=\frac{P_{\mathrm{t}}G_{\mathrm{t}}(\phi_i)G_i(\theta_i)\lambda^2}{(4\pi R_i)^2\delta_i^2 L_{\mathrm{jr}}L_{\mathrm{rt}}} \tag{3-75}$$

式中：P_{t} 为辐射源峰值功率；$G_{\mathrm{t}}(\phi_i)$为辐射源在第 i 个侦察接收机方向的增益；$G_i(\theta_i)$为第 i 个侦察接收机的接收增益；L_{t} 为发射机系统损耗；L_{jr} 为侦察接收机功率接收损耗（包括侦察接收机接收损耗 L_{r}、单程大气损耗 L_{dq} 及波束损耗 L_{BS} 等）；R_i 为侦察接收机和雷达的距离；λ 为雷达工作波长；δ_i^2 为第 i 个接收机的噪声功率。第 j 个侦察接收机的参数同上。

采用相关法，信号输出信噪比为

$$\mathrm{SNR_c}(i,j)=\frac{N_{\mathrm{p}}T_{\mathrm{r}}f_{\mathrm{s}}}{\dfrac{\delta_j^2}{P_j}+\dfrac{\delta_i^2}{P_i}+\dfrac{\delta_i^2}{P_i}\dfrac{\delta_j^2}{P_j}\dfrac{T_{\mathrm{c}}}{N_{\mathrm{p}}T_{\mathrm{r}}}}=\frac{1}{\dfrac{R_i^2}{K_i}+\dfrac{R_j^2}{K_j}+\dfrac{R_i^2}{K_i}\dfrac{R_j^2}{K_j}T_{\mathrm{c}}f_{\mathrm{s}}} \tag{3-76}$$

式中：T_{r} 为辐射信号脉冲宽度；N_{p} 为侦察脉冲数目；f_{s} 为采样率；R_i 为辐射源距离第 i 个定位基站的距离；T_{c} 为相参处理时间长度，一般两侦察接收机接收信号延迟 T_{d} 远小于采样信号长度 T_{L}，即实际相参处理长度 $T_{\mathrm{c}}=T_{\mathrm{L}}-T_{\mathrm{d}}\approx T_{\mathrm{L}}$。相关输出信噪比和综合系统参数 K_i、K_j，距离 R_i、R_j，相参处理长度 T_{c}，采样率 f_{s} 有关，而参数 K_i 和接收机带宽（采样率）f_{s}、采样脉冲数 N_{p}、脉冲宽度 T_{r}、侦察接收机接收信号信噪比 P_i/δ_i^2 有关。本式考虑了 $T_{\mathrm{c}}/(N_{\mathrm{p}}T_{\mathrm{r}})$对时间测量误差的影响，更具有应用价值。

综合系统参数 K_i 为

$$K_i=\frac{P_t G_t(\phi_i)G_i(\theta_i)\lambda^2}{(4\pi)^2 L_{jr}L_{rt}\delta_i^2}N_p T_r f_s \tag{3-77}$$

式中：P_t、$G_t(\phi_i)$、$G_i(\theta_i)$、λ、L_{jr}、L_{rt}、δ_i^2 的含义与式(3-74)一致；T_r 为辐射信号脉冲宽度；f_s 为采样率；N_p 为侦察脉冲数目。侦察脉冲数 N_p 和辐射源信号重复频率 f_{PRF}、相参处理时间长度 T_c 有关，有 $N_p=\text{int}(f_{PRF}T_c)+1$，其中 int 为取整函数。第 j 个侦察接收机的参数同上。

辐射源系统参数和各定位侦察接收机系统参数确定后，统计意义上 K_0 为常数。另外多站时差定位各主副站间距一般比较小，而侦察天线波束比较宽，在远距离各站的参数 K_i 基本相同，即

$$K_0=E(K_i)=E\left[\frac{P_t G_t(\phi_i)G_i(\theta_i)\lambda^2}{(4\pi)^2 L_{jr}L_t\delta_i^2}N_p T_r f_s\right] \tag{3-78}$$

式中：P_t 为辐射源峰值功率，$G_t(\phi_i)$ 为辐射源在第 i 个侦察接收机方向的增益，$G_i(\theta_i)$ 为第 i 个侦察接收机的接收增益，λ 为雷达工作波长，L_{ir} 为侦察接收机功率接收损耗，L_t 为发射机系统损耗，σ_i^2 为第 i 个接收机噪声功率，N_p 为侦察脉冲数目，T_r 为辐射信号脉冲宽度，f_s 为采样率。

各站相关处理均以主站 $j=0$ 为参考，得到相关处理信噪比为

$$\text{SNR}_c=\frac{1}{\dfrac{1}{K_0}(R_0^2+R_i^2)+\dfrac{1}{K_0^2}T_c f_s R_0^2 R_i^2} \tag{3-79}$$

第 i 个基站的综合时间测量误差(ITME)方差模型为

$$\begin{aligned}\sigma_i^2&=\sigma_{Pt}^2+\sigma_c^2+\frac{1}{k_c^2 B^2\text{SNR}_c}\\&=\sigma_{Pt}^2+\sigma_c^2+\frac{1}{k_c^2 B^2}\left[\frac{1}{K_0}(R_0^2+R_i^2)+\frac{1}{K_0^2}T_c f_s R_0^2 R_i^2\right]\end{aligned} \tag{3-80}$$

式中：$\sigma_{Pt}^2+\sigma_c^2$ 为时间测量误差方差常数项；σ_c^2 为系统固有的时差测量误差；σ_{Pt}^2 为站址测量误差，假设站址测量误差满足三维正态分布，位置方差为 σ_r^2，则有 $\sigma_{Pt}^2=\sigma_r^2/(3c^2)$，$c$ 为光速；综合系统参数 $K_0=E(K_i)$；f_s 为采样率；B 为辐射信号带宽；k_c 为信号影响因子，固定信号为常数；T_c 为相参处理时间长度；R_i 为辐射源距离第 i 个定位基站的距离。

对于基于 SNR 的综合时间测量误差方差模型，随着距离增大，侦察信号信噪比引起的时差测量误差逐渐增大。

3.4.2　基于固定参数的综合时间测量误差模型

基于固定参数的综合时间测量误差模型简称为固定参数模型，认为综合时间测量误差为常数，即当系统固有时差测量误差 σ_c 远大于 σ_{t1} 时，可以忽略 σ_{t1} 的影响，综合时间测量误差简化为

$$\sigma_m=\sqrt{\sigma_{Pt}^2+\sigma_c^2} \tag{3-81}$$

固定参数模型可以应用于大信噪比情况，例如近距离侦察时，信噪比比较高，这时系

统固有时差测量误差 σ_c 远大于 $1/(k_c^2 B^2 \mathrm{SNR}_c)$。固定参数模型只包含时间测量误差常数项 $\sigma_{Pt}^2+\sigma_c^2$，没有考虑侦察距离对测量误差的影响，这不同于基于SNR的综合时间测量误差方差模型。

3.4.3 综合时间测量误差仿真分析

假设定位基站中主站位置为(0，0，0)，某副站位置为(5 km，0，0)，辐射源载机航线高度为10 km，沿 X 轴方向由远及近运动。定位基站系统参数：自定位误差 $\sigma_r=3\sqrt{3}$ m，即 $\sigma_{Pt}=10$ ns，同时系统固有时差测量误差 $\sigma_{t0}=10$ ns，采样时间长度均为 $T_L=1$ ms，互相关处理时间 $T_C=T_L$，采样率 $f_s=50$ MHz，定位基站接收损耗 $L_{jr}=2$ dB，侦察天线增益 $G_i(\theta_i)=10$ dB。同时假设侦察天线主瓣对辐射源副瓣侦察。辐射源系统参数：信号频率3 GHz，带宽 $B=1$ MHz，脉冲宽度 $T_r=10$ μs，脉冲周期3 ms(假设采样时间内侦察到一个脉冲，T_C 内的脉冲数为 $N_p=1$)，辐射源发射损耗 L_t 为3 dB，辐射源副瓣等效辐射功率 $P_t G_t(\phi_i)=22$ dBW。

仿真得到不同距离处互相关输出SNR和综合时间测量误差曲线如图3-15所示。其中(a)为不同距离处互相关输出SNR；(b)为不同距离处综合时间测量误差。仿真表明随着距离减小，侦察信号信噪比引起的时差测量误差逐渐减小，这不同于理想固定系数模型。另外综合时间测量的条件是互相关信噪比 $\mathrm{SNR}_c \geq 13$ dB，否则不能侦察到信号。

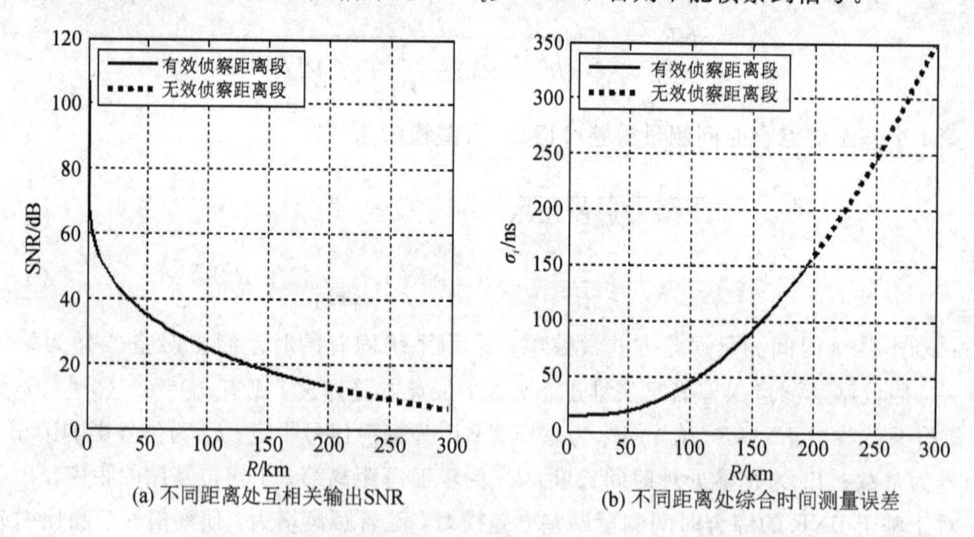

(a) 不同距离处互相关输出SNR　　(b) 不同距离处综合时间测量误差

图3-15 不同距离处互相关输出SNR和综合时间测量误差曲线

3.5 时差信号分选

3.5.1 时差信号分选问题

相关法时差估计时往往会出现多个时差峰，这是受脉冲调制影响而产生的，因此时差定位中如果在探测区存在多目标，信号处理需要解决脉冲配对及密集交叠的信号分选问题。时差定位脉冲配对直方图统计方法可以解决密集信号下多站的脉冲配对问题，但是采用该方法统计时在某些情况下会出现峰值，从而产生虚假配对。因此，有必要建立脉冲配对数学模型，揭示其内在规律。

多信号如果不加分离，处理难度将大大增加，不仅难以区分处理结果中各个信号的贡献，而且互模糊函数这样的非线性处理方式会在多信号之间产生交叉项，干扰正常的检测分析。因此在相关处理之前，应当尽可能分离各信号，这与逐个脉冲检测处理产生脉冲描述字，再对脉冲描述字去交错的传统侦察处理方式有明显区别。频域滤波是分离信号的一种常用手段，适用于多个信号频域区分度较大的情形，但在非合作接收情况下，很难得到满意的频域分离效果；另一种做法是空域滤波，利用天线阵的强方向性滤出感兴趣的信号进行处理。

相比之下，宽/窄带系统相结合应该是一种较为简单可行的设计。这种方式下，主站宽带接收机负责截获辐射源环境中的各种雷达信号，从中选择感兴趣的目标，引导主站和各副站的窄带系统调谐到相应频率进行侦收处理。窄带系统不仅从频域上对信号进行了稀释，而且可根据宽带系统提供的目标信息进一步剔除无用和干扰信号，降低了后续处理难度。对于互模糊函数处理来说，窄带系统的低数据率对站间数字信号转发也更为有利，能够更好地满足实际应用的需要。

3.5.2　直方图统计进行脉冲配对

直方图统计进行脉冲配对的依据是在较短的时间内，同一辐射源发出的脉冲串到达各站的时间差基本保持不变，设存在 N 个辐射源，有 K 个基站，各基站接收得到脉冲信号表达式为

$$P_k^j(t)=\sum_{i=1}^{M_k^j}\delta(t-T_{k,i}^j) \tag{3-82}$$

式中：$T_{k,i}^j$ 表示在观测时间内第 j 个辐射源发射的第 i 个脉冲到达 k 基站的时刻；M_k^j 表示 k 基站接收第 j 个辐射源的脉冲数；$j=1, 2, \cdots, N$；$k=0, 1, \cdots, K-1$，$k=0$ 表示主站，其它为副站。

第 k 基站接收脉冲序列表达式为

$$P_k(t)=\sum_{j=1}^{N}P_k^j(t)=\sum_{j=1}^{N}\sum_{i=1}^{M_k^j}\delta(t-T_{k,i}^j)=\sum_{j=1}^{N}\sum_{i=1}^{M_k^j}\delta(t-T_{0,i}^j-\Delta_k^i) \tag{3-83}$$

式中：Δ_k^j 为第 j 个辐射源到达主站与 k 基站($k>0$)之间的时间差。

设观测时间为 T，直方图统计在数学上描述为主站的脉冲列到达时间函数与副站的脉冲列到达时间函数的互相关，即进行如下积分运算：

$$H_k(\Delta t)=\int_{-\infty}^{\infty}P_0(t-\Delta t)P_k(t)\mathrm{d}t \tag{3-84}$$

式中：$-L_i/c<\Delta t<L_i/c$；$H_i(\Delta t)$表示第 i 基站与主站($i=0$)间的脉冲列时间差直方图统计量函数；L_i 为第 i 基站与主站间的基线长度。当 Δt 等于第 i 基站与主站的真实时间差时，直方图统计量函数会出现峰值，这就是直方图统计进行时差配对的依据。

假设各辐射源脉冲序列是等周期的 PRI_j，可以证明各积分项在满足如下条件时不为零

$$\begin{cases} \Delta t = (M_k^j - M_0^j)\mathrm{PRI}_j + \Delta_k^j \\ -\dfrac{L_i}{c} < \Delta t < \dfrac{L_i}{c} \end{cases} \tag{3-85}$$

式中：PRI_j 表示 j 个辐射源的周期。除以上条件不为零外，还存在其它交叉项不为零。

由上述分析，得出以下结论：

(1) 如果辐射源脉冲重复周期 PRI 小于主副基站基线长度的时差窗，辐射源为高重频工作，采用直方图统计方法进行脉冲配对会出现虚假峰值，即模糊时差峰，它们与真实时差相差了整数倍 PRI。因此，时差定位系统中对于高重频信号的脉冲配对具有较大难度。

(2) 在多辐射源环境下，当存在同重频辐射源时，或在两个高重频辐射源 PRI 的公倍数上，也能产生直方图累积形成虚假峰值。因此，各辐射源重复周期的取值将直接影响直方图统计中虚假峰值的产生。

3.5.3　相关法时差多峰值问题

相关法时差估计时往往会出现多个时差峰，这是受脉冲调制影响而产生的，因此时差定位中如果在探测区存在多目标，信号处理需要解决脉冲配对及密集交叠的信号分选问题。

考虑接收机噪声情况下多个时差峰的仿真结果。单个辐射源高重频脉冲串信号的相关法时差测量仿真如图 3－16 所示；两个辐射源高重频脉冲串信号的相关法时差测量仿真如图 3－17 所示。仿真表明高重频脉冲串相关输出会出现多个峰值，严重影响脉冲配对。时差定位脉冲配对直方图统计方法可以解决高重频脉冲串信号的基站间脉冲配对问题，但是有时会产生虚假配对。

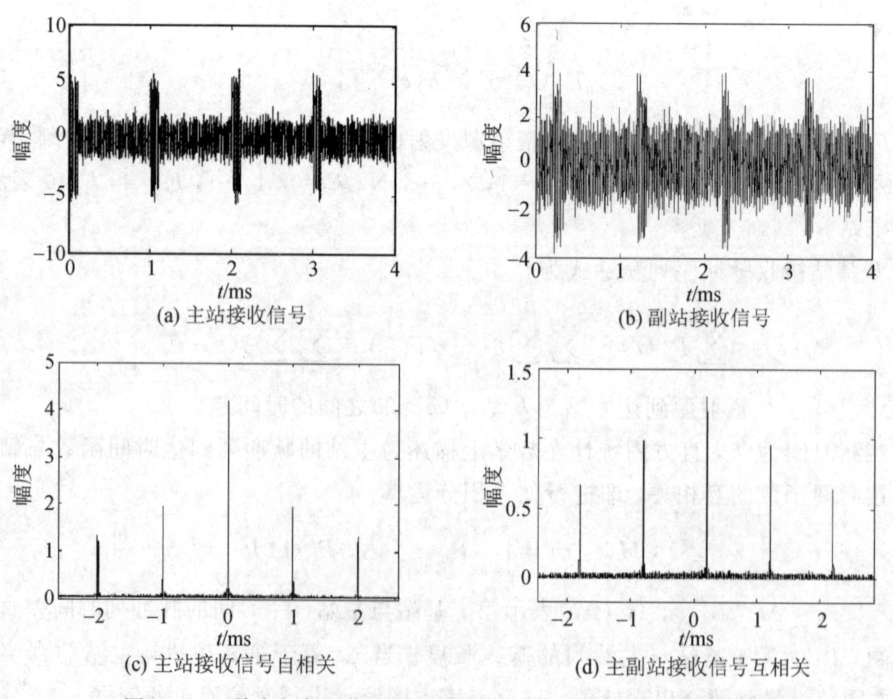

图 3－16　单个辐射源高重频脉冲串信号的相关法时差测量仿真

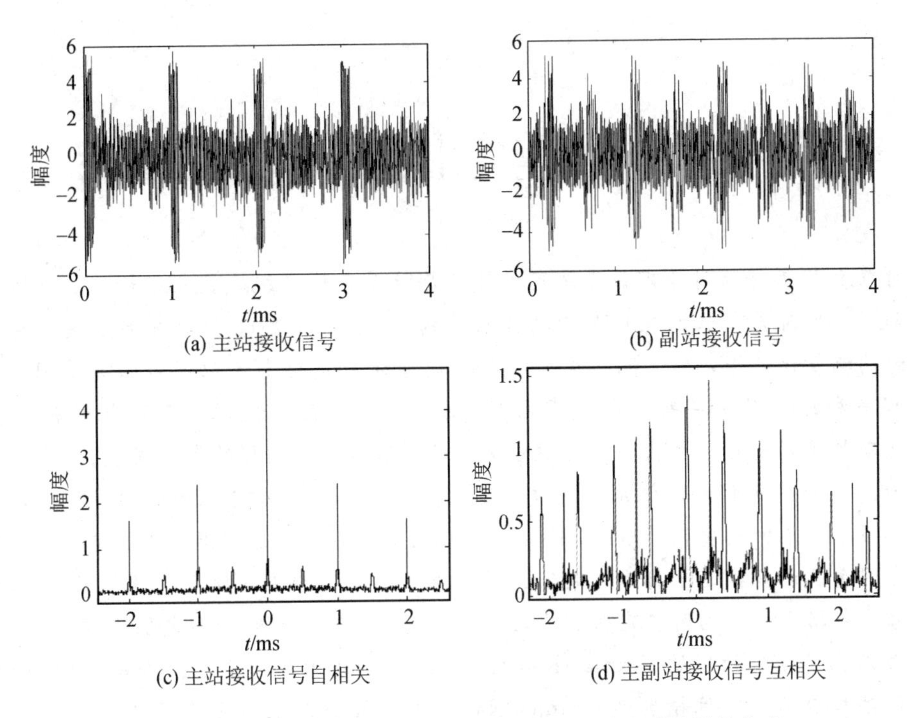

图 3-17　两个辐射源高重频脉冲串信号的相关法时差测量仿真

第 4 章 时差定位系统定位性能

基于定位误差评估时差定位系统定位性能是时差定位系统战技指标论证、研制方案设计的关键。影响时差定位性能的因素包括基站构型(空间位置)、站址测量误差、定位模型误差、时间测量误差等,其中基站构型和定位模型误差是决定定位误差的重要因素。在站址测量误差和时间测量误差确定的情况下,时差定位精度与定位模型和基站构型密切相关,因此需要研究不同定位模型的定位误差,以及不同基站构型的定位误差。

本章研究和分析时差定位系统定位性能。首先研究了时差定位性能度量模型,给出了定位概率误差、几何精度因子(GDOP)、归一化的 GDOP、定位精度距离百分比、切线定位误差、空间定位误差描述坐标系、定位成功率等时差定位评估模型;其次给出了时差定位误差模型,包括平面三站时差定位、多站解析法定位、最小二乘时差定位等定位误差模型,并进一步给出了定位精度的 Cramer-Rao 门限,仿真和对比分析了定位误差,证明四站时差定位解析法能够达到定位精度的 Cramer-Rao 门限,最小二乘时差定位优于五站时差定位解析法,能够达到定位精度的 Cramer-Rao 门限;最后仿真分析了定位精度的影响因素,进行了三站、四站、五站时差定位连续过程仿真并分析了定位模糊问题。本章研究的相关结论可为外场试验和实际战术配置提供参考。

4.1 时差定位性能度量模型

4.1.1 定位概率误差

定位误差通常可用圆概率误差(Circle Error Probability, CEP)或球概率误差(Sphere Error Probability, SEP)来计算。圆概率误差是在以天线真实位置为圆心的圆内,偏离圆心概率为 50%的二维点位精度分布的度量;球概率误差是在以天线真实位置为球心的球内,偏离球心概率为 50%的三维点位精度分布的度量。

1. 三维正态分布

在实际条件下引起定位误差的因素是多种多样的,因此一般都设误差属于正态分布,它们的统计性质往往用分布函数的一、二阶矩阵来表达。若空间分布的误差属于正态分布,可以用下式表达它的空间概率密度分布:

$$f(x)=\frac{1}{(2\pi)^{3/2}\sqrt{|\boldsymbol{P}|}}\exp\left[-(x-\bar{x})^{\mathrm{T}}\boldsymbol{P}^{-1}(\boldsymbol{x}-\bar{\boldsymbol{x}})\right] \tag{4-1}$$

式中:误差矢量 $\boldsymbol{x}=(x, y, z)^{\mathrm{T}}$,其均值矢量为 $\bar{\boldsymbol{x}}=(\bar{x}, \bar{y}, \bar{z})^{\mathrm{T}}$,误差矢量的协方差矩阵 $\boldsymbol{P}=E\left[(\boldsymbol{x}-\bar{\boldsymbol{x}})(\boldsymbol{x}-\bar{\boldsymbol{x}})^{\mathrm{T}}\right]$,$|\boldsymbol{P}|$ 为协方差矩阵的秩。

误差分量 x、y、z 互不相关时,协方差矩阵为对角阵,即

$$\boldsymbol{P}=\begin{bmatrix}\sigma_x^2 & 0 & 0\\ 0 & \sigma_y^2 & 0\\ 0 & 0 & \sigma_z^2\end{bmatrix} \tag{4-2}$$

则三维误差矢量的概率密度分布函数为

$$\begin{aligned}f(x,\ y,\ z)&=f_x(x)f_y(y)f_z(z)\\&=\frac{1}{(2\pi)^{3/2}\sigma_x\sigma_y\sigma_z}\exp\left[-\frac{(x-\bar{x})^2}{2\sigma_x^2}-\frac{(y-\bar{y})^2}{2\sigma_y^2}-\frac{(z-\bar{z})^2}{2\sigma_z^2}\right]\end{aligned} \tag{4-3}$$

式中：$f_x(x)$、$f_y(y)$、$f_z(z)$分别为误差分量 x、y、z 的分布函数。

2. 等概率密度椭球(误差椭球)

等概率密度分布点可以表示为

$$\frac{(x-\bar{x})^2}{2\sigma_x^2}+\frac{(y-\bar{y})^2}{2\sigma_y^2}+\frac{(z-\bar{z})^2}{2\sigma_z^2}=M \tag{4-4}$$

式中：常数 $M=-\ln[C(2\pi)^{3/2}\sigma_x\sigma_y\sigma_z]$，即满足概率密度值为常数的空间为椭球面，椭球主半轴长度分别为$\sqrt{2M}\sigma_x$、$\sqrt{2M}\sigma_y$、$\sqrt{2M}\sigma_z$。

3. 落入误差球的概率

误差落入以$(\bar{x},\ \bar{y},\ \bar{z})$为原点，以 R 为半径的误差球 V 内的概率可表示为

$$P(r\leqslant R)=P(x,\ y,\ z\in V)=\iiint\limits_V f(x,\ y,\ z)\mathrm{d}x\mathrm{d}y\mathrm{d}z \tag{4-5}$$

以$(\bar{x},\ \bar{y},\ \bar{z})$为原点建立球面坐标系，用球面坐标系表达零均值的分布函数，用$(r,\ \theta,\ \varphi)$表达$(x,\ y,\ z)$，利用积分转换关系，得到

$$\begin{aligned}P(r\leqslant R)&=\int_{-\pi}^{\pi}\int_0^{\pi}\int_0^R f(\bar{x}+r\sin\theta\cos\varphi,\ \bar{y}+r\sin\theta\sin\varphi,\ \bar{z}+r\cos\theta)r^2\sin\theta\mathrm{d}r\mathrm{d}\theta\mathrm{d}\varphi\\&=\int_{-\pi}^{\pi}\int_0^{\pi}\int_0^R\frac{r^2\sin\theta}{(2\pi)^{3/2}\sigma_x\sigma_y\sigma_z}\exp\left[-\frac{(r\sin\theta\cos\varphi)^2}{2\sigma_x^2}-\frac{(r\sin\theta\sin\varphi)^2}{2\sigma_y^2}-\frac{(r\cos\theta)^2}{2\sigma_z^2}\right]\mathrm{d}r\mathrm{d}\theta\mathrm{d}\varphi\end{aligned} \tag{4-6}$$

整理后可得

$$P(r\leqslant R)=\int_0^{\frac{R}{\sigma_x}}\int_0^{\pi}f(\xi,\ \theta)\mathrm{d}\theta\mathrm{d}\xi \tag{4-7}$$

$$\begin{aligned}f(\xi,\ \theta)=&\frac{\sigma_x}{\sigma_y}\frac{\sigma_x}{\sigma_z}\frac{\xi^2}{\sqrt{2\pi}}\sin\theta\cdot\mathrm{I}_0\left\{\frac{\xi^2\sin^2\theta}{4}\left[1-\left(\frac{\sigma_x}{\sigma_y}\right)^2\right]\right\}\times\\&\exp\left\{-\frac{\xi^2}{4}\left[1+\left(\frac{\sigma_x}{\sigma_y}\right)^2\right]+\frac{\xi^2}{4}\left[1+\left(\frac{\sigma_x}{\sigma_y}\right)^2-2\left(\frac{\sigma_x}{\sigma_z}\right)^2\right]\cos^2\theta\right\}\end{aligned} \tag{4-8}$$

式中：$\mathrm{I}_0(x)=\dfrac{1}{2\pi}\int_0^{2\pi}\exp(x\cos\theta)\,\mathrm{d}\theta$ 为第一类零阶修正的 Bessel 函数。$(\sigma_x^2,\ \sigma_y^2,\ \sigma_z^2)$确定后，落入误差球的概率 ω_k 是误差球半径 R 的函数。

4. 球概率误差及圆概率误差

落入误差球的概率 $P(r\leqslant R)=0.5$，则对应的误差球半径 R 就被称为球概率误差(SEP)或圆概率误差(CEP)。根据定义可知

$$\int_{\xi=0}^{\frac{\mathrm{SEP}}{\sigma_x}}\int_0^{\pi} f(\xi,\ \theta)\mathrm{d}\theta\mathrm{d}\xi = 0.5 \tag{4-9}$$

若对上式求积，需要用级数来加以表达。根据 Cline 的工作，可以把上述曲线组用近似式来表达：

$$\frac{R_{\mathrm{SEP}}}{\sigma_x} = 0.675 + 0.503(a^j + b^g)^{0.78} \tag{4-10}$$

式中：$a=\sigma_y/\sigma_x$；$j=2.64-1.28\sqrt{a}$；$b=\sigma_z/\sigma_x$；$g=2.64-1.28\sqrt{b}$。

在二维分布情况下，则有

$$\frac{R_{\mathrm{CEP}}}{\sigma_x} = 0.675 + 0.503a^{0.78j} \tag{4-11}$$

上面的讨论是在 x、y、z 轴与误差椭球主半轴重合的条件下进行的。若误差椭球主半轴不与 a 轴重合，对协方差矩阵通过相似变换实现对角阵化，找出主半轴的取向，就可依上述方法求 SEP 及 CEP。设定偏差值为 $-20a$，可以得到球概率误差(SEP)分布曲线如图 4-1 所示。当 $a=5$ 时，$\sigma_z/\sigma_x=0$ 为圆概率误差。

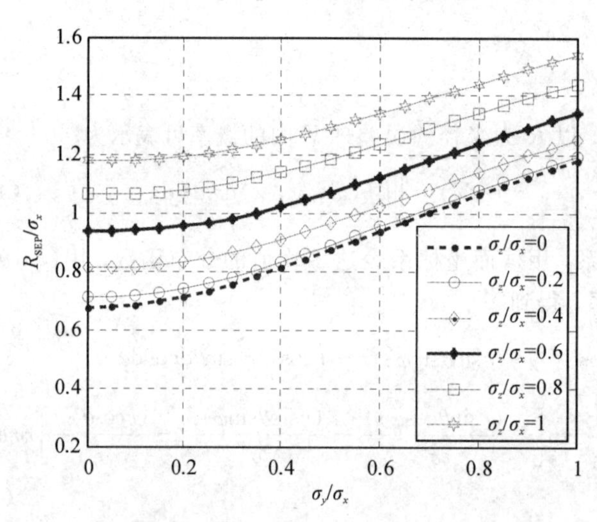

图 4-1 球概率误差(SEP)分布曲线

对于三站时差定位，圆概率误差(CEP)为

$$R_{\mathrm{CEP}} = 0.75\sqrt{\sigma_x^2 + \sigma_y^2} = k\sqrt{c^2\sigma_{\mathrm{Pt}}^2 + c^2\sigma_{\mathrm{T}}^2} \tag{4-12}$$

式中：$k=\dfrac{3\sqrt{2}}{4}\dfrac{\sqrt{3-\cos\alpha-\cos\beta-\cos(\alpha+\beta)}}{\sin\alpha+\sin\beta-\sin(\alpha+\beta)}$；$\sigma_{\mathrm{Pt}}$ 为基站的站址(时间)测量误差(x 或 y 轴)；σ_{T}^2 为时间测量误差；c 为光速。

4.1.2 几何精度因子(GDOP)

定位误差不仅与参数测量误差有关，而且和基站和辐射源几何位置有关。衡量几何位置对定位性能影响程度的指标为定位的几何精度因子(GDOP)，或称为精度几何稀释。三维定位的 GDOP 为

$$\mathrm{GDOP} = \sqrt{\sigma_x^2 + \sigma_y^2 + \sigma_z^2} \tag{4-13}$$

式中：$\sigma_x^2+\sigma_y^2+\sigma_z^2$ 为定位误差方差。

二维平面定位的 GDOP 为

$$\mathrm{GDOP}=\sqrt{\sigma_x^2+\sigma_y^2} \tag{4-14}$$

假设主站位置为(0，0)，副站位置为(8.66 km，5 km)和(−8.66 km，5 km)，时间测量误差为 5 ns，站址误差为 1 m，得到三站时差定位二维平面 GDOP 如图 4-2 所示。例如在(0，90 km)距离位置的定位误差约为 450 m。

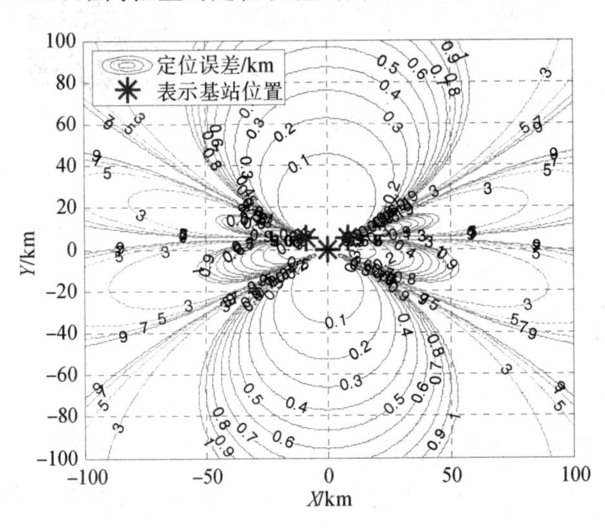

图 4-2　二维平面定位的 GDOP

4.1.3　归一化 GDOP

各基站时间测量误差和站址误差相同时，用单个基站时间测量误差和站址误差对 GDOP 归一化，得到归一化 GDOP，或称为归一化定位误差。归一化的 GDOP 即为基站综合测量误差为 1 m 时得到的 GDOP，归一化 GDOP 表示为

$$\mathrm{GDOP_e}=\frac{\mathrm{GDOP}}{\sqrt{c^2\cdot\sigma_\mathrm{T}^2+\sigma_\mathrm{r}^2}} \tag{4-15}$$

式中：c 为光速；σ_T^2 为时间测量误差；σ_r^2 为站址误差；$\mathrm{GDOP_e}$ 为归一化的 GDOP，该值和定位基站布站和辐射源位置有关。

已知时差定位系统的归一化 GDOP、定位基站的时间测量误差和站址误差，就可以得到时差定位系统的 GDOP，表示为

$$\mathrm{GDOP}=\mathrm{GDOP_e}\sqrt{c^2\cdot\sigma_\mathrm{T}^2+\sigma_\mathrm{r}^2} \tag{4-16}$$

假设主站位置为(0，0)，副站位置为(8.66 km，5 km)和(−8.66 km，5 km)，时间测量误差为 5 ns，站址误差为 1 m，即固定综合时间测量误差为 1.8 m($\sqrt{c^2\cdot\sigma_\mathrm{T}^2+\sigma_\mathrm{r}^2}=\sqrt{(5\times0.3)^2+1^2}\approx1.8$)。仿真得到三站时差定位的定位精度归一化 GDOP 如图 4-3 所示。在(0，90 km)距离位置的归一化 GDOP 约为 250，即 250×1.8 m=450 m。

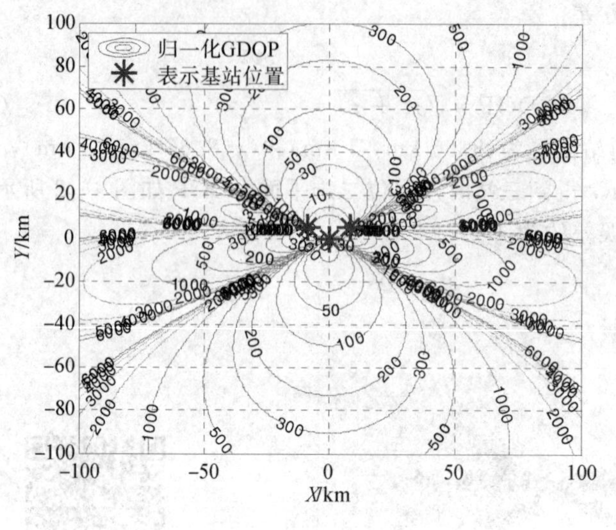

图 4-3 定位精度归一化 GDOP

4.1.4 定位精度距离百分比

定位精度(或定位误差)距离百分比描述定位误差与辐射源(距主站)距离的比值关系，近似为测角误差，因为存在距离向的误差，定位精度距离百分比不是完全意义上的测角误差。定位精度距离百分比表示式为

$$\mathrm{GDOP_p}=\frac{\mathrm{GDOP}}{\sqrt{x^2+y^2+z^2}}\times 100\%=\frac{\sqrt{\sigma_x^2+\sigma_y^2+\sigma_z^2}}{\sqrt{x^2+y^2+z^2}}\times 100\% \tag{4-17}$$

式中：定位主站位于原点，x、y、z 为辐射源位置坐标，$\sigma_x^2+\sigma_y^2+\sigma_z^2$ 为定位误差方差。

假设主站位置为 0，0，副站位置为(8.66 km，5 km)和(−8.66 km，5 km)；时间测量误差为 5 ns，站址误差为 1 m，由此得到三站时差定位的定位精度距离百分比如图 4-4 所示。例如在(0，90 km)距离位置的定位精度距离百分比约为 0.5%，定位误差约为 90 km×0.5%=450 m。

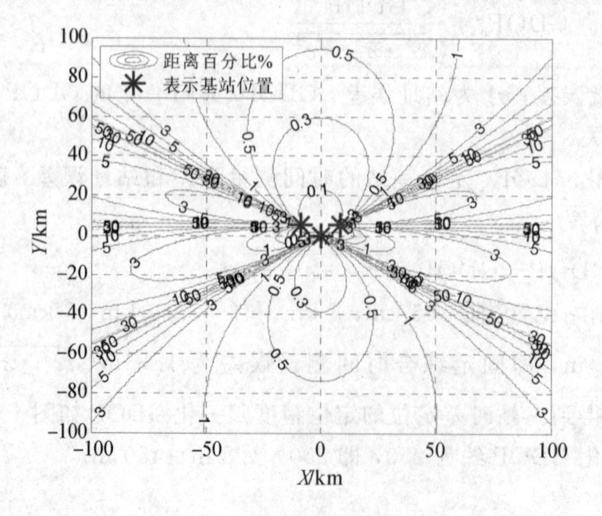

图 4-4 定位精度距离百分比

比较图 4-2、图 4-3 和图 4-4 在(0, 90 km)位置的定位数据，可知定位精度 GDOP、归一化 GDOP、距离百分比等从不同角度描述了定位误差，三者是等价的。

4.1.5　切线定位误差

以定位主站为坐标原点建立直角坐标系 $X-Y-Z$，其中 X 轴指向正东方向，Y 轴指向正北方向，Z 轴由右手定则确定。将各装备点位的真实坐标和被试装备对辐射源的定位结果统一转换到 $X-Y-Z$ 坐标系中。在某直角坐标系中，主站位置为 $R_0(x_0, y_0, z_0)$，副站位置为 $R_i(x_i, y_i, z_i)$，$i=1, \cdots, N-1$，辐射源位置为 $S(x_s, y_s, z_s)$。利用基站空间关系和辐射源位置，可以得到定位误差 $\text{GDOP}=\sqrt{\text{trace}(\boldsymbol{P}_{\Delta X})}$，误差矢量为

$$\boldsymbol{\sigma}=[\sigma_x \quad \sigma_y \quad \sigma_z]=\left[\sqrt{\boldsymbol{P}_{\Delta X}(1, 1)} \quad \sqrt{\boldsymbol{P}_{\Delta X}(2, 2)} \quad \sqrt{\boldsymbol{P}_{\Delta X}(3, 3)}\right] \tag{4-18}$$

式中：$\boldsymbol{P}_{\Delta X}=c^2[\boldsymbol{F}^{\mathrm{T}}\boldsymbol{H}^{\mathrm{T}}(\boldsymbol{H}\boldsymbol{P}_\varepsilon\boldsymbol{H}^{\mathrm{T}})^{-1}\boldsymbol{H}\boldsymbol{F}]^{-1}$。

为了评估综合定位能力，在 GDOP 的基础上提出了径向误差、切向误差、切向百分比误差的概念，其中切向百分比误差相当于测角误差。

径向误差为误差矢量在 RS 直线上的投影。RS 直线矢量为

$$\overrightarrow{R_0S}=[x_s-x_0, \ y_s-y_0, \ z_s-z_0]$$

则误差矢量在 RS 直线上的投影，即径向误差为

$$\sigma_{R_0S}=\frac{\boldsymbol{\sigma}\cdot|\overrightarrow{R_0S}|}{\|\overrightarrow{R_0S}\|} \tag{4-19}$$

式中：$|\overrightarrow{R_0S}|$ 为正矢量。

切向误差为误差矢量在 RS 直线垂面上的投影，切向定位误差(精度)如图 4-5 所示。

$$\sigma_\perp=\sqrt{\text{GDOP}^2-\sigma_{R_0S}^2} \tag{4-20}$$

切向百分比误差为切向误差与距离的比值，相当于测角误差。

$$\sigma_{\perp\%}=\frac{\sigma_\perp}{\|\overrightarrow{R_0S}\|}=\frac{\sqrt{\text{GDOP}^2-\sigma_{R_0S}^2}}{\|\overrightarrow{R_0S}\|} \tag{4-21}$$

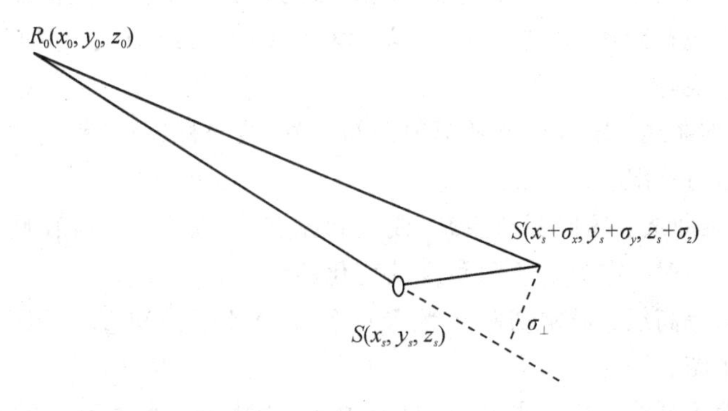

图 4-5　切向定位误差(精度)示意图

五站时差定位基站正方形构型，位置为 $R_0(0, 0, 100)$、$R_1(r, 0, 0)$、$R_2(0, r, 0)$、$R_3(-r, 0, 0)$、$R_4(0, -r, 0)$，$r=5$ km。辐射源真实位置为(0, 100 km, 6 km)，时间测量误差为 10 ns，站址误差为 2 m，得到对固定位置辐射源的连续时差定位仿真结果如图4-6 所示。可见切向误差远小于径向误差，因此有必要从切向误差描述时差定位系统的性能。

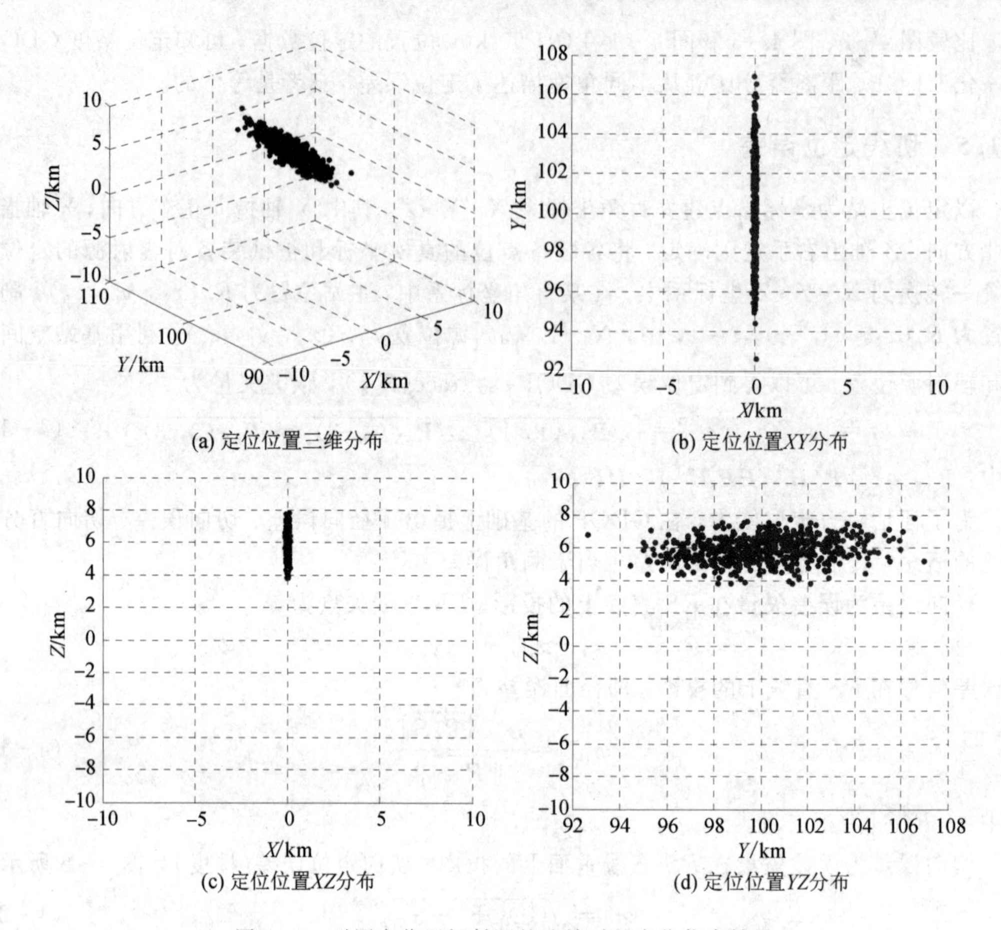

图 4-6 对固定位置辐射源的连续时差定位仿真结果

4.1.6 空间定位误差描述坐标系

时差定位系统的定位精度 GDOP 是空间分布的，不同位置定位精度不同。常用空间定位误差描述坐标系包括距离-误差二维曲线、角度-误差二维曲线、空间切割平面等高线、空间切割球面等高线等。

距离-误差二维曲线：定位误差随辐射源与主站(或坐标原点)距离的变化曲线，通常应用于辐射源直线运行情况。

角度-误差二维曲线：辐射源与主站(或坐标原点)距离固定，辐射源在某切割面上绕主站(或原点)圆周运动时，定位误差随角度的变化曲线。

空间切割平面等高线：通常切割面为 XY 平面、YZ 平面和 XZ 平面，在切割面上定位误差的等高线分布图。

空间切割球面等高线：指以主站(或坐标原点)为中心，半径为 r 的球面定位误差，三维空间球面显示方法包括全角度坐标显示和平面投影显示。平面投影显示将等高线直接投影到平面，转换成二维平面等高线。参照第 7 章正弦坐标系，增加距离信息，或称为距离正弦坐标系，空间球面到平面的投影表达式为

$$\begin{cases} T_x = r_0\cos\theta\cos\varphi \\ T_y = r_0\cos\theta\sin\varphi \end{cases} \tag{4-22}$$

式中：θ 为球坐标俯仰角；φ 为球坐标方位角；T_x 为投影平面 X 轴；T_y 为投影平面 Y 轴。由于 $T_x^2+T_y^2\leqslant r_0^2$，因此投影平面是一个半径为 r_0 的圆形区域。

4.1.7　定位成功率

在同样条件下，时差定位系统能够成功定位的概率称为定位成功率。定位成功率可反映时差定位系统适应复杂电磁环境的能力。定位成功率 P_s 可用下式计算：

$$P_s = \frac{N_p}{M_p} \tag{4-23}$$

式中：N_p 为发送定位请求后成功定位的次数；M_p 为发送定位请求的总次数。

4.2　时差定位误差模型

4.2.1　平面三站时差定位误差模型

假设三个站的位置分别为 $R_0(x_0, y_0)$、$R_1(x_1, y_1)$和 $R_2(x_2, y_2)$，其中 $R_0(x_0, y_0)$为坐标原点，即$(x_0, y_0)=(0, 0)$，目标位置为 $R(x, y)$。接收机与目标相对角度的关系图如图 4-7 所示。

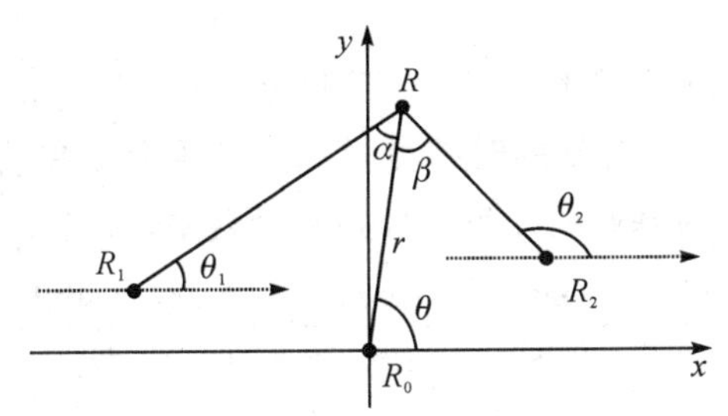

图 4-7　接收机与目标相对角度关系图

时差法定位又称为双曲线定位，辐射源信号同时被两个不同位置的接收机接收，时差相同的点在平面上为双曲线，在三维空间为双曲面，通过求解曲线或曲面的交点获取辐射源位置信息。设辐射源信号到各基站的时间分别为 t_0、t_1 和 t_2，时差定位方程组为

$$\begin{cases} d_1 = c(t_1-t_0) = r_1 - r_0 = \sqrt{(x-x_1)^2+(y-y_1)^2} - \sqrt{(x-x_0)^2+(y-y_0)^2} \\ d_2 = c(t_2-t_0) = r_2 - r_0 = \sqrt{(x-x_2)^2+(y-y_2)^2} - \sqrt{(x-x_0)^2+(y-y_0)^2} \end{cases} \tag{4-24}$$

式中：$r_0=\sqrt{(x-x_0)^2+(y-y_0)^2}$；$r_1=\sqrt{(x-x_1)^2+(y-y_1)^2}$；$r_2=\sqrt{(x-x_2)^2+(y-y_2)^2}$。误差分析要考虑各基站的自身定位误差，因此方程中引入 x_0、y_0 参数。通过求解该方程组可得到辐射源位置。

1. 基于角度的平面三站时差定位误差模型

利用 $\cos\theta=\dfrac{x-x_0}{r_0}$、$\sin\theta=\dfrac{y-y_0}{r_0}$、$\cos\theta_1=\dfrac{x-x_1}{r_1}$、$\sin\theta_1=\dfrac{y-y_1}{r_1}$、$\cos\theta_2=\dfrac{x-x_2}{r_2}$、

$\sin\theta_2=\dfrac{y-y_2}{r_2}$，对式(4-24)求导得到误差方程组：

$$\begin{cases} c(\Delta t_1-\Delta t_0)=\cos\theta_1(\Delta x-\Delta x_1)+\sin\theta_1(\Delta y-\Delta y_1) \\ \qquad -\cos\theta(\Delta x-\Delta x_0)-\sin\theta(\Delta y-\Delta y_0) \\ c(\Delta t_2-\Delta t_0)=\cos\theta_2(\Delta x-\Delta x_2)+\sin\theta_2(\Delta y-\Delta y_2) \\ \qquad -\cos\theta(\Delta x-\Delta x_0)-\sin\theta(\Delta y-\Delta y_0) \end{cases} \tag{4-25}$$

求解上式，得到

$$\begin{cases} \Delta x=\dfrac{(\sin\theta_2-\sin\theta)(\Delta x_1\cos\theta_1+\Delta y_1\sin\theta_1)-(\sin\theta_1-\sin\theta)(\Delta x_2\cos\theta_2+\Delta y_2\sin\theta_2)}{\sin(\theta_2-\theta_1)-\sin(\theta-\theta_1)-\sin(\theta_2-\theta)} \\ \quad -\dfrac{(\sin\theta_2-\sin\theta_1)(\Delta x_0\cos\theta+\Delta y_0\sin\theta)+(\sin\theta_1-\sin\theta)c\Delta t_2}{\sin(\theta_2-\theta_1)-\sin(\theta-\theta_1)-\sin(\theta_2-\theta)} \\ \quad -\dfrac{(\sin\theta_2-\sin\theta_1)c\Delta t_0-(\sin\theta_2-\sin\theta)c\Delta t_1}{\sin(\theta_2-\theta_1)-\sin(\theta-\theta_1)-\sin(\theta_2-\theta)} \\ \Delta y=-\dfrac{(\cos\theta_2-\cos\theta)(\Delta x_1\cos\theta_1+\Delta y_1\sin\theta_1)-(\cos\theta_1-\cos\theta)(\Delta x_2\cos\theta_2+\Delta y_2\sin\theta_2)}{\sin(\theta_2-\theta_1)-\sin(\theta-\theta_1)-\sin(\theta_2-\theta)} \\ \quad +\dfrac{(\cos\theta_2-\cos\theta_1)(\Delta x_0\cos\theta+\Delta y_0\sin\theta)+(\cos\theta_1-\cos\theta)c\Delta t_2}{\sin(\theta_2-\theta_1)-\sin(\theta-\theta_1)-\sin(\theta_2-\theta)} \\ \quad +\dfrac{(\cos\theta_2-\cos\theta_1)c\Delta t_0-(\cos\theta_2-\cos\theta)c\Delta t_1}{\sin(\theta_2-\theta_1)-\sin(\theta-\theta_1)-\sin(\theta_2-\theta)} \end{cases} \tag{4-26}$$

设时间测量和基站位置测量之间相互独立，且 $E(\Delta t_i^2)=\sigma_{T_i}^2$，$E(\Delta x_i^2)=\sigma_{x_i}^2$，$E(\Delta y_i^2)=\sigma_{y_i}^2$，$i=0,1,2$。当各站的时差测量和站址误差方差为常数时，$\sigma_{T_i}^2=\sigma_{\mathrm{T}}^2$，$\sigma_{x_i}^2=\sigma_{y_i}^2=\sigma_{\mathrm{s}}^2=c^2\sigma_{\mathrm{Pt}}^2$，$\sigma_{\mathrm{Pt}}=\sigma_{\mathrm{s}}/c$ 为基站的站址(时间)测量误差。对上式两边取数学期望，得到

$$\begin{cases} \sigma_x^2=\dfrac{(\sin\theta_2-\sin\theta)^2+(\sin\theta_1-\sin\theta)^2+(\sin\theta_2-\sin\theta_1)^2}{[\sin(\theta_2-\theta_1)-\sin(\theta-\theta_1)-\sin(\theta_2-\theta)]^2}(c^2\sigma_{\mathrm{Pt}}^2+c^2\sigma_{\mathrm{T}}^2) \\ \sigma_y^2=\dfrac{(\cos\theta_2-\cos\theta)^2+(\cos\theta_1-\cos\theta)^2+(\cos\theta_2-\cos\theta_1)^2}{[\sin(\theta_2-\theta_1)-\sin(\theta-\theta_1)-\sin(\theta_2-\theta)]^2}(c^2\sigma_{\mathrm{Pt}}^2+c^2\sigma_{\mathrm{T}}^2) \end{cases} \tag{4-27}$$

即

$$\begin{aligned} \sigma_x^2+\sigma_y^2&=2\,\frac{3-\cos(\theta_2-\theta)-\cos(\theta_1-\theta)-\cos(\theta_2-\theta_1)}{[\sin(\theta_2-\theta_1)-\sin(\theta-\theta_1)-\sin(\theta_2-\theta)]^2}(c^2\sigma_{\mathrm{Pt}}^2+c^2\sigma_{\mathrm{T}}^2) \\ &=2\,\frac{3-\cos\alpha-\cos\beta-\cos(\alpha+\beta)}{[\sin(\alpha+\beta)-\sin\alpha-\sin\beta]^2}(c^2\sigma_{\mathrm{Pt}}^2+c^2\sigma_{\mathrm{T}}^2) \end{aligned} \tag{4-28}$$

式中：$\sigma_x^2=E(\Delta x^2)$；$\sigma_y^2=E(\Delta y^2)$；$\sigma_x^2+\sigma_y^2$ 为在 $X-Y$ 平面的定位误差。

归一化的 GDOP 为

$$\mathrm{GDOP_e}=\frac{\sqrt{\sigma_x^2+\sigma_y^2}}{c\sqrt{\sigma_{\mathrm{Pt}}^2+\sigma_{\mathrm{T}}^2}}=\sqrt{2}\,\frac{\sqrt{3-\cos\alpha-\cos\beta-\cos(\alpha+\beta)}}{\sin\alpha+\sin\beta-\sin(\alpha+\beta)} \tag{4-29}$$

式中：$\sigma_x^2+\sigma_y^2$ 为在 $X-Y$ 平面的定位误差；σ_{Pt} 为基站的站址(时间)测量误差(x 或 y 轴)；σ_{T}^2 为时间测量误差；c 为光速；α、β 为目标相对基站的角度，参见图 4-7。

可见归一化 GDOP 和基站及辐射源位置有关，与综合时间测量误差无关。基于角度的平面三站时差定位误差模型可以对三站时差定位性能进行定量分析，但不方便基于坐标进行定位性能计算。

2. 基于坐标的平面三站时差定位误差模型

对式(4-24)两边求微分，得到

$$c(\mathrm{d}t_i - \mathrm{d}t_0) = \left(\frac{\partial r_i}{\partial x} - \frac{\partial r_0}{\partial x}\right)\mathrm{d}x + \left(\frac{\partial r_i}{\partial y} - \frac{\partial r_0}{\partial y}\right)\mathrm{d}y + k_i - k_0 \tag{4-30}$$

式中：$r_i = \sqrt{(x-x_i)^2 + (y-y_i)^2}$，$k_i = \frac{\partial r_i}{\partial x_i}\mathrm{d}x_i + \frac{\partial r_i}{\partial y_i}\mathrm{d}y_i$，$\frac{\partial r_i}{\partial x} = -\frac{\partial r_i}{\partial x_i} = \frac{x-x_i}{r_i}$，$\frac{\partial r_i}{\partial y} = -\frac{\partial r_i}{\partial y_i} = \frac{y-y_i}{r_i}$，$i=0, 1, 2$。

写成矩阵形式，有

$$c\,\mathrm{d}\boldsymbol{T} = \boldsymbol{A}\,\mathrm{d}\boldsymbol{X} + \mathrm{d}\boldsymbol{X}_{\mathrm{s}} \tag{4-31}$$

式中：$\mathrm{d}\boldsymbol{T} = [\mathrm{d}t_1 - \mathrm{d}t_0, \mathrm{d}t_2 - \mathrm{d}t_0]^{\mathrm{T}}$，$\mathrm{d}\boldsymbol{X} = [\mathrm{d}x, \mathrm{d}y]^{\mathrm{T}}$，$\boldsymbol{A} = \begin{bmatrix} \frac{x-x_1}{r_1} - \frac{x-x_0}{r_0} & \frac{y-y_1}{r_1} - \frac{y-y_0}{r_0} \\ \frac{x-x_2}{r_2} - \frac{x-x_0}{r_0} & \frac{y-y_2}{r_2} - \frac{y-y_0}{r_0} \end{bmatrix}$，$\mathrm{d}\boldsymbol{X}_{\mathrm{s}} = [k_1 - k_0, k_2 - k_0]^{\mathrm{T}}$，下标 s 表示位置微分常数项。

解得定位误差为

$$\mathrm{d}\boldsymbol{X} = \boldsymbol{A}^{-1}(c\,\mathrm{d}\boldsymbol{T} - \mathrm{d}\boldsymbol{X}_{\mathrm{s}}) \tag{4-32}$$

假设各测量误差是零均值且不相关的高斯白噪声，基站位置测量和时间测量之间相互独立，进而得到定位误差方差为

$$\boldsymbol{P}_{\mathrm{d}\boldsymbol{X}} = E[\mathrm{d}\boldsymbol{X} \cdot \mathrm{d}\boldsymbol{X}^{\mathrm{T}}] = \boldsymbol{A}^{-1}\boldsymbol{P}_{\boldsymbol{\varepsilon}}[\boldsymbol{A}^{-1}]^{\mathrm{T}} \tag{4-33}$$

$$\boldsymbol{P}_{\boldsymbol{\varepsilon}} = E[(c\,\mathrm{d}\boldsymbol{T} - \mathrm{d}\boldsymbol{X}_{\mathrm{s}})(c\,\mathrm{d}\boldsymbol{T} - \mathrm{d}\boldsymbol{X}_{\mathrm{s}})^{\mathrm{T}}] = E(\mathrm{d}\boldsymbol{X}_{\mathrm{s}} \cdot \mathrm{d}\boldsymbol{X}_{\mathrm{s}}^{\mathrm{T}}) + c^2 E(\mathrm{d}\boldsymbol{T} \cdot \mathrm{d}\boldsymbol{T}^{\mathrm{T}}) \tag{4-34}$$

式中：$\boldsymbol{P}_{\boldsymbol{\varepsilon}}$ 为综合时间测量误差矢量 $\boldsymbol{\varepsilon} = c\,\mathrm{d}\boldsymbol{T} - \mathrm{d}\boldsymbol{X}_{\mathrm{s}}$ 的协方差。

由于受基站和辐射源天线动态扫描、两者之间的距离、辐射源发射信号样式和功率资源调度等因素的影响，侦察信号强度是时变的，侦察信号的互相关输出也是时变的。各基站的系统参数是相同的，因此时间测量性能相同，在基站系统参数、辐射源参数、侦察距离固定的情况下，基站的时间测量误差方差的数学期望为常数，表示为

$$\sigma_{\mathrm{T}}^2 = \sigma_{\mathrm{T}_i}^2 = E(\mathrm{d}t_i^2) \tag{4-35}$$

式中：σ_{T}^2 为基站的时间测量误差方差；$\sigma_{\mathrm{T}_i}^2$ 为第 i 基站的时间测量误差方差。固定基站系统参数和辐射源参数情况下，σ_{T}^2 随侦察距离变化而变化。当假定 σ_{T}^2 为常数时，称为固定时差测量误差模型。

站址误差 $\sigma_{x_i}^2 = E(\mathrm{d}x_i^2)$，$\sigma_{y_i}^2 = E(\mathrm{d}y_i^2)$，通常站址测量误差满足三维正态分布，$\sigma_{x_i}^2 = \sigma_{y_i}^2 = \sigma_{\mathrm{s}}^2 = c^2\sigma_{\mathrm{Pt}}^2$，利用$\frac{\partial r_i}{\partial x_i}\frac{\partial r_i}{\partial x_i} + \frac{\partial r_i}{\partial y_i}\frac{\partial r_i}{\partial y_i} = 1$，得到

$$E(\mathrm{d}\boldsymbol{X}_{\mathrm{s}} \cdot \mathrm{d}\boldsymbol{X}_{\mathrm{s}}^{\mathrm{T}}) = \begin{bmatrix} 2\sigma_{\mathrm{s}}^2 & \sigma_{\mathrm{s}}^2 \\ \sigma_{\mathrm{s}}^2 & 2\sigma_{\mathrm{s}}^2 \end{bmatrix} = \sigma_{\mathrm{s}}^2(\boldsymbol{I}_2 + \boldsymbol{E}_2) = c^2\sigma_{\mathrm{Pt}}^2(\boldsymbol{I}_2 + \boldsymbol{E}_2) \tag{4-36}$$

$$E(\mathrm{d}\boldsymbol{T}\cdot\mathrm{d}\boldsymbol{T}^{\mathrm{T}})=\begin{bmatrix}\sigma_{\mathrm{T_0}}^2+\sigma_{\mathrm{T_1}}^2 & \sigma_{\mathrm{T_0}}^2\\ \sigma_{\mathrm{T_0}}^2 & \sigma_{\mathrm{T_0}}^2+\sigma_{\mathrm{T_2}}^2\end{bmatrix}=\begin{bmatrix}2\sigma_{\mathrm{T}}^2 & \sigma_{\mathrm{T}}^2\\ \sigma_{\mathrm{T}}^2 & 2\sigma_{\mathrm{T}}^2\end{bmatrix}=\sigma_{\mathrm{T}}^2(\boldsymbol{I}_2+\boldsymbol{E}_2) \tag{4-37}$$

式中：$\boldsymbol{I}_2$ 为 2 阶单位矩阵，$\boldsymbol{E}_2$ 为元素全为 1 的 2 阶方阵。

综合时间测量误差矩阵转换为

$$\boldsymbol{P}_{\boldsymbol{\varepsilon}}=E(\mathrm{d}\boldsymbol{X}_{\mathrm{s}}\cdot\mathrm{d}\boldsymbol{X}_{\mathrm{s}}^{\mathrm{T}})+c^2E(\mathrm{d}\boldsymbol{T}\cdot\mathrm{d}\boldsymbol{T}^{\mathrm{T}})=c^2(\sigma_{\mathrm{Pt}}^2+\sigma_{\mathrm{T}}^2)(\boldsymbol{I}_2+\boldsymbol{E}_2) \tag{4-38}$$

综合时间测量误差矩阵的迹为

$$\mathrm{trace}(\boldsymbol{P}_{\boldsymbol{\varepsilon}})=4c^2\left[\sigma_{\mathrm{Pt}}^2+\frac{1}{4}(2\sigma_{\mathrm{T_0}}^2+\sigma_{\mathrm{T_1}}^2+\sigma_{\mathrm{T_2}}^2)\right]=4c^2\cdot(\sigma_{\mathrm{Pt}}^2+\sigma_{\mathrm{T}}^2) \tag{4-39}$$

三站时差定位系统中，单个基站综合时间测量误差 σ_{m} 表示为误差矩阵的迹的形式为

$$\sigma_{\mathrm{m}}^2=\sigma_{\mathrm{Pt}}^2+\sigma_{\mathrm{T}}^2=\frac{1}{4c^2}\mathrm{trace}(\boldsymbol{P}_{\boldsymbol{\varepsilon}}) \tag{4-40}$$

式中：$\sigma_{\mathrm{Pt}}=\sigma_{\mathrm{s}}/c$ 为基站的站址(时间)测量误差；σ_{T} 为基站的时间测量误差。

平面($X-Y$)三站时差定位误差 GDOP 为

$$\mathrm{GDOP}_{xy}=\sqrt{\sigma_x^2+\sigma_y^2}=\sqrt{\mathrm{trace}(\boldsymbol{P}_{\mathrm{d}\boldsymbol{X}})} \tag{4-41}$$

用单个基站综合时间测量误差 σ_{m} 对 GDOP 归一化，得到

$$\mathrm{GDOP}_{\mathrm{e}}=\frac{\mathrm{GDOP}_{xy}}{\sqrt{c^2\sigma_{\mathrm{m}}^2}}=2\frac{\sqrt{\mathrm{trace}(\boldsymbol{P}_{\mathrm{d}\boldsymbol{X}})}}{\sqrt{\mathrm{trace}(\boldsymbol{P}_{\boldsymbol{\varepsilon}})}} \tag{4-42}$$

当 $c^2\cdot\sigma_{\mathrm{m}}^2=c^2\cdot(\sigma_{\mathrm{Pt}}^2+\sigma_{\mathrm{T}}^2)=1$ 时，平面三站时差定位误差 GDOP 等于归一化的 GDOP，即

$$\mathrm{GDOP}_{\mathrm{e}}=\sqrt{\mathrm{trace}(\boldsymbol{P}_{\mathrm{d}\boldsymbol{X}})}=\sqrt{\boldsymbol{A}^{-1}\boldsymbol{P}_{\boldsymbol{\varepsilon}}(\boldsymbol{A}^{-1})^{\mathrm{T}}} \tag{4-43}$$

式中：$\boldsymbol{P}_{\boldsymbol{\varepsilon}}=\boldsymbol{I}_2+\boldsymbol{E}_2=\begin{bmatrix}2 & 1\\ 1 & 2\end{bmatrix}$。

上式和基于角度的平面三站时差定位方差归一化即 GDOP 式(4-29)是等价的，利用式(4-29)可知归一化 GDOP 和基站及辐射源位置有关，与综合时间测量误差矩阵$\boldsymbol{P}_{\boldsymbol{\varepsilon}}$无关。

3. 空间三站时差定位误差模型

由于三站时差定位精度的理论模型是基于二维平面设计的，因此平面三站时差定位通常只能在二维平面内定位，三维空间定位至少需要四站。

实际定位基站和辐射源目标是三维分布的，普通辐射源的高度范围为 0～20 km，将远距离辐射源近似处于定位水平面上，因此可以利用平面三站时差定位方法实现辐射源定位，但该方法存在固有模型误差。当辐射源不在定位平面时，三站时差定位存在系统模型误差。

由于时间测量误差和系统模型误差是相互独立的，因此实际三站时差定位系统的定位误差 GDOP 为

$$\sigma_X=\sqrt{\sigma_x^2+\sigma_y^2+\sigma_z^2}=\sqrt{\mathrm{GDOP}_{xy}^2+\sigma_z^2}=\sqrt{c^2\sigma_{\mathrm{m}}^2\mathrm{GDOP}_{\mathrm{e}}^{\ 2}+\sigma_z^2} \tag{4-44}$$

式中：σ_z^2 为辐射源高度引入的定位模型误差，σ_{m}^2 为综合时间测量误差。

以三个基站为平面建立定位平面($X-Y$)，其中主站坐标为$(x_0,\ y_0,\ 0)$，两副站坐标分别为$(x_1,\ y_1,\ 0)$和$(x_2,\ y_2,\ 0)$，辐射源坐标为$(x,\ y,\ z)$，解算出实际辐射源到各定位

基站的距离(或时延)为

$$\begin{cases} d_1 = c(t_1 - t_0) = \sqrt{(x-x_1)^2 + (y-y_1)^2 + z^2} - \sqrt{(x-x_0)^2 + (y-y_0)^2 + z^2} \\ d_2 = c(t_2 - t_0) = \sqrt{(x-x_2)^2 + (y-y_2)^2 + z^2} - \sqrt{(x-x_0)^2 + (y-y_0)^2 + z^2} \end{cases} \tag{4-45}$$

然后根据三站定位算法解算出目标位置测量值$(x', y', 0)$。

由目标的真实位置和测量位置就可以得到辐射源高度引起的定位模型误差 σ_z^2 为

$$\sigma_z^2 = (x - x')^2 + (y - y')^2 + z^2 \tag{4-46}$$

采用系统误差模型和平面理论误差相结合的方法，平面三站时差定位的三维精度计算流程如图 4-8 所示。首先假定三个定位基站位于水平平面内，辐射源坐标为(x, y, z)，即辐射源高度 $z=h$；然后根据辐射源的 XY 坐标获取平面理论误差，并计算辐射源坐标 xyz 相对各基站的实际时间延迟，根据定位算法得到二维定位目标位置$(x', y', 0)$，进而得到测量系统误差。平面理论误差＋测量系统误差即为三站时差定位的三维空间定位误差。

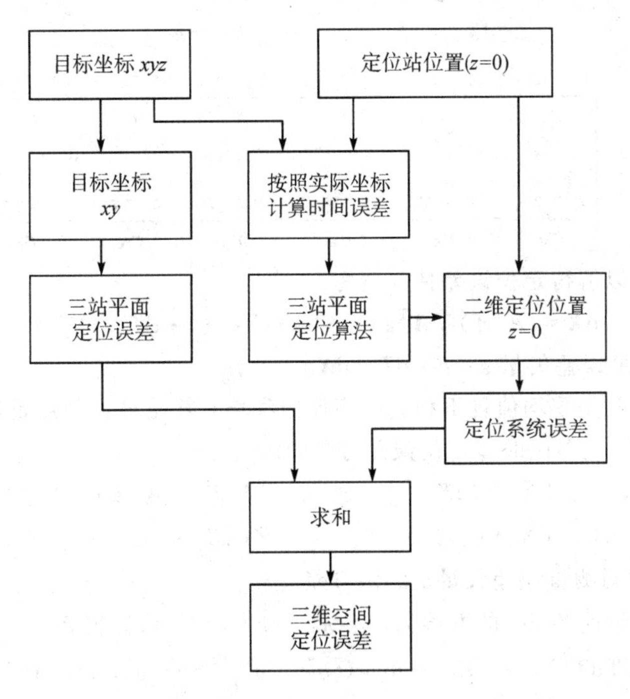

图 4-8　平面三站时差定位的三维精度计算流程

4.2.2　多站解析法定位误差模型

设待定的辐射源位置为 $R(x, y, z)$，主站位置为 $R_0(x_0, y_0, z_0)$，副站位置为 $R_i(x_i, y_i, z_i)$。目标信号到各站的时间分别为 t_i，利用时差测量得到信号到达第 i 副站与主站的距离差为 $d_i = c(t_i - t_0)$，即表达式为

$$d_i = c(t_i - t_0) = r_i - r_0 \tag{4-47}$$

式中：$r_i = \sqrt{(x-x_i)^2 + (y-y_i)^2 + (z-z_i)^2}$，$i=0, 1, \cdots, N$，$N \geqslant 3$，即基站数为 $N+1$，

$i=0$ 表示主站。解析法通过方程组联立，利用多站(四站或五站)确定的至少三组双曲面的交点，得到辐射源位置 $R(x, y, z)$。

对式(4-47)两边求微分得到

$$c(\mathrm{d}t_i-\mathrm{d}t_0)=\left(\frac{\partial r_i}{\partial x}-\frac{\partial r_0}{\partial x}\right)\mathrm{d}x+\left(\frac{\partial r_i}{\partial y}-\frac{\partial r_0}{\partial y}\right)\mathrm{d}y+\left(\frac{\partial r_i}{\partial z}-\frac{\partial r_0}{\partial z}\right)\mathrm{d}z+k_i-k_0 \quad (4-48)$$

式中：$k_i=\frac{\partial r_i}{\partial x_i}\mathrm{d}x_i+\frac{\partial r_i}{\partial y_i}\mathrm{d}y_i+\frac{\partial r_i}{\partial z_i}\mathrm{d}z_i$，$i=0, 1, \cdots, N$。

利用$\frac{\partial r_i}{\partial x}=-\frac{\partial r_i}{\partial x_i}=\frac{x-x_i}{r_i}$，$\frac{\partial r_i}{\partial y}=-\frac{\partial r_i}{\partial y_i}=\frac{y-y_i}{r_i}$，$\frac{\partial r_i}{\partial z}=-\frac{\partial r_i}{\partial z_i}=\frac{z-z_i}{r_i}$，将式(4-48)写成矩阵形式：

$$c\cdot\mathrm{d}\boldsymbol{T}=\boldsymbol{A}\cdot\mathrm{d}\boldsymbol{X}+\mathrm{d}\boldsymbol{X}_{\mathrm{s}} \quad (4-49)$$

式中：

$$\mathrm{d}\boldsymbol{X}=[\mathrm{d}x \quad \mathrm{d}y \quad \mathrm{d}z]^{\mathrm{T}}$$

$$\mathrm{d}\boldsymbol{T}=[\mathrm{d}t_1-\mathrm{d}t_0 \quad \cdots \quad \mathrm{d}t_N-\mathrm{d}t_0]^{\mathrm{T}}$$

$$\mathrm{d}\boldsymbol{X}_{\mathrm{s}}=[k_1-k_0 \quad \cdots \quad k_N-k_0]^{\mathrm{T}}$$

$$\boldsymbol{A}=\begin{bmatrix}\frac{x-x_1}{r_1}-\frac{x-x_0}{r_0} & \frac{y-y_1}{r_1}-\frac{y-y_0}{r_0} & \frac{z-z_1}{r_1}-\frac{z-z_0}{r_0}\\ \cdots & \cdots & \cdots\\ \frac{x-x_N}{r_N}-\frac{x-x_0}{r_0} & \frac{y-y_N}{r_N}-\frac{y-y_0}{r_0} & \frac{z-z_N}{r_N}-\frac{z-z_0}{r_0}\end{bmatrix}$$

利用伪逆法可以解得定位误差估计值为

$$\mathrm{d}\boldsymbol{X}=(\boldsymbol{A}^{\mathrm{T}}\boldsymbol{A})^{-1}\boldsymbol{A}^{\mathrm{T}}\boldsymbol{\varepsilon}=(\boldsymbol{A}^{\mathrm{T}}\boldsymbol{A})^{-1}\boldsymbol{A}^{\mathrm{T}}(c\cdot\mathrm{d}\boldsymbol{T}-\mathrm{d}\boldsymbol{X}_{\mathrm{s}}) \quad (4-50)$$

式中：综合时间测量误差矢量 $\boldsymbol{\varepsilon}=c\cdot\mathrm{d}\boldsymbol{T}-\mathrm{d}\boldsymbol{X}_{\mathrm{s}}$。

假设各测量误差是零均值且不相关的高斯白噪声，基站自定位站址测量和时间测量之间相互独立，进而得到多站时差定位误差方差矩阵为

$$\boldsymbol{P}_{\mathrm{d}\boldsymbol{X}}=E[\mathrm{d}\boldsymbol{X}(\mathrm{d}\boldsymbol{X})^{\mathrm{T}}]=(\boldsymbol{A}^{\mathrm{T}}\boldsymbol{A})^{-1}\boldsymbol{A}^{\mathrm{T}}\boldsymbol{P}_{\boldsymbol{\varepsilon}}[(\boldsymbol{A}^{\mathrm{T}}\boldsymbol{A})^{-1}\boldsymbol{A}^{\mathrm{T}}]^{\mathrm{T}} \quad (4-51)$$

$$\boldsymbol{P}_{\boldsymbol{\varepsilon}}=E[(c\mathrm{d}\boldsymbol{T}-\mathrm{d}\boldsymbol{X}_{\mathrm{s}})(c\mathrm{d}\boldsymbol{T}-\mathrm{d}\boldsymbol{X}_{\mathrm{s}})^{\mathrm{T}}]=E(\mathrm{d}\boldsymbol{X}_{\mathrm{s}}\cdot\mathrm{d}\boldsymbol{X}_{\mathrm{s}}^{\mathrm{T}})+c^2E(\mathrm{d}\boldsymbol{T}\cdot\mathrm{d}\boldsymbol{T}^{\mathrm{T}}) \quad (4-52)$$

式中：$\boldsymbol{P}_{\boldsymbol{\varepsilon}}$ 为综合时间测量误差矢量 $\boldsymbol{\varepsilon}$ 的协方差。

基站的时间测量误差 $\mathrm{d}t_i$ 的方差为 $\sigma_{\mathrm{T}}^2=\sigma_{\mathrm{T}_i}^2=E(\mathrm{d}t_i^2)$，可以得到

$$\boldsymbol{P}_{\mathrm{dt}}=E(\mathrm{d}\boldsymbol{T}\mathrm{d}\boldsymbol{T}^{\mathrm{T}})=\sigma_{\mathrm{T}_0}^2\boldsymbol{E}_N+\mathrm{diag}([\sigma_{\mathrm{T}_1}^2 \quad \sigma_{\mathrm{T}_2}^2 \quad \cdots \quad \sigma_{\mathrm{T}_N}^2])=\sigma_{\mathrm{T}}^2(\boldsymbol{E}_N+\boldsymbol{I}_N) \quad (4-53)$$

式中：$\boldsymbol{I}_N$ 为 N 阶单位矩阵，$\boldsymbol{E}_N$ 为元素全为 1 的 N 阶方阵，$N\geqslant 3$。diag()为对角阵函数。

各站站址误差相同，取为 $\sigma_{x_i}^2=\sigma_{y_i}^2=\delta_{z_i}^2=c^2\sigma_{\mathrm{Pt}}^2$，其中 $\sigma_{\mathrm{Pt}}=\sigma_{\mathrm{s}}/c$ 为基站的站址(时间)测量误差，由$\frac{\partial r_i}{\partial x_i}\frac{\partial r_i}{\partial x_i}+\frac{\partial r_i}{\partial y_i}\frac{\partial r_i}{\partial y_i}+\frac{\partial r_i}{\partial z_i}\frac{\partial r_i}{\partial z_i}=1$，得到定位误差协方差为

$$E(\mathrm{d}\boldsymbol{X}_{\mathrm{s}}(\mathrm{d}\boldsymbol{X}_{\mathrm{s}})^{\mathrm{T}})=\sigma_{\mathrm{s}}^2(\boldsymbol{I}_N+\boldsymbol{E}_N)=c^2\sigma_{\mathrm{Pt}}^2(\boldsymbol{I}_N+\boldsymbol{E}_N) \quad (4-54)$$

综合时间测量误差矩阵转换为

$$\boldsymbol{P}_{\boldsymbol{\varepsilon}}=E(\mathrm{d}\boldsymbol{X}_{\mathrm{s}}\cdot\mathrm{d}\boldsymbol{X}_{\mathrm{s}}^{\mathrm{T}})+c^2E(\mathrm{d}\boldsymbol{T}\cdot\mathrm{d}\boldsymbol{T}^{\mathrm{T}})=c^2(\sigma_{\mathrm{Pt}}^2+\sigma_{\mathrm{T}}^2)(\boldsymbol{I}_N+\boldsymbol{E}_N) \quad (4-55)$$

综合时间测量误差矩阵的迹为

$$\mathrm{trace}(\boldsymbol{P}_{\boldsymbol{\varepsilon}})=Nc^2\cdot(\sigma_{\mathrm{Pt}}^2+\sigma_{\mathrm{T}}^2) \quad (4-56)$$

式中：σ_{Pt} 为基站的站址(时间)测量误差；σ_{T} 为基站的时间测量误差。

多站时差定位系统中，单个基站综合时间测量误差 σ_{m} 表示为误差矩阵的迹的形式为

$$\sigma_{\mathrm{m}}^2=\sigma_{\mathrm{Pt}}^2+\sigma_{\mathrm{T}}^2=\frac{1}{Nc^2}\mathrm{trace}(\boldsymbol{P}_{\boldsymbol{\varepsilon}}) \tag{4-57}$$

多站时差定位误差方差矩阵转换为

$$\boldsymbol{P}_{\mathrm{d}\boldsymbol{X}}=(\boldsymbol{A}^{\mathrm{T}}\boldsymbol{A})^{-1}\boldsymbol{A}^{\mathrm{T}}[c^2(\sigma_{\mathrm{Pt}}^2+\sigma_{\mathrm{T}}^2)(\boldsymbol{I}_N+\boldsymbol{E}_N)][(\boldsymbol{A}^{\mathrm{T}}\boldsymbol{A})^{-1}\boldsymbol{A}^{\mathrm{T}}]^{\mathrm{T}} \tag{4-58}$$

多站时差定位误差 GDOP 为

$$\mathrm{GDOP}=\sqrt{\sigma_x^2+\sigma_y^2+\sigma_z^2}=\sqrt{\mathrm{trace}(\boldsymbol{P}_{\mathrm{d}\boldsymbol{X}})} \tag{4-59}$$

用单个基站时间测量误差和站址误差对 GDOP 归一化，得到归一化 GDOP 为

$$\mathrm{GDOP}_{\mathrm{e}}=\frac{\mathrm{GDOP}}{\sqrt{c^2\sigma_{\mathrm{m}}^2}}=\frac{\mathrm{GDOP}}{\sqrt{c^2(\sigma_{\mathrm{Pt}}^2+\sigma_{\mathrm{T}}^2)}}=N\frac{\sqrt{\mathrm{trace}(\boldsymbol{P}_{\mathrm{d}\boldsymbol{X}})}}{\sqrt{\mathrm{trace}(\boldsymbol{P}_{\boldsymbol{\varepsilon}})}} \tag{4-60}$$

式中：c 为光速；$\boldsymbol{P}_{\boldsymbol{\varepsilon}}$ 为时间测量误差矢量 $\boldsymbol{\varepsilon}$ 的协方差；$\mathrm{GDOP}_{\mathrm{e}}$ 为归一化的 GDOP，该值和定位基站布站及辐射源位置有关。

4.2.3　最小二乘法时差定位误差模型

四站或多站的三维空间时差定位也可以用最小二乘来求解。但最小二乘对位置初估值比较敏感，容易得到局部最优解，通常先用四站求解析解，然后以解析解为初始定位点，用最小二乘迭代方法求解定位的最优解，下面分析最小二乘多站时差定位精度。

式(2-31)两边同乘 c 得到

$$c\boldsymbol{HT}-\boldsymbol{H}\delta=\boldsymbol{HF}\Delta\boldsymbol{X}+c\boldsymbol{H\varepsilon} \tag{4-61}$$

将上式代入式(2-36)得到

$$\begin{aligned}\Delta\hat{\boldsymbol{X}}=\hat{\boldsymbol{R}}-\boldsymbol{R}_b&=[(\boldsymbol{HF})^{\mathrm{T}}\boldsymbol{P}_{\Delta}^{-1}\boldsymbol{HF}]^{-1}(\boldsymbol{HF})^{\mathrm{T}}\boldsymbol{P}_{\Delta}^{-1}[c\boldsymbol{HT}-\boldsymbol{H\delta}]\\&=[(\boldsymbol{HF})^{\mathrm{T}}\boldsymbol{P}_{\Delta}^{-1}\boldsymbol{HF}]^{-1}(\boldsymbol{HF})^{\mathrm{T}}\boldsymbol{P}_{\Delta}^{-1}[\boldsymbol{HF}\Delta\boldsymbol{X}+c\boldsymbol{H\varepsilon}]\\&=\Delta\boldsymbol{X}+c[(\boldsymbol{HF})^{\mathrm{T}}\boldsymbol{P}_{\Delta}^{-1}\boldsymbol{HF}]^{-1}(\boldsymbol{HF})^{\mathrm{T}}\boldsymbol{P}_{\Delta}^{-1}\boldsymbol{H\varepsilon}\end{aligned} \tag{4-62}$$

由此可得

$$\Delta\hat{\boldsymbol{X}}-\Delta\boldsymbol{X}=c[(\boldsymbol{HF})^{\mathrm{T}}\boldsymbol{P}_{\Delta}^{-1}\boldsymbol{HF}]^{-1}(\boldsymbol{HF})^{\mathrm{T}}\boldsymbol{P}_{\Delta}^{-1}\boldsymbol{H\varepsilon} \tag{4-63}$$

显然当综合时间测量误差矢量 $\boldsymbol{\varepsilon}=0$ 时，$\Delta\hat{\boldsymbol{X}}-\Delta\boldsymbol{X}=0$，而当 $E(\varepsilon)=0$ 时，也可得 $E(\Delta\hat{\boldsymbol{X}}-\Delta\boldsymbol{X})=0$，因此这种估计是无偏的。

利用 $\boldsymbol{P}_{\Delta}=E(\boldsymbol{H\varepsilon\varepsilon}^{\mathrm{T}}\boldsymbol{H}^{\mathrm{T}})=\boldsymbol{HP}_{\varepsilon}\boldsymbol{H}^{\mathrm{T}}$，得到加权最小二乘线性估计误差的协方差表达式为

$$\begin{aligned}\boldsymbol{P}_{\Delta\boldsymbol{X}}&=E[(\Delta\hat{\boldsymbol{X}}-\Delta\boldsymbol{X})(\Delta\hat{\boldsymbol{X}}-\Delta\boldsymbol{X})^{\mathrm{T}}]\\&=c^2E\{[(\boldsymbol{HF})^{\mathrm{T}}\boldsymbol{P}_{\Delta}^{-1}\boldsymbol{HF}]^{-1}(\boldsymbol{HF})^{\mathrm{T}}\boldsymbol{P}_{\Delta}^{-1}\boldsymbol{H\varepsilon\varepsilon}^{\mathrm{T}}\boldsymbol{H}^{\mathrm{T}}\boldsymbol{P}_{\Delta}^{-1}\boldsymbol{HF}[(\boldsymbol{HF})^{\mathrm{T}}\boldsymbol{P}_{\Delta}^{-1}\boldsymbol{HF}]^{-1}\}\\&=c^2[(\boldsymbol{HF})^{\mathrm{T}}\boldsymbol{P}_{\Delta}^{-1}\boldsymbol{HF}]^{-1}(\boldsymbol{HF})^{\mathrm{T}}\boldsymbol{P}_{\Delta}^{-1}\boldsymbol{E}(\boldsymbol{H\varepsilon\varepsilon}^{\mathrm{T}}\boldsymbol{H}^{\mathrm{T}})\boldsymbol{P}_{\Delta}^{-1}\boldsymbol{HF}[(\boldsymbol{HF})^{\mathrm{T}}\boldsymbol{P}_{\Delta}^{-1}\boldsymbol{HF}]^{-1}\\&=c^2[(\boldsymbol{HF})^{\mathrm{T}}\boldsymbol{P}_{\Delta}^{-1}\boldsymbol{HF}]^{-1}\\&=c^2[\boldsymbol{F}^{\mathrm{T}}\boldsymbol{H}^{\mathrm{T}}(\boldsymbol{HP}_{\varepsilon}\boldsymbol{H}^{\mathrm{T}})^{-1}\boldsymbol{HF}]^{-1}\end{aligned} \tag{4-64}$$

式中：$\boldsymbol{H}=\begin{bmatrix}1&-1&0&\cdots&0&0\\0&1&-1&\cdots&0&0\\\vdots&\vdots&\vdots&\ddots&\vdots&\vdots\\0&0&0&\cdots&1&-1\end{bmatrix}_{N\times(N+1)}$；$\boldsymbol{F}=[\boldsymbol{e}_0,\boldsymbol{e}_1,\cdots,\boldsymbol{e}_N]^{\mathrm{T}}$，$\boldsymbol{e}_i=\dfrac{(\boldsymbol{R}-\boldsymbol{R}_i)^{\mathrm{T}}}{\|\boldsymbol{R}-\boldsymbol{R}_i\|}$为

第 i 个基站位置，$\boldsymbol{R}_i=[x_i,\ y_i,\ z_i]^{\mathrm{T}}$ 指向真实辐射源 $\boldsymbol{R}=[x,\ y,\ z]^{\mathrm{T}}$ 的单位矢量，$i=0$，1，…N，$N\geqslant 3$；c 为光速。

综合时间测量误差矢量 $\boldsymbol{\varepsilon}=[\varepsilon_0,\ \varepsilon_1,\ \cdots\varepsilon_N]^{\mathrm{T}}$，$\varepsilon_i$ 反映了由站址测量和时间测量误差等因素引起的综合时间测量误差，时差 ε_i 的方差为 $\sigma_i^2=\sigma_{\mathrm{T}_i}^2+\sigma_{\mathrm{Pt}}^2$，$\sigma_{\mathrm{T}_i}^2$ 为时差测量误差方差；站址(时间)误差方差 $\sigma_{\mathrm{Pt}}^2=\sigma_{r_i}^2/(3c^2)$，$\sigma_{r_i}^2=\sigma_{x_i}^2+\sigma_{y_i}^2+\sigma_{z_i}^2$。综合时间测量误差矢量 $\boldsymbol{\varepsilon}$ 的协方差为

$$\boldsymbol{P}_{\boldsymbol{\varepsilon}}=E(\boldsymbol{\varepsilon}\boldsymbol{\varepsilon}^{\mathrm{T}})=\mathrm{diag}([\sigma_0^2\quad \sigma_1^2\quad \cdots\quad \sigma_N^2]) \tag{4-65}$$

式中：diag()为对角阵函数。

最小二乘时差定位方法的定位精度的几何稀释(GDOP)为

$$\mathrm{GDOP}=\sqrt{\sigma_x^2+\sigma_y^2+\sigma_z^2}=\sqrt{\mathrm{trace}(\boldsymbol{P}_{\Delta\boldsymbol{X}})} \tag{4-66}$$

用单个基站时间测量误差和站址误差对 GDOP 归一化，得到归一化 GDOP 为

$$\mathrm{GDOP}_{\mathrm{e}}=\frac{\mathrm{GDOP}}{\sqrt{c^2\sigma_{\mathrm{m}}^2}}=\frac{\mathrm{GDOP}}{\dfrac{c}{N+1}(\sqrt{\mathrm{trace}(\boldsymbol{P}_{\boldsymbol{\varepsilon}})})}=\frac{\sqrt{\mathrm{trace}(\boldsymbol{P}_{\Delta\boldsymbol{X}})}}{\dfrac{c}{N+1}\sqrt{\sum\limits_{i=0}^{N}\sigma_i^2}} \tag{4-67}$$

式中：c 为光速；$\boldsymbol{P}_{\boldsymbol{\varepsilon}}$ 为时间测量误差矢量 $\boldsymbol{\varepsilon}$ 的协方差；$\mathrm{GDOP}_{\mathrm{e}}$ 为归一化的 GDOP，该值和定位基站布站及辐射源位置有关。

当各基站时间测量误差和站址误差相同时，式(4-67)转换为

$$\mathrm{GDOP}_{\mathrm{e}}=\frac{\mathrm{GDOP}}{\sqrt{c^2\sigma_{\mathrm{m}}^2}}=\frac{\mathrm{GDOP}}{\sqrt{c^2(\sigma_{\mathrm{Pt}}^2+\sigma_{\mathrm{T}}^2)}}=\frac{\sqrt{\mathrm{trace}(\boldsymbol{P}_{\Delta\boldsymbol{X}})}}{\sqrt{c^2(\sigma_{\mathrm{Pt}}^2+\sigma_{\mathrm{T}}^2)}} \tag{4-68}$$

多站时差定位精度表达式可以转换为

$$\mathrm{GDOP}=\sqrt{\mathrm{trace}(\boldsymbol{P}_{\Delta\boldsymbol{X}})}=\mathrm{GDOP}_{\mathrm{e}}\sqrt{c^2(\sigma_{\mathrm{Pt}}^2+\sigma_{\mathrm{T}}^2)} \tag{4-69}$$

式中：σ_{T}^2 为各基站的时间测量误差；σ_{Pt}^2 为站址(时间)误差方差。

4.2.4 定位精度 Cramer-Rao 门限

多站时差定位包括一个主站和 N 个副站($N\geqslant 3$)，设目标真实位置为 $R(x,\ y,\ z)$，现根据多个基站测量值估计目标的真实位置，测量方程为

$$d_i=c\cdot(t_i-t_0)=f(\boldsymbol{X},\boldsymbol{X}_0,\boldsymbol{X}_i)+w_i \tag{4-70}$$

$$f(\boldsymbol{X},\boldsymbol{X}_0,\boldsymbol{X}_i)=\sqrt{(x-x_i)^2+(y-y_i)^2+(z-z_i)^2}-\sqrt{(x-x_0)^2+(y-y_0)^2+(z-z_0)^2} \tag{4-71}$$

式中：目标信号到各站的时间分别为 t_i；$\boldsymbol{X}=[x,\ y,\ z]^{\mathrm{T}}$ 为真实目标位置；$\boldsymbol{X}_0=[x_0,\ y_0,\ z_0]^{\mathrm{T}}$ 为主站位置；$\boldsymbol{X}_i=[x_i,\ y_i,\ z_i]^{\mathrm{T}}$ 为副站位置；w_i 为测量误差，包括时间测量误差和站址测量误差，$i=1,\ 2,\ \cdots,\ N$。测量误差 w_i 可以表示为

$$w_i=k_i-k_0-c(\mathrm{d}t_i-\mathrm{d}t_0) \tag{4-72}$$

式中：$k_i=\dfrac{\partial r_i}{\partial x_i}\mathrm{d}x_i+\dfrac{\partial r_i}{\partial y_i}\mathrm{d}y_i+\dfrac{\partial r_i}{\partial z_i}\mathrm{d}z_i$；$\mathrm{d}t_i$ 为基站时间测量误差；c 为光速。

式(4-70)写成矩阵形式为

$$\boldsymbol{Z}=F(\boldsymbol{X})+\boldsymbol{V} \tag{4-73}$$

式中：$F(\boldsymbol{X})=[f(\boldsymbol{X},\boldsymbol{X}_0,\boldsymbol{X}_1),f(\boldsymbol{X},\boldsymbol{X}_0,\boldsymbol{X}_2),\cdots,f(\boldsymbol{X},\boldsymbol{X}_0,\boldsymbol{X}_N)]^{\mathrm{T}}$；$\boldsymbol{Z}=[d_1, d_2,\cdots,d_N]^{\mathrm{T}}$，$\boldsymbol{X}=[x,y,z]$；$\boldsymbol{V}=[w_1,w_2,\cdots,w_N]^{\mathrm{T}}$ 是测量噪声。

对 $f(\boldsymbol{X},\boldsymbol{X}_0,\boldsymbol{X}_i)$求 $\boldsymbol{X}$ 梯度得到

$$\nabla_{\boldsymbol{X}} f(\boldsymbol{X},\boldsymbol{X}_0,\boldsymbol{X}_i)=\begin{bmatrix}\frac{\partial r_i}{\partial x}-\frac{\partial r_0}{\partial x} & \frac{\partial r_i}{\partial y}-\frac{\partial r_0}{\partial y} & \frac{\partial r_i}{\partial z}-\frac{\partial r_0}{\partial z}\end{bmatrix}^{\mathrm{T}} \tag{4-74}$$

由于各种站址误差和时间测量误差是相互独立的，所以 $\boldsymbol{V}$ 的协方差矩阵 $\boldsymbol{R}$ 为

$$\boldsymbol{R}=c^2(\sigma_{\mathrm{Pt}}^2+\sigma_{\mathrm{T}}^2)(\boldsymbol{I}_N+\boldsymbol{E}_N) \tag{4-75}$$

式中：σ_{T}^2 为时差测量误差方差；站址(时间)误差 $\sigma_{x_i}^2=\sigma_{y_i}^2=\sigma_{z_i}^2=c^2\sigma_{\mathrm{Pt}}^2$。

建立似然函数：

$$L(\boldsymbol{X})=p(\boldsymbol{Z};\boldsymbol{X})=\frac{1}{(2\pi)^{3m/2}|\boldsymbol{R}|^{1/2}}\exp\left\{-\frac{1}{2}[\boldsymbol{Z}-F(\boldsymbol{X})]^{\mathrm{T}}\boldsymbol{R}^{-1}[\boldsymbol{Z}-F(\boldsymbol{X})]\right\} \tag{4-76}$$

似然函数求导：

$$\frac{\partial L(\boldsymbol{X})}{\partial \boldsymbol{X}}=\frac{\partial[\boldsymbol{Z}-F(\boldsymbol{X})]^{\mathrm{T}}}{\partial \boldsymbol{X}}\boldsymbol{R}^{-1}[\boldsymbol{Z}-F(\boldsymbol{X})]=-\nabla_{\boldsymbol{X}}\boldsymbol{R}^{-1}[\boldsymbol{Z}-F(\boldsymbol{X})] \tag{4-77}$$

式中：$\nabla_{\boldsymbol{X}}=\frac{\partial[\boldsymbol{Z}-F(\boldsymbol{X})]^{\mathrm{T}}}{\partial \boldsymbol{X}}=-\frac{\partial[F(\boldsymbol{X})]^{\mathrm{T}}}{\partial \boldsymbol{X}}=-[\nabla_X f(\boldsymbol{X},\boldsymbol{X}_0,\boldsymbol{X}_1)\ \cdots\ \nabla_X(\boldsymbol{X},\boldsymbol{X}_0,\cdots,\boldsymbol{X}_N)]$。

对应 Fisher 信息矩阵为

$$\mathbf{FIM}=E\left\{\left[\frac{\partial L(\boldsymbol{X})}{\partial \boldsymbol{X}}\right]\left[\frac{\partial L(\boldsymbol{X})}{\partial \boldsymbol{X}}\right]^{\mathrm{T}}\right\}=-\nabla_{\boldsymbol{X}}(\boldsymbol{R}^{-1})\nabla_{\boldsymbol{X}}^{\mathrm{T}} \tag{4-78}$$

对于观测空域内的任意一点(x,y,z)，可求出该处的 Fisher 信息矩阵，对 Fisher 信息矩阵求逆，得到该点的定位精度极限 Cramer-Rao 门限(CRLB)为

$$\mathrm{CRLB}=\mathbf{FIM}^{-1} \tag{4-79}$$

由时差定位精度 GDOP 的定义可知，GDOP 的平方等于 CRLB 矩阵的迹，即对角元素之和，于是得到

$$\mathrm{GDOP}=\sqrt{\mathrm{trace}(\mathbf{FIM}^{-1})} \tag{4-80}$$

式中：trace()为矩阵求迹函数。

4.3　时差定位精度的影响因素分析

4.3.1　单站被动测角与多站定位之间的性能比较

1. 单站被动测角伪定位精度

单站无源定位技术是利用一个观测平台对目标进行无源定位的技术。由于获取的信息量相对较少，单站无源定位实现难度相对较大，定位的实现过程通常是用单个运动的观测站对辐射源进行连续的测量，在获得一定量的定位信息积累的基础上，进行适当的数据处理以获取辐射源目标的定位数据。从几何定义上来说就是用多个定位曲线的交会来实现定

位，即利用运动学原理测距，用几何学原理定位，并结合非线性滤波所获得的对固定和运动辐射源的快速高精度定位和跟踪。

单站无源定位技术采用的方法主要有测向(BO)定位法、到达时间(TOA)定位法、频率法(FM)、方位-到达时间联合定位方法、方位-频率联合定位法、幅度-方位定位法、测相位差变化率定位法和测多普勒频率变化率定位法。

下面仅以测角定位分析单站被动测角的测量性能。由于被动雷达导引头只能探测目标的方位，对于导引头空对地模式，目标自身的位置可以通过 GPS 获取，因此获取辐射源角度后，导引头与地面辐射源的间距就可以确定。被动雷达导引头的方位/俯仰测角精度近似为

$$\sigma_\theta=\sqrt{\sigma_{\theta_0}^2+\sigma_{\theta_1}^2} \tag{4-81}$$

式中：σ_{θ_0} 为信噪比引起的测角误差方差；σ_{θ_1} 为其它综合测角误差方差。

综合测角误差包括波束指向误差和角度量化误差等，其中俯仰向综合测角误差包括多路径效应误差和大气透镜效应引起的误差等。综合测角误差方差可以通过系统指标设计和静态测试获取，对于特定雷达导引头该参数是确定的。信噪比引起的测角误差方差为

$$\sigma_{\theta_0}=\frac{\theta_B}{k_m\sqrt{2SNR}} \tag{4-82}$$

式中：θ_B 为方位/俯仰波束的 3 dB 波束宽度；SNR 为信噪比；k_m 为角灵敏度函数斜率，它与天线方向图形状有关，一般 $k_m=1.2\sim1.9$。

假设目标距离已知，不考虑综合测角误差方差，被动雷达导引头定位精度为

$$\sigma_R=R\sigma_\theta=R\sqrt{\sigma_{\theta_0}^2+\sigma_{\theta_1}^2}\approx\frac{R\theta_B}{k_m\sqrt{2SNR}} \tag{4-83}$$

被动雷达导引头波束宽度一般比较宽，假设波束宽度为 30°，仿真得到信噪比和定位精度关系曲线如图 4-9 所示。当输入信噪比为 10 dB 时，被动雷达导引头对 100 km 处目标的定位误差为 10 km。

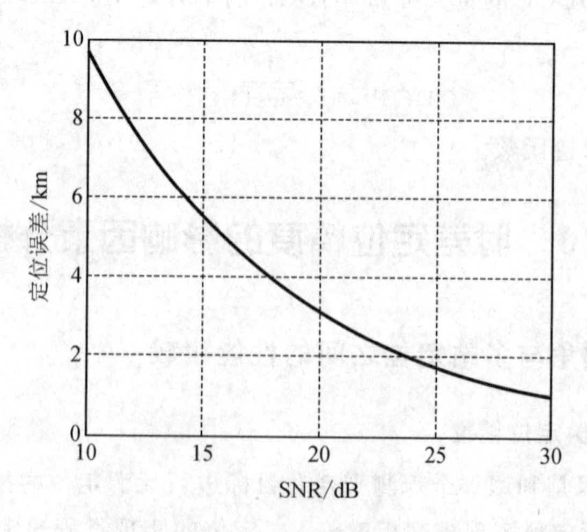

图 4-9　被动雷达导引头定位误差

2. 时差定位性能对比

时差定位系统主站位于坐标原点(0, 0, 0)，测时误差假设为常数 5 ns，基站自定位误差为 2 m。三站时差定位基站一般部署于水平地面，对地面或空中辐射源目标进行时差定位，三站时差定位的解算条件是假定定位基站和辐射源位于同一平面，但实际辐射源可能位于空中平台，不满足同平面条件，因此三站时差定位误差存在平面模型误差(系统误差)和随机误差。三站时差定位的副站坐标为 $R_1(r, 0, 0)$、$R_2(-r, 0, 0)$，雷达辐射源坐标为$(0, Y, H)$，辐射源高度 H 为 2 km 和 4 km，基站间距 $r=5$ km，得到不同辐射源距离的三站时差定位误差性能曲线如图 4-10 所示。辐射源和定位主副站不在同一个平面时，在距离近端综合定位误差受平面模型误差的影响会增大，在距离远端综合定位误差和随机误差接近。随机误差随着距离的增大逐渐增大，平面模型误差随着距离的增大逐渐减小。

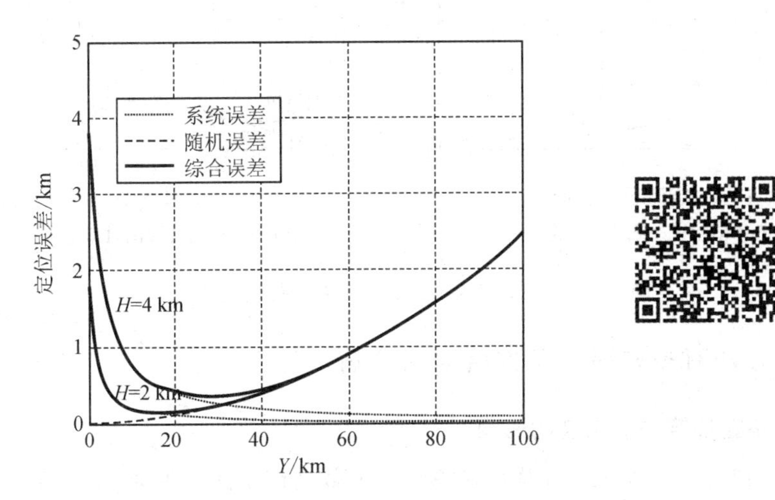

图 4-10　不同辐射源距离的三站时差定位误差性能曲线

以三站时差定位为例，由图 4-10 可知当基站间距为 5 km 时，对应在 100 km 处的定位误差约为 2.3 km，随着自定位误差和测时误差的减小或定位基站的增加，定位精度会进一步增加。而被动雷达导引头只能测角，其定位精度是在假定距离已知的基础上得到的，因此称为伪定位精度。伪定位精度一般也比时差定位系统的定位精度差。

时差定位系统主站位于坐标原点(0, 0, 0)，假设测时误差为常数 5 ns，基站自定位误差 2 m。综合比较三站、四站、五站时差定位性能。三站时差定位的副站坐标 $R_1(r, 0, 0)$、$R_2(-r, 0, 0)$；四站时差定位的副站坐标为 $R_1(r, 0, 0)$、$R_2(-r, 0, 0)$、$R_3(0, 0, r)$；五站时差定位的副站坐标为 $R_1(r, 0, 0)$、$R_2(-r, 0, 0)$、$R_3(0, 0, r)$，$R_4(0, r, 0)$。雷达辐射源坐标为$(0, Y, H)$，仿真得到三站、四站和五站时差定位性能比较如图 4-11 所示，其中图(a)为不同主副站间距时差定位性能，基站间距 r 从 1 km 至 8 km，辐射源 $Y=100$ km，$H=2$ km；图(b)为不同辐射源距离时差定位性能，基站间距 $r=5$ km，辐射源 $H=2$ km 和 4 km，Y 为从 0 至 150 km。

由图 4-11(a)可知主副站间距越大，定位精度越高，同等条件下时差基站数目越多，定位误差越小，精度越高；另外受测时误差和基站自定位误差的影响，只有满足一定的主副站间距(或基线长度)才能实现很好的定位。由图 4-11(b)可知三站时差定位近段误差增大，且针对不同辐射源高度误差也不同，另外进一步仿真表明不同基站构型，近端定位误差受辐射源高度影响的程度也不同。四站和五站时差定位性能几乎不受辐射源高度的影响，另外辐射源距离越远，定位性能越差。五站时差定位具备冗余功能，当一个基站不能工作或没有接收到信号时，仍能用四站实现定位。

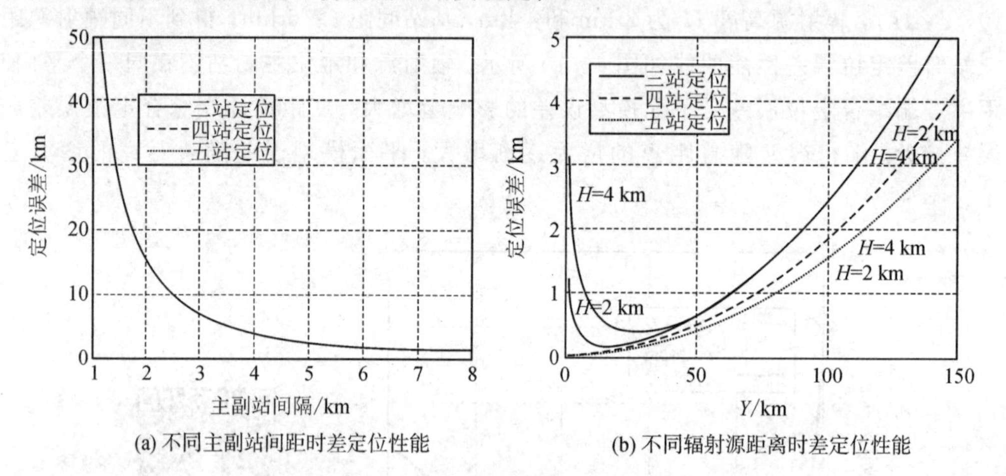

(a) 不同主副站间距时差定位性能　　(b) 不同辐射源距离时差定位性能

图 4-11　三站、四站和五站时差定位性能比较

4.3.2　定位方法对多站时差定位精度的影响

1. 三站时差定位算法对精度的影响

三站时差定位假定的前提条件是辐射源和三个基站位于同一平面，因此存在固有的模型误差，三个基站位于地面时，不同辐射源高度会产生三站时差定位系统误差，即三站时差定位误差包括系统误差和随机误差。

设计三个基站位于 XY 平面，主站位于坐标原点，副站距离原点 5.7735 km，方位角分别为 30°和 150°，辐射源目标飞行高度 $H=6$ km。假设基站时间测量误差为 10 ns，基站位置误差为 2 m，得到三站时差定位系统误差和随机误差 GDOP，如图 4-12 所示，其中图(a)为随机误差 GDOP；图(b)为系统误差 GDOP；图(c)为综合定位误差 GDOP；图(d)为定位误差剖面对比。

仿真表明目标距离远大于高度时，目标越远定位误差越大，随着目标距离减小定位误差逐渐减小，当目标距离减小到一定程度后，目标高度对定位的影响逐渐增大，目标出现在主站正上方时，定位误差达到近区误差最大值。

2. 四站时差定位算法对精度的影响

四站时差定位可以采用解析法(间接求解定位算法)和最小二乘法两种方法，最小二乘法是在解析法的基础上再进行最小二乘迭代求解。研究两种定位方法对定位精度的影响，并与理论定位精度的 Cramer-Rao 门限进行比较。

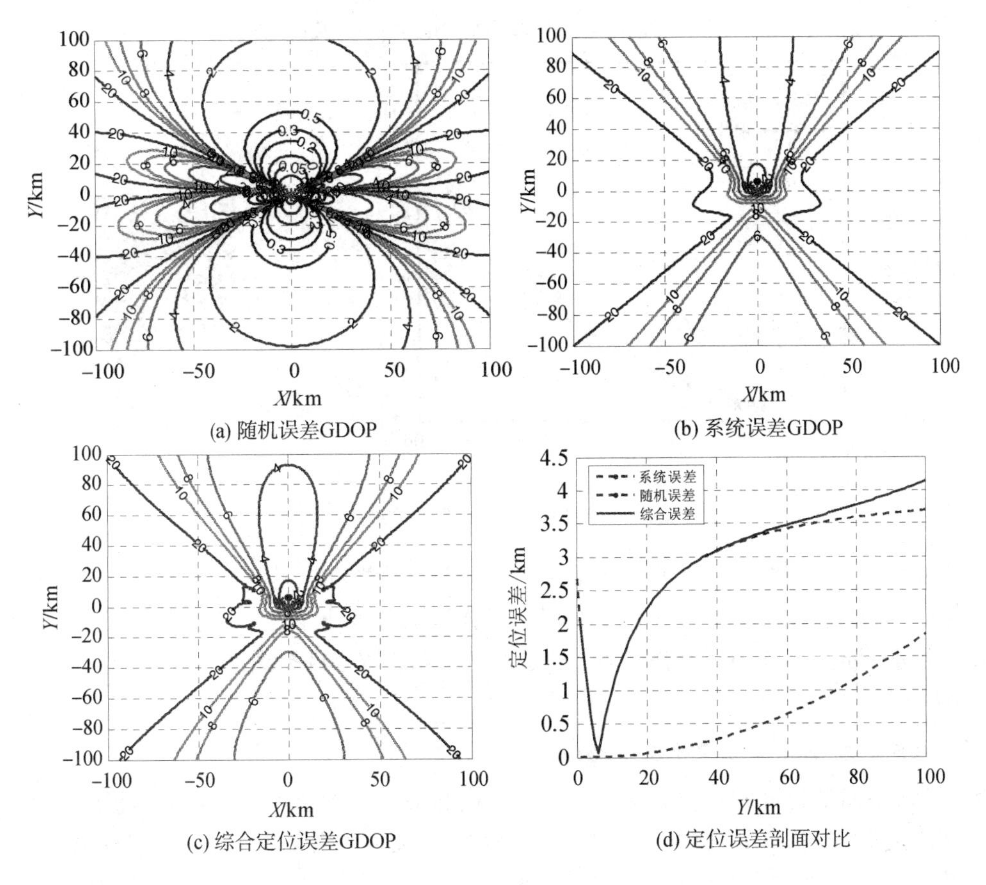

图 4－12　三站时差定位系统误差和随机误差 GDOP(误差单位 km)

假设定位各基站采用 Y 形布站，各站站址分别取为 A_0(0，0，0)、A_1(20 km，20，0.3 km)、A_2(0，－20 km，0.3 km)、A_3(－20 km，20，0.3 km)。站址误差为 2 m，基站时间测量误差为 10 ns，辐射源载机航线高度为 6 km。不同四站时差定位算法的定位精度 GDOP 如图 4－13 所示，其中图(a)为解析法，图(b)为最小二乘法，图(c)为 Cramer-Rao 门限。布站位置为 *，原点位置为主站，其它星号为副站。

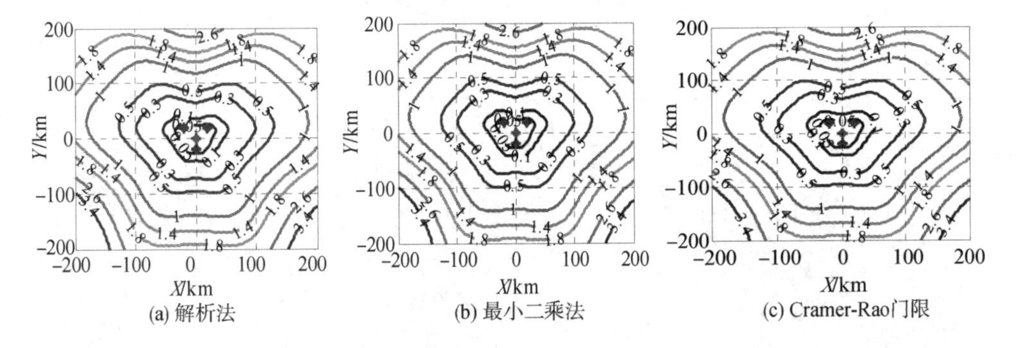

图 4－13　不同四站时差定位算法的定位精度 GDOP(误差单位为 km)

辐射源目标验证 Y 轴由远及近，航线高度为 6 km，仿真得到不同四站时差定位算法的距离-误差二维曲线对比结果，如图 4－14 所示，相当于 GDOP 剖面图对比。

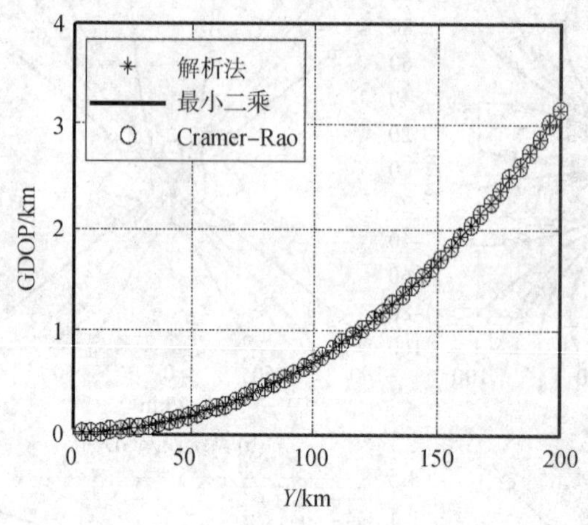

图 4－14　不同四站时差定位算法的距离-误差二维曲线对比

综合图 4－13 和图 4－14 的仿真结果，可知四站时差定位解析法和最小二乘法的定位精度相同，均能达到定位精度的 Cramer-Rao 门限，因此解析法已经达到了定位精度极限，不需要再进一步采用最小二乘法求解。通过改变布站方式、目标高度、误差参数，能得到相同的结论。

3. 五站时差定位算法对精度的影响

五站对空间辐射源的定位方法主要有解析法和最小二乘法两种方法，解析法以主站作为时差定位系统的信息处理中心，确定三组距离差双曲面然后采用伪逆法对目标辐射源进行定位；最小二乘法通过先给定位置初估值，然后再迭代计算定位，即可以在解析法的基础上进行最小二乘法求解。这两种算法模型和误差模型均不相同，必然会有不同的定位精度。研究两种定位方法对定位精度的影响，并与理论定位精度的 Cramer-Rao 门限进行比较。

五站时差定位基站位置分别为 A_0(0，0，0)、A_1(10 km，0，km)、A_2(0，10 km，0.05 km)、A_3(－10 km，0，0.05 km)，A_4(0，－10 km，0.05 km)。假设基站时间测量误差为 10 ns，站址误差为 2 m，辐射源载机航线高度为 6 km。不同五站时差定位算法的定位精度 GDOP 如图 4－15 所示，其中图(a)为解析法；图(b)为最小二乘法；图(c)为Cramer-Rao 门限。布站位置为＊，原点位置为主站，其它星号为副站。

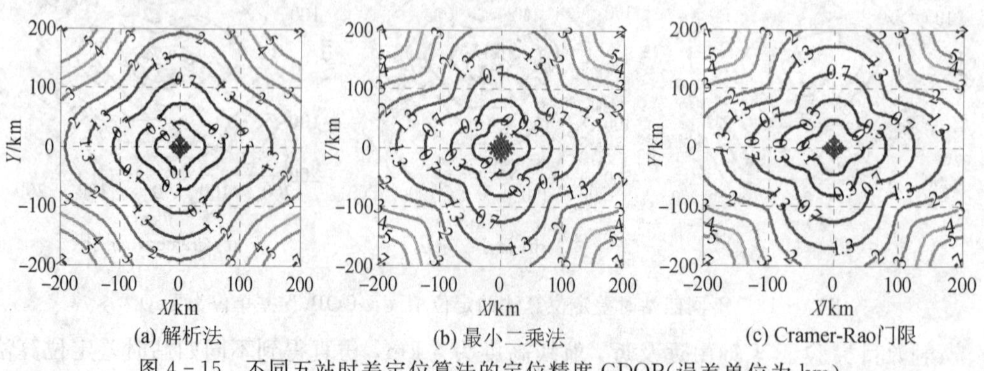

图 4－15　不同五站时差定位算法的定位精度 GDOP(误差单位为 km)

辐射源目标验证 Y 轴由远及近，航线高度为 6 km，仿真得到不同五站时差定位算法的距离-误差二维曲线对比结果，如图 4-16 所示，相当于 GDOP 剖面图对比。

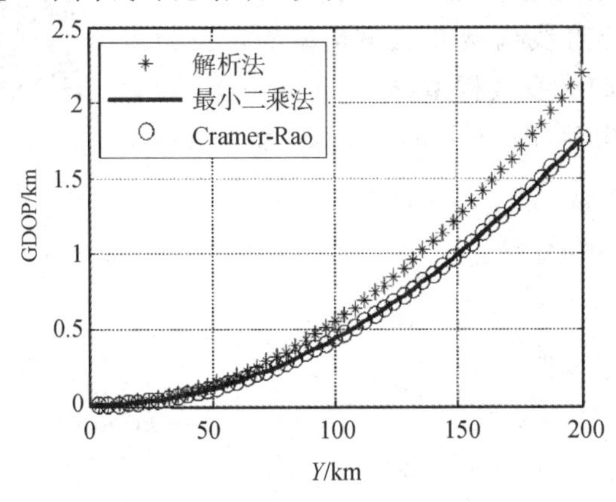

图 4-16　不同五站时差定位算法的距离-误差二维曲线对比

综合图 4-15 和图 4-16 的仿真结果，可知五站时差定位解析法和最小二乘法的定位精度不同，最小二乘法能达到定位精度的 Cramer-Rao 门限，而解析法误差比较大。因此为了提高定位精度，应该在解析法的基础上进行最小二乘迭代求最优解。通过改变布站方式、目标高度、误差参数，能得到相同结论。

4.3.3　基站构型对时差定位精度的影响

测量误差、时统误差(时间同步误差)、站址误差确定后，影响时差定位精度的主要因素是布站方案，布站方案包括基站构型、基线长度、布站高度等。在这些参数确定后，多站时差定位精度的空间分布是确定的，因此为了提高定位精度，需要选择最优的基站构型。

1. 三站基站构型对时差定位精度的影响

三站时差定位典型构型为直线构型和三角构型。设置三站时差定位不同构型的基站坐标如表 4-1 所示，三站时差定位基站构型示意图如图 4-17 所示。

表 4-1　三站时差定位不同构型的基站坐标

	主站坐标/km	副站 1 坐标/km	副站 2 坐标/km
直线构型	0，0，0	5.7735，0，0	−5.7735，0，0
三角构型	0，0，0	5，2.8868，0	−5，2.8868，0

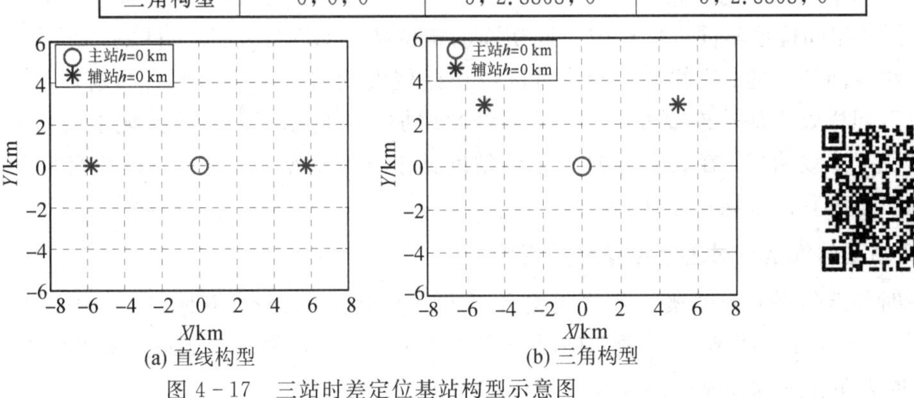

图 4-17　三站时差定位基站构型示意图

设辐射源目标高度为 0 km 或 6 km，0 km 表示理想平面定位，站址定位误差均为2 m，时差精度均为 10 ns。按照表 4-1 设置构型进行时差定位性能仿真，得到三站时差定位直线构型和三角构型的定位精度仿真结果如图 4-18 所示，其中图(a)为直线构型(h=0 km)；图(b)为三角构型(h=0 km)；图(c)为直线构型(h=6 km)；图(d)为三角构型(h=6 km)。

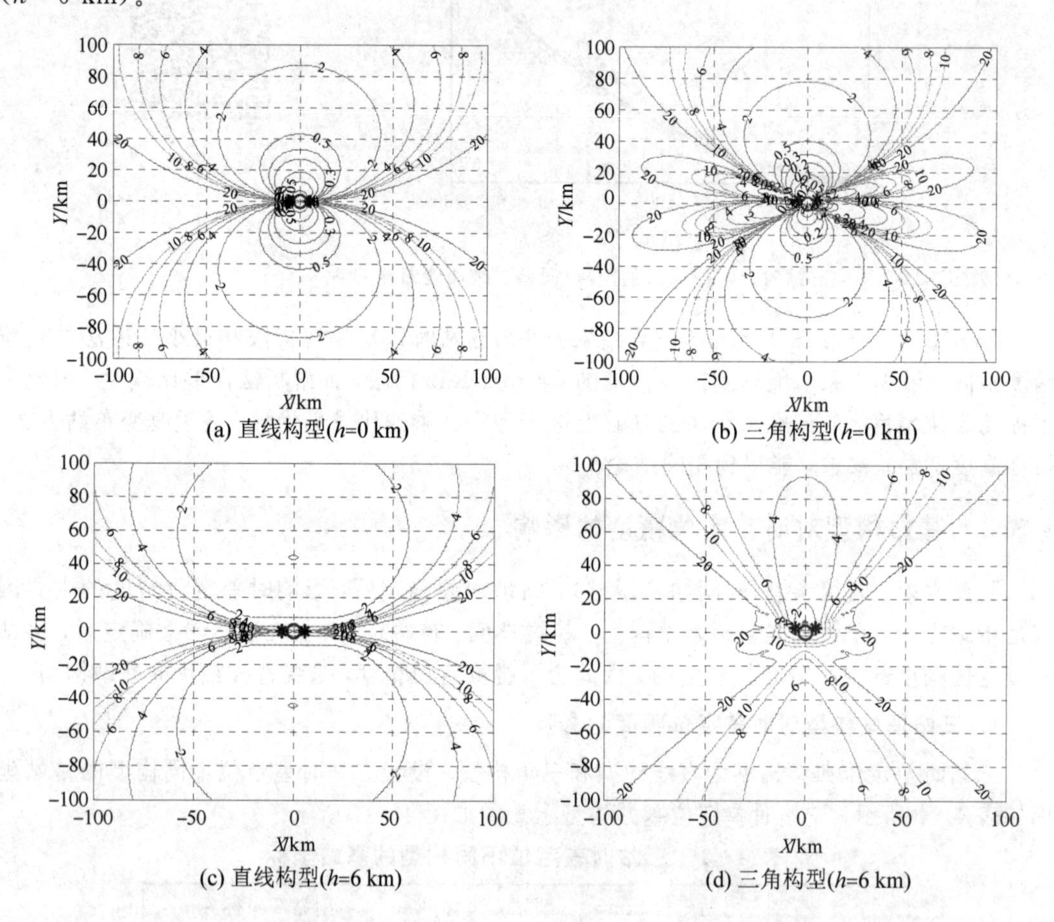

(a) 直线构型(h=0 km)　(b) 三角构型(h=0 km)

(c) 直线构型(h=6 km)　(d) 三角构型(h=6 km)

图 4-18　三站时差定位直线构型和三角构型的定位精度(误差单位为 km)

仿真表明不同构型的三站时差定位精度 GDOP 是不同的，且目标越远离主站，定位精度越差；另外相同构型不同高度层或不同切面的定位精度 GDOP 也是不同的，即时差定位精度是三维空间分布的；直线构型定位盲区或误差较大区域位于该构型直线附近，三角构型定位盲区同样处于基站连线方向，盲区区域数增加，但是在所关心的区域上，三角构型定位精度优于直线构型，在其它方向上定位精度低于直线构型。另外，通过仿真可知加长基线长度可以改善定位误差性能。

2. 四站基站构型对时差定位精度的影响

四站时差定位平面布站典型基站构型有 Y 形、T 形、正方形、菱形等，另外还有立体 Y 形构型(参见 4.4.2 小节)。设置四站时差定位平面布站不同构型的基站坐标如表 4-2 所示，四站时差定位平面布站基站构型示意图如图 4-19 所示。

表 4-2　四站时差定位平面布站不同构型的基站坐标

	主站坐标/km	副站 1 坐标/km	副站 2 坐标/km	副站 3 坐标/km
Y 形	0，0，0	5，2.8868，0	−5，2.8868，0	0，−5.7735，0
T 形	0，0，0	5，0，0	−5，0，0	0，−8.6603，0
正方形	5，5，0	−5，5，0	−5，−5，0	5，−5，0
菱形	5，0，0	−5，0，0	0，8.6603，0	0，−8.6603，0

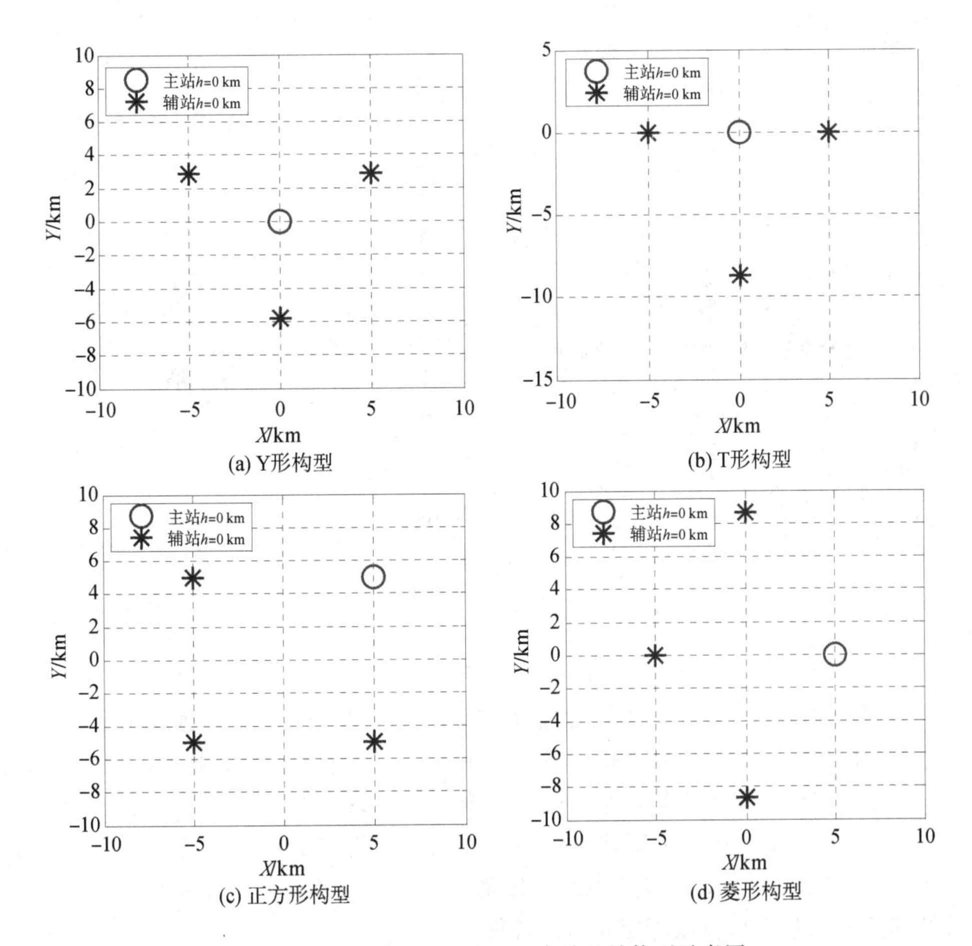

图 4-19　四站时差定位平面布站基站构型示意图

设辐射源目标高度为 6 km，站址定位误差均为 2 m，时差精度均为 10 ns。按照表 4-2 设置构型进行时差定位性能仿真，得到四站时差定位 Y 形、T 形、正方形、菱形等构型的定位精度仿真结果如图 4-20 所示，其中图(a)为 Y 形构型；图(b)为 T 形构型；图(c)为正方形构型；图(d)为菱形构型。

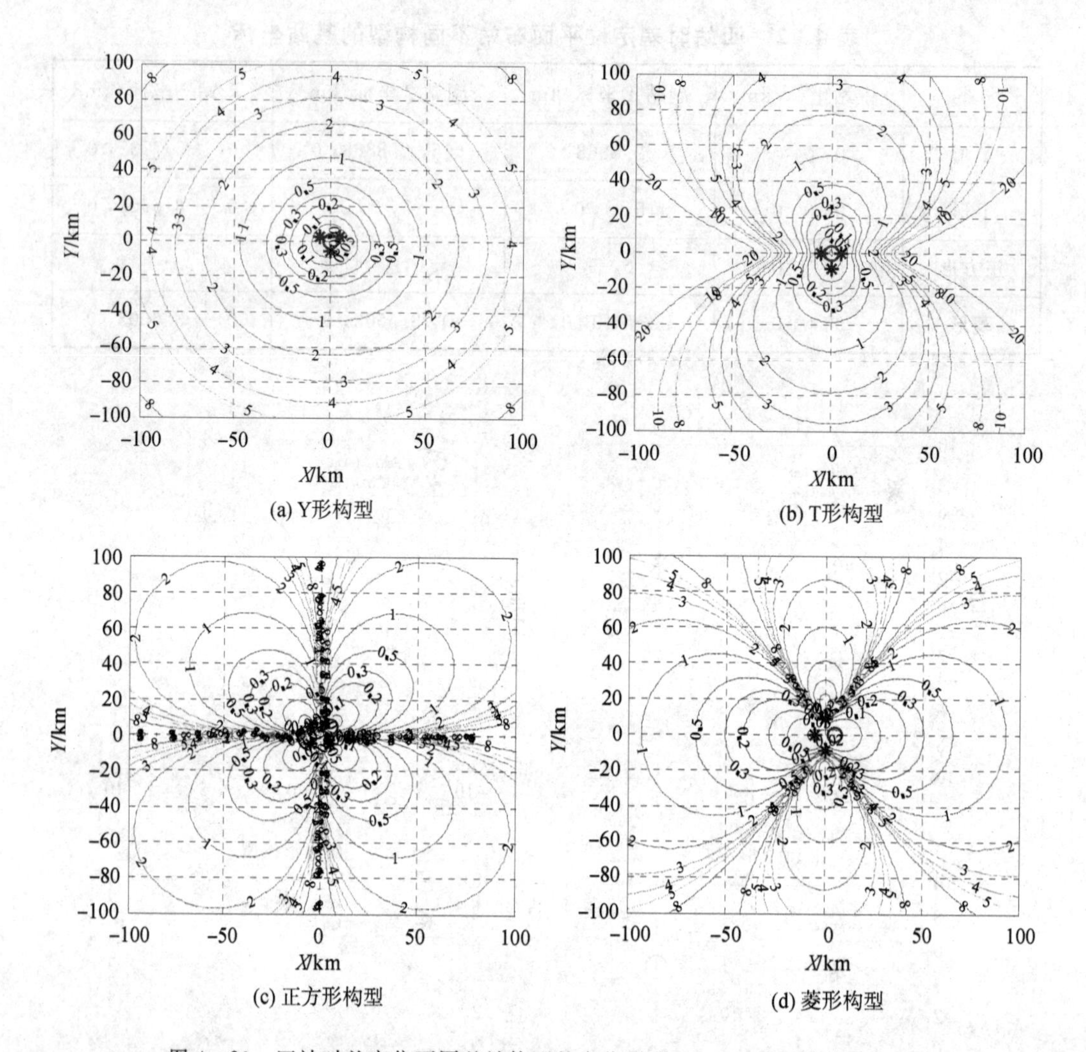

图 4 - 20　四站时差定位不同基站构型的定位误差 GDOP(误差单位为 km)

仿真表明不同构型的四站时差定位精度 GDOP 是不同的，且目标越远离主站，定位精度越差；Y 形构型布站的定位精度优于其它布站方式，且 Y 形构型布站的各向 GDOP 值分布均匀，不存在定位模糊和无解区域，适合于全方位布站。T 形构型布站定位精度的方向分布性很强，呈纺锤状，在 3 个基站连线的垂直方向上的定位精度最优，即主方向的定位精度优于 Y 形构型；菱形、正方形布站定位精度呈象限对称，定位盲区数增加。另外通过仿真可知加长基线长度可以改善定位误差性能。

3. 五站基站构型对时差定位精度的影响

五站时差定位相对四站时差定位增加了一个定位基站，五站通常采用立体构型，主站和其它基站的高度不同，立体布站的典型构型包括 Y 形、T 形、正方形、五边形等，另外如果同平面布站，可以采用五边形构型。

设置五站时差定位不同构型的基站坐标如表 4 - 3 所示，五站时差定位基站构型示意图如图 4 - 21 所示。

表 4-3　五站时差定位不同构型的基站坐标

	主站坐标 /km	副站 1 坐标 /km	副站 2 坐标 /km	副站 3 坐标 /km	副站 4 坐标 /km
Y 形	0，0，5	0，0，0	5，2.8868，0	−5，2.8868，0	0，−5.7735，0
T 形	0，0，5	0，0，0	5，0，0	−5，0，0	0，−8.6603，0
正方形	0，0，5	5，5，0	−5，5，0	−5，−5，0	5，−5，0
菱形	0，0，5	5，0，0	−5，0，0	0，8.6603，0	0，−8.6603，0
五边形(平面)	5，0，0	1.5451，4.7553，0	−4.0451，2.9389，0	−4.0451，−2.9389，0	1.5451，−4.7553，0
五边形(立体)	5，0，5	1.5451，4.7553，0	−4.0451，2.9389，0	−4.0451，−2.9389，0	1.5451，−4.7553，0

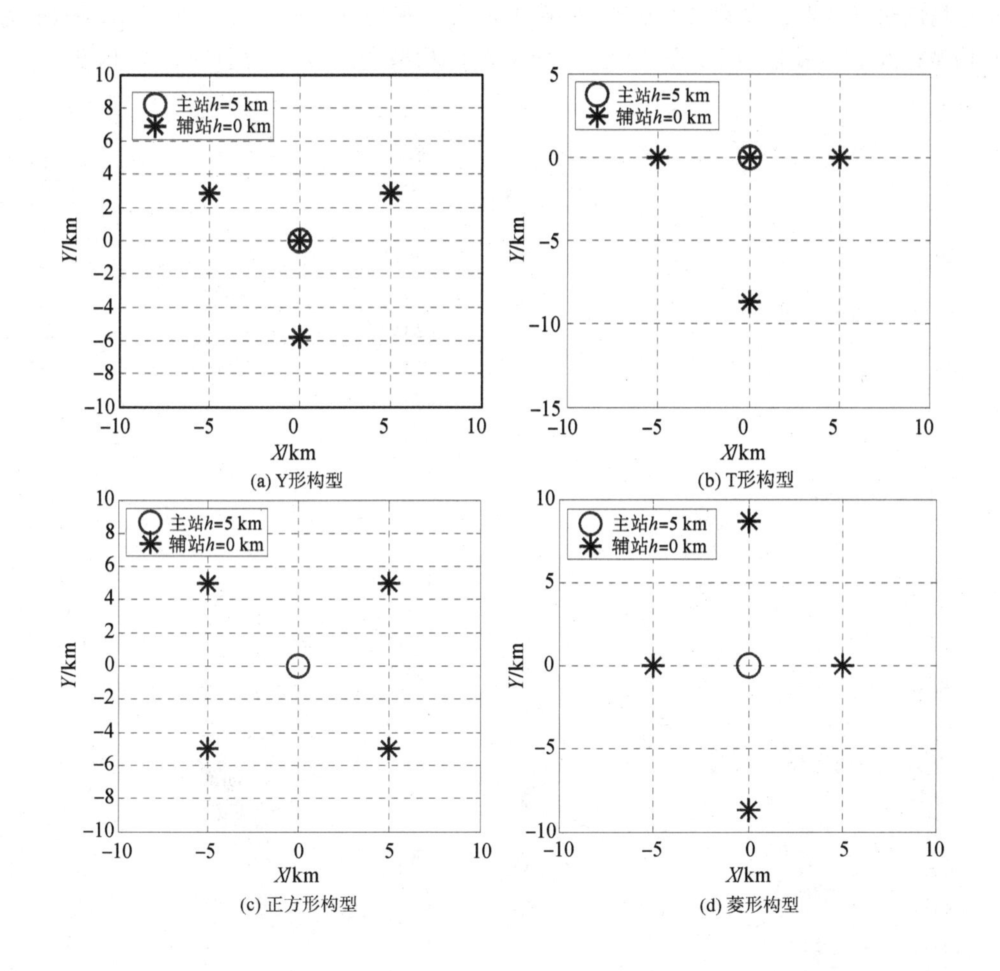

(a) Y形构型　(b) T形构型

(c) 正方形构型　(d) 菱形构型

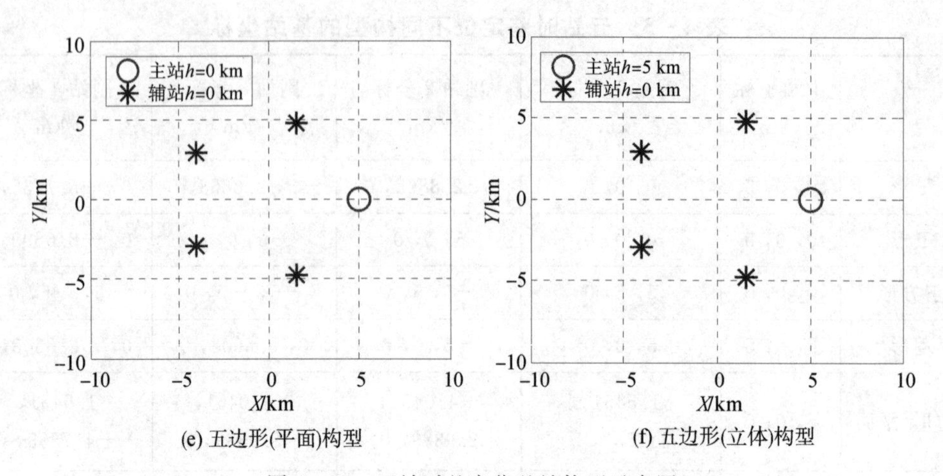

(e) 五边形(平面)构型　　(f) 五边形(立体)构型

图 4-21　五站时差定位基站构型示意图

设辐射源目标高度为 6 km，站址定位误差均为 2 m，时差测量精度均为 10 ns。按照表 4-3 设置构型进行时差定位性能仿真，得到五站时差定位 Y 形、T 形、正方形、菱形等构型的定位精度仿真结果如图 4-22 所示，其中图(a)为 Y 形构型；图(b)为 T 形构型；图(c)为正方形构型；图(d)为菱形构型；图(e)为五边形(平面)构型；图(f)为五边形(立体)构型。

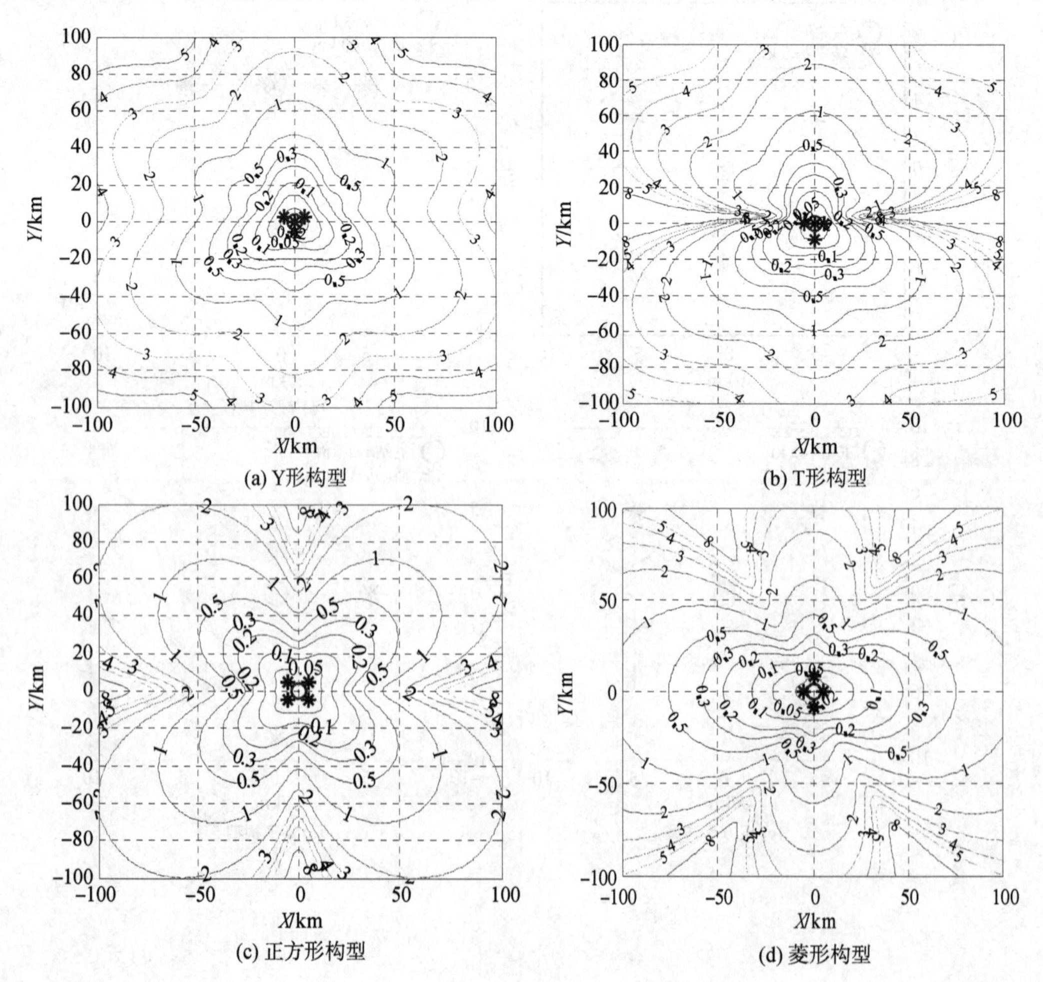

(a) Y形构型　　(b) T形构型

(c) 正方形构型　　(d) 菱形构型

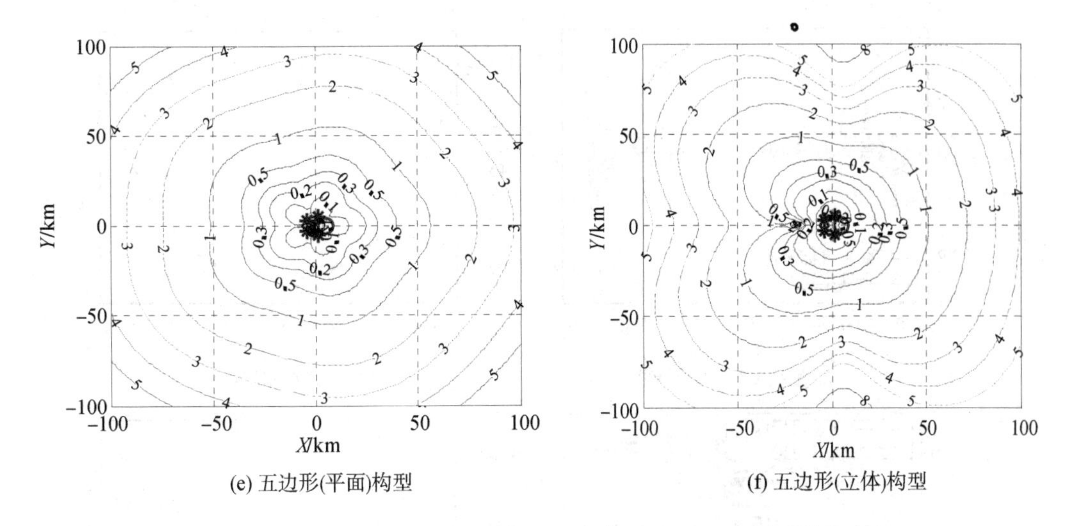

(e) 五边形(平面)构型　(f) 五边形(立体)构型

图 4-22　五站时差定位不同基站构型的定位误差 GDOP(误差单位为 km)

仿真表明不同构型的五站时差定位精度 GDOP 是不同的，且目标越远离主站，定位精度越差；Y 形构型布站的定位精度优于其它布站方式，且 Y 形构型布站的各向 GDOP 值分布均匀，不存在定位模糊和无解区域，适合于全方位布站。T 形构型布站定位精度的方向分布性很强，呈纺锤状，在 3 个基站连线的垂直方向上的定位精度最优，即主方向的定位精度优于 Y 形构型；菱形、正方形布站定位精度呈象限对称，定位盲区数增加；五边形、正方形布站的定位精度优于其它布站方式，且五边形、正方形布站的各向 GDOP 值分布均匀，适合于全方位布站；另外通过仿真可知加长基线长度可以改善定位误差性能。

4.4　时差定位空间性能仿真

4.4.1　三站时差定位性能仿真

对于三站时差定位，如果基站位于同一平面内，而目标相对平面有一定高度，普通目标的高度范围为 0～20 km，当目标距离基站比较远时，可认为高度对目标定位影响比较小，但是当目标高度比较高时，高度对三站时差定位影响比较大。

假设三站时差定位的时间测量误差为 50 ns，站址位置测量误差为 10 m。三站时差定位直线构型基站位置为(－30 km，0，0)、(0，0，0)、(30 km，0，0)。仿真航线 A 和航线 B 的连续定位误差分布：

航线 A：目标位置 y 坐标为 100 km，x 坐标从－150 km 到 150 km，z=0 km；

航线 B：目标位置 x 坐标为 0 km，y 坐标从 150 km 到 0 km，z=6 km。

仿真得到三站时差定位连续定位误差分布如图 4-23 所示，其中图(a)为航线 A 连续定位结果；图(b)为航线 A 理论误差曲线；图(c)为航线 B 连续定位结果；图(d)为航线 B 连续高度定位误差。

仿真表明目标距离远大于高度时，目标越远定位误差越大，随着目标距离减小定位误差逐渐减小，当目标距离减小到一定程度后，目标高度对定位的影响逐渐增大，目标出现在主站正上方时，定位误差为目标高度 6 km。

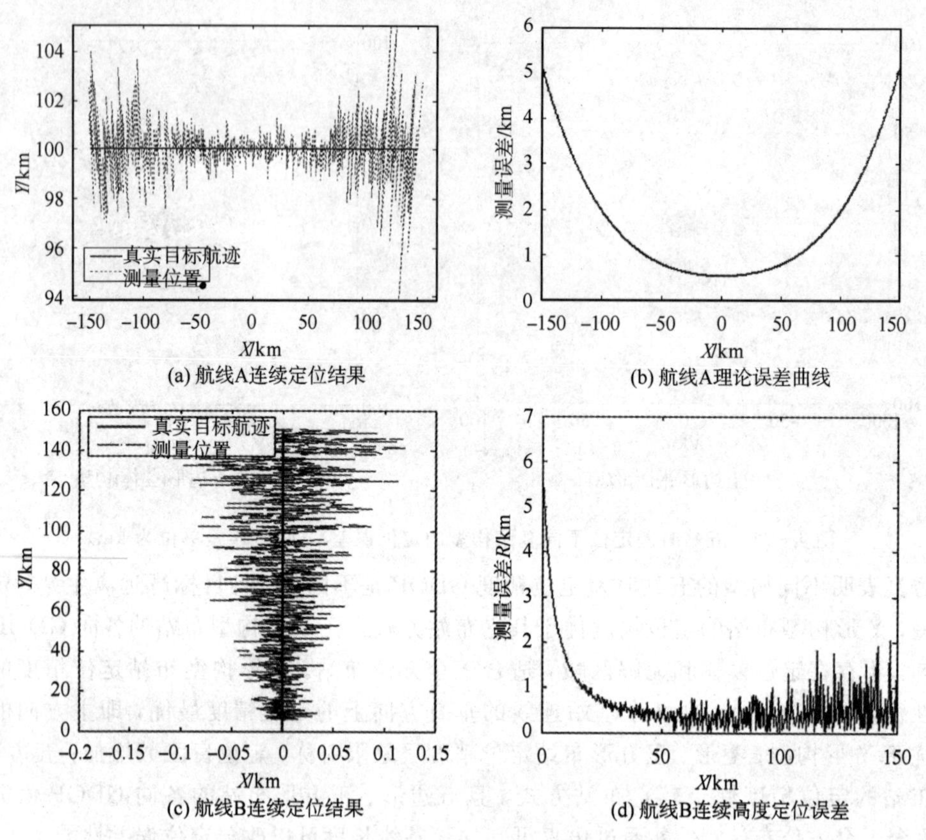

(a) 航线A连续定位结果
(b) 航线A理论误差曲线
(c) 航线B连续定位结果
(d) 航线B连续高度定位误差

图 4-23 三站时差定位连续定位误差分布

4.4.2 四站时差定位性能仿真

四站时差定位基站采用立体 Y 形构型部署，基站位置为 $R_0(0, 0, 0)$、$R_1(r, 0, h)$、$R_2(r\cos\theta, r\sin\theta, h)$、$R_3(r\cos\theta, -r\sin\theta, h)$，其中 $\theta=2\pi/3$，$r=5$ km。

1. 四站时差定位连续仿真

辐射源高度为 6 km，即 $z=6$ km，$x=0$，y 由 150 km 到 0 km，仿真时差定位系统对辐射源连续定位。为了显示方便，设置时间测量误差为 1 ns，基站位置测量误差为 0.1 m。得到 $h=0$ km 和 1 km，四站时差定位连续仿真结果如图 4-24 所示，其中图(a)表示 $h=0$ km 时，真假目标关于 Z 轴对称分布；图(b)表示 $h=1$ km 时，真假目标分布在 Z 轴同侧，且分布在 Y 轴两侧。

仿真表明四站时差定位存在虚假目标现象；通过改变定位基站之间的相对位置，可以改变虚假目标和真实目标之间的相对位置关系，定位基站空间位置增大，虚假目标和真实目标之间距离增大。虚假目标的剔除有如下两种方法：

(1) 利用空间位置关系剔除假目标，例如目标出现在地球表面之下，则该目标为假目标。

(2) 利用侦察天线指向信息剔除虚假目标。

当 $h=0$ km 时，定位误差理论数值和仿真对比如图 4-25 所示。仿真表明定位精度的连续仿真结果符合定位精度的理论公式，证明了时差定位连续仿真结果的正确性。

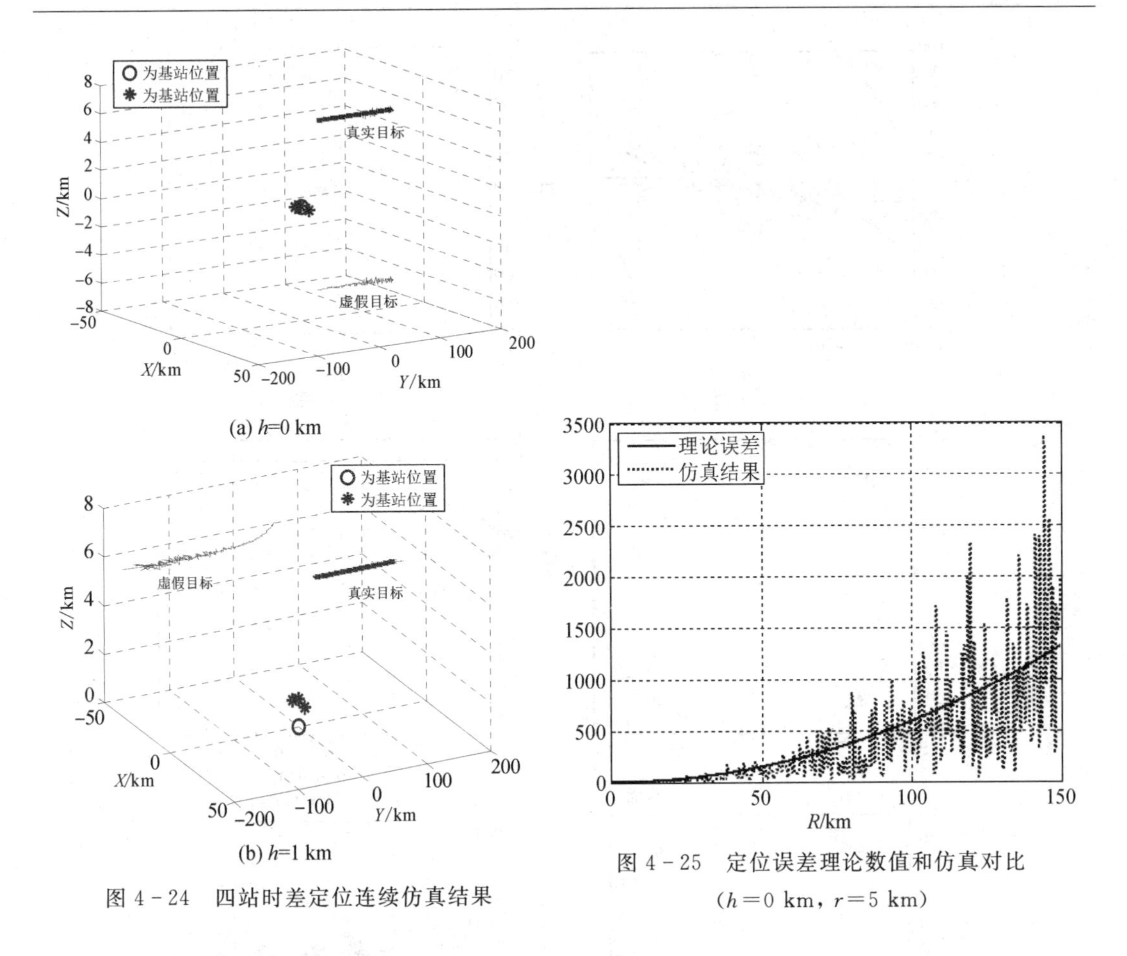

图 4-24　四站时差定位连续仿真结果

图 4-25　定位误差理论数值和仿真对比（$h=0$ km，$r=5$ km）

2. 四站时差空间定位精度

采用 Y 形立体构型，基站 $h=1$ km，$r=5$ km 时，为了和 4.3.3 小节平面构型进行比较，站址定位误差均为 2 m，时差精度均为 10 ns。仿真得到四站时差定位不同切面的误差 GDOP 如图 4-26 所示。

仿真表明四站时差定位不同高度层或不同切面的定位精度 GDOP 是不同的，不同距离的全球面误差分布曲线不同，即时差定位精度是三维空间分布的；在 $Z=0$ 平面定位误差起伏较大，即在 XY 平面存在定位盲区；Y 形立体构型四站时差定位在偏离 Z 轴±60°立体角内，半径相同的球面定位误差相对比较稳定，近似相同。

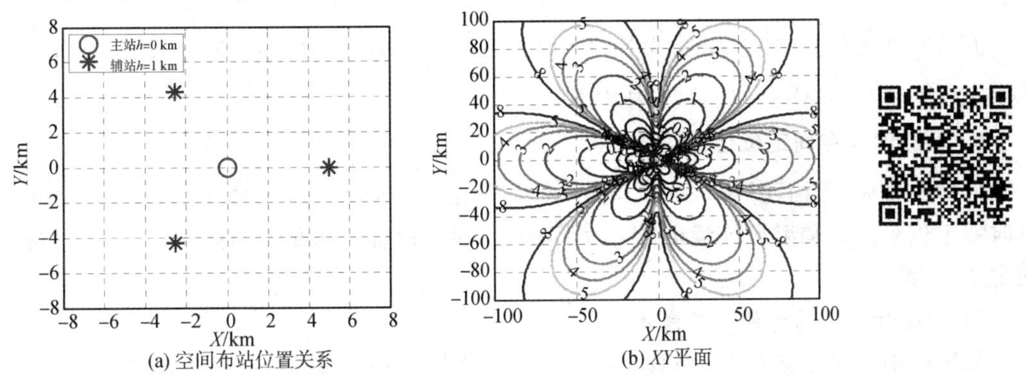

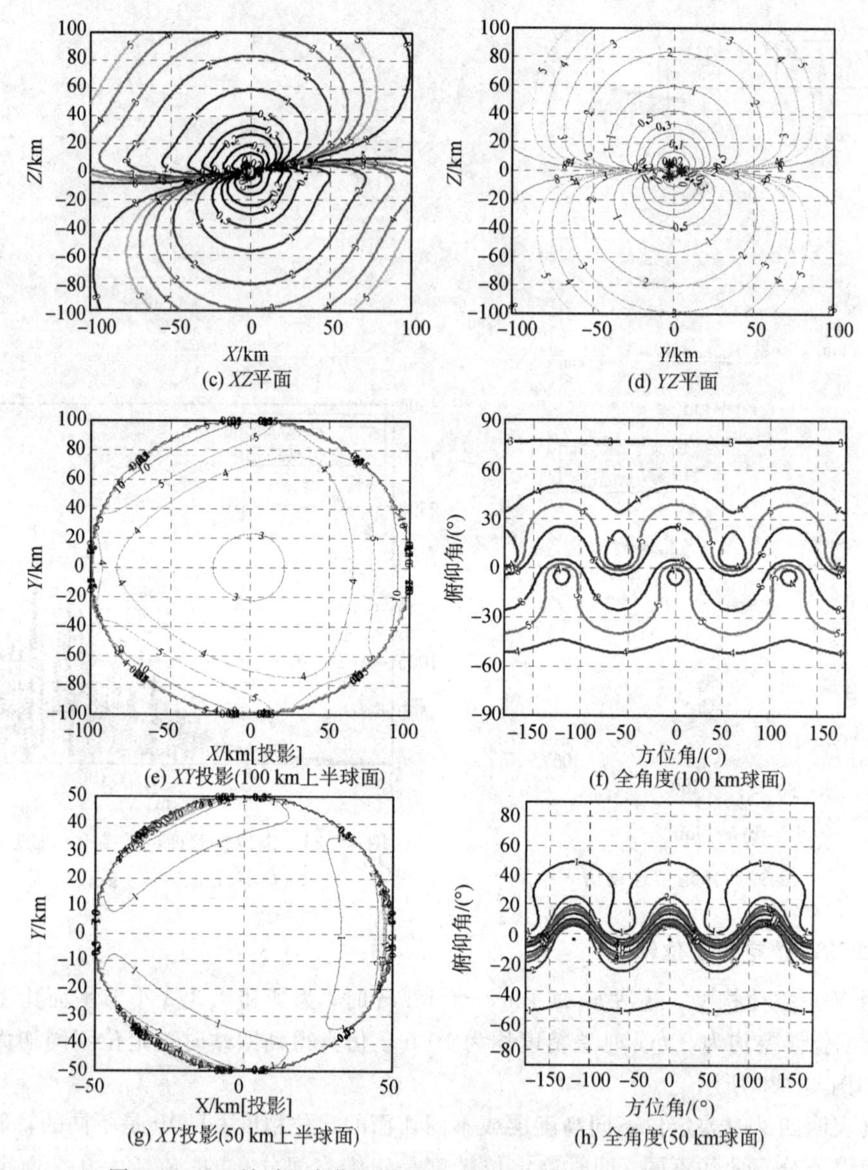

图 4-26 四站时差定位不同切面的误差 GDOP(误差单位为 km)

4.4.3 五站时差定位性能仿真

五站时差定位基站采用正方形构型，位置为 $R_0(0, 0, 0)$、$R_1(r, 0, h)$、$R_2(0, r, h)$、$R_3(-r, 0, h)$、$R_4(0, -r, h)$，其中 $r=5$ km。

1. 五站时差空间定位连续仿真

辐射源目标飞行高度为 6 km，即 $z=6$ km，定位平面 $x=0$，y 由 150 km 到 0 km。仿真时差定位系统对辐射源连续定位。为了显示方便，设置时间测量误差为 1 ns，基站位置测量误差为 0.1 m。

1) 四站时差定位+最小二乘法

采用最小二乘定位方法。仿真主副站高度 h 不同($h=0$、200 m、400 m)情况下的五站时差连续定位仿真结果如图 4－27 所示。

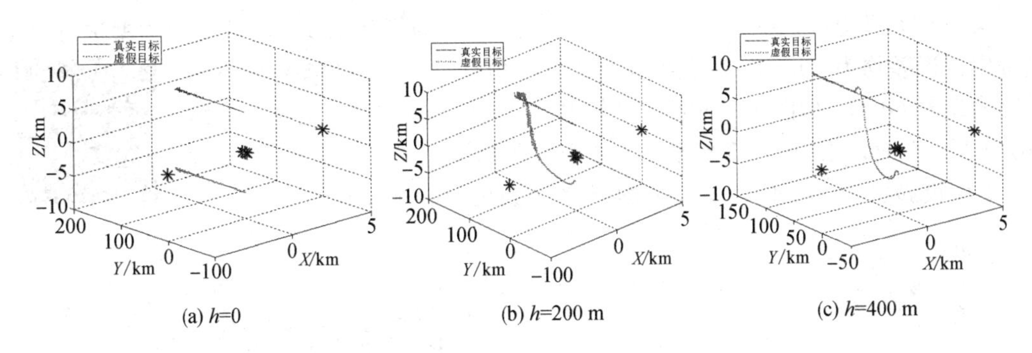

图 4－27　五站时差连续定位仿真结果(四站时差定位＋最小二乘法)

仿真表明五站平面布站时，如果采用四站时差定位＋最小二乘法求解，由于四站定位存在定位模糊，最小二乘法存在局部最优解，因此存在虚假目标现象。与四站定位相比，五站间基站相对高度变化几百米就可使虚假目标和真实目标在距离远端重合，即消除虚假目标；由远及近，虚假目标逐渐偏离真实目标，形成对称的虚假目标。

另外可以利用目标运动过程中虚假航迹变化相对真实目标远端变化剧烈特征剔除假目标，例如目标速度变化过快，超过常规目标速度，则为假目标。

2）五站直接求解＋最小二乘法

当五站不在同一平面，或在同一平面通过对五站位置进行修正使 rank($\mathbf{A}$)＝4 就可得到无模糊定位解，同时采用五站直接求解＋最小二乘法提高定位精度，因此五站时差定位相对四站时差定位具有优越性。

设置 h＝40 km，五站直接求解法、五站直接求解＋最小二乘法的连续定位仿真结果如图 4－28 所示，其中图(a)为五站直接求解；图(b)为五站直接求解＋最小二乘法。

仿真表明五站直接求解＋最小二乘法定位精度优于五站直接求解法，因此为了提高定位精度，在五站直接求解的基础上，可以再利用最小二乘法求得最优解。

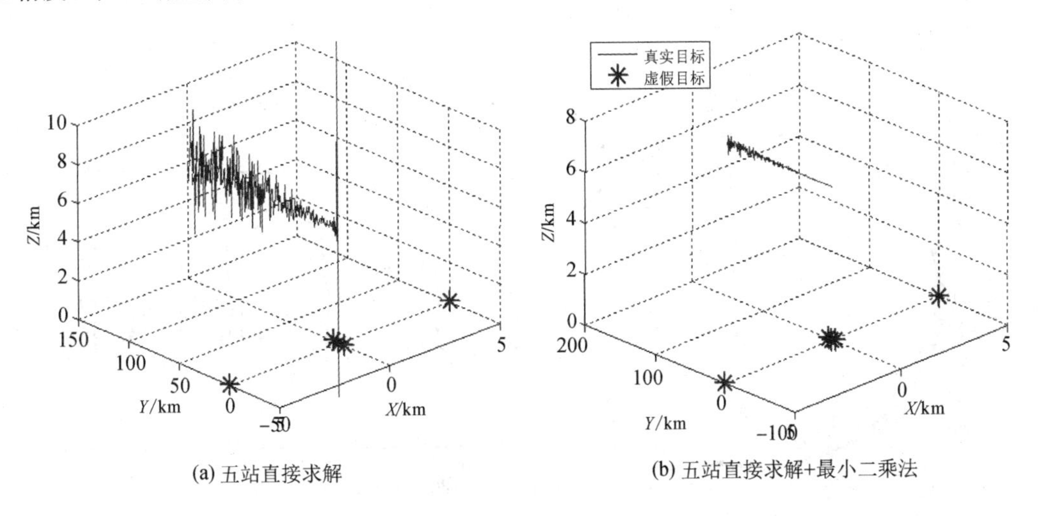

图 4－28　五站时差连续定位仿真结果

2. 五站时差空间定位精度

采用正方形构型，基站 $h=1$ km，$r=5$ km 时，为了和 4.3.3 小节平面构型进行比较，站址定位误差均为 2 m，时差精度均为 10 ns。仿真得到五站时差定位不同切面的误差 GDOP 如图 4-29 所示，其中图(a)为空间布站位置关系；图(b)为 XY 平面；图(c)为 XZ 平面；图(d)为 45°$XY-Z$ 平面；图(e)为 XY 平面投影(100 km 上半球面)；图(f)为全角度(100 km 球面)。

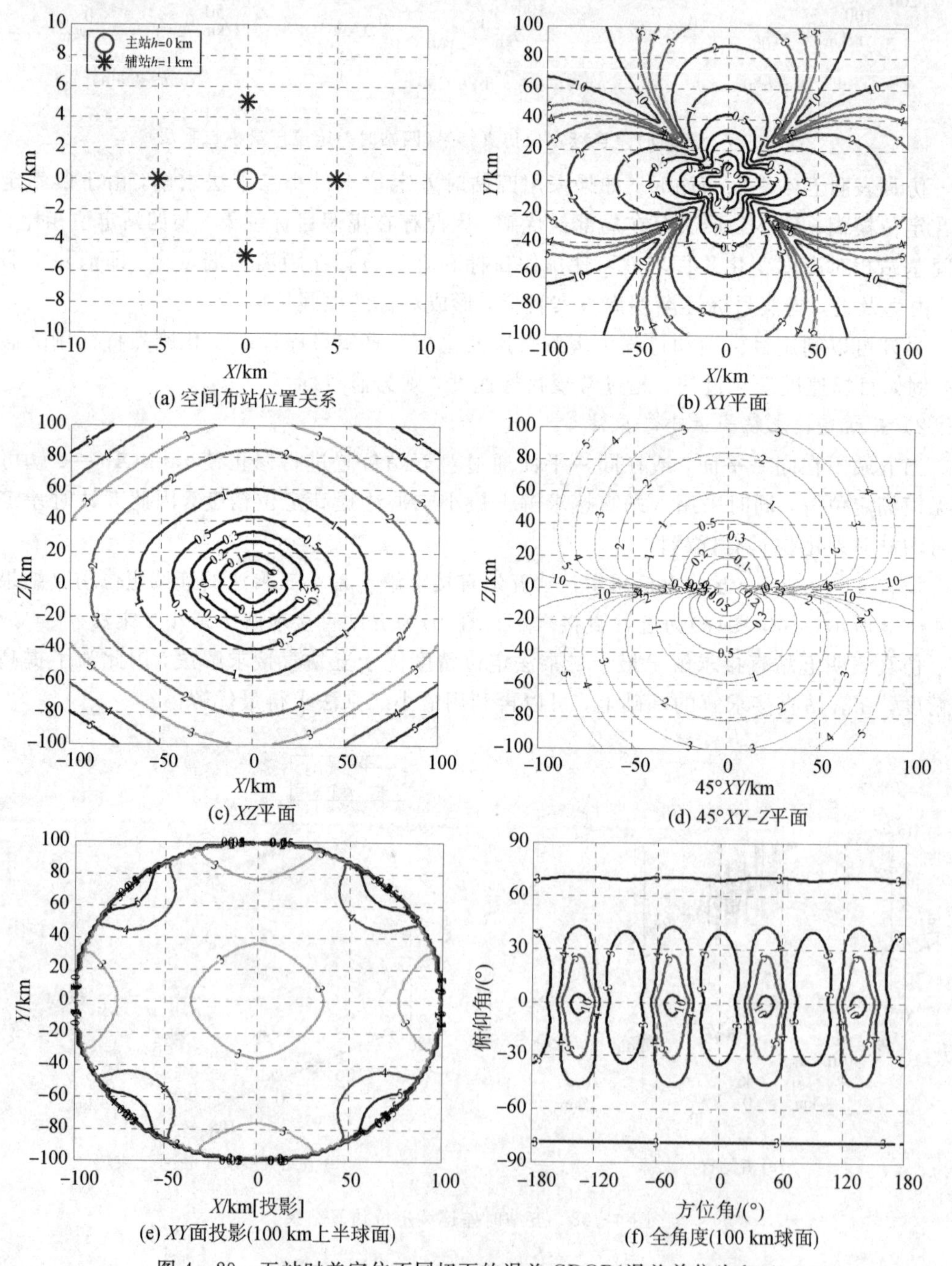

图 4-29 五站时差定位不同切面的误差 GDOP(误差单位为 km)

仿真表明五站时差定位不同高度层或不同切面的定位精度 GDOP 是不同的，即时差定位精度是三维空间分布的，在方位角为±45°和±135°、俯仰为 0°、立体角为±10°附近出现定位盲区，其他区域误差分布相对比较平稳；正方形构型五站时差定位在偏离 Z 轴±60°立体角内，半径相同的球面定位误差相对比较稳定，近似相同。

3. 不同主副站间隔距离的定位精度

在 XZ 切割面上以主站为圆心的圆定位用角度-误差二维曲线表示，研究正方形构型主副站间隔距离对定位精度的影响。正方形构型副站高度 h 在 0～25 km，得到辐射源在 XZ 切割面半径 150 km 圆上的定位精度曲线如图 4-30 所示，其中 X 轴为方位角，Y 轴为归一化定位误差。

仿真表明在方位角度为－90°～90°范围(以 Z 轴为参考)的圆剖面上定位误差是起伏变化的，同时不同副站高度定位误差也不同；当主副基站在同一平面时，辐射源目标在－90°和 90°位置(即主副站和辐射源同平面)误差很大；随着副站高度增加，整体的定位误差减小，但在主副站连线延伸方向上误差增大。

以 40°方向为例，$h=0$ 时，归一化定位误差大于 2000，当 $h=25$ km 时，归一化定位误差为 500，定位精度提高了 4 倍；但是在 $h=5$ km 时，主副站方位角为 45°，因此在主副站连线延伸方向附近定位误差反而增大。

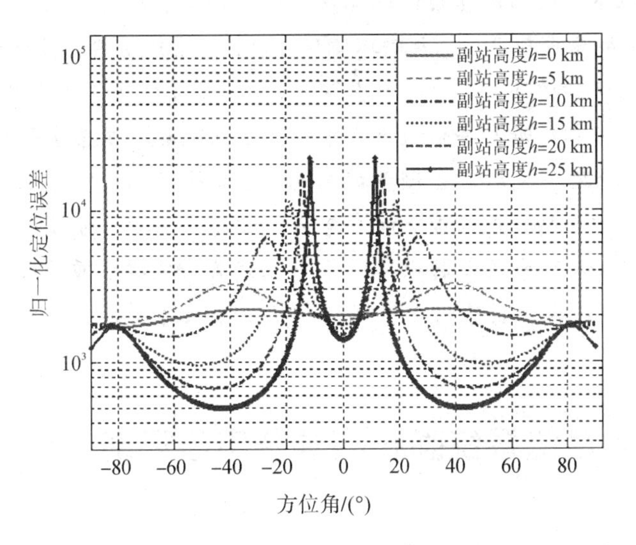

图 4-30　XZ 切割面半径 150 km 圆上的定位精度曲线

第5章 复杂电磁环境对时差定位系统的影响

信息化条件下，随着各类电子设备和信息化武器装备在战场上的日益广泛应用，战场电磁环境越来越呈现出复杂多变的重要特性。电子设备和信息化武器装备在战场上广泛应用，数量众多的电磁辐射体集结在一定的作战地域，人为的和自然的、敌方的和我方的、对抗和非对抗的各种电磁信号充斥于作战空间，综合形成了复杂、密集、动态的战场电磁环境，严重影响和制约了战场感知、指挥控制、武器装备效能发挥及部队的战场生存。对于时差定位系统来说，复杂电磁环境中包括了雷达(含雷达诱饵)、通信、导航、数据链、电子对抗、民用装备等的电磁信号，具有电磁信号频率覆盖范围宽、电子装备体制多样、数量大等特点，这严重影响了时差定位系统的信号分选识别能力和辐射源定位精度。

本章系统研究了时差定位系统面临的复杂电磁环境。首先介绍了时差定位系统复杂电磁环境，包括时差定位系统的战场电磁环境、电磁环境信号特点、雷达诱饵信号环境；其次建立了电磁环境复杂度等级与评估方法，基于电子装备类别，给出了雷达类、通信类、侦察类设备的电磁环境复杂度等级评判标准和评估模型，并介绍了电磁环境复杂度等级仿真评估系统；最后仿真分析了复杂电磁环境对时差测量的影响，包括信号 SNR、有源干扰、诱饵信号对时差配对和时差测量的影响，并仿真分析了复杂电磁环境下对信号侦察测量和连续跟踪测量的影响。本章研究成果可为复杂电磁环境适应性试验研究提供重要支撑，对于复杂电磁环境外场构建、战场电磁环境复杂度等级评估以及电子装备复杂电磁环境下的定位性能评估具有重要意义。

5.1 时差定位系统面临的复杂电磁环境

5.1.1 时差定位系统面临的战场电磁环境

复杂电磁环境是指对武器装备运用和作战行动产生一定影响的电磁环境，为了评估电子装备的复杂电磁环境适应能力，需要进行复杂电磁环境适应性试验。

时差定位系统属于情报侦察系统，通过对空间辐射源信号识别和定位，为战略决策提供情报支撑。时差定位系统包括陆基(含海基)时差定位系统、机载时差定位系统和星载时差定位系统。陆基(含海基)时差定位系统主要对机载辐射源定位。机载时差定位系统和星载时差定位系统主要对地面或海面舰船载辐射源进行定位。

战场电磁环境是指在一定的战场空间内对作战有影响的电磁活动和现象的总和。侦察设备所面临的战场电磁环境包括电磁目标信号环境、电子干扰威胁环境、用频装备之间的自扰互扰、民用电子设备电磁辐射环境、自然电磁环境等 5 种构成要素。其中电磁目标信号环境和电子干扰威胁环境是时差定位系统面临的主要侦察电磁环境，其他要素影响相对较弱。

侦察角度内辐射源数量众多，电磁目标信号环境中包括各类雷达装备、雷达诱饵、通信装备、导航装备、信号模拟设备等电磁辐射设备；电子干扰威胁环境包括雷达干扰设备、通信干扰设备、导航干扰装备、干扰模拟设备等。例如航母战斗群中，各种舰载预警雷达及火控雷达的数量约为数十部，雷达信号频域分布分散，信号样式多样，脉冲密度约数万至数百万脉冲/秒。

5.1.2　电磁环境的信号特点

随着各类电子设备和信息化武器装备在战场上的日益广泛应用，战场电磁环境越来越呈现出其复杂多变的特性。战场电磁环境的主要特征是频域上密集交叠、空域上纵横交错、时域上动态变化、功率域上强弱起伏，信号频率和信号样式特点如下：

(1) 信号频率覆盖广。电磁信号频率覆盖范围宽，雷达及干扰信号工作频率范围覆盖 P、L、S、C、X、Ku 和 Ka 波段等雷达常用的所有频段，通信及干扰信号包括了短波、超短波、微波在内的各频段。另外大量的民用信号和军用信号辐射功率大小不等、信号强度变化范围大、频率变化速度快。

(2) 信号密集、样式多。战场电子装备体制多样、数量大。雷达装备除常规脉冲雷达外，还有各种特殊体制雷达如脉冲压缩雷达、脉冲多普勒雷达、频率捷变雷达、相控阵雷达、三坐标雷达等；雷达发射信号包括频率捷变、频率分集、脉冲重复频率参差、脉冲压缩(LFM、编码)、窄脉冲、复杂波形等。雷达干扰信号环境包括瞄准式干扰，宽带、窄带、分离阻塞、连续阻塞式干扰，扫频式干扰等压制式干扰。空间信号密度可达到百万脉冲每秒，战时可能增加到数百万脉冲每秒的量级。新技术在雷达、通信等领域的应用，如频谱扩展、频率捷变、参差脉冲、脉内频率分集等，更加加剧了单位空间内电磁信号密度。

5.1.3　雷达诱饵信号环境

复杂电磁环境影响时差定位系统性能的一个主要因素是雷达诱饵，配备雷达诱饵的目的是诱偏来袭反辐射导弹，保护雷达免受反辐射导弹 ARM(Anti-Radiation MISSile)攻击，提高雷达的战场生存能力。诱饵发射功率远小于雷达主瓣功率，但略高于雷达副瓣功率，因此诱饵只能掩护雷达副瓣，防止反辐射导弹对雷达副瓣侦察。为保证诱偏效果，诱偏信号在样式上与雷达信号保持一致；在幅度上略高于雷达副瓣信号；在时序上，诱偏信号一般会包裹住雷达信号的前后沿，由于雷达诱饵和雷达信号波形相同或相近，雷达诱饵对时差定位系统性能影响比较大。多路径信号和诱饵信号的干扰效果相同。

雷达和雷达诱饵系统典型布站配置如图 5－1 所示。每个诱饵子站通过 400 m 电缆从雷达电站取电，两个诱饵子站距雷达的直线距离在 300～400 m。诱饵间距通常在 150～300 m。雷达频率源将产生的射频信号由一路变成二路，经过时延控制处理，经过光纤送给两个子站，子站光端机恢复出的射频激励信号送给发射组件，经子站发射组件放大后由天线辐射出去，最终在空间形成频率与雷达相同、时间上包裹住雷达脉冲、功率略超过雷达副瓣的发射信号。

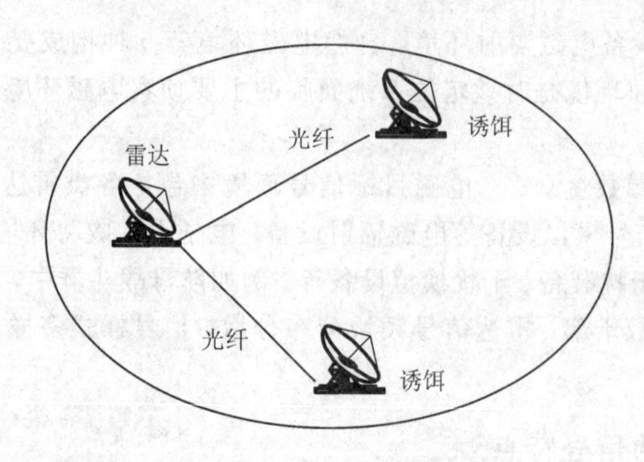

图 5－1　雷达和雷达诱饵系统典型布站配置

诱偏系统采用二诱饵设计，通过合适的阵地部署和时序设计，在可靠保护雷达的同时，诱饵自身也能得到较可靠的保护。为了保护诱饵免被杀伤，诱饵的布阵距离大于导引头临界分辨位置时的机动半径。雷达与诱饵子站信号时序示意图如图 5－2 所示。时序上采用脉冲前沿"闪烁"工作方式以对抗前沿跟踪导引头。诱饵时序的核心是"脉冲前沿跳变"工作模式，即"闪烁诱偏"，指两个诱饵子站信号的脉冲前沿时序并非一成不变，而是在诱饵发射控制信号的控制之下，根据一定的规则和周期交替变化，相对跟踪前沿的反辐射导弹，形成辐射源位置的"闪烁"。

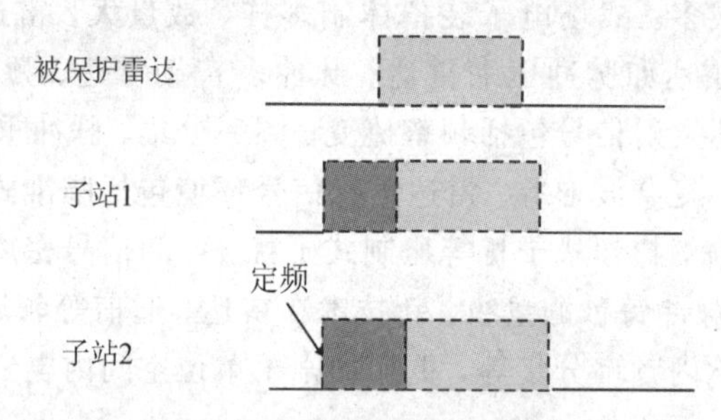

图 5－2　雷达与诱饵子站信号时序示意图

5.2　电磁环境复杂度等级与评估方法

为了检验复杂电磁环境下电子装备的适应能力，必须首先明确战场电磁环境复杂度等级评定方法。根据复杂电磁环境适应性试验的特点和实际需求，如何制定满足不同类型电子装备要求的战场电磁环境复杂度等级是通用电子装备复杂电磁环境适应性试验的设计难点。本节综合考虑雷达类、通信类和侦察类设备的工作特点，提出了基于装备类型的复杂度评估标准。最后介绍了开发的战场电磁环境复杂度等级自动化评估软件系统。

5.2.1　电子装备类型及其电磁环境适应性特点

电子装备适应性试验首先要制定统一的电磁环境平台，即环境等级；然后在同一电磁环境等级下，测试装备的性能，评估装备的适应能力。由于复杂电磁环境适应性试验主要是针对装备自身的工作性能，因此电磁环境等级不考虑装备的战术应用环节，从时域、频域、空域、能量域、极化域和信号域等方面综合考虑电磁环境构建，并制定相应的环境等级。

电磁环境等级是评估电子装备的适应能力的平台，要具有普遍性、可操作性。根据复杂电磁环境适应性试验的特点和实际需求，综合考虑通用电子装备类型，制定环境复杂度评估标准。首先按照电子装备工作特征和信号处理方式，将电子装备分为雷达、通信、侦察、信号环境模拟四类。

雷达类设备依靠接收雷达目标信号发现目标，对应为双程衰减。通信类设备包括卫星导航、应答机等电子装备，接收通信信号为单程衰减信号。雷达和通信类设备接收到的信号有明确的信号参数，可以采用相关接收提高信噪比。由于这两类设备的电磁信号易被敌方侦察并实施干扰(瞄准或阻塞干扰)，因此其面临的电磁干扰环境将严重影响其作战效能的发挥。

侦察类设备包括电子对抗、无源探测等电子装备，侦察信号为单程衰减信号，但接收信号参数未知。侦察类设备需要对外界未知的电磁信号进行搜索、截获、分选、识别等，以获取外界电磁环境信息。电子对抗设备在侦察的基础上，需要进一步发射同频段噪声和相参信号；无源探测电子设备需要通过侦察到的时频和空间信息，对外辐射源进行定位。由于侦察能力受战场环境中我方/敌方密集电磁信号环境以及敌方有意干扰设备(例如诱饵或信号模拟器等)的影响，其瞬时工作频带内可能有多个目标信号，存在着大量的重叠脉冲，分选和识别将受到影响。另外威胁辐射源的工作模式和频率等特征参数大范围快速变化，会造成脉冲链去交错非常困难。信号分选存在的错误将导致信号的大量增批、漏批，造成识别率大幅降低。

信号环境模拟类设备包括各类信号模拟器。该类设备只是辐射电磁信号，没有与外界环境进行交互，因此可以不考虑该类设备的环境适应性。

5.2.2　基于电子装备类型的电磁环境复杂度等级评定

1. 雷达类设备的电磁环境复杂度等级

雷达类设备电磁环境复杂度等级的制定仅以外界噪声干扰为基础，不考虑相参干扰带来的干扰积累增益。雷达的接收机噪声功率为

$$\delta^2 = kBT_0F_n \tag{5-1}$$

式中：$k=1.38\times10^{-23}$ J/K 是玻尔兹曼常数；接收机噪声温度 $T_0=290$ K；B 为雷达瞬时带宽；F_n 为雷达接收机噪声系数。

噪声干扰情况下，雷达接收到的信号强度为

$$P_{jam} = \frac{\Delta f}{B_0}\ \frac{P_{Jnoise}G_JG_{RJr}\lambda^2}{(4\pi R_j)^2L_{Jt}L_{Rr}} \tag{5-2}$$

式中：P_{Jnoise} 为干扰功率；Δf 为进入雷达接收机带宽的噪声功率带宽，$\Delta f<B$，B 为雷达瞬时带宽；B_0 为噪声干扰机的瞬时带宽；G_J 为干扰机在雷达方向上的天线增益；L_{Jt} 为干扰机的发射损耗；L_{Rr} 为雷达接收损耗；G_{RJr} 为雷达在干扰机方向上的接收天线增益；λ 为雷达波长；R_j 为雷达与干扰机的距离。

以单脉冲为参考，雷达目标回波信噪比为

$$\begin{cases} \text{SNR}=\dfrac{P_{\text{target}}}{\delta^2+P_{\text{jam}}} \\ P_{\text{target}}=\dfrac{TBP_{\text{t}}G_{\text{RT}}^2\sigma_{\text{T}}\lambda^2}{(4\pi)^3R_{\text{t}}^4L} \end{cases} \tag{5-3}$$

式中：P_{target} 为目标回波信号，P_{t} 为雷达发射功率；G_{RT} 为目标方向天线增益；σ_{T} 为目标雷达截面积(RCS)；λ 为雷达工作波长；R_{t} 为目标与雷达的距离；L 为综合损耗；T 为雷达脉冲宽度；B 为雷达信号带宽。进一步可设 $D_{\text{T}}=BT$，D_{T} 为目标回波的综合抗干扰改善因子。

外界无干扰时，$P_{\text{jam}}=0$，雷达对目标的探测距离为 $R_{\text{RT}}=R_0$；当存在干扰时，探测距离为 $R_{\text{RT}}=gR_0$，$g(0\leqslant g\leqslant 1)$为距离压制系数。由于雷达检测需要相同 SNR，得到

$$\frac{\delta^2}{\delta^2+P_{\text{jam}}}=g^4 \tag{5-4}$$

定义电磁环境门限系数为

$$\eta=\frac{P_{\text{jam}}}{\delta^2}=g^{-4}-1 \tag{5-5}$$

上式也可以表示为天线接收口面功率密度的信噪比形式，即

$$\eta=\frac{P_{\text{jam}}/S}{\delta^2/S}=\frac{P_{\text{jamS}}}{n_{\text{S}}} \tag{5-6}$$

式中：天线口面面积 $S=G\lambda^2/(4\pi)$，G 为接收机天线增益，λ 为波长；$P_{\text{jamS}}=P_{\text{jam}}/S$ 为装备天线口面接收到的外界信号功率密度；$n_{\text{S}}=\delta^2/S$ 为噪声功率密度门限。

按照距离压制系数定义复杂电磁环境等级，该指标既可以体现外界的电磁复杂程度，又能反映电子装备自身的环境适应能力。将电磁环境分为 4 级，环境等级定义为

$$\text{Deg}=F_{\text{SNR\_1}}(h)=\begin{cases} 0 & 0\leqslant\eta<1 \\ 1 & 1\leqslant\eta<15 \\ 2 & 15\leqslant\eta<255 \\ 3 & 255\leqslant\eta \end{cases} \tag{5-7}$$

式中：0 级为简单电磁环境，环境门限系数 $0\leqslant\eta<1$ 时，距离压制系数 $1\geqslant g>0.84$；1 级为轻度电磁环境，环境门限系数 $1\leqslant\eta<15$ 时，距离压制系数 $0.84\geqslant g>0.5$；2 级为中度电磁环境，环境门限系数 $15\leqslant\eta<255$ 时，距离压制系数 $0.5\geqslant g>0.25$；3 级为重度电磁环境，环境门限系数 $255\leqslant\eta$ 时，距离压制系数 $0.25\geqslant g\geqslant 0$。

2. 通信类设备的电磁环境复杂度等级

对于通信类装备，接收机的信噪比为

$$\begin{cases} \text{SNR}=\dfrac{P_{\text{s}}}{\delta^2+P_{\text{jam}}} \\ P_{\text{s}}=\dfrac{D_{\text{T}}P_{\text{t}}G_{\text{T}}G_{\text{R}}\lambda^2}{(4\pi)^2R^2L} \end{cases} \tag{5-8}$$

式中：P_{s} 为接收信号强度；P_{t} 为其它设备发射功率；G_{T}、G_{R} 为通信设备的天线发射和接收增益；λ 为雷达工作波长；R 为目标与雷达的距离；L 为综合损耗；D_{T} 为目标回波的综合抗干扰改善因子。

同理，电磁环境门限系数也可以表示为天线接收口面功率密度的信噪比形式，即

$$\eta=\frac{P_{\mathrm{jam}}/S}{\delta^2/S}=\frac{P_{\mathrm{jam}}}{\delta^2}=g^{-2}-1 \tag{5-9}$$

按照通信距离压制系数定义复杂电磁环境等级，将电磁环境分为 4 级，环境等级定义为

$$\mathrm{Deg}=F_{\mathrm{SNR\_2}}(\eta)=\begin{cases}0 & 0\leqslant\eta<1\\1 & 1\leqslant\eta<3\\2 & 3\leqslant\eta<15\\3 & 15\leqslant\eta\end{cases} \tag{5-10}$$

式中：0 级为简单电磁环境，环境门限系数 $0\leqslant\eta<1$ 时，距离压制系数 $1\geqslant g>0.71$；1 级为轻度电磁环境，环境门限系数 $1\leqslant\eta<3$ 时，距离压制系数 $0.71\geqslant g>0.5$；2 级为中度电磁环境，环境门限系数 $3\leqslant\eta<15$ 时，距离压制系数 $0.5\geqslant g>0.25$；3 级为重度电磁环境，环境门限系数 $15\leqslant\eta$ 时，距离压制系数 $0.25\geqslant g\geqslant0$。

3. 侦察类设备的电磁环境复杂度等级

侦察类设备的复杂电磁环境等级以天线接收端口过门限信号的脉冲流密度为参考，制定复杂度等级与脉冲流密度的关系。脉冲流密度应该是侦察设备瞬时带宽内的不同载波频率脉冲串的叠加。侦察接收机设备在满足对接收信号能力正常检测的条件下，输入端信号最小功率应该满足工作灵敏度，要求信噪比 SNR＝14 dB(约 25 倍)，即输入端的最小功率为

$$P_{\mathrm{rmin}}=\frac{S}{N}kBT_0F_{\mathrm{n}}=25kBT_0F_{\mathrm{n}} \tag{5-11}$$

考虑实际用频装备接收机(或天线)天线口面的信号强度作为电磁环境门限功率，用天线口面功率密度的单位 $\mathrm{W/m^2}$ 表示。环境信号转换为用频装备天线口面的功率密度(功率/面积)表达式为

$$S_{\mathrm{th}}=\frac{P_{\mathrm{rmin}}}{S}=\frac{100\pi kBT_0F_{\mathrm{n}}}{G\lambda^2} \tag{5-12}$$

式中：S 为天线口面面积。一般侦察接收机瞬时带宽远大于单个环境信号带宽，因此超过该门限的外界信号都能被侦察到。

对于侦察接收机来说，在过门限信号很多的情况下，存在着大量的重叠脉冲，分选和识别将受到影响，侦察接收机工作环境的复杂度主要表现为过侦察门限信号流。假设有 N 个信号脉冲流超过检测门限，第 n 个脉冲流包括相同的载波频率和调制样式，脉宽相同，重复周期可以是抖动参差等。

本书针对该类侦察系统，将信号重叠造成的丢失概率作为复杂环境的等级的主要因素，雷达数量越多、工作比越高，信号丢失概率越大。进一步推导可以得到在 i 装备信号脉宽内与其它装备信号的重合概率为

$$P_i=1-\prod_{\mathrm{j}=1}^{N}(1-P_{i,j}),\ i=1,2,\cdots,N \tag{5-13}$$

$$P_{i,j}=\begin{cases}\min\left(\dfrac{\tau_i+\tau_j}{T_j},1\right) & i\neq \mathrm{j}\\ 0 & i=\mathrm{j}\end{cases} \tag{5-14}$$

式中：$P_{i,j}$ 为在 i 装备信号脉冲宽度内重合 j 雷达信号的概率，$P_{i,i}$ 为自身重合概率，$P_{i,i}=0$；$\min(x, y)$ 为取最小值；T_i、τ_i 分别为第 i 个信号流的平均重复周期和脉冲宽度。当只有一个脉冲串时，信号重合概率 $P=0$。

N 个装备的平均重合概率为

$$P=\frac{1}{N}\sum_{i=1}^{N}P_i=1-\frac{1}{N}\sum_{i=1}^{N}\prod_{j=1}^{N}(1-P_{i,j}) \tag{5-15}$$

按照多信号时域重合度确定复杂度等级，不考虑过门限带内多信号幅度差别(多信号动态范围变化)造成的强信号压制弱信号，使侦察性能降低；不考虑脉内扩频调制、频率分集、重频抖动参差等对信号环境复杂度的影响；不考虑侦察天线宽度和空间搜索率等的影响，这部分通过后续动态仿真进行。将侦察电磁环境分为 4 级，定义为

$$\mathrm{Deg}=F_{\mathrm{Prob}}(P)=\begin{cases}0 & 0\leqslant P<0.1\\ 1 & 0.1\leqslant P<0.2\\ 2 & 0.2\leqslant P<0.4\\ 3 & 0.4\leqslant P\leqslant 1\end{cases} \tag{5-16}$$

式中：0 级为简单电磁环境，信号脉冲流重合度 $0\leqslant P<0.1$ 时；1 级为轻度电磁环境，信号脉冲流 $0.1\leqslant P<0.2$；2 级为中度电磁环境，信号脉冲流 $0.2\leqslant P<0.4$；3 级为重度电磁环境，信号脉冲流 $0.4\leqslant P\leqslant 1$。

5.2.3　电磁环境复杂度等级动态统计模型

如果用频装备用的是扫描天线，例如常规雷达天线，则在某固定方向上的天线增益具有时变性，相同背景环境情况下，用频装备受背景信号干扰的程度是不同的，下面基于雷达、通信、侦察类设备，研究动态电磁环境场景分析复杂电磁环境复杂度等级。

1. 雷达类和通信类设备的综合电磁环境复杂度等级

外界信号到达用频装备天线接收口面的功率谱密度，要根据用频装备天线指向、外界信号方向统一转换为天线口面功率谱密度，同时要考虑外界信号为瞬时带宽内的信号。多个辐射源到达用频装备天线端口面的功率谱密度表达式如下：

$$P_{\mathrm{sum}}(t)=\frac{1}{S}\sum_{i=1}^{N}\frac{\dfrac{\Delta f_i}{B_i}P_{\mathrm{t}i}G_{\mathrm{t}i}G_{\mathrm{r}i}\lambda^2}{(4\pi R_i)^2L_{\mathrm{t}i}L_{\mathrm{r}}}=\sum_{i=1}^{N}\frac{\dfrac{\Delta f_i}{B_i}P_{\mathrm{t}i}G_{\mathrm{t}i}\dfrac{G_{\mathrm{r}i}}{G}}{4\pi R_i^2L_{\mathrm{t}i}L_{\mathrm{r}}} \tag{5-17}$$

$$\Delta f_i=\int\mathrm{rect}\left(\frac{f-f_i}{B_i}\right)\mathrm{rect}\left(\frac{f-f_0}{B}\right)\mathrm{d}f \tag{5-18}$$

式中：天线口面面积 $S=G\lambda^2/(4\pi)$，G 为接收机天线增益，λ 为波长；N 为辐射源数目；Δf_i 为第 i 个辐射源与用频装备瞬时工作频率的交叉频谱宽度(如果辐射源或用频装备采用跳频工作方式，则 Δf_i 是时变量，$\Delta f_i\leqslant B$，B 为接收机瞬时带宽)；$P_{\mathrm{t}i}$ 为第 i 个辐射源发射峰值功率；B_i 为第 i 个辐射源的瞬时带宽；f_i 为第 i 个辐射源的工作频率；$G_{\mathrm{t}i}$ 为第 i 个辐射源在用频装备方向的天线增益，G 为用频装备天线增益最大值，$G_{\mathrm{r}i}$ 为用频装备在 i 个辐射源方向的接收天线增益($G_{\mathrm{r}i}/G$ 为归一化增益)；波长 $\lambda=c/f_0$，c 为光速，f_0 为用频装备工作频率；R_i 为两者之间的距离；$L_{\mathrm{t}i}$ 为第 i 个辐射源发射损耗；L_{r} 为用频装备接收损耗。

瞬时复杂电磁环境门限系数为

$$\eta(t)=\frac{P_{\text{sum}}(t)}{\sigma^2/S}=\sum_{i=1}^{N}\frac{\dfrac{\Delta f_i}{B_i}P_{\text{t}i}G_{\text{t}i}G_{\text{r}i}\lambda^2}{kF_{\text{n}}BT_0(4\pi R_i)^2L_{\text{t}i}L_{\text{r}}} \tag{5-19}$$

雷达类设备的瞬时复杂电磁环境等级的平均数值为环境的复杂度等级，表示为

$$\text{Deg}=F_{\text{SNR\_1}}\left[\frac{1}{T}\int_0^T\eta(t)\,\mathrm{d}t\right] \tag{5-20}$$

同理，对于通信类设备，瞬时复杂电磁环境等级的平均数值为环境的复杂度等级，表示为

$$\text{Deg}=F_{\text{SNR\_2}}\left[\frac{1}{T}\int_0^T\eta(t)\,\mathrm{d}t\right] \tag{5-21}$$

式中：T 为积分时间长度，一般 T 取整数个扫描周期。该评估等级综合考虑天线的转动、频谱占有度、时间占有度、空间占有度、极化损耗等因素的影响，按照雷达方程综合评定复杂度等级。

2. 侦察类设备的综合电磁环境复杂度等级

当环境信号超过侦察接收机检测门限时，即当 $P_{Pi}(t)>S_{\text{th}}$ 时，统计过门限的环境信号流数目，过门限信号流数目 N 为

$$N=\sum_{i=1}^{\infty}U[P_{Pi}(t)-S_{\text{th}}] \tag{5-22}$$

$$P_{Pi}(t)=\frac{\dfrac{\Delta f_i}{B_i}P_{\text{t}i}G_{\text{t}i}G_{\text{r}i}\lambda^2}{(4\pi R_i)^2L_{\text{t}i}L_{\text{r}}} \tag{5-23}$$

$$\Delta f_i=\int\text{rect}\left(\frac{f-f_i}{B_i}\right)\text{rect}\left(\frac{f-f_0}{B}\right)\mathrm{d}f \tag{5-24}$$

式中：$U[x]$为单位阶跃迁函数，当 $x>0$ 时为 1，否则为 0。

统计瞬时环境门限，得到

$$P(t)=\frac{1}{N}\sum_{i=1}^{N}P_i(t)=1-\frac{1}{N}\sum_{i=1}^{N}\prod_{j=1}^{N}[1-P_{i,j}(t)] \tag{5-25}$$

瞬时复杂电磁环境等级的平均数值为环境的复杂度等级，表示为

$$\text{Deg}=F_{\text{Prob}}\left[\frac{1}{T}\int_0^T P(t)\,\mathrm{d}t\right] \tag{5-26}$$

式中：T 为积分时间长度，一般 T 取整数个扫描周期。该评估等级综合考虑了被侦察设备天线转动、频谱占有度、时间占有度、空间占有度、极化损耗等因素的影响。

5.2.4　电磁环境复杂度等级仿真评估系统

美军在电磁环境复杂度评估和频谱管理方面使用了大量的仿真和管理软件，这些具有现代化数据库系统的自动化手段将增强各级(尤其在师和军级)战场的频谱管理能力。例如电磁兼容性保证软件 EMCAS、陆军频率设计软件 AFES、综合系统控制战场频谱管理软件 ISYSCON BSM、联合频谱管理系统 JSMS 和美国国防部标准的自动化频谱管理工具 SPECTRUM XXI 等。

基于电磁环境复杂度外场试验与评估的需要，我们开发了电磁环境复杂度等级自动化仿真评估系统。首先建立了装备参数数据库；然后基于数据库制定了外场试验场景部署和规划；最后利用给出的评估模型对典型战情部署进行了等级评定，并能动态模拟显示装备的工作情况。基于该系统可对战场电磁环境进行自动化评估，并能动态显示各装备受干扰情况。

电磁环境复杂度(等级)显示图的显示方式有“动态显示”“均值显示”“最大显示”等。设置1～4级，1级为简单电磁环境，用绿色表示；2级为轻度复杂电磁环境，用蓝色表示；3级为中度复杂电磁环境，用黄色表示；4级为重度复杂电磁环境，用红色表示。电磁环境复杂度等级仿真评估界面如图5-3所示。

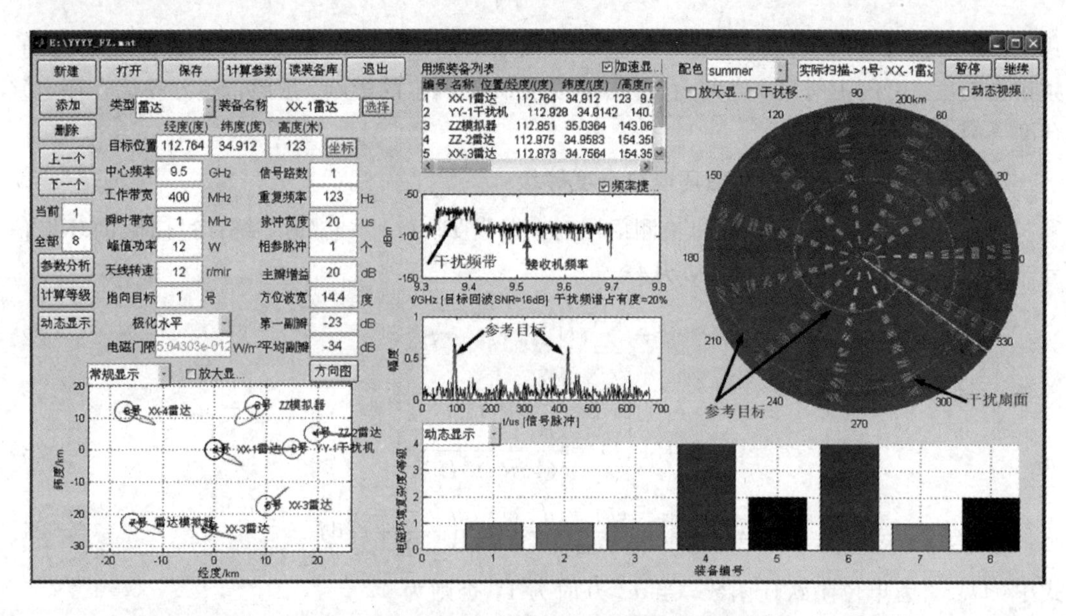

图5-3　电磁环境复杂度等级仿真评估界面

雷达类设备平面位置显示器(PPI显，即P显)显示雷达的扫描过程，根据SNR设计雷达画面，为了显示干扰前后的结果，干扰按照条带螺旋线显示，同时连续显示两个目标标志(为了连续显示目标的检测情况，将两个目标标志全方位覆盖，同时按照螺旋线距离逐渐增大)。侦察设备显示信号波形，采用雷达屏虚拟扫描显示侦察过门限脉冲。

5.3　复杂电磁环境对时差测量的影响

5.3.1　常规脉冲信号时差测量

1. 常规脉冲的相关处理

为了满足远距离时差定位要求，新一代时差定位系统通常采用样本匹配的方法，用信号相关处理提高信噪比和时差测量精度，即首先对雷达主瓣侦察信号(侦察SNR较高)建立样本数据库；然后用样本信号对基站信号进行匹配处理，即按照雷达匹配滤波信号处理方法，获取各基站雷达脉冲出现时刻，还可以通过加窗处理降低副瓣电平。当样本信号 SNR 很强时，相关处理和雷达匹配滤波相同，否则就要考虑匹配样本信号噪声对相关处理的影响。雷达信号带宽为 3 MHz、脉宽为 60 μs，无噪声理想情况下样本信号与接收信号相关处理结果如图 5－4 所示。可见采用样本幅度加窗后，副瓣显著降低。

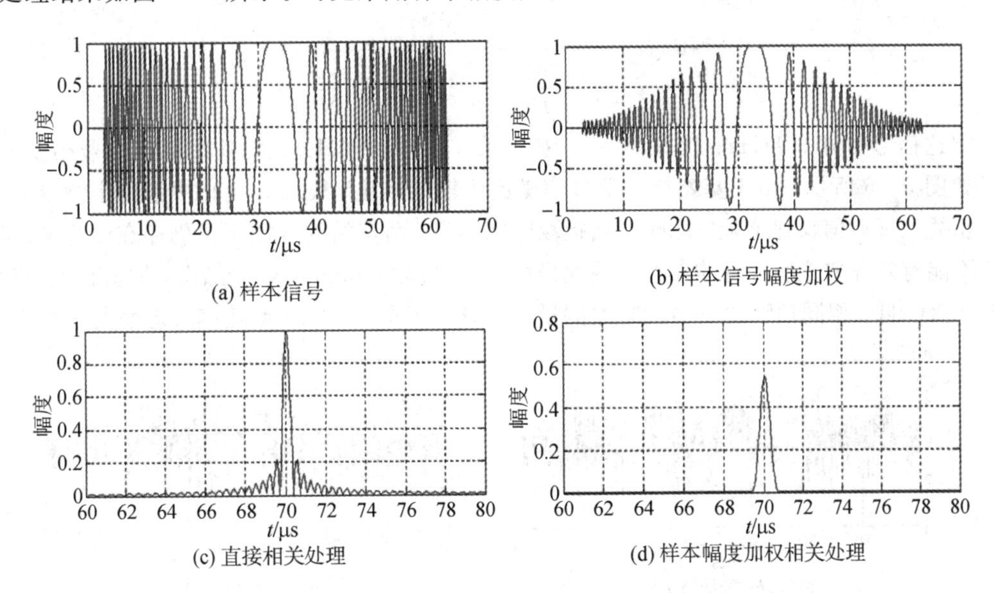

图 5－4　无噪声理想情况下样本信号与接收信号相关处理结果

2. 信噪比对测量的影响

各基站的接收机噪声是不相关的，接收机噪声会降低侦察信号信噪比，使得脉冲描述字或相关处理时差测量误差增大。

1）脉冲描述字测量时差

由侦察方程可知第 i 个基站侦察信号信噪比为

$$\mathrm{SNR}_i=\frac{P_i}{\delta_i^2}=\frac{P_t G_t(\phi_i)G_i(\theta_i)\lambda^2}{(4\pi R_i)^2\delta_i^2 L_{jr}L_t}\tag{5-27}$$

式中参数含义参见式(3－74)。

对于脉冲描述字时差测量方法，时差测量误差的方差为

$$\sigma_{t1}=\frac{1}{2\pi B_e\sqrt{\mathrm{SNR}_i}}\tag{5-28}$$

式中：B_e 为侦察接收机带宽；SNR_i 为侦察信号信噪比。

侦察接收机带宽为 288 kHz，得到输入信噪比与时间测量误差的关系曲线如图 5－5 所示。

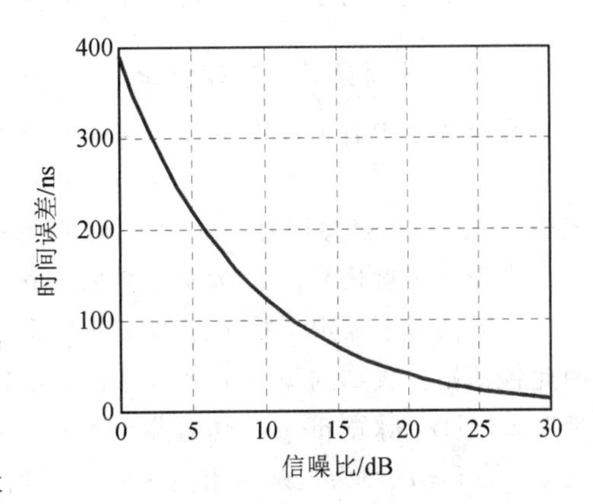

图 5－5　输入信噪比与时间测量误差的关系曲线

2）相关处理法测量时差

利用第 3 章结果，采用相关处理方法，侦察信号信噪比引起的时间测量误差为

$$\sigma_{t1}=\frac{\tau}{k_c\sqrt{SNR_C}}=\frac{1}{k_cB\sqrt{SNR_C}} \tag{5-29}$$

式中：$\tau=1/B$ 为相关输出脉宽；B 为信号带宽；SNR_C 为相关处理信噪比；k_c 为信号影响因子。

两基站接收信号的相关法处理输出信噪比为

$$SNR_C(i,j)=\frac{N_pT_rf_s}{\frac{\delta_j^2}{P_j}+\frac{\delta_i^2}{P_i}+\frac{\delta_i^2}{P_i}\frac{\delta_j^2}{P_j}\frac{T_c}{N_pT_r}} \tag{5-30}$$

雷达信号带宽 3 MHz、脉宽 50 μs，基站采样信号 12 MHz，两基站接收信号相关处理结果如图 5-6 所示。由于基站接收信号信噪比比较低，因此很难通过脉冲描述字测量时差，采用相关处理后信噪比增强，能够有效提取时间信息。两基站的直接相关仍存在明显的副瓣，由于不能有效提取主脉冲样本信号，因此采用了全采样 Hamming 幅度加窗，加窗相关处理后副瓣显著降低。相同信噪比下多次时差测量误差属于正态分布，误差随信噪比增大逐渐减小。

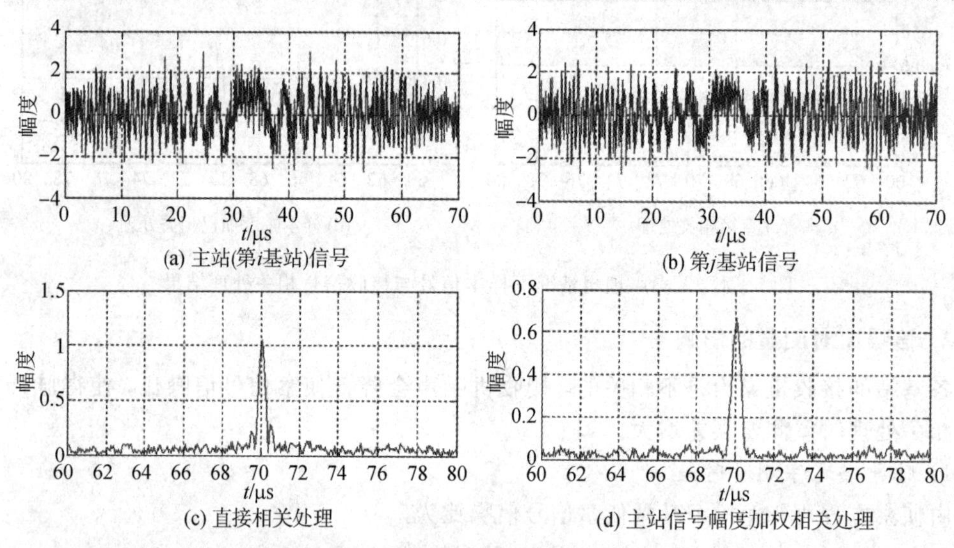

图 5-6　两基站接收信号相关处理结果

5.3.2　有源干扰对时差测量的影响

1. 噪声干扰条件下时差测量

假设环境中有一部雷达和一部噪声干扰机共两个辐射源，第 i 基站接收到信号为

$$f_i(t)=A_is(t-\tau_i)+n(t-\Delta_i) \tag{5-31}$$

式中：$s(t)$为辐射源信号；A_i 为辐射源信号幅度；τ_i 为基站接收辐射源信号的延迟时间；$n(t)$为噪声干扰信号；Δ_i 为基站接收噪声干扰机信号的延迟时间。

一般情况下噪声干扰天线波束比较宽，雷达波束比较窄，侦察基站的天线波束比较宽，因此各基站接收到的噪声干扰信号相对稳定，对雷达存在主瓣侦察和副瓣侦察。雷达信号带宽 3 MHz、脉宽 60 μs，仿真得到噪声干扰情况下两基站接收信号相关处理结果如图5-7所示。图 5-7(a)为主站对雷达主瓣侦察信号(信号 A)；(b)为主站对雷达副瓣侦察信号(信号 B)；(c)为副站对雷达副瓣侦察信号(信号 C)；(d)为信号 A 和信号 C 相关输出；(e)为信号 B 和信号 C 相关输出。

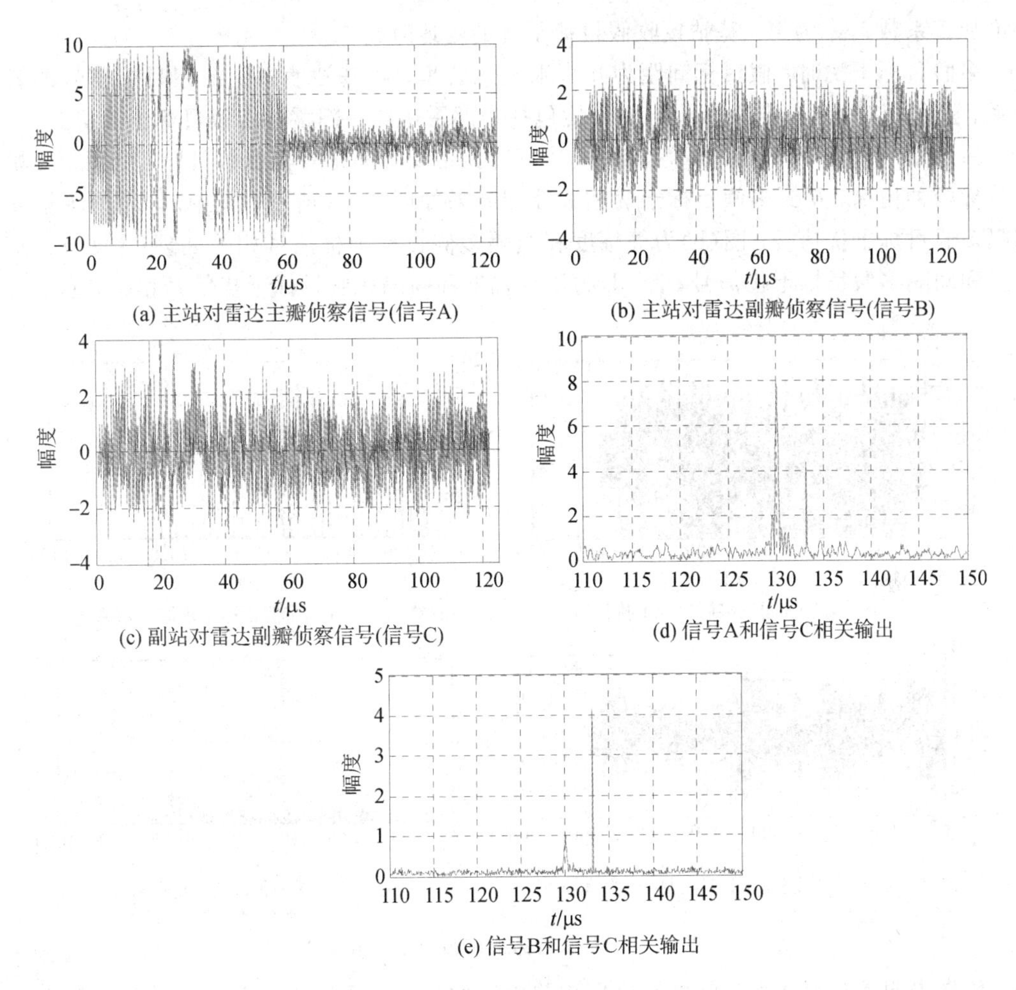

(a) 主站对雷达主瓣侦察信号(信号A)　(b) 主站对雷达副瓣侦察信号(信号B)

(c) 副站对雷达副瓣侦察信号(信号C)　(d) 信号A和信号C相关输出

(e) 信号B和信号C相关输出

图 5－7　噪声干扰情况下两基站接收信号相关处理结果

由于主副站接收到的雷达信号是相关的，同时噪声信号也是相关的，因此两基站信号相关处理后，雷达信号相关输出一个峰值，噪声信号相关输出一个峰值，即分别得到两个辐射源的时差信息。本仿真设置噪声信号带宽大于雷达信号带宽，因此噪声信号相关峰值宽度小于雷达信号相关峰值宽度。当主站对雷达主瓣侦察时，雷达信号相关峰值大于噪声信号相关峰值；当主站对雷达副瓣侦察时，雷达信号相关峰值小于噪声信号相关峰值。实际两峰值强度相对关系与雷达和噪声信号参数和强度关系有关。仿真表明可以对噪声干扰作为辐射源进行定位，另外噪声干扰会对其他辐射源的相关信噪比产生影响，影响其他辐射源时差测量精度。

2. 假目标干扰条件下时差测量

假目标干扰条件下，第 i 基站接收到信号为

$$f_i(t)=A_i s(t-\tau_i)+C_i\sum_{n=0}^{N-1}b_n s(t-\tau_n-\Delta_i) \tag{5-32}$$

式中：$s(t)$为雷达信号；A_i 为第 i 基站接收雷达信号幅度；τ_i 为第 i 基站接收雷达信号的延迟时间；b_n 为第 n 个假目标幅度；τ_n 为第 n 个假目标延时；C_i 为第 i 基站接收假目标的

幅度加权系数；Δ_i 为第 i 基站接收假目标干扰的延迟时间。

多假目标干扰时，假目标间距为几百米～几公里，各基站侦察到的假目标信号的时序关系、幅度相对关系相同。假设电磁环境包括一部雷达和一部雷达多假目标干扰机。

雷达信号带宽 3 MHz、脉宽 60 μs，仿真对比常规等间距等幅度假目标、变间距变幅度假目标两种情况，得到多假目标干扰相关处理结果如图 5-8 所示，其中图(a)为等幅度和间隔多假目标干扰信号；图(b)为等幅度和间隔多假目标干扰信号相关处理；图(c)为不等幅度和间隔多假目标干扰信号；图(d)为不等幅度和间隔多假目标干扰信号相关处理。

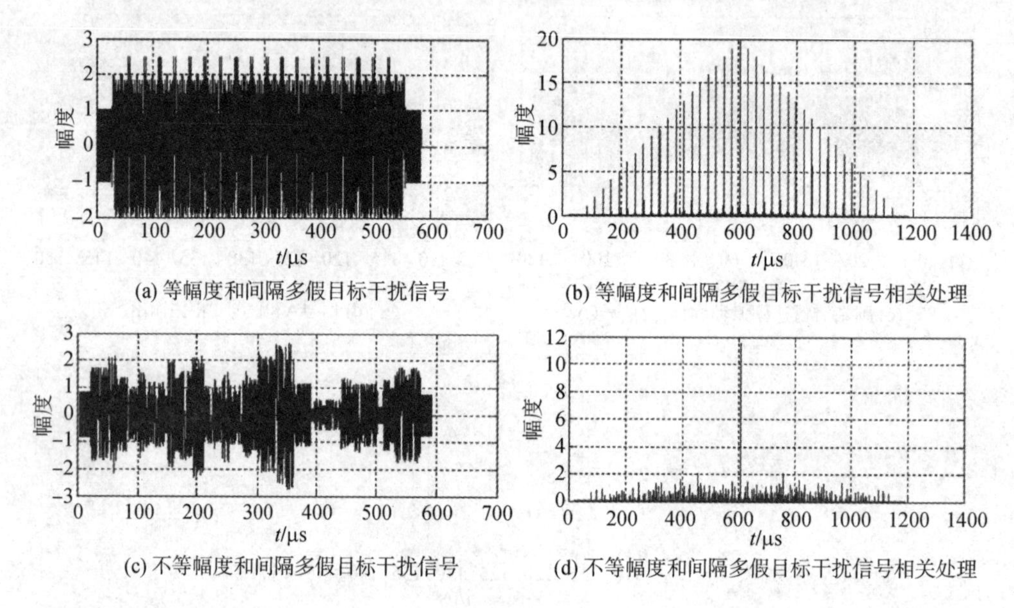

图 5-8　多假目标干扰相关处理结果

仿真表明常规等间距等幅度假目标相关处理后会出现等间距的多个假峰值，无法获取有效延时信息。时差定位脉冲配对直方图统计方法，可以解决密集信号下多站的脉冲配对问题，但是采用该方法统计时在某些情况下会出现多个峰值，从而产生虚假配对。变间距变幅度假目标相关处理后会出现一个强峰值，以及无数个小峰值。

3. 多路径信号

考虑信号在传播过程中，遇到一些物体发生反射，信号的传播方向、振幅、极化以及相位等发生了改变，这些变化了的信号到达接收机，与通过直线路径到达接收机的信号产生叠加。这种现象称为多路径效应。多路径效应基站接收到的辐射源信号属于变间距变幅度假目标，即不同基站接收到的信号幅度和相对间距是不同的。第 i 基站接收到的信号为

$$f_i(t)=A_i s(t-\tau_i)+\sum_{n=0}^{N-1} B_{in} s(t-\Delta_{in}) \tag{5-33}$$

式中：$s(t)$为辐射源信号；A_i 为直射路径信号幅度；τ_i 为时间延迟；B_{in} 和 Δ_{in} 分别为第 i 基站接收到的第 n 个多路径信号幅度和延迟时间。

多路径信号幅度差距较大，一般直射路径幅度最大。仿真得到的多路径信号相关处理结果如图 5-9 所示。多路径信号相关处理输出有多个峰值，直射路径相关幅度最大，其他多路径信号相关幅度相对较小，因此可以取最大相关峰进行时差测量。

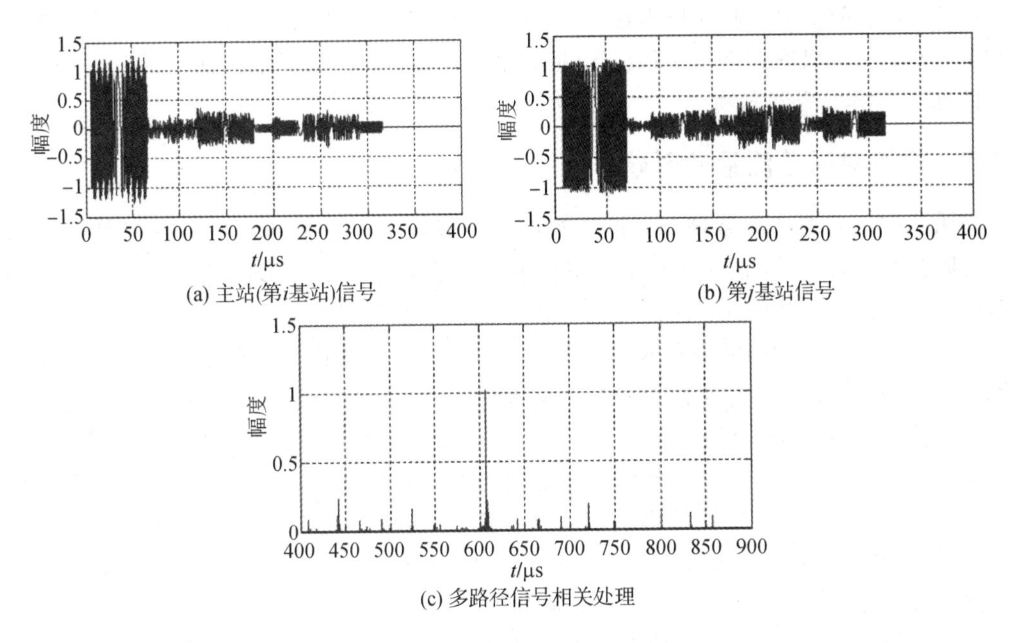

图 5-9　多路径信号相关处理结果

4. 多雷达信号环境

环境中存在多部雷达时，通常各雷达信号的频率、调制样式、带宽、重频脉冲等都不同。当时差定位基站瞬时带宽内只有一部雷达信号时，虽然多部雷达存在，侦察环境仍属于简单电磁环境。当瞬时带宽内有 N 部不同雷达信号时，N 部雷达信号间互不相关，相关处理后信号的分选识别也比较容易。多部雷达信号的相关处理结果如图 5-10 所示，其中(a)为基站 i 接收信号；图(b)为基站 j 接收信号；图(c)为直接相关处理；图(d)为加权处

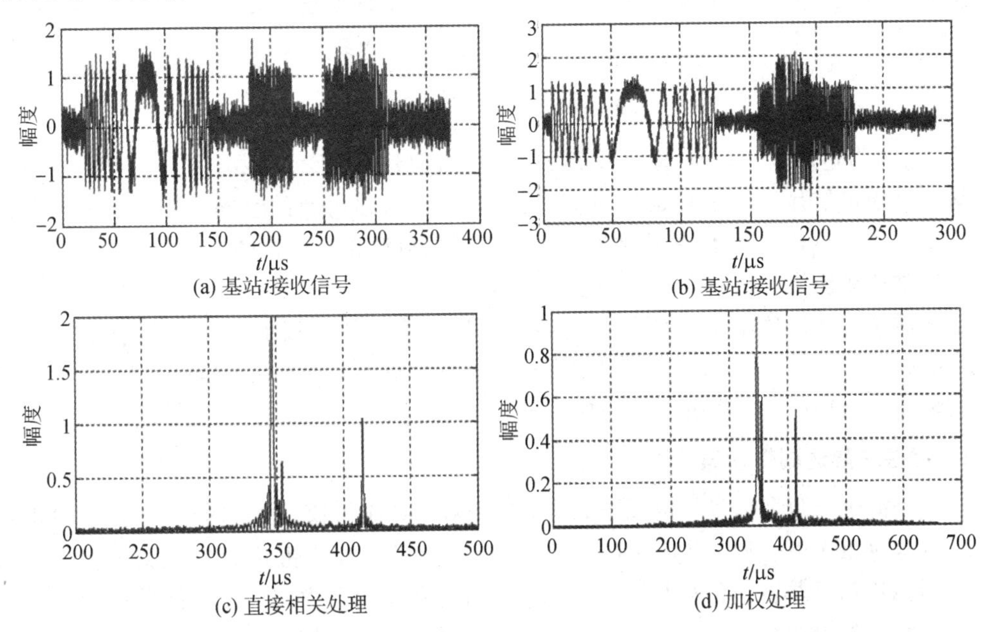

图 5-10　多部雷达信号的相关处理结果

理。由于不能有效提取主脉冲样本信号，因此采用了全采样 Hamming 幅度加窗，两基站信号相关处理后，可以得到 N 个峰值，但是对于脉冲描述字方法，如果两脉冲存在交叠，则信号的脉冲前沿检测会失效。

5.3.3 诱饵对时差测量的影响

当雷达采用有源诱偏系统时，雷达和诱饵可以认为是发射相同脉冲信号的多个辐射源，只是发射时间不同，诱饵脉冲信号提前或落后于雷达脉冲，实现前后沿覆盖，多脉冲间隔时间小于等于辐射源间距。时差定位基站接收到雷达信号和多个诱偏信号，近似认为是多个不同延迟相同脉冲的混叠信号。雷达和雷达诱饵使脉冲描述字前沿检测失效，因为前沿不一定是同一辐射源，测量误差达到 1 μs 级别，不能满足时差测量误差要求。

诱饵信号与雷达信号有着很强的信号特征相关性，相关处理会形成多个冲激脉冲，存在脉冲配对问题，但只要配对正确，仍能正确实现辐射源定位，但错误的配对组合会引起大量虚警定位。假设经过相关处理后，第 i 个基站出现 N_i 个冲激脉冲，第 j 个基站出现 N_j 个冲激脉冲，则第 i、j 基站的时差可能情况有 $N_i \times N_j$。如果脉冲时差小于第 i、j 基站的间隔，则时差测量是有效的，否则是虚假的配对结果。根据多个基站的有效配对结果，进行时差定位处理，如果定位结果满足各基站天线指向条件，同时连续动态测量的定位结果具有聚类聚集性，则该组时差测量结果有效，否则为无效数据。

假设一个雷达＋两诱饵共三个辐射源，诱饵与雷达间隔距离均为 L。两诱饵信号与雷达信号相同，一个发射超前雷达脉冲时间 T，另一个发射滞后雷达脉冲时间 T，$T=L/c$，c 为光速。根据基站部署位置、雷达和诱饵相对位置几何关系，可知基站接收到的 3 个脉冲信号，中间的脉冲信号为雷达信号；相对雷达脉冲出现时刻，两诱饵信号出现位置范围分别为 $[-2T, 0]$ 或 $[0, 2T]$。

忽略接收机噪声和多普勒差异影响，第 i、j 基站只侦察到雷达和诱饵信号，可以表示为

$$f_i(t) = A_i s(t-\tau_i) + \sum_{n=0}^{N-1} D_{in} s(t-\Delta_{in}) \tag{5-34}$$

式中：$s(t)$为雷达源信号；A_i 为信号幅度；τ_i 为时间延迟；D_{in} 和 Δ_{in} 分别为第 i 基站接收到的第 n 个诱饵信号的幅度和延迟时间，Δ_{in} 和基站与辐射源的空间关系、延时控制量有关，通常 $|\tau_i - \Delta_{in}| \leqslant 2T$。侦察基站波束远大于两辐射源相对基站的夹角，因此可以认为同一基站对雷达或诱饵的接收增益近似相等，即 $D_{in} = D_n$。

由于雷达和诱饵的距离一般只有几百米，而定位基站与辐射源距离数公里至数百公里，因此基站一般不可能同时侦察到雷达主瓣。下面分两基站雷达副瓣侦察、基站主瓣＋基站副瓣侦察两种情况，分析相关处理效果。

1. 两基站雷达副瓣侦察

在一个雷达＋两个诱饵的情况下，如果均是对雷达副瓣侦察，这时 $A_i \approx D_{in}$。诱饵与雷达间隔距离均 300 m，诱饵信号发射超前或滞后时间为 1 μs。雷达信号带宽 3 MHz、脉宽 60 μs，两诱饵信号与雷达信号相同。两基站均对雷达副瓣侦察时，雷达信号和诱饵信号功率相近。主站接收到诱饵信号延迟分别为－2 μs 和 0.9 μs，副站接收到诱饵信号延迟分别为－1.5 μs、1 μs。仿真得到时差定位系统对雷达及诱偏系统的信号侦收以及相关处理结果

如图 5－11 所示。可见相关法得到的时差峰不再是一个单独的峰值，而是紧密相连的多个峰值，3 个辐射源输出峰值最多为 9 个，当有峰值重叠时，峰值数量会减少。加权相关输出峰值副瓣比较小，但主瓣会展宽，会导致诱饵信号峰值合并现象，影响诱饵信号分辨。

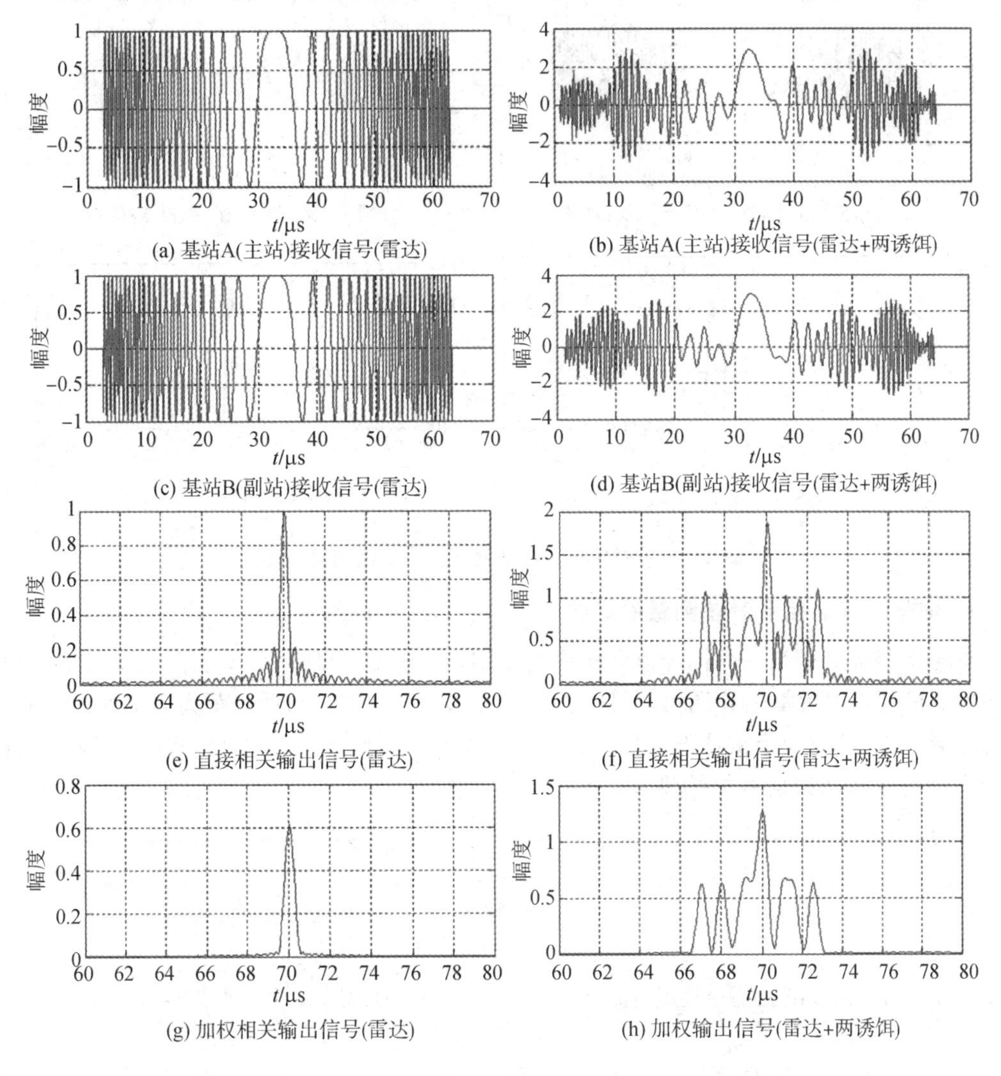

图 5－11　对雷达副瓣侦察时雷达和诱饵对比图

2. 基站主瓣＋副瓣侦察

假设两基站中有一个基站侦察到雷达主瓣信号，主站侦察到雷达主瓣信号强于诱饵信号 20 dB，第 i 基站(主站)对雷达主瓣侦察，即 A_i 远大于 D_{in}，第 j 站对雷达副瓣侦察，即 $A_j \approx D_{jn}$。

基站主瓣＋副瓣侦察相关法处理同样会出现多个峰值，考虑到峰值位置有可能发生重叠，峰值个数$\leqslant N$，其中 N 为雷达和诱偏系统的辐射源总数。根据信号相关处理理论可知峰值出现在雷达主信号相关峰值的$\pm T(\mu s)$范围内，相当于测时误差最大为$\pm T(\mu s)$。

基站主瓣侦察＋副瓣侦察的相关处理结果如图 5－12 所示。可见主站诱饵信号对最终相关处理结果影响可以忽略，3 个辐射源相关输出 3 个峰值，中间峰值为雷达信号位置，但存在3个以上诱饵时，真实雷达峰值位置很难判断；另外加权处理虽然能降低副瓣，但峰值分辨能力明显下降。

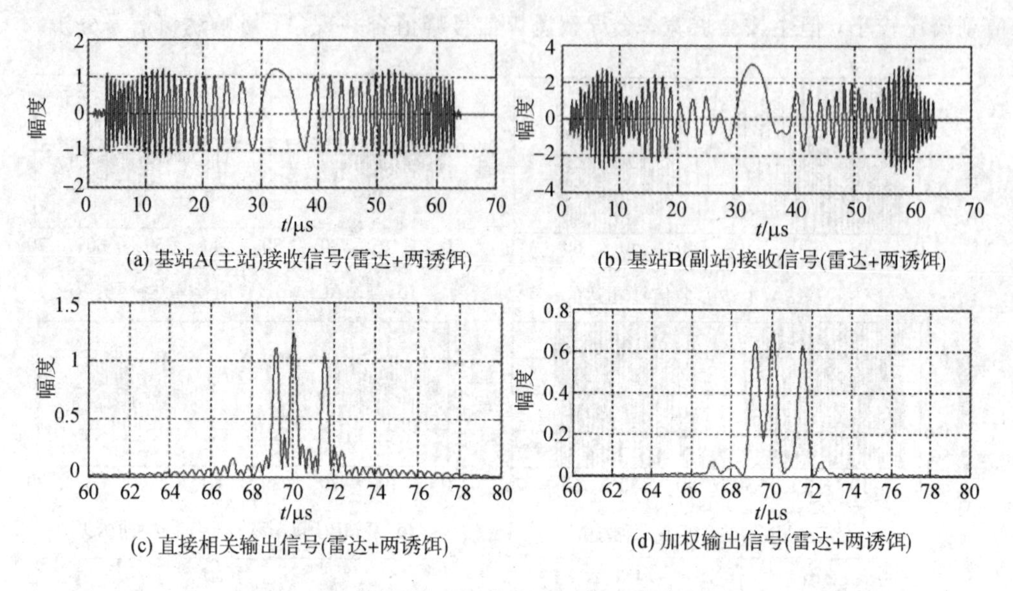

图 5-12　对雷达主瓣侦察时雷达和诱饵对比图

3. 信号带宽对相关时差测量的影响

理论上相关处理后，目标峰值分辨率为 $1/B$，其中 B 为信号带宽。雷达发射信号带宽比较宽，相关处理后雷达和诱饵信号峰值一般能够分开，雷达和诱饵距离固定为300 m，雷达信号脉宽60 μs，变换雷达发射信号带宽为6 MHz、3 MHz、1 MHz、0.5 MHz，得到不同带宽的雷达和诱饵信号相关输出，如图5-13所示。

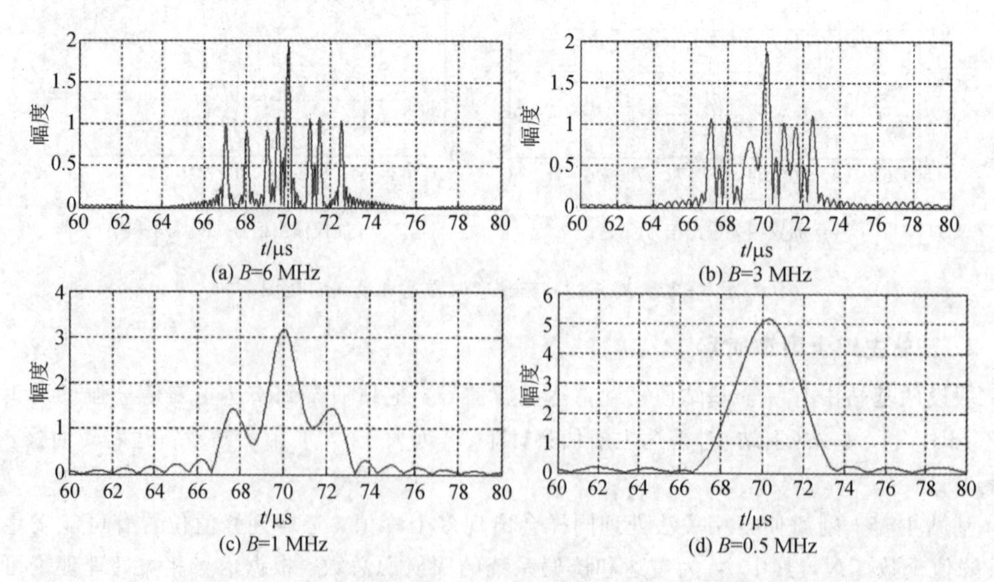

图 5-13　不同带宽的雷达和诱饵信号相关处理结果

仿真表明两基站接收到的脉冲延迟为 τ。当 $\tau \leqslant 1/B$ 时，相关处理后雷达和诱饵信号峰值不能分开，多峰值信号相互耦合，综合形成慢起伏特征，不能很好地分辨多个目标。严重不能分开的情况下，多个峰值幅相叠加后只有一个峰，即多基站时差序列只有一组。无论最大值测时差，还是包络重心测时差均会出现延迟时间量级的误差。当 $\tau > 1/B$ 时，雷达和诱饵信号峰值能够分开。对于这种多峰值情况，常规配对方法失效，如果只对该组峰值的最前峰值、最后峰值、最大峰值、多峰值重心进行配对，均会使时差测量或脉冲配对出现较大误差。

4. 雷达和雷达诱饵对时差定位结果的影响

存在两诱饵情况下，虽然只有 3 个辐射源，但按照最小峰值数 3 个，3 站时差定位要遍历所有脉冲配对，可以得到 27 组时差序列，即可得到 27 组辐射源位置；如果按照峰值数 9 个，则可得到 729 组辐射源位置。因此如果对雷达及雷达诱饵进行时差定位，必将出现很多虚假辐射源，对辐射源识别提取和滤波跟踪造成困难，出现辐射源目标数量饱和。

常规的时差定位系统的时差测量误差为 ns 量级，雷达诱饵使时差测量误差增大到 μs 量级，因此雷达诱饵的存在会使时差测量误差增加几十倍甚至上千倍。例如当时差定位系统的时差测量误差为 10 ns 时，雷达诱饵使时差测量误差增大到 1 μs，则测时误差增加了 100 倍，忽略位置测量误差情况下，定位误差增大了 100 倍。虽然当基站位置距离较近时，对雷达主瓣侦察时测时误差减小，但基站基线位置近造成归一化误差大，因此综合定位误差也不会得到改善。

雷达和雷达诱饵使时差定位结果误差增大，甚至会致使时差定位系统完全失效。因此雷达和雷达诱饵在相参多辐射源信号时的配对是时差定位系统复杂电磁环境试验的重要环节；另外，如果两基站接收雷达信号均强于诱饵信号，输出峰值会靠近雷达信号理论峰值；如果两基站接收雷达信号和诱饵信号强弱起伏，则输出峰值误差比较大。

5.3.4　复杂电磁环境对信号侦察测量的影响

复杂电磁环境对侦察设备的频率测量范围、脉宽测量范围和重复周期测量范围等参数影响较小，对频率测量精度等参数有较大影响。在复杂电磁环境下，脉冲时间间隔的统计规律呈现不同的随机非平稳特性，使得 TOA(到达时间)维的信号分选信息测量出现偏差，最终影响系统对目标的探测定位。

时差定位系统通常采用测频接收机对环境信号进行分选和识别，然后进行时差测量。随着战场辐射源数量的增多，特别是接收机灵敏度的提高，电子战设备的信号环境密度将大幅提高，接收机输出的数据量会增加 1 个数量级以上。同时，威胁辐射源的工作模式和频率等特征参数大范围快速变化，造成脉冲链去交错非常困难。信号分选存在的错误将导致信号的大量增批、漏批，造成识别率大幅降低。另外，电子侦察设备也急需增加辐射源个体识别能力。

传统测向接收机存在的主要不足是：采用多通道同时比幅法进行方位测量，导致当环境中存在连续波信号时，低于该连续波信号功率的脉冲信号的方位被错误地测量为连续波信号的方位。该问题会导致编队或滨海环境中存在卫通设备和干扰机信号时，ESM 设备无法正常使用。随着威胁雷达信号的脉冲宽度增加、峰值功率减小，民用通信辐射源不断增加，敌方支援干扰机的功率增大，该问题将更加突出。

将多个待分选辐射源的有关参数(通常为 DOA、RF、PW)的上下限值预设在关联比较器中，然后对接收机送来的参数进行并行关联比较、分组、存储，从而达到去交错的目的。

脉内特征作为分选参数是近年来人们的一种普遍共识，也是极有可能提高当前辐射源信号分选能力的一种可能途径和思路。

随着各种复杂体制雷达的大量出现，传统的五参数在各参数域都可变化，甚至相互交叠，这给信号分选造成了极大的困难。为了改进信号分选和识别能力，首先应该改进和提高侦察接收机的能力。除了以上提到的对连续波和重叠信号的改进措施之外，还包括提高载频、到达角、到达时间等雷达脉冲参数的测量精度。在重要目标平台上，还应增加信号仰角的高精度测量能力。

1. 瞬时测频(IFM)

瞬时测频(Instantaneous Frequency Measuring，IFM)能够快速测量信号频率，满足电子侦察对高截获概率、大瞬时带宽和频率快速测量的需要。IFM 接收机主要的测频误差包括相关器误差、延迟线误差、量化误差和系统噪声。IFM 接收机的原理是同一微波信号的两个部分经过不同延迟，这两部分信号的相位差 $\Delta\varphi$ 仅与延迟时间 T 和信号载波频率 f 有关，由此可以得到信号载波频率。瞬时测频表达式为

$$f=\frac{\Delta\varphi}{2\pi T} \tag{5-35}$$

式中：T 为延迟时间；$\Delta\varphi$ 为相位差。固定信噪比情况下，相位差的误差是确定数值，T 越大得到的测频误差越小，但随着 T 增大，会出现频率模糊问题。

设复信号为 $s(n)=A\cdot\exp[\mathrm{j}(2\pi n\Delta f_0+\theta)]$，其中 A 为信号幅度，f_0 为信号的中心频率，采样时间间隔 $\Delta=1/f_s$，f_s 为采样频率，θ 为初始相位。将 $s(n)$ 分成两路，其中一路信号不变，而另一路进行 m 个周期延时并取共轭，然后进行复乘，$m\Delta$ 相当于延迟时间，得到

$$\begin{aligned}R(n,m)&=s(n)\cdot s(n-m)^{*}=I_R(n,m)+\mathrm{j}Q_R(n,m)\\&=A^2\cos(2\pi f_0 m\Delta)+\mathrm{j}A^2\sin(2\pi f_0 m\Delta)\end{aligned} \tag{5-36}$$

瞬时测频的数字表达式为

$$f_0=\begin{cases}\dfrac{1}{2\pi m\Delta}\arctan\left(\dfrac{I_R(n,m)}{Q_R(n,m)}\right) & I_R(n,m)>0\\[2ex]\dfrac{1}{2\pi m\Delta}\left[\pi-\arctan\left(\dfrac{-I_R(n,m)}{Q_R(n,m)}\right)\right] & I_R(n,m)<0,\ Q_R(n,m)>0\\[2ex]\dfrac{1}{2\pi m\Delta}\left[-\pi+\arctan\left(\dfrac{-I_R(n,m)}{-Q_R(n,m)}\right)\right] & I_R(n,m)<0,\ Q_R(n,m)<0\end{cases} \tag{5-37}$$

为避免相位模糊，m 值不能取得过大。较小的 m 可以保证在测频区间内不出现频率模糊，而较大的 m 具有更高的频率分辨率。为了更好地测得瞬时频率，可以通过不同 m 延时值来解模糊，以提高系统的测频分辨率。噪声的存在会导致测频误差增大，根据噪声的不相关性，可利用多点平均法降低测频误差。

1）噪声对瞬时测频的影响

IFM 接收机延迟时间 0.25 ns，雷达信号频率 1 GHz、脉冲宽度 1 μs，在脉冲宽度内多次瞬时测频仿真，得到不同 SNR 噪声对瞬时测频接收机的影响，如图 5-14 所示，其中图(a)为 SNR=40 dB 情况下的连续频率测量值；图(b)为不同 SNR 情况下频率测量标准偏差。仿真表明随着 SNR 增加，测频误差逐渐减小。

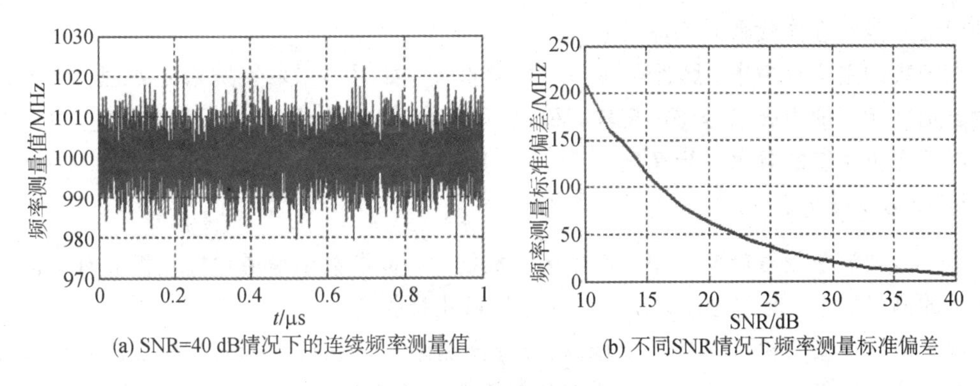

(a) SNR=40 dB情况下的连续频率测量值　(b) 不同SNR情况下频率测量标准偏差

图 5-14　噪声对瞬时测频接收机的影响

2）时域重叠信号适应性

测频接收机基于比相原理，无法分辨测量带宽内同时到达的多个信号，从而造成测量参数误差。IFM 接收机延迟时间 0.25 ns，雷达 A 信号频率 1 GHz，雷达 B 信号频率 1.2 GHz，两雷达脉冲宽度均为 1 μs 且时域重叠，仿真得到两雷达重叠信号对瞬时测频接收机的影响如图 5-15 所示，SNR 指雷达 A 信号与雷达 B 信号的功率比。仿真表明 IFM 接收机不能分辨两个不同频率的重叠雷达信号，强信号会掩盖弱信号。弱信号可以作为噪声信号，得到的瞬时频率接近强信号的频率。同等 SNR 条件下噪声干扰引起的频率测量标准偏差要比定位信号干扰强 4 倍多。

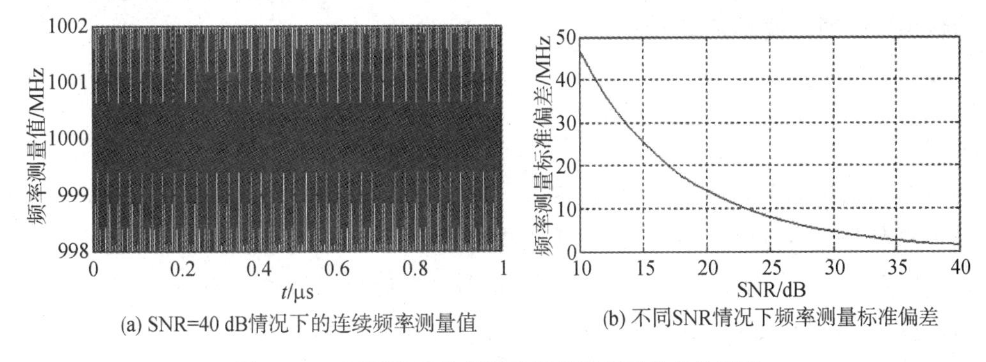

(a) SNR=40 dB情况下的连续频率测量值　(b) 不同SNR情况下频率测量标准偏差

图 5-15　两雷达重叠信号对瞬时测频接收机的影响

雷达 A 信号频率 1 GHz，脉宽 1 μs，信号幅度为 1，SNR 为 40 dB；雷达 B 信号频率 1.2 GHz，脉宽 1 μs，信号幅度为 0.5，SNR 为 34 dB。两信号重叠区域 0.5 μs，仿真得到幅度相近重叠信号对瞬时测频接收机的影响如图 5-16 所示，仿真表明瞬时带宽内幅度相

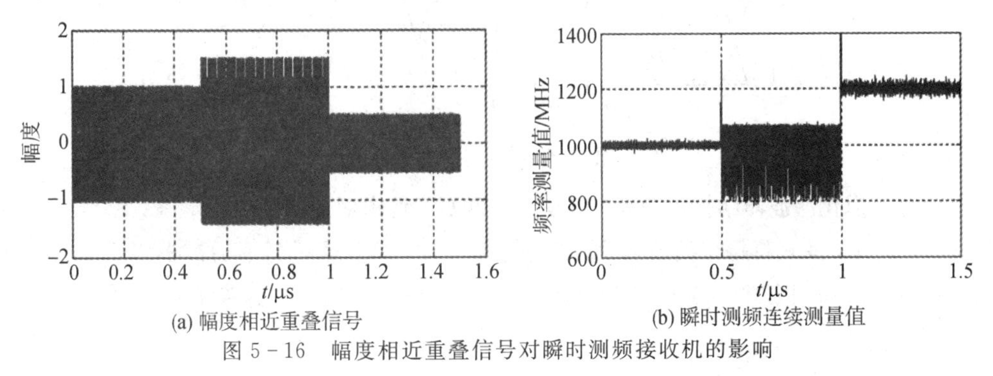

(a) 幅度相近重叠信号　(b) 瞬时测频连续测量值

图 5-16　幅度相近重叠信号对瞬时测频接收机的影响

近的两信号重叠会导致瞬时测频失效。

在密集的电磁环境中，脉冲存在着大量的重叠，如果不采取特殊措施处理，IFM 接收机对于幅度相近的重叠信号将出现较大的测频误差，将影响信号分选的准确度，进一步将影响时差定位系统的频率引导精度。

2. 信道化接收机

多个时域混叠信号需要采用信道化接收机技术，宽带数字信道化接收机具有对同时到达信号的测量能力。时差定位系统一般采用信道化接收机。

数字信道化接收机可以从时-频域联合分辨测量出雷达脉冲信号。数字信道化接收机采用数字滤波器组将瞬时带宽覆盖范围分割成很多个子频带，每个子频带称为一个信道。然后对各个信道的输出结果进行检测和测量，最后通过门限判别得到相应信道的信号分析结果，如信号载频、到达时间、脉宽、重复周期、幅度等。

系统接收到信号后，将射频信号经过混频、滤波、AD 采样后直接送到数字信道化接收机，然后得到各级信道的频域分离信号。再对每级信道信号进行分析，获得原始的脉冲描述字 PDW，最后对各个信道送来的参数进行综合分析。

根据均匀信道化滤波器组划分原理，AD 采集带宽被均匀分成 D 个子带。先根据不同子带的中心频点，分别进行数字下变频将各子带信号变到零中频，然后经过一个通带为信道带宽的低通滤波器，滤波之后的每路信号再分别进行 D 倍抽取，得到低速率的基带信号。假设理想低通滤波器频率响应为

$$H_{\mathrm{LP}}(\mathrm{e}^{\mathrm{j}\omega})=\begin{cases}1 & |\omega|\leqslant \dfrac{\pi}{D}\\ 0 & \text{其它}\end{cases} \tag{5-38}$$

复信号的信道划分方法如图 5-17 所示，该信道化接收机为 64 个信道，两个信号在各通道的时域信号是可分的。从 AD 端口采集进来的信号有可能是没有经过任何处理的实信号，也有可能是经过数字正交下变频后的复信号。当信道化接收机均匀划分为 D 个信道时，则信道化分割后的信号间隔为 $2\pi/D$。第 k 个信道中心频率为

$$\omega_k=\left(k-\frac{D-1}{2}\right)\frac{2\pi}{D} \tag{5-39}$$

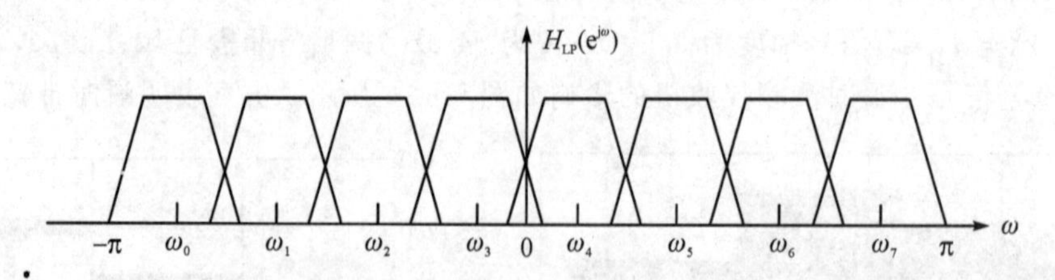

图 5-17 复信号的信道划分方法

复信号信道化滤波器结构如图 5-18 所示，第 k 个信道对应的下变频本振频率为 ω_k ($k=0$, 1, 2, …)，通过下变频将每个信道的频谱搬移到零中频，然后通过低通滤波器对下变频后的信号进行滤波，最后对各个信道的信号做 D 倍抽取，得到了低采样速率的无混叠基带信号。

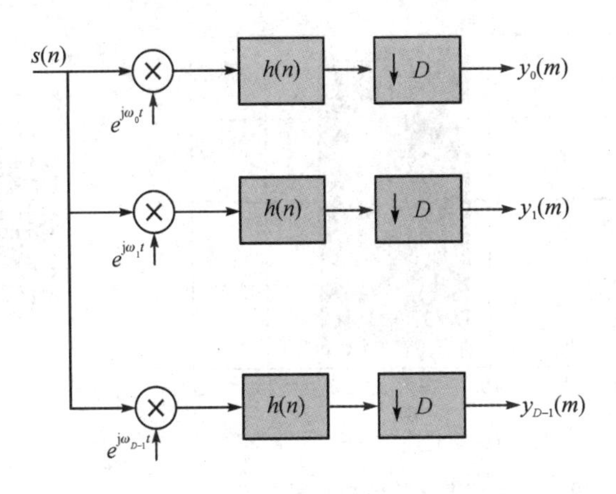

图 5-18　复信号信道化滤波器结构

两个雷达交叠信号，雷达 A 信号频率 950 MHz，带宽 1 MHz，脉宽 5 μs；雷达 B 信号频率 1450 MHz，带宽 1 MHz，脉宽 10 μs。宽带数字信道化接收机正交双通道采样率 1.2 GHz，中心频率 1.2 GHz，64 个数字信道，每个信道 37.5 MHz，得到数字信道化接收机信号仿真如图 5-19 所示。仿真可知信道化接收机灵敏度高、动态范围大，强信号可能同时在几个信道中超过检测门限，这种频率扩展现象不仅会引起频率模糊，造成处理机数据过载，而且还会出现强信号的旁瓣遮盖弱信号频率主瓣的现象。经过信道化处理后，交叠信号被分成两个通道，便于瞬时测频处理和时差定位信号采集处理。

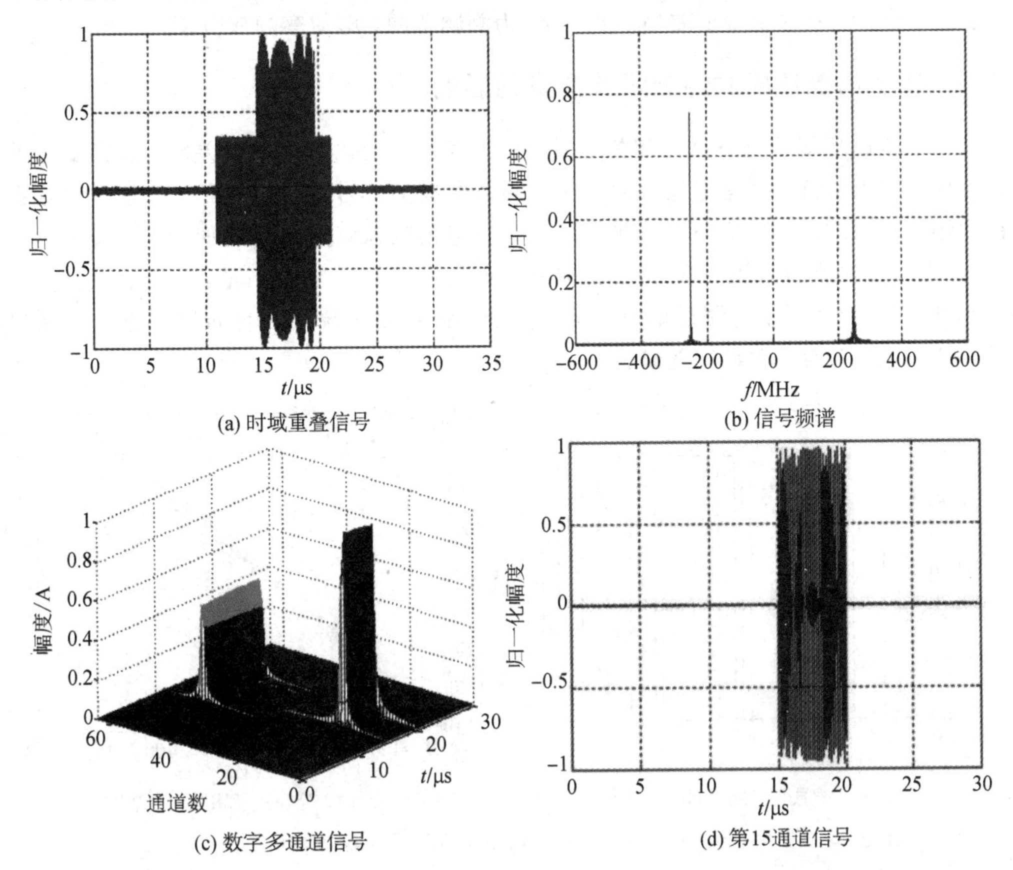

(a) 时域重叠信号　(b) 信号频谱　(c) 数字多通道信号　(d) 第15通道信号

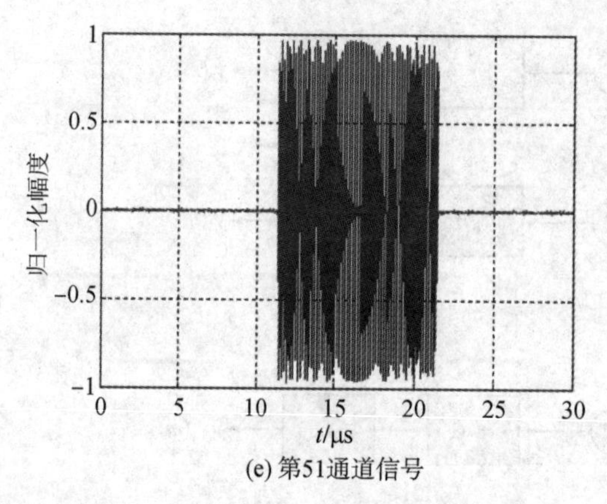

(e) 第51通道信号

图 5-19 数字信道化接收机信号仿真

3. 超外差接收机

窄带超外差接收机以加长截获时间换取高频率分辨力，具有灵敏度高、抗干扰能力强等特点，一般瞬时带宽在 20～60 MHz。宽带超外差接收机一般带宽为 100～200 MHz，能识别宽带雷达信号，缩短了频率扫描时间。

对于超外差接收机，单个脉冲的频率搜索概率为

$$P=\frac{\Delta f_{\mathrm{r}}}{f_2-f_1} \tag{5-40}$$

式中：Δf_{r} 为测频接收机瞬时带宽；f_2-f_1 为测频范围，即侦察频率范围。

5.3.5 复杂电磁环境对连续跟踪测量的影响

在复杂电磁环境情况下进行相关法时差估计时往往会出现多个时差峰，这是受脉冲调制影响而产生的，因此时差定位中如果在探测区存在多信号源，脉冲配对和信号分选会间断出现连续失跟现象，复杂环境情况下时差定位连续跟踪测量示意图如图 5-20 所示，其中图(a)为测量次数与可测时间段关系曲线，y 坐标 1 表示成功测量，0 表示不能测量；图(b)为时差定位连续跟踪测量结果。可见复杂电磁环境情况下目标跟踪数据会间断出现信号分选失败、不能有效定位现象。

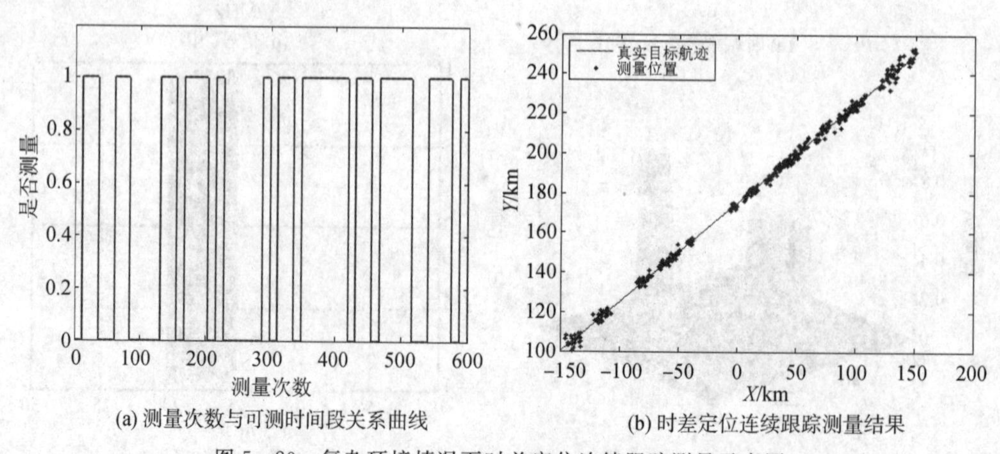

图 5-20 复杂环境情况下时差定位连续跟踪测量示意图

第 6 章 环境信号仿真模型

时差定位系统面临的复杂电磁环境包括雷达(含雷达诱饵)、通信、导航、数据链、电子对抗、民用装备等。环境信号建模仿真是时差定位系统内场半实物仿真和数学仿真的基础，为了评估时差定位系统对复杂电磁环境的适应性，需要建立环境信号模型，并能用数字视频方法构建环境信号数据流。

本章对时差定位系统所面临的电磁环境信号进行建模仿真，给出了雷达信号、模拟通信信号、数字通信信号、数据链信号和有源干扰信号等信号模型，并仿真了数字视频信号波形和频谱。首先给出了常用雷达信号模型，包括 LFM 信号、NLFM 信号、常规编码信号、m 序列信号、M 序列信号、OFDM 信号、频率捷变信号等；其次给出了模拟通信信号模型，包括调幅(AM)信号、调频(FM)信号、调相(PM)信号、单边带(SSB)信号、双边带(DSB)信号等；第三给出了数字通信信号模型，包括振幅键控(ASK)信号、频移键控(FSK)信号、最小频移键控(MSK)信号、高斯最小频移键控(GMSK)信号、正弦(扩频)频移键控(SFSK)信号、相移键控(PSK)信号、差分相位键控 DPSK 信号、四进制数字相位键控(QPSK)信号、交错正交相移键控(OQPSK)信号、3π/4-QPSK 信号、正交振幅调制(QAM)信号等；第四给出了数据链信号模型，包括 Link4A、Link11、Link16、Link22 等；最后给出了有源干扰信号模型，包括噪声信号产生模型、压制性干扰模型、欺骗干扰模型等。相关技术可以用于时差定位系统内场半实物仿真和数学仿真。

6.1 雷达信号模型

6.1.1 LFM 信号

辐射源(雷达)发射归一化信号可描述为

$$S_t(t)=\exp(\mathrm{j}\omega_c t)v(t) \tag{6-1}$$

式中：ω_c 为载频；$v(t)$为复调制函数(或基带信号)，它是 N 个宽度为 T_r 的矩形脉冲构成的脉冲串。

对于脉间捷变频和线性调频雷达，则有

$$v(t)=\sum_{k=0}^{N-1}\mathrm{rect}\left(\frac{t-kT_r}{T_p}\right)\mu(t-kT_r)\exp(\mathrm{j}\omega_k t) \tag{6-2}$$

式中：ω_k 为第 k 个脉冲的角频率增量；T_r 为脉冲重复周期，即 PRI；T_p 为脉冲宽度；矩形函数 $\mathrm{rect}(t)$定义为 $\mathrm{rect}(t)=\begin{cases}1, & t\in(0,1)\\ 0, & \text{其它}\end{cases}$；$\mu(t)$为单个脉冲调制函数，对于线性调频有

$$\mu(t)=\mu_{\mathrm{LFM}}(t)=\exp(\mathrm{j}\pi bt^2),\quad 0\leqslant t\leqslant T_p \tag{6-3}$$

式中：b 为线性调频扫描频率，其与频率扫描范围 $\mathrm{BW_{rg}}$ 的关系为 $b=\pm\mathrm{BW_{rg}}/T_p$，由于

BW_{rg} 近似等于压缩后的雷达脉冲宽度 τ_c 的倒数，故有 $|b| \approx \frac{1}{T_p \tau_c}$。脉压比 $D = T_p/\tau_c$，故有 $|b| \approx \frac{1}{D\tau_c^2} = \frac{D}{T_p^2}$，若不存在脉间捷变频，则上式中 ω_k 为 0。

雷达 LFM 信号脉冲宽度 10 μs，带宽 6 MHz，得到线性调频信号时域波形与频谱如图 6-1 所示。

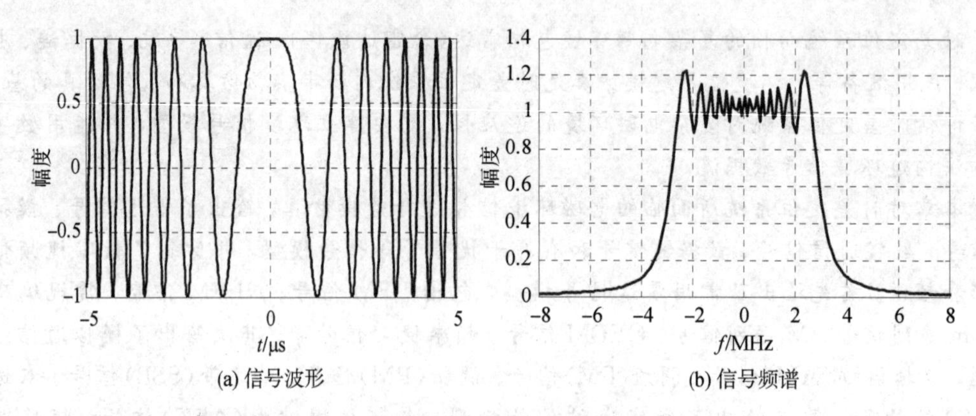

图 6-1　线性调频 LFM 信号时域波形与频谱

6.1.2　NLFM 信号

非线性调频(NLFM)信号也是雷达常用信号，NLFM 的概念由 Key、Fowle、Haggarty 在 1959 年提出，主要特点是信号的频率与时间是非线性关系。常规 LFM 雷达为了降低时域滤波副瓣，通常采用滤波样本信号加窗技术。NLFM 信号自身频谱具有 LFM 信号加窗频谱特征，因此 NLFM 信号的主要优点是直接进行脉冲压缩无需加权处理就可以得到较低的旁瓣，这样就可以避免加权处理带来的信噪比降低的问题。

常用频谱窗函数可以采用三角窗、Hamming 窗、Hanning 窗、Bartlett-Hanning 窗、Blac kman 窗、Gaussian 窗、Chebwin 窗、Bohman 窗、Kaiser 窗、Parzen 窗、余弦 K 次方、Taylor 等。

1. 三角形窗

$$W(f) = 1 - \frac{2|f|}{B} \quad |f| \leqslant \frac{B}{2} \tag{6-4}$$

2. 汉明(Hamming)窗

$$W(f) = 0.54 + 0.46\cos\left(\frac{2\pi f}{B}\right) \quad |f| \leqslant \frac{B}{2} \tag{6-5}$$

3. 汉宁(Hanning)窗

$$W(f) = 0.5 + 0.5\cos\left(\frac{2\pi f}{B}\right) \quad |f| \leqslant \frac{B}{2} \tag{6-6}$$

4. 巴列特-汉宁(Bartlett-Hanning)窗

$$W(f) = 0.62 - 0.48\left|\frac{f}{B}\right| + 0.38\cos\left(\frac{2\pi f}{B}\right) \quad |f| \leqslant \frac{B}{2} \tag{6-7}$$

5. 布莱克曼(Blackman)窗

$$W(f)=0.42+0.5\cos\left(\frac{2\pi f}{B}\right)+0.08\cos\left(\frac{4\pi f}{B}\right)\quad |f|\leqslant\frac{B}{2}\tag{6-8}$$

6. 高斯(Gaussian)窗

$$W(f)=\exp\left(-2a^2\frac{f^2}{B^2}\right)\quad |f|\leqslant\frac{B}{2}\tag{6-9}$$

式中：$a=1/\sigma$，σ 为高斯函数的标准差。

7. 切比雪夫(Chebyshev)窗

在给定旁瓣高度下，Chebyshev 窗的主瓣宽度最小，具有等波动性，也就是说，其所有的旁瓣都具有相等的高度。切比雪夫窗函数为

$$\begin{cases}\hat{W}(k)=(-1)^k\dfrac{\cos(N\cos^{-1}(\beta\cos(k\pi/N)))}{\cosh(N\cosh^{-1}(\beta))}\\ \beta=\cos\left(\dfrac{1}{N\cosh^{-1}(10^a)}\right)\end{cases}\tag{6-10}$$

式中：$\cosh(z)=\dfrac{\exp(z)+\exp(-z)}{2}$，$a$ 确定副瓣衰减的级别，副瓣衰减水平等于$-20a$(dB)。

8. 博曼(Bohman)窗

$$W(f)=\left(1-2\left|\frac{f}{B}\right|\right)\cos\left(2\pi\left|\frac{f}{B}\right|\right)+\frac{1}{\pi}\sin\left(2\pi\left|\frac{f}{B}\right|\right)\quad |f|\leqslant\frac{B}{2}\tag{6-11}$$

9. 凯泽(Kaiser)窗

它可以同时调整主瓣宽度与旁瓣宽度，这是其他窗函数不具备的，其定义为

$$W(f)=\frac{\mathrm{I}_0\left(\beta\sqrt{1-\left(1-\frac{2n}{M-1}\right)^2}\right)}{I_0(\beta)}\quad |f|\leqslant\frac{B}{2}\tag{6-12}$$

式中：I_0 为第一类零阶 Bessel 函数，β 为衰减参数。

10. 帕尔逊(Parzen)窗

$$W(f)=\begin{cases}1-24\dfrac{f^2}{B^2}+48\left|\dfrac{f}{B}\right|^3 & |f|\leqslant\dfrac{B}{4}\\ 2\left(1-2\left|\dfrac{f}{B}\right|\right)^3 & \dfrac{B}{4}<|f|\leqslant\dfrac{B}{2}\end{cases}\tag{6-13}$$

式中：B 为信号带宽。

其离散形式为

$$W(f)=\begin{cases}1-6\left(\dfrac{|n|}{N/2}\right)^2+6\left(\dfrac{|n|}{N/2}\right)^3 & |n|\leqslant\dfrac{(N-1)}{4}\\ 2\left(1-\dfrac{|n|}{N/2}\right)^3 & \dfrac{(N-1)}{4}\leqslant|n|\leqslant\dfrac{(N-1)}{2}\end{cases}\tag{6-14}$$

11. 余弦 k 次方

余弦 k 次方包括余弦平方、余弦立方、余弦 4 次方，可以统一表示为

$$W(f)=\cos^{k}\left(\frac{\pi f}{B}\right)\quad |f|\leqslant\frac{B}{2} \tag{6-15}$$

12. 泰勒(Taylor)窗

泰勒级数的定义：若函数 $W(t)$ 在点的某一邻域内具有直到 $n+1$ 阶导数，则可得到该邻域内 $W(t)$ 的 n 阶泰勒公式，并得到拉格朗日余项，该函数展开式称为泰勒级数。

窗函数法的基本思想是用一具有有限长度样值响应、并具有线性相位的系统函数逼近理想的系统函数。理想窗函数应是有限长序列，其频率响应是一个集中在频谱零处的矩形轮廓波形。把时域要求反映到输出信号频谱上，频谱应该是一种缓变的带通窗口形状。设计的汉明窗、汉宁窗等窗函数可以采用 n 阶截断，Matlab 中 Taylor 函数默认截断阶数为 6。以 Hamming 窗为例，Matlab 获取 8 阶 Taylor 函数如下：

```
syms x;
f = 0.54+0.46 * cos(2 * pi * x);
t = taylor(f, 8)
t=-(46 * pi^6 * x.^6)/1125 +(23 * pi.^4 * x.^4)/75-(23 * pi.^2 * x.^2)/25+1;
```

图 6-2

得到 Hamming 和对应 Taylor 函数的频谱窗和时域波形如图 6-2 所示，其中(a)为频域窗；(b)为时域输出。

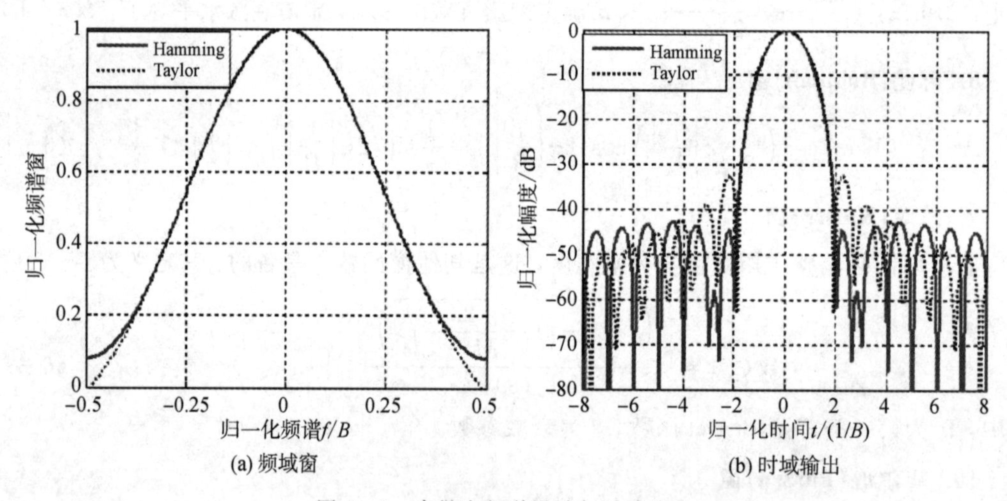

图 6-2　泰勒窗频谱设计与时域波形

理想 NLFM 信号频谱设计出来后，下一步是如何产生 NLFM 信号，NLFM 信号的波形综合是一个较复杂的过程，实际中运用的都是近似方法。非线性调频信号的产生通常采用相位驻留原理(驻相法)，即信号频谱越强，信号在该频率的时间越长，从而使信号满足频谱设计要求。对给定功率频谱窗函数 $W(f)=|S(f)|^{2}$，$S(f)$ 为信号频谱幅度，$|f|\leqslant B/2$，信号的群延迟系数 $T(f)$ 为

$$T(f)=\int_{-B/2}^{f}W(x)\mathrm{d}x \tag{6-16}$$

式中：$T(-B/2)=0$，$T(B/2)$ 为 $T(f)$ 的最大值。

群延迟 t 为

$$t=t(f)=K\times T(f)=\frac{PW}{T(B/2)}T(f) \tag{6-17}$$

式中：$K=\dfrac{T_p}{T(B/2)}$，T_p 为脉冲宽度，$t\in[0, T_p]$。

建立了 $t-f$ 关系后，采用内插等数值计算方法确定 $T(f)$ 的反函数，即 NLFM 信号的频率调制函数 $f(t)$ 如下：

$$f(t)=t^{-1}(f)\quad 0\leqslant t\leqslant T_p \tag{6-18}$$

对该函数进行积分即可计算相位

$$\theta(t)=2\pi\int_0^t f(x)\mathrm{d}x \tag{6-19}$$

NLFM 信号为

$$\mu(t)=\mu_{\mathrm{NLFM}}(t)=\exp[\mathrm{j}\theta(t)]\quad 0\leqslant t\leqslant T_p \tag{6-20}$$

综上所述，可得离散 NLFM 信号产生步骤如下：

(1) 产生等间隔离散功率频谱窗，如用 Hamming 窗 $W(n)$，频谱间隔 $f(n)=-B/2+(n-1)\mathrm{d}f$，$\mathrm{d}f=B/(N-1)$，$n\in[1, N]$。

(2) 群延迟系数 $T(n)=\mathrm{sum}(W(1:n))$。

(3) 群延迟 $t(n)=P_w T(n)/T(N)$，该 t 是不等间隔的，$t(n)\rightarrow f(n)$ 构成函数关系。

(4) 按照采样率 f_s，在脉宽宽度 P_w 内等间隔采样得到 $tx(m)$，$\mathrm{d}t=P_w/(M-1)$，$n\in[1, M]$，利用 Matlab 插值函数 fx(m)＝interp1(t, f, tx, 'spline')。

(5) 得到 tx 不同时刻的相位 $\varphi(m)=2\pi\mathrm{sum}(fx(1:m))\mathrm{d}t$。

(6) NLFM 信号为 wave(m)＝exp(j$\varphi(m)$)。

上述方法可以用于仿真 LFM 和 NLFM 信号。设置信号带宽 6 MHz，脉宽 50 μs，采用矩形频率窗，得到 LFM 仿真结果如图 6－3 所示，其中图(a)为频谱窗；图(b)为群延迟曲线；图(c)为 LFM 信号波形；图(d)为波形

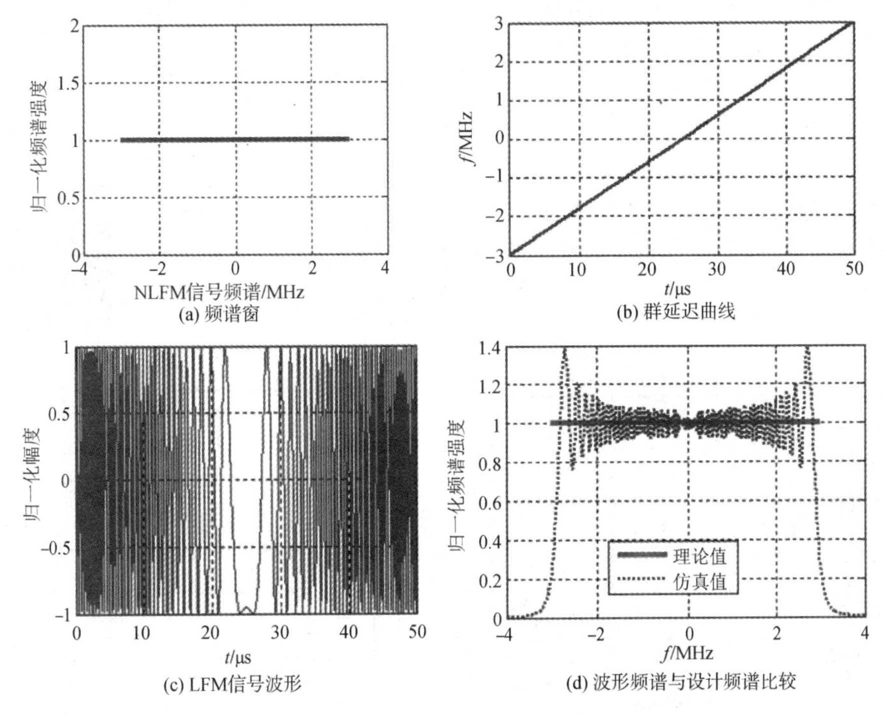

图 6－3　LFM 信号时域波形与频谱

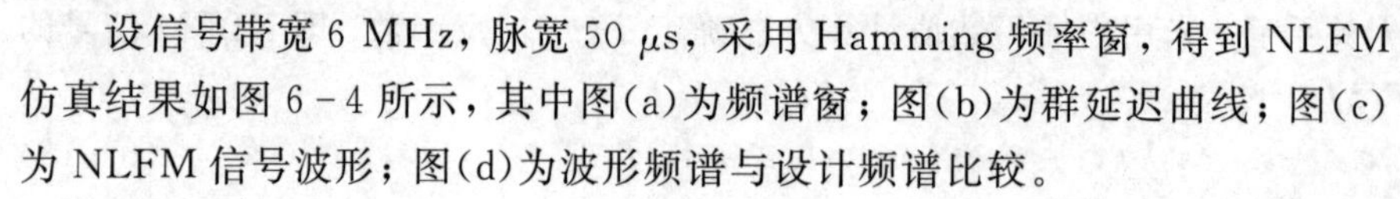

频谱与设计频谱比较。仿真表明所得结果与 LFM 直接仿真结果一致，验证了方法的正确性。

设信号带宽 6 MHz，脉宽 50 μs，采用 Hamming 频率窗，得到 NLFM 仿真结果如图 6-4 所示，其中图(a)为频谱窗；图(b)为群延迟曲线；图(c)为 NLFM 信号波形；图(d)为波形频谱与设计频谱比较。

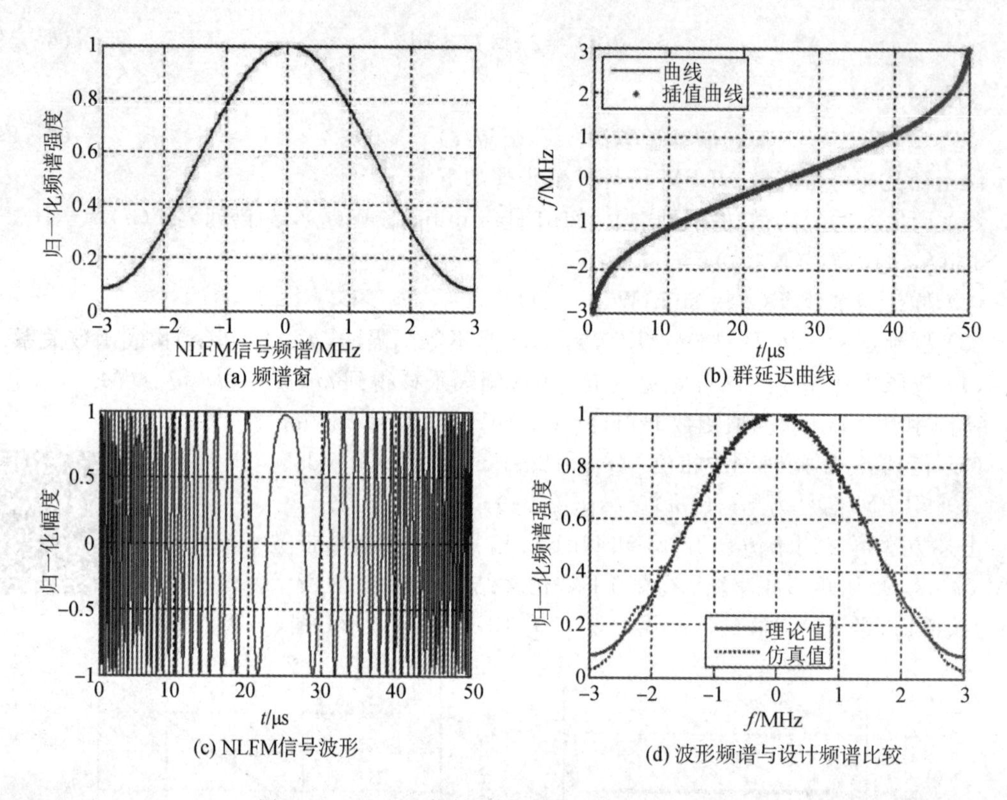

图 6-4　NLFM 信号时域波形与频谱(Hamming)

设置信号带宽 6 MHz，脉宽 50 μs，采用 Hanning 频率窗，得到 NLFM 仿真结果如图 6-5 所示，其中图(a)为频谱窗；图(b)为群延迟曲线；图(c)为 NLFM 信号波形；图(d)为波形频谱与设计频谱比较。

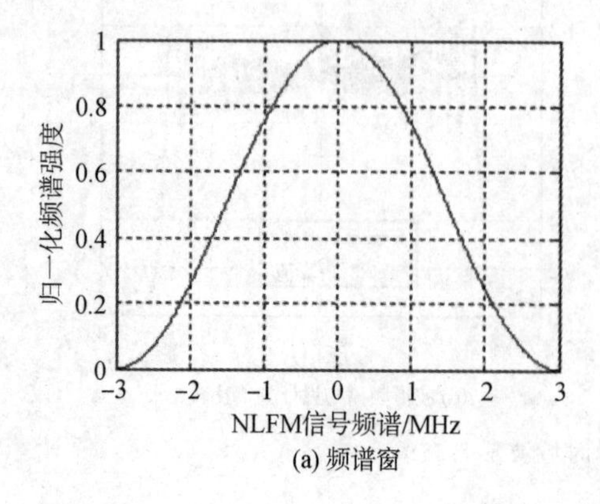

(a) 频谱窗

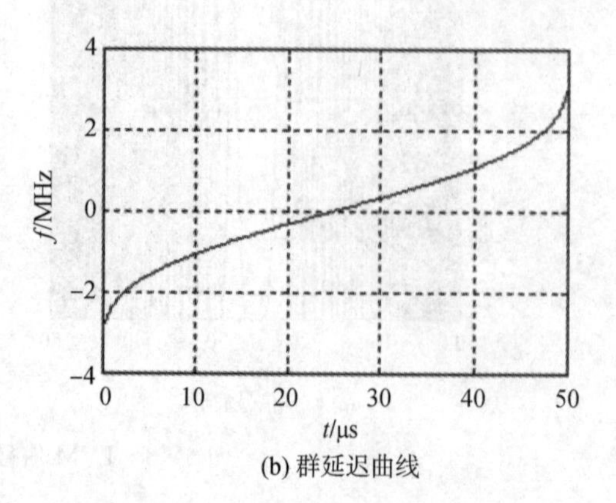

(b) 群延迟曲线

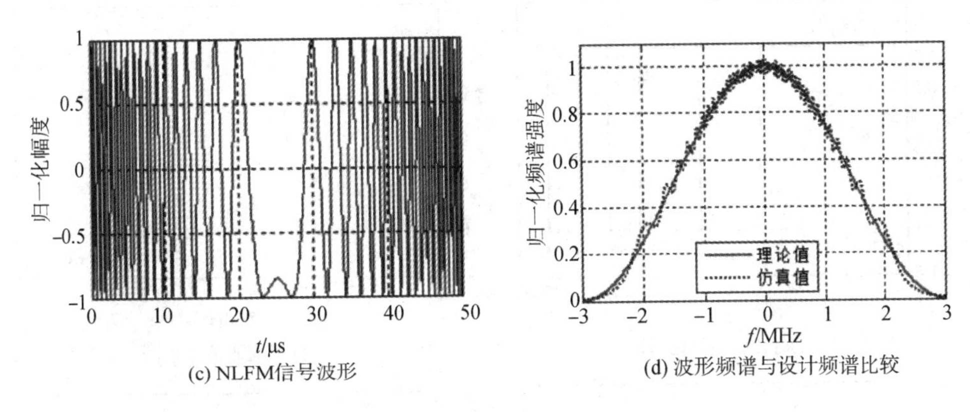

(c) NLFM信号波形　(d) 波形频谱与设计频谱比较

图 6-5　NLFM 信号时域波形与频谱(Hanning)

6.1.3　常规编码信号

对于编码信号，有

$$v(t)=\sum_{k=0}^{N-1}C_k\mathrm{Rect}\left(\frac{t-kT_{\mathrm{p}}}{T_{\mathrm{p}}}\right) \tag{6-21}$$

式中：$C_i=\begin{cases}1, & C'_i=1\\ -1, & C'_i=0\end{cases}$。脉宽为 $T=NT_{\mathrm{p}}$，每个子脉冲宽度为 T_{p}，共有 N 个子脉冲，M 序列码字集合为$\{C'_0, C'_1, \cdots, C'_{N-1}\}$。

常用编码信号包括巴克(Barker)码、M 序列。巴克码最大长度 13 位。常用巴克码列表如表 6-1 所示。

表 6-1　巴克码列表

序号	编码长度	序列
1	2	++；−+
2	3	++−
3	4	++−+；+++−
4	5	+++−+
5	7	+++−−+−
6	11	+++−−−+−−+−
7	13	+++++−−++−+−+

以 13 位巴克码为例，码元长度为 1 μs，得到 13 位巴克码波形图和信号频谱如图 6-6 所示，其中图(a)为巴克码信号；图(b)为巴克码信号频谱；图(c)为巴克码调制信号；图(d)为巴克码调制信号频谱。

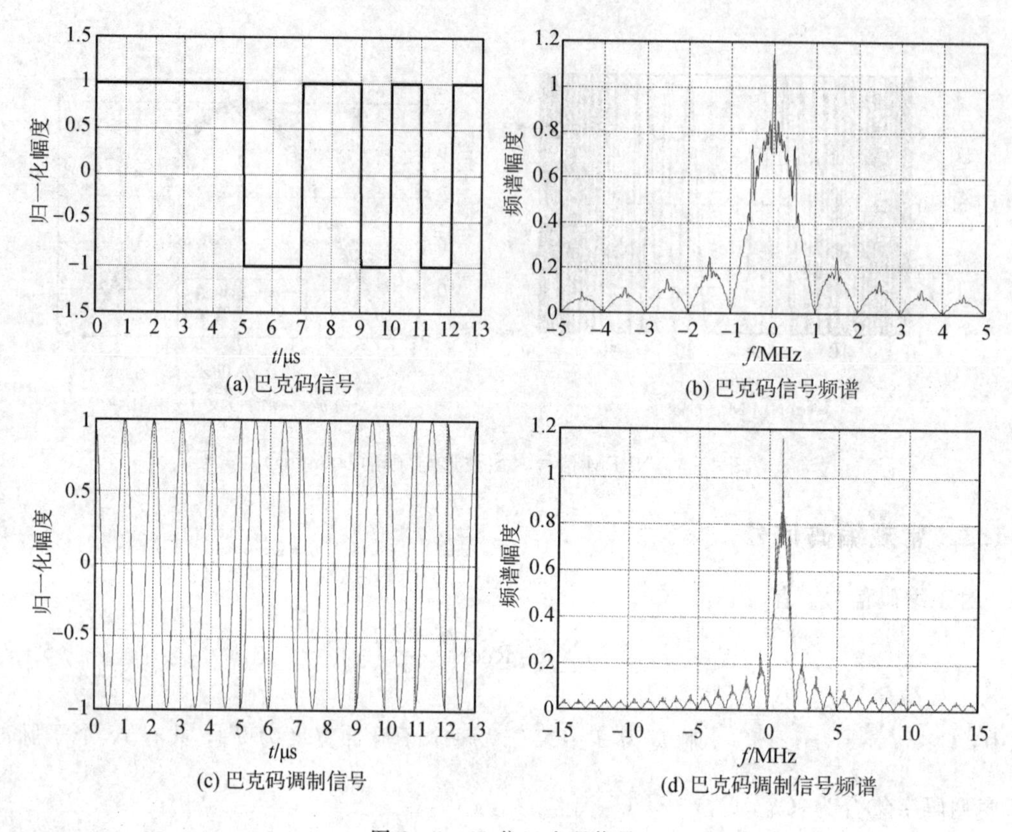

图 6-6　13位巴克码信号

6.1.4　m 序列和 M 序列编码信号

m 序列和 M 序列均为伪随机序列，都是基于 n 个寄存器产生的。m 序列通过反馈电路模 2 加实现，产生周期为 2^n-1 的伪随机序列，m 序列属于线性移位寄存器序列，m 序列的总数为

$$N=\frac{\phi(2^n-1)}{n} \tag{6-22}$$

$$\phi(p)=\begin{cases} p\prod\limits_i\left(1-\dfrac{1}{p_i}\right) & p\ \text{为合数} \\ p-1 & p\ \text{为质数} \end{cases} \tag{6-23}$$

式中：ϕ 为欧拉-斐(Eulor-phi)函数。p 为合数时，p_i 为 p 的质因数，每个只用一次。

M 序列已经达到 n 级移位寄存器能达到的最长周期，M 序列属于非线性移位寄存器序列，在反馈电路模 2 加基础上，增加状态检测器，可以产生周期为 2^n 的伪随机序列，因此也称为全码序列。用 n 级移位寄存器产生的周期为 2^n 的 M 序列个数为

$$N=2^{(2^{n-1}-n)} \tag{6-24}$$

M 序列的自相关函数不如 m 序列，但是 M 序列的数量远大于 m 序列，随着 n 的增大 M 序列的数量急剧增大。M 序列容易产生，有许多优良的特性，M 序列数量相当大，可供选择的序列数多，最早用于扩频通信和码分多址系统中，具有极强的抗侦察能力。

雷达和通信不同，雷达要求发射信号进行相关处理时只能得到一个峰值，自相关副瓣要尽可能低，因此雷达发射 M 序列信号要求自相关性能特别好，具有与随机噪声类似的尖锐自相关特性，以及良好的互相关特性(没有明显的峰值)，但它不是真正随机的，而是按一定的规律形式周期性地变化。

1. m 序列

m 序列表示为 $X_0=\{x_1, x_2, \cdots\}$，$x_n\in(0, 1)$，m 序列的产生可以用 n 级移位寄存器的反馈逻辑，表示为

$$f(x_1, x_2, \cdots, x_n)=\sum_M x_m \tag{6-25}$$

式中：求和均为模 2 和，m 表示寄存器反馈个数，寄存器 m 可以是$[1, n]$的任意个不同值组合。

6 级 m 序列产生器框图如图 6-7 所示，其移位寄存器的反馈逻辑可以表示为

$$f(x_1, x_2, \cdots, x_6)=x_5+x_6 \tag{6-26}$$

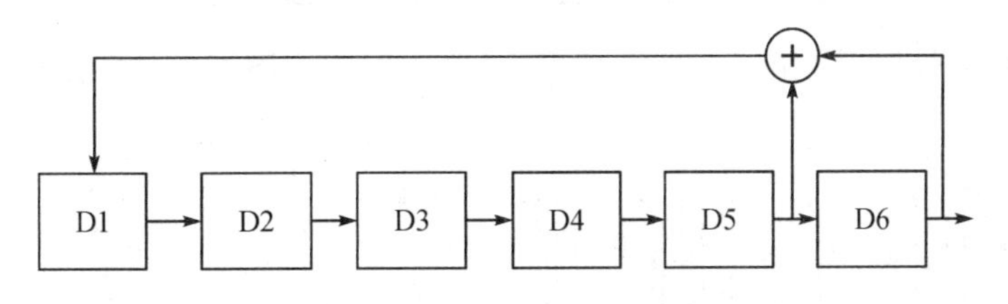

图 6-7　6 级 m 序列产生器框图

2. M 序列

M 序列表示为 $X_0=\{x_1, x_2, \cdots\}$，$x_n\in(0, 1)$，M 序列的产生可以用 n 级移位寄存器的反馈逻辑，表示为

$$f(x_1, x_2, \cdots, x_n)=\bar{x}_1\bar{x}_2\cdots\bar{x}_n+\sum_M x_m \tag{6-27}$$

式中：求和均为模 2 加，M 表示寄存器反馈个数，寄存器 m 可以是$[1, n]$的任意个不同值组合。

6 级 M 序列产生器框图如图 6-8 所示，移位寄存器的反馈逻辑可以表示为

$$f(x_1, x_2, \cdots, x_6)=\bar{x}_1\bar{x}_2\bar{x}_3\bar{x}_4\bar{x}_5+x_5+x_6 \tag{6-28}$$

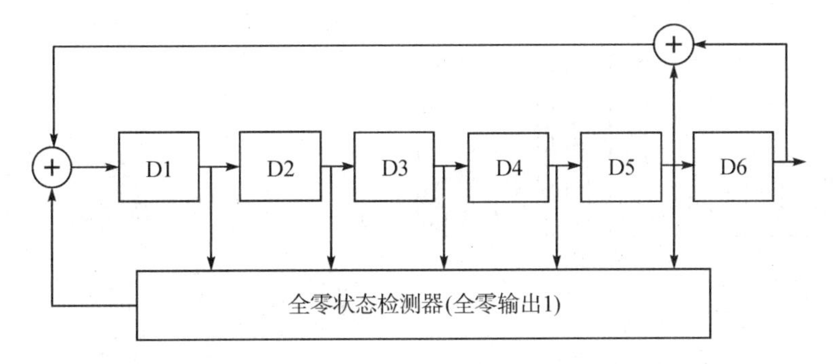

图 6-8　6 级 M 序列产生器框图

满足雷达发射信号要求的常用 M 序列如表 6-2 所示。

表 6-2　雷达常用 M 序列

级数	长度 p	M 序列总个数	寄存器反馈链接
2	3	1	2，1
3	7	2	3，2
4	15	2	4，3；4，1
5	31	6	5，3
6	63	6	6，5
7	127	18	7，6
8	255	16	8，6，5，4
9	511	48	9，5
10	1023	60	10，7

6 级 m 序列信号码元宽度 1 μs，码长度 64 位，得到 m 序列信号和频谱如图 6-9 所示。

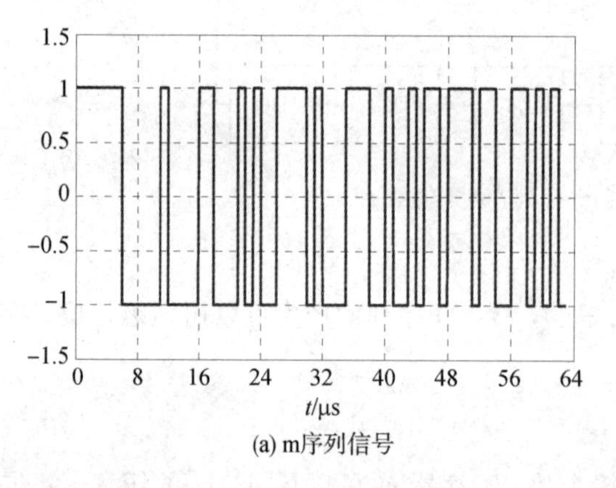

(a) m序列信号

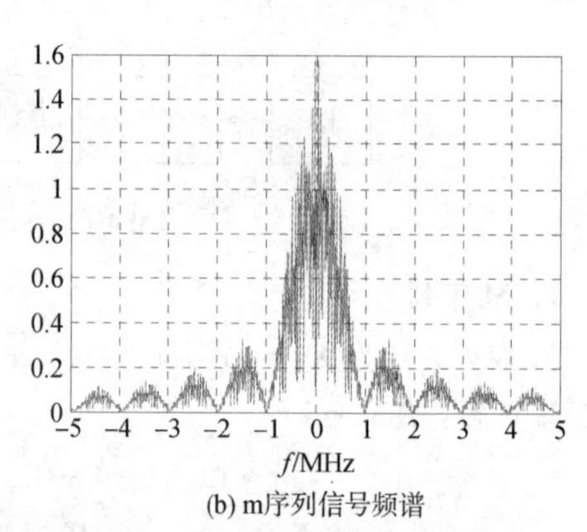

(b) m序列信号频谱

图 6-9　m 序列信号和频谱

6 级 M 序列信号码元宽度 1 μs，码长度 64 位，得到 M 序列信号和频谱如图 6-10 所示，其中图(a)为 M 序列信号；图(b)为 M 序列信号频谱。

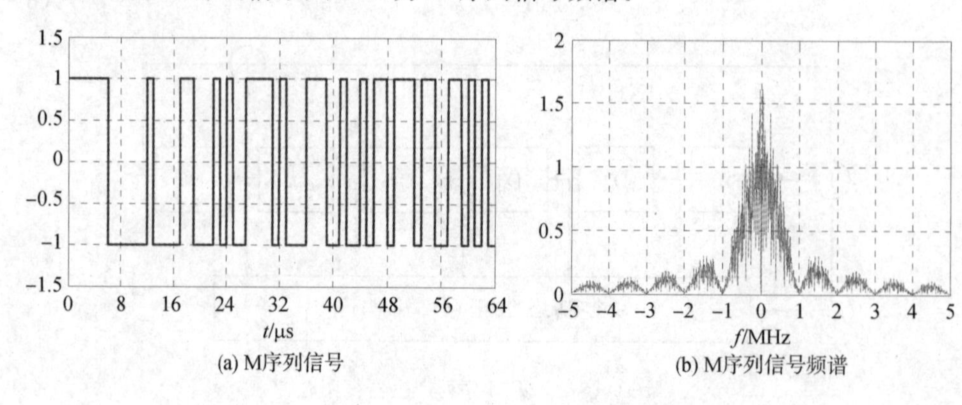

(a) M序列信号　　(b) M序列信号频谱

图 6-10　M 序列信号和频谱

设置寄存器初始值全为 1，得到 m 序列，63 位 m 序列相关如图 6-11 所示，其中图(a)为三周期 m 序列；图(b)为三周期 m 序列相关输出；图(c)为单周期 m 序列；图(d)为单周期 m 序列相关输出。周期 m 序列的自相关函数峰值为码长，跨越完整周期自相关副瓣为-1；单个周期自相关副瓣有起伏。

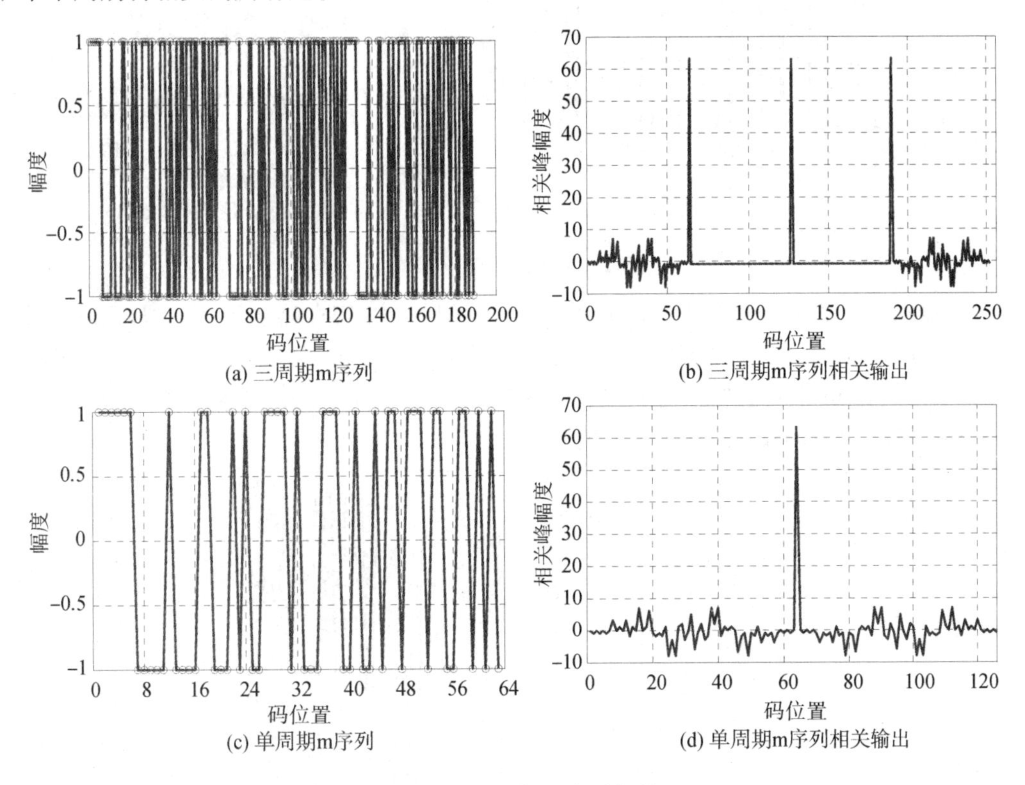

(a) 三周期m序列　(b) 三周期m序列相关输出
(c) 单周期m序列　(d) 单周期m序列相关输出

图 6-11　63 位 m 序列相关

设置寄存器初始值全为 1，得到 M 序列，64 位 M 序列相关如图 6-12 所示，其中图(a)为三周期 M 序列；图(b)为三周期 M 序列相关输出；图(c)为单周期 M 序列；图(d)为单周期 M 序列相关输出。周期 M 序列的自相关函数峰值为码长，跨越完整周期自相关副瓣也在起伏；单个周期自相关副瓣有起伏。

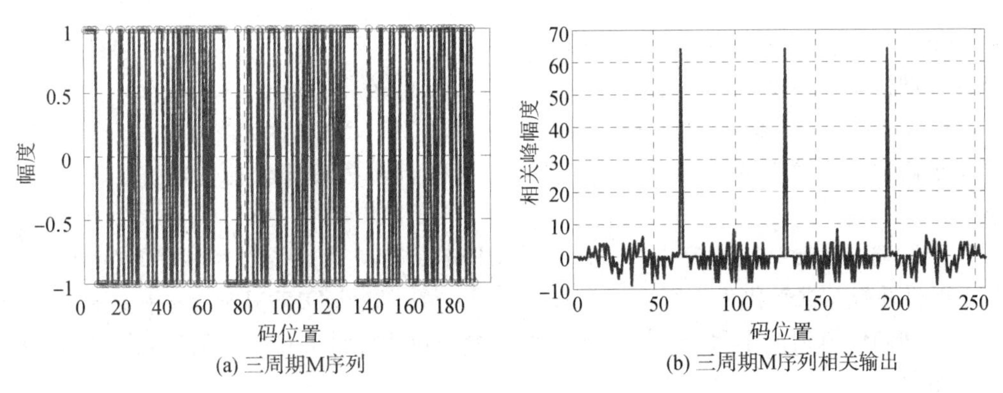

(a) 三周期M序列　(b) 三周期M序列相关输出

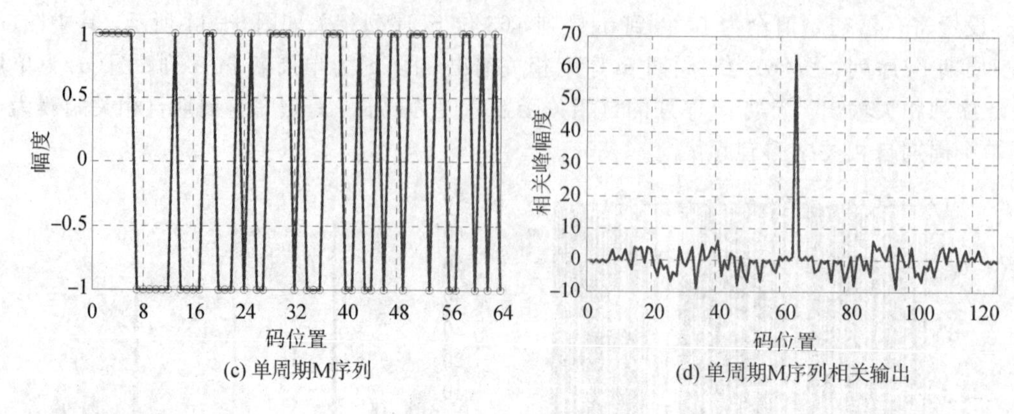

图 6-12　64 位 M 序列相关

M 序列和 m 序列单个周期自相关副瓣规律近似相同，寄存器初始值不同，副瓣起伏范围略有不同，一般都在±9 区间内起伏，个别初始值达到±11。

M 序列是在 m 序列的基础上实现的，本例中 M 序列是在第 7 个编码位置插入了一个 0，M 序列和 m 序列对比图如图 6-13 所示。

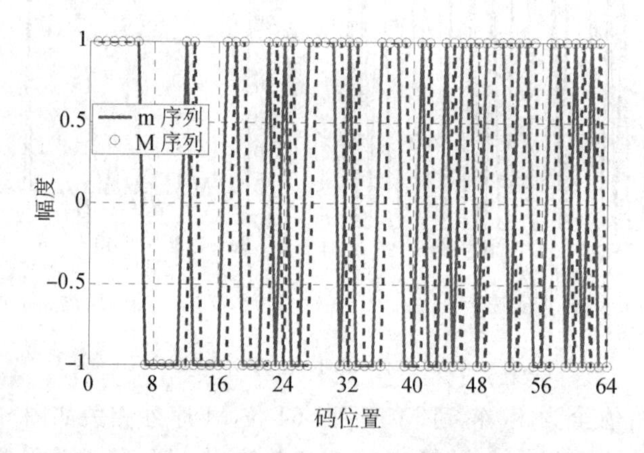

图 6-13　M 序列和 m 序列对比图

6.1.5　OFDM 信号

20 世纪 70 年代，韦斯坦(Weistein)和艾伯特(Ebert)等人应用傅里叶变换研制了一个完整的多载波传输系统，叫作正交频分复用(OFDM)系统。OFDM(Orthogonal Frequency Division Multiplexing)即正交频分复用技术，实际上 OFDM 是多载波调制信号。通过频分复用实现高速串行数据的并行传输，它具有较好的抗多径衰弱的能力，能够支持多用户接入。

在发射端，首先对比特流进行 QAM 或 QPSK 调制，然后依次经过串并变换和 IFFT 变换，再将并行数据转化为串行数据，加上保护间隔，形成 OFDM 码元。在组帧时，须加入同步序列和信道估计序列，以便接收端进行突发检测、同步和信道估计，最后输出正交的基带信号。

当接收机检测到信号到达时，首先进行同步和信道估计。当完成时间同步、小数倍频偏估计和纠正后，经过 FFT 变换，进行整数倍频偏估计和纠正，此时得到的数据是 QAM

或 QPSK 的已调数据。对该数据进行相应的解调，就可得到比特流。

OFDM 信道所能提供的带宽通常比传送一路信号所需的带宽要宽得多。对于雷达来说，通过正交频分复用可以实现宽带成像，相当于同时步进频信号，发射信号表达式为

$$f(t)=\sum_{k=1}^{N}\alpha_k \exp(\mathrm{j}2\pi\Delta fkt) \tag{6-29}$$

将总的信号带宽划分为 N 个互不重叠的子通道(频带小于 Δf)，N 个子通道进行正交频分多重调制。它的调制和解调分别是基于 IFFT 和 FFT 来实现的。

假设 OFDM 信号带宽 64 MHz，分为 16 个通道，每个通道信号均用 LFM 进行调制，通道内信号带宽 2 MHz，脉冲宽度 100 μs，得到 OFDM 信号和频谱如图 6－14 所示，其中图(a)为信号波形；图(b)为信号频谱。

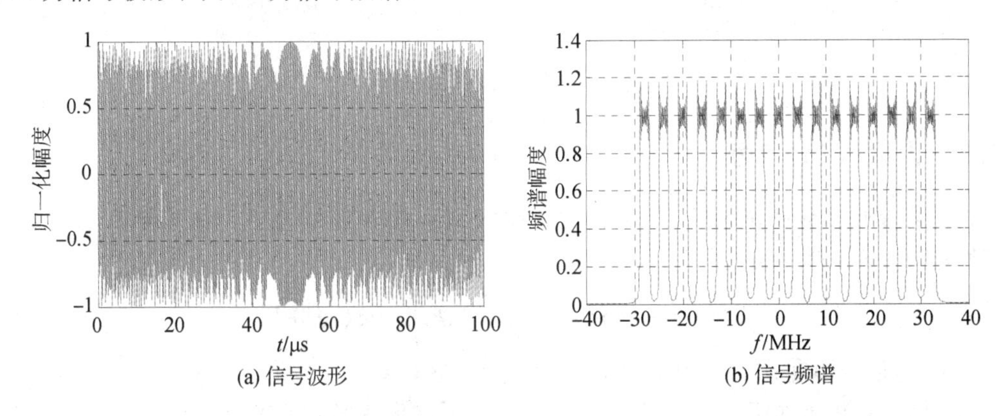

图 6－14　OFDM 信号和频谱

6.1.6　频率捷变信号

频率捷变信号的表达式为

$$p(t)=\mathrm{real}\{a(t)\exp[\mathrm{j}2\pi(\omega_i t+\pi Kt^2)]\} \tag{6-30}$$

式中：$a(t)$为信号包络，一般取为矩形函数，矩形函数图像宽为 T；K 为调频率；ω_i 为信号的载频，雷达频率随机变化，根据工作方式不同，可分为脉间捷变、脉组捷变等。

6.2　模拟通信信号模型

常用通信信号包括模拟调制和数字调制信号，模拟信号包括 AM、FM、PM、SSB、DSB 信号。

6.2.1　调幅(AM)信号

AM 信号部分发射信号功率耗费于载波中，功率利用效率差。AM 信号表达式为

$$s(t)=A_0[1+am(t)]\cos(2\pi f_c t+\phi_0) \tag{6-31}$$

式中：A_0 为信号幅度；$a\in(0,1)$是调制指数；调制信号 $|m(t)|\leqslant 1$；f_c 为载波频率；ϕ_0 为载波初始相位。

AM 信号和频谱如图 6－15 所示，其中图(a)为信号波形；图(b)为信号频谱。

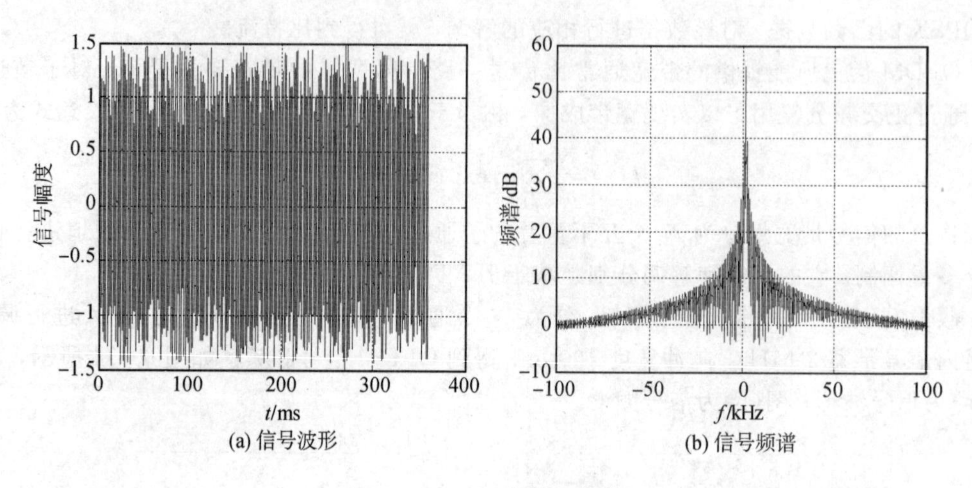

(a) 信号波形 (b) 信号频谱

图 6-15 AM 信号和频谱

6.2.2 调频(FM)信号

相角调制包括频率调制(FM)和相位调制(PM)，都属于非线性调制，传输带宽大，抗噪声性能好。FM 信号表达式为

$$s(t)=A_0\cos\left(2\pi f_c t+2\pi k_f\int_{-\infty}^{t} m(\tau)\mathrm{d}\tau\right) \tag{6-32}$$

式中：A_0 为信号幅度；$m(t)$为调制信号；f_c 为载波频率；k_f 为偏移常数。

FM 信号和频谱如图 6-16 所示，其中图(a)为信号波形；图(b)为信号频谱。

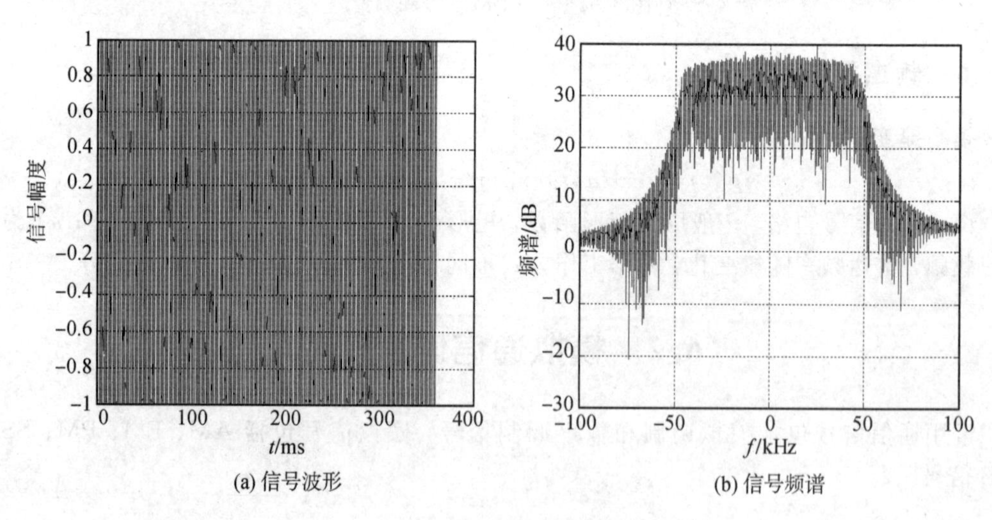

(a) 信号波形 (b) 信号频谱

图 6-16 FM 信号和频谱

6.2.3 调相(PM)信号

PM 信号表达式为

$$s(t)=A_0\cos(2\pi f_c t+k_p m(t)) \tag{6-33}$$

式中：A_0 为信号幅度；$m(t)$为调制信号；f_c 为载波频率；k_p 为偏移常数。

PM 信号和频谱如图 6-17 所示，其中图(a)为信号波形；图(b)为信号频谱。

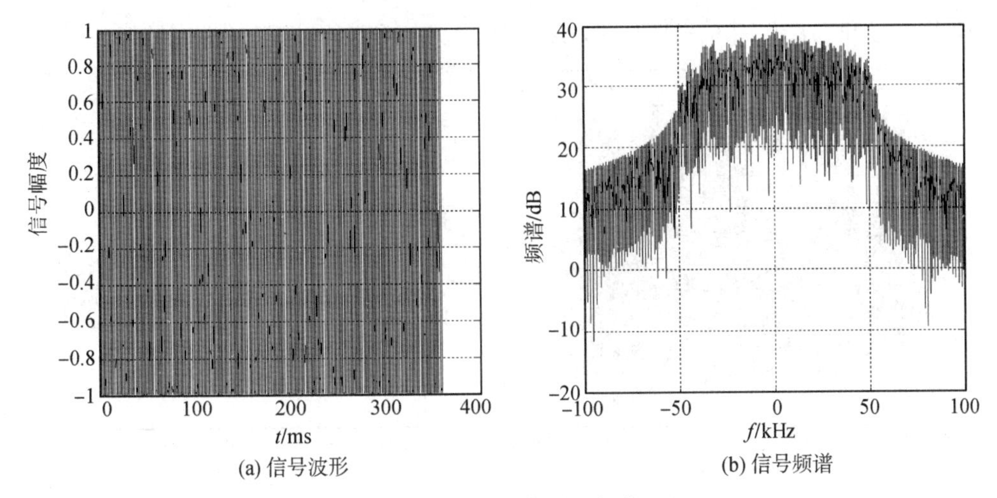

(a) 信号波形　(b) 信号频谱

图 6 - 17　PM 信号和频谱

6.2.4　单边带(SSB)信号

SSB 信号表达式为

$$s(t)=\frac{A_0}{2}m(t)\cos(2\pi f_c t)\pm\frac{A_0}{2}\hat{m}(t)\sin(2\pi f_c t) \tag{6-34}$$

式中：A_0 为信号幅度；f_c 为载波频率；$m(t)$为调制信号；$\hat{m}(t)$是 $m(t)$的 Hilbert 变换；“−”表示上边带，“＋”表示下边带。

SSB 信号和频谱如图 6 - 18 所示，其中图(a)为信号波形；图(b)为信号频谱。

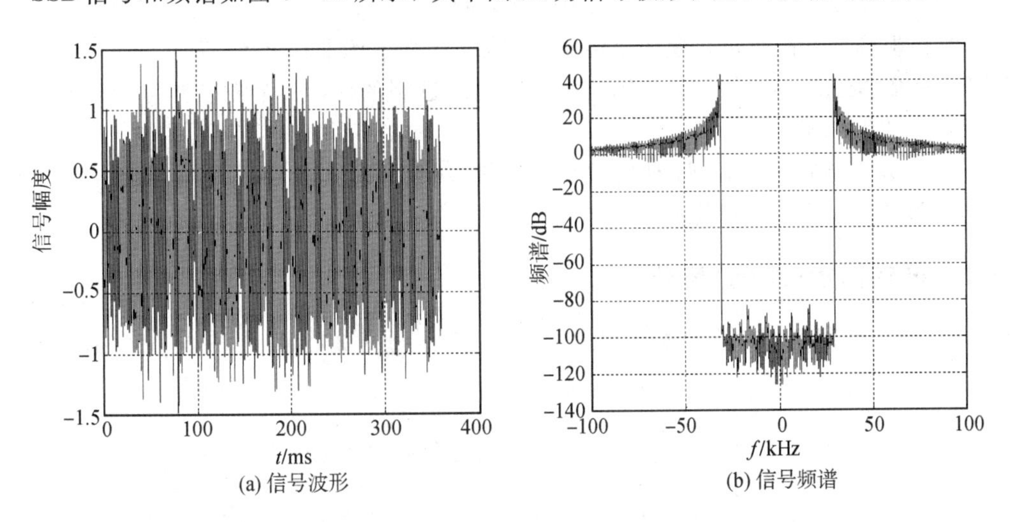

(a) 信号波形　(b) 信号频谱

图 6 - 18　SSB 信号和频谱

6.2.5　双边带(DSB)信号

DSB 信号表达式为

$$s(t)=A_0 m(t)\cos(2\pi f_c t) \tag{6-35}$$

式中：A_0 为信号幅度；f_c 为载波频率；$m(t)$为调制信号。

DSB 信号和频谱如图 6-19 所示，其中图(a)为信号波形；图(b)为信号频谱。

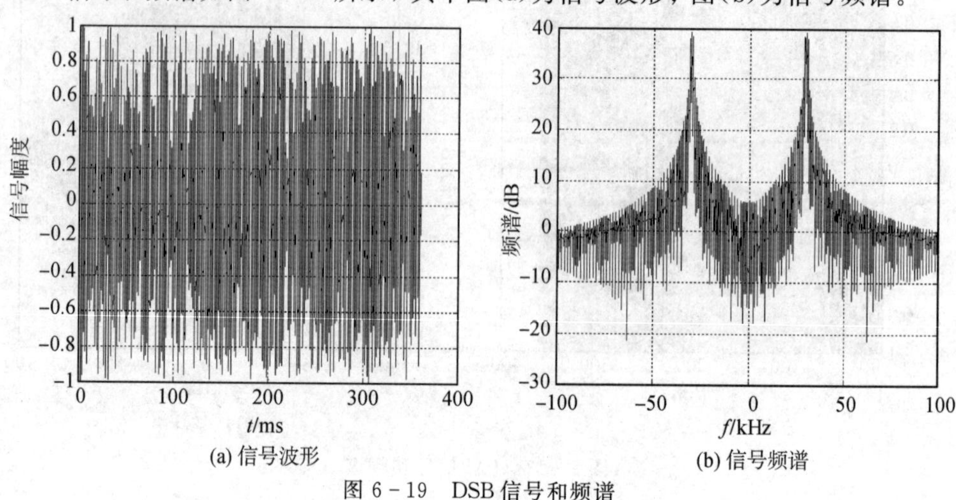

(a) 信号波形　　(b) 信号频谱

图 6-19　DSB 信号和频谱

6.3　数字通信信号模型

常用通信信号包括模拟调制和数字调制信号，数字信号包括 ASK、FSK、PSK、DPSK、MSK、GMSK、SFSK、QPSK 、OQPSK、π/4QPSK、QAM、TDMA、CDMA、FDMA 信号等。

在二进制数字调制中每个符号只能表示 0 和 1(+1 或-1)。但在许多实际的数字传输系统中却往往采用多进制的数字调制方式。与二进制数字调制系统相比，多进制数字调制系统具有两个特点：第一，在相同的信道码源调制中，每个符号可以携带$\log_2 M$ 比特信息。因此，当信道频带受限时可以使信息传输率增加，提高了频带利用率。第二，在相同的信息速率下，由于多进制方式的信道传输速率可以比二进制的低，因而多进制信号码源的持续时间要比二进制的宽。

下面以数字调制信号为例，研究数字调制信号模型和仿真，为研究时差定位系统对数字调制信号的环境适应性奠定基础。

6.3.1　振幅键控(ASK)信号

ASK 数字调制是将数字数据采用载波幅度调制，包括 2ASK、4ASK、MASK，信号表达式为

$$s(t)=\sum_{m=-\infty}^{\infty} a_m g_T(t)\exp[\mathrm{j}(2\pi f_c t+\phi_0)] \tag{6-36}$$

式中：$g_T(t)=\mathrm{rect}\left(\dfrac{t-mT}{T}\right)$为宽度为 T 的脉冲门函数，T 为码元宽度；ϕ_0 为相位常数；f_c 为载波频率；a_m 为输入码元。2ASK 中 $a_m=0$，1，即二进制 0 对应载波振幅为 0，二进制 1 对应载波振幅为 1。MASK 中 $a_m=0，1，\cdots，M-1$。

信号幅度分别为 0、1、2、3，得到 4ASK 信号和频谱如图 6-20 所示，其中图(a)为信号波形；图(b)为信号频谱。

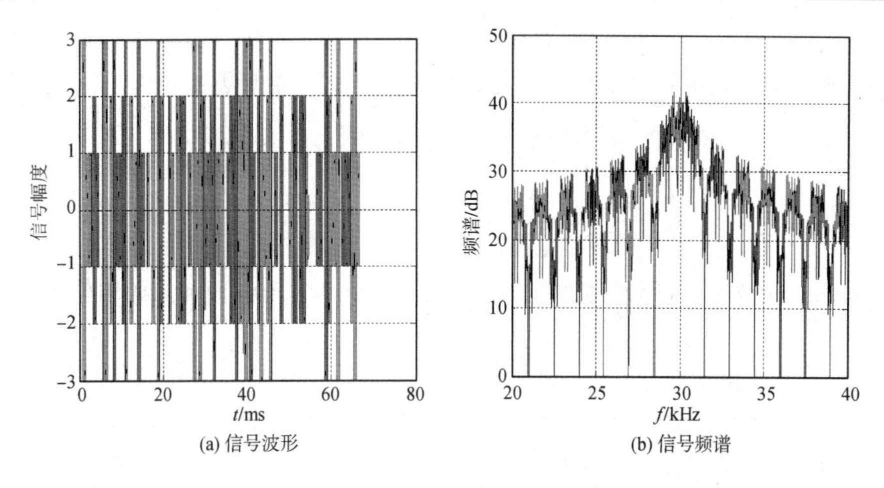

(a) 信号波形　　(b) 信号频谱

图 6-20　4ASK 信号和频谱

6.3.2　频移键控(FSK)信号

FSK 数字调制是将数字数据采用载波频率调制，用不同的载波频率代表不同数字信息，包括 2FSK、4FSK、MFSK，MFSK 是多进制数字频率调制。该技术抗干扰性能好，但占用带宽较大。FSK 信号表达式为

$$s(t)=\sum_{m=-\infty}^{\infty}A_0 g_T(t)\exp[\mathrm{j}2\pi(f_c+a_m\Delta f)t+\mathrm{j}\phi_0] \tag{6-37}$$

式中：$g_T(t)$为宽度为 T 的脉冲门函数，T 为码元宽度；ϕ_0 为相位常数；f_c 为载波频率；Δf 为频率间隔；a_m 为输入码元。2FSK 中 $a_m=0$，1，即二进制 0 对应载波频率为 $f_1=f_c$，而二进制 1 对应载波频率为 $f_2=f_c+\Delta f$。MFSK 中 $a_m=0$，1，…，$M-1$。

4FSK 信号和频谱如图 6-21 所示，其中图(a)为信号波形；图(b)为信号频谱。

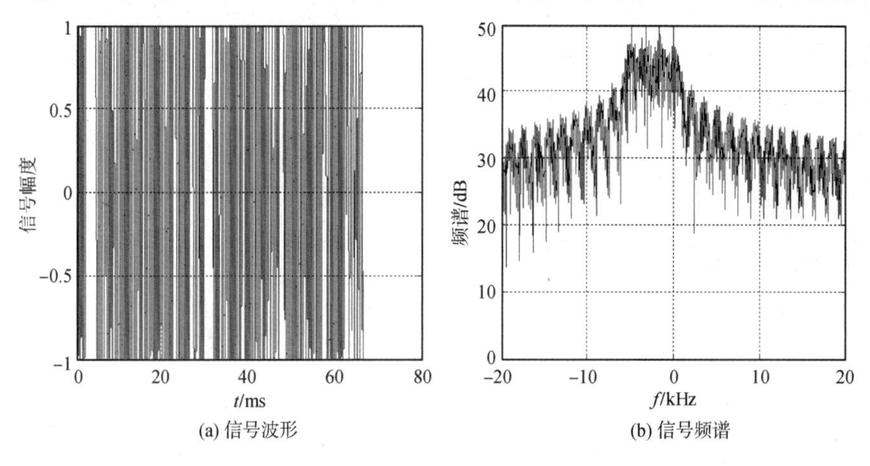

(a) 信号波形　　(b) 信号频谱

图 6-21　4FSK 信号和频谱

6.3.3　最小频移键控(MSK)信号

最小频移键控(Minimum Shift Keying，MSK)是一种能够产生恒定包络、连续信号的数字调制方法。MSK 是连续相位的频移键控(CPFSK)，其最大频移为比特速率的 1/4，即

MSK 是调制系数为 0.5 的连续相位的 FSK。MSK 是 2FSK 的一种特殊情况，它具有正交信号的最小频差，在相邻符号交界处相位保持连续。MSK 信号表达式为

$$s(t)=\sum_{m=-\infty}^{\infty}A_0\cos\left(2\pi f_c t+\frac{\pi}{2T}a_m t+X_m\right) \tag{6-38}$$

$$X_m=\begin{cases}X_{m-1} & a_m=a_{m-1}\\ X_{m-1}\pm m\pi & a_m\neq a_{m-1}\end{cases} \tag{6-39}$$

式中：T 为码元持续时间(码元宽度)；X_m 是为了保证相位连续而加入的相位常数；输入码元 $a_m=\pm 1$。

MSK 信号和频谱如图 6-22 所示，其中图(a)为信号波形；图(b)为信号频谱。

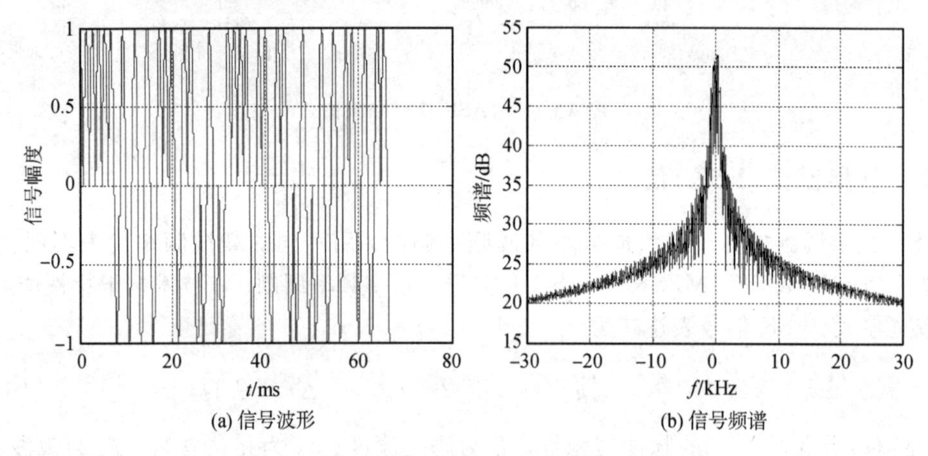

图 6-22 MSK 信号和频谱

6.3.4 高斯最小频移键控(GMSK)信号

高斯最小频移键控(GMSK)是在移动通信中得到广泛应用的恒包络调制方法，即在最小频移键控调制前先进行高斯低通滤波来限制信号的频谱宽度。GMSK 信号与 MSK 信号相比，仅对输入数据多加一个预调制滤波器。

GMSK 信号和频谱如图 6-23 所示，其中图(a)为信号波形；图(b)为信号频谱。

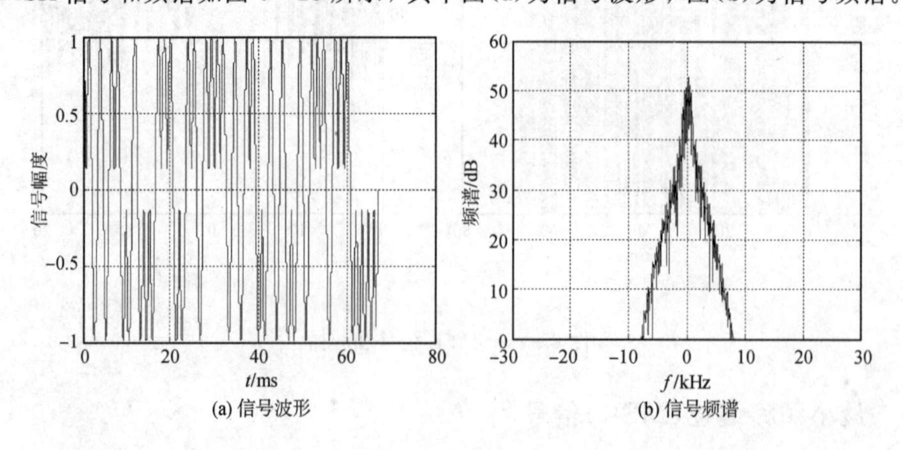

图 6-23 GMSK 信号和频谱

6.3.5　正弦(扩频)频移键控(SFSK)信号

MSK 信号在每一码元时间内信号相位是线性变化的，当调制码元极性发生变化时，相位变化 $\pi/2$，不过码元极性变化时，相位轨迹曲线出现一尖角，导致 MSK 信号频谱旁瓣下降速度减小，带外辐射增加。为了减小带外辐射，提高频带利用率，应使这些尖角变平滑，正弦频移键控(SFSK)就是针对此问题提出的一种调制方式。SFSK 信号表达式为

$$s(n)=\sum_{m=-\infty}^{\infty}A_0\exp\left[\mathrm{j}\left(2\pi f_c t+a_m\left(\frac{\pi}{2T}t-\frac{1}{4}\sin\left(\frac{2\pi}{T}t\right)\right)+\theta_0\right)\right] \tag{6-40}$$

SFSK 信号和频谱如图 6-24 所示，其中图(a)为信号波形；图(b)为信号频谱。

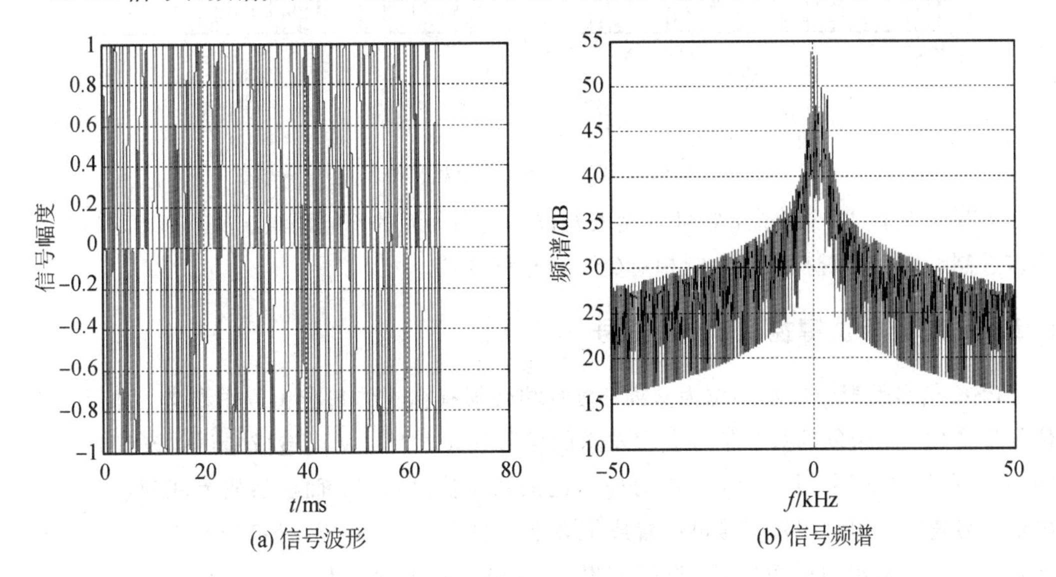

图 6-24　SFSK 信号和频谱

6.3.6　相移键控(PSK)信号

PSK 数字调制是将数字数据采用载波相位调制，包括 2PSK、4PSK(QPSK)、MPSK。MPSK 为多进制数字相位调制，也称多元调相或多相制，它利用具有多个相位状态的正弦波来代表多组二进制信息码元，即用载波的一个相位对应于一组二进制信息码元。PSK 调制技术抗干扰性能最好，且相位的变化也可以作为定时信息来同步发送机和接收机的时钟，并对传输速率起到加倍的作用。PSK 信号表达式为

$$s(t)=\sum_{m=-\infty}^{\infty}A_0 g_T(t)\exp[\mathrm{j}(2\pi f_c t+\phi_m)] \tag{6-41}$$

式中：$g_T(t)$为宽度为 T 的脉冲门函数，T 为码元宽度；f_c 为载波频率；Δf 为频率间隔；ϕ_m 为相位。2PSK 中 $\phi_m=0°$，180°，即二进制 0 对应相位为 0°，而二进制 1 对应相位为 180°。MPSK 中 $\phi_m=m\pi/(M-1)$，$m=0$，1，…，$M-1$。

4PSK 信号和频谱如图 6-25 所示，其中图(a)为信号波形，图(b)为信号频谱。

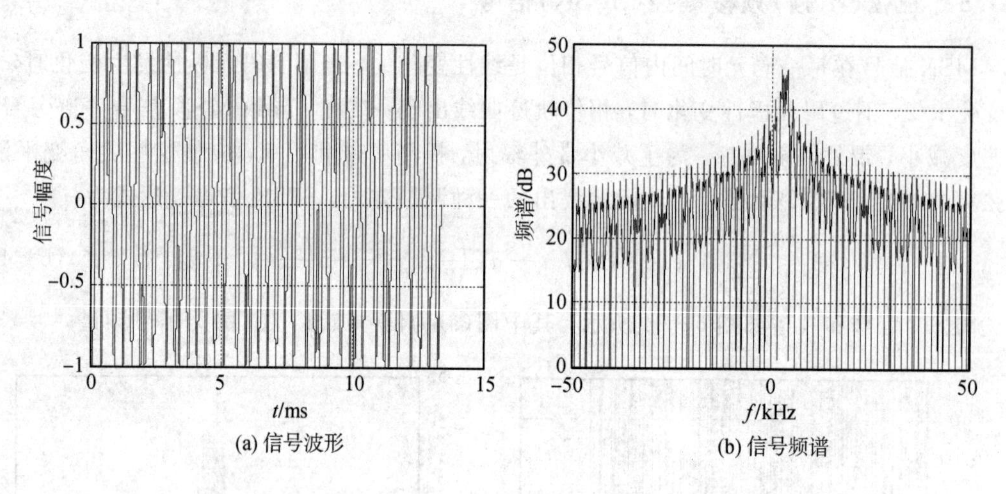

图 6-25 4PSK 信号和频谱

如果载波有 2k 个相位，它可以代表 k 位二进制码元的不同码组。多进制相移键控也分为多进制绝对相移键控和多进制相对(差分)相移键控。

6.3.7 差分相位键控(DPSK)信号

PSK 信号发射端以某相位为基准，接收端必须有相同的基准相位作参考，如果这个相位发生变化，则恢复的数字信号会和发送的信号完全相反，从而造成错误，该现象为 PSK 的倒 π 现象。DPSK 同一相位并不对应相同的数字信息符号，而前后码元相对相位的差才决定信号符号。相对相移信号可以看成把数字信息序列(绝对码)变换成相对码，然后再根据相对码转换成绝对码而形成。这样如果一个码错误，后面的信息会全是错误的。

DPSK 包括 2DPSK 和 MDPSK，DPSK 信号新码元的变换器与反变换器为

$$b_n = a_n \oplus b_{n-1} \tag{6-42}$$

$$a_n = b_n \oplus b_{n-1} \tag{6-43}$$

式中：初始相位为 0，$\oplus$为异或运算，a_n 为二进制码元序列(0 到 $M-1$ 的数据转换成的)，例如 $M=8$，$a_n=000$、001、010、011、100、101、110、111，对应的相位 $P_n=0$、$\frac{2\pi}{8}$、$2\,\frac{2\pi}{8}$、$3\,\frac{2\pi}{8}$、$4\,\frac{2\pi}{8}$、$5\,\frac{2\pi}{8}$、$6\,\frac{2\pi}{8}$、$7\,\frac{2\pi}{8}$。

初始相位 $P_0=0$，相位差为

$$\Delta P_n = P_n - \Delta P_{n-1} \tag{6-44}$$

2DPSK 信号和频谱如图 6-26 所示，其中图(a)为信号波形，图(b)为信号频谱。4DPSK 信号和频谱如图 6-27 所示，其中图(a)为信号波形，图(b)为信号频谱。

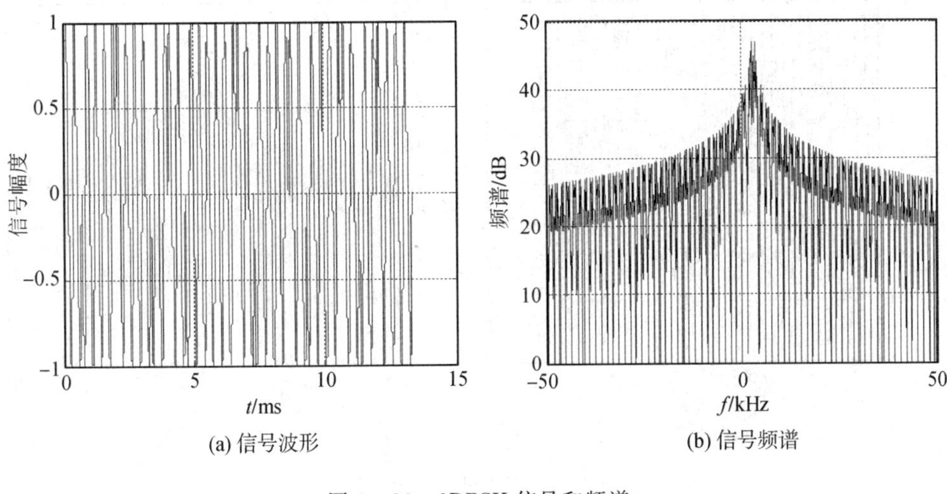

图 6-26　2DPSK 信号和频谱

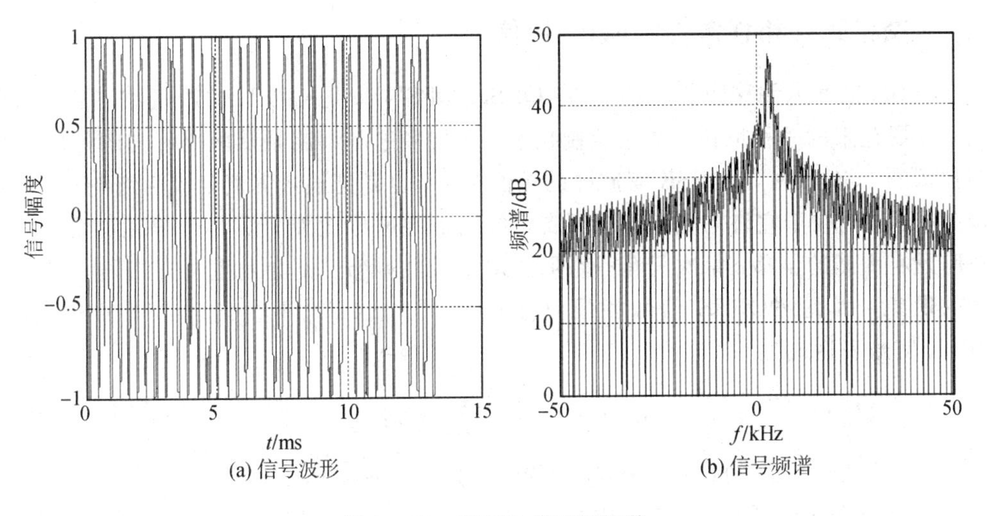

图 6-27　4DPSK 信号和频谱

6.3.8　四进制数字相位键控(QPSK)信号

QPSK 是目前最常用的一种数字信号调制方式，在数字移动通信和卫星通信中得到广泛应用，具有较高的频谱利用率、较强的抗噪声干扰性能，在电路上实现也较为简单。QPSK 信号表达式为

$$s(t)=\sum_{m=-\infty}^{\infty} a_m g_T(t)\cos(2\pi f_c t)+\sum_{m=-\infty}^{\infty} b_m g_T(t)\sin(2\pi f_c t) \tag{6-45}$$

式中：$g_T(t)$为宽度为 T 的脉冲门函数，T 为码元宽度；f_c 为载波频率；a_m、b_m 为双极性数据。码元序列 $C_m=0$，1，2，3，$a_m=-1$，1，$b_m=-1$，1，例如 $C_m=0$，对应 $a_m=-1$，$b_m=-1$；$C_m=1$，对应 $a_m=-1$，$b_m=1$；$C_m=2$，对应 $a_m=1$，$b_m=-1$；$C_m=3$，对应 $a_m=1$，$b_m=1$。

QPSK 信号和频谱如图 6-28 所示，其中图(a)为信号波形，图(b)为信号频谱。

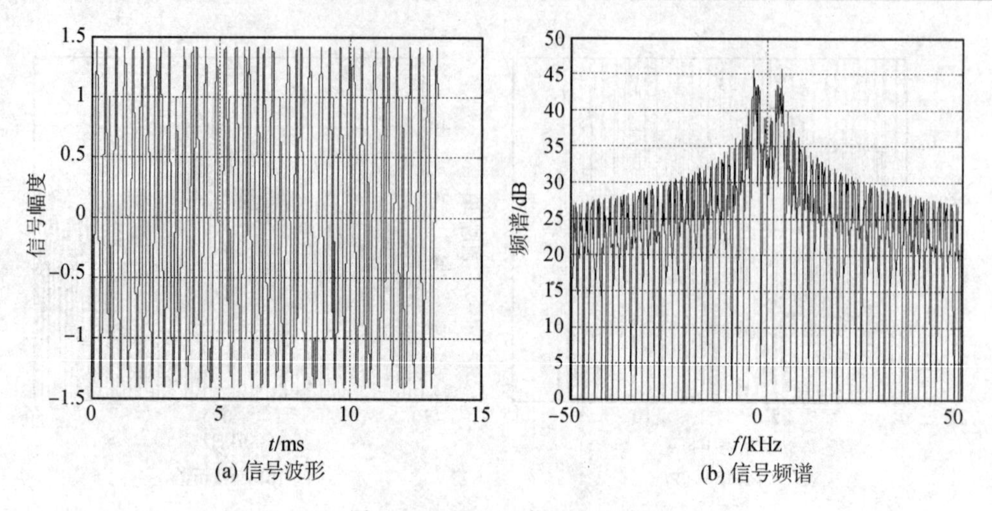

(a) 信号波形　　(b) 信号频谱

图 6-28　QPSK 信号和频谱

6.3.9　交错正交相移键控(OQPSK)信号

OQPSK 也称为偏移四相相移键控(OffSet-QPSK)，是 QPSK 的改进型，是在 QPSK 基础上发展起来的一种恒包络数字调制技术，它与多进制调制是从两个不同的角度来考虑调制技术的。OQPSK 与 QPSK 有同样的相位关系，也是把输入码流分成两路，然后进行正交调制；不同点在于它将同相和正交两支路的码流在时间上错开了半个码元周期。由于两支路码元半周期的偏移，每次只有一路可能发生极性翻转，不会发生两支路码元极性同时翻转的现象，因此 OQPSK 信号相位只能跳变 0°、±90°，不会出现 180°的相位跳变。OQPSK 信号表达式为

$$s(t)=\sum_{m=-\infty}^{\infty}a_m g_T(t)\cos(2\pi f_c t)+\sum_{m=-\infty}^{\infty}b_m g_T(t-0.5T)\sin(2\pi f_c t) \qquad (6-46)$$

式中：$g_T(t)$为宽度为 T 的脉冲门函数，T 为码元宽度；载波频率 f_c；$a_m=-1, 1$，$b_m=-1, 1$。

OQPSK 虽然消除了 QPSK 信号中的 180°相位突变，但并没有从根本上解决包络起伏问题。

OQPSK 信号和频谱如图 6-29 所示，其中图(a)为信号波形，图(b)为信号频谱。

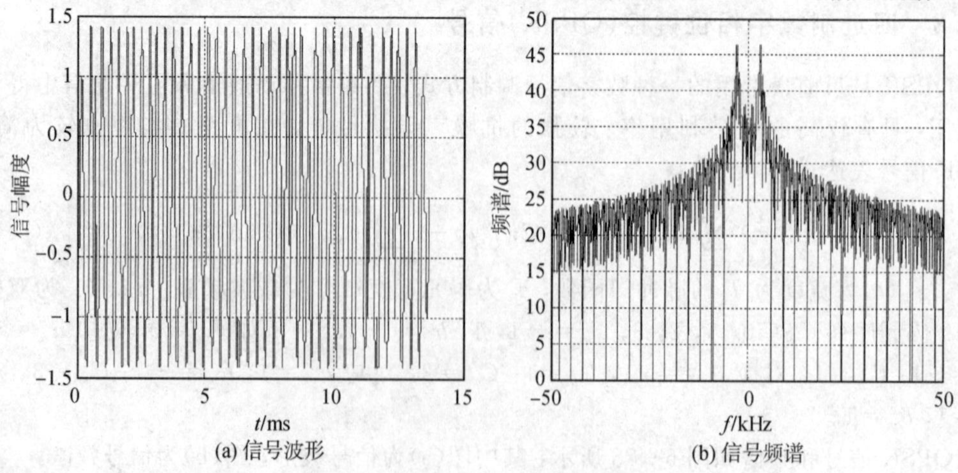

(a) 信号波形　　(b) 信号频谱

图 6-29　OQPSK 信号和频谱

6.3.10　3π/4 QPSK 信号

3π/4 QPSK 相位调制是现代移动通信中使用较多的一种线性调制方法，它是在常规 QPSK 调制基础上发展起来的。3π/4 QPSK 信号表达式为

$$s(t)=\sum_{m=-\infty}^{\infty}A_0 g_T(t)\exp(\mathrm{j}2\pi f_c t+\mathrm{j}\phi_m) \tag{6-47}$$

式中：$g_T(t)$为宽度为 T 的脉冲门函数，T 为码元宽度；f_c 为载波频率；$\phi_m=\phi_{m-1}+\Delta\phi_m$，表示第 m 个码元结束时信号的绝对相位，$\Delta\phi_m$ 是由输入数据决定的相位差。码元序列 $a_m=0, 1, 2, 3$，转换成相位跳变值 $n\pi/4$($n=\pm1$ 或 ±3)。

角度 $\Delta\phi_m$ 与输入数据的对应关系如表 6-3 所示。3π/4 QPSK 信号和频谱如图 6-30 所示，其中图(a)为信号波形，图(b)为信号频谱。

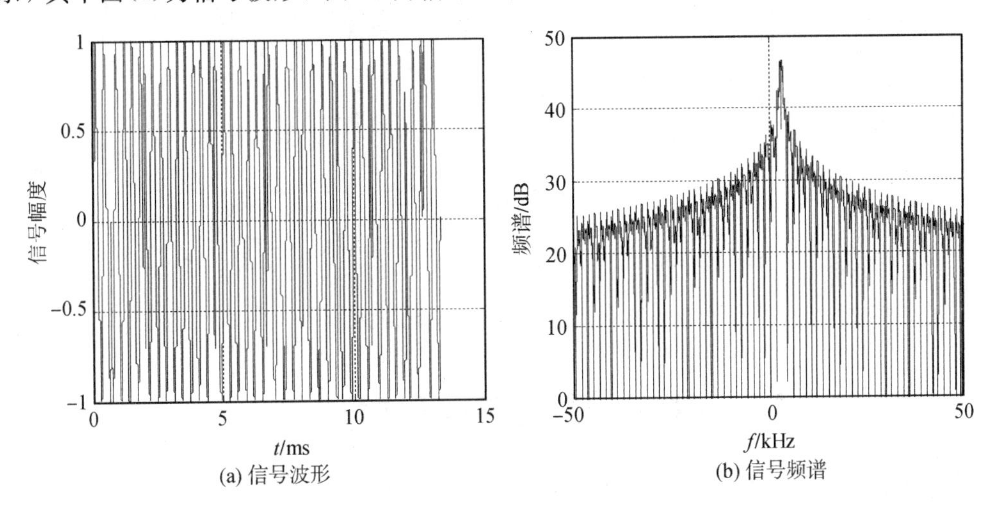

(a) 信号波形　(b) 信号频谱

图 6-30　3π/4 QPSK 信号和频谱

表 6-3　角度 $\Delta\phi_m$ 与输入数据的对应关系

输入数据		$\Delta\phi_n$	$\cos(\Delta\phi_n)$	$\sin(\Delta\phi_n)$
0	0	$\pi/4$	$\sqrt{2}/2$	$\sqrt{2}/2$
0	1	$3\pi/4$	$-\sqrt{2}/2$	$\sqrt{2}/2$
1	0	$-\pi/4$	$\sqrt{2}/2$	$-\sqrt{2}/2$
1	1	$-3\pi/4$	$-\sqrt{2}/2$	$-\sqrt{2}/2$

6.3.11　正交振幅调制(QAM)信号

正交振幅调制(QAM)信号是振幅调制和相位调制的结合，同时利用了载波的幅度和相位信息来传递信息比特，频带利用率高，最高可支持 1024QAM 调制技术。QAM 是用两路独立的基带信号对两个相互正交的同频载波进行抑制载波双边带调幅，利用这种已调信号的频谱在同一带宽内的正交性，实现两路并行的数字信息的传输。正交振幅调制(QAM)有较高的频谱利用率和容错能力，抗噪声性能较好。该调制方式通常有二进制 QAM

(4QAM)、四进制 QAM(16QAM)、八进制 QAM(64QAM)。QAM 信号表达式为

$$s(t)=\sum_{m=-\infty}^{\infty}a_m g_T(t)\cos(2\pi f_c t)+\sum_{m=-\infty}^{\infty}b_m g_T(t)\sin(2\pi f_c t) \tag{6-48}$$

式中：$g_T(t)$为宽度为 T 的脉冲门函数，T 为码元宽度；f_c 为载波频率；正交载波的信号幅度集 a_m，b_m，$m=1, 2, \cdots, M$。

QAM 信号和频谱如图 6-31 所示，其中图(a)为信号波形，图(b)为信号频谱。

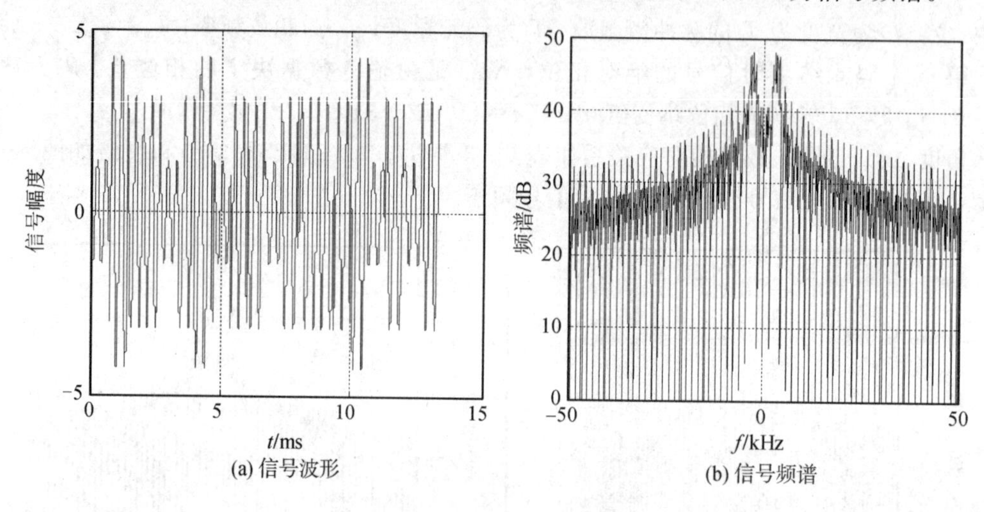

(a) 信号波形　　(b) 信号频谱

图 6-31　QAM 信号和频谱

6.4　数据链信号模型

迄今为止，美军及北约国家已完成 Link4A、Link11、Link16 及 Link22 等多个战术数据链系统的研制，并由最初装备于地面防空系统、海军舰艇，逐步扩展到飞机，在近年来的几场信息化战争中发挥了极其重要的作用。

6.4.1　Link4A

Link4A 数据链是美海军普遍使用的一种战术信号，美军称之为 TADIL-C，用于地对空、空对地、空对空的战术通信。Link4A 使用串行传输和标准报文格式，支持双向传输，可以用于舰船和飞机间传输战术信息，因而成为北约海军实施地/海对空引导的重要战术数据链。

Link4A 工作在 UHF 波段，频道间隔 25 kHz，用频移键控(FSK)调制载波发射，载频偏移±20 kHz。Link4A 数据链信号为 FSK 调制的突发信号，单个突发的脉冲宽度为 0.2 ms，数据率 5 kb/s。Link4A 报文分为控制报文与应答报文，传输指令格式的长度是固定的，信号按 32 ms 划分时隙，即每 32 ms 传送一次报文，无论网中的受控终端数量多少，这种时间特性恒定不变。这 32 ms 分成两段(14 ms+18 ms)。前 14 ms 用于发射消息，等间隔地划分成 70 个时隙，称为 70 bit 的发射控制报文(V 系列报文)；后 18 ms 用作接收应答消息，等间隔地划分成 90 个时隙，实际应答报文的信号持续时间为 11.2 ms，称为 56 bit 的接收应答报文(R 系列报文)，留空剩余的 6.8 ms 用于电波传播。

Link4A 数据链信号和频谱仿真结果如图 6－32 所示，其中图(a)为信号波形，图(b)为信号频谱。

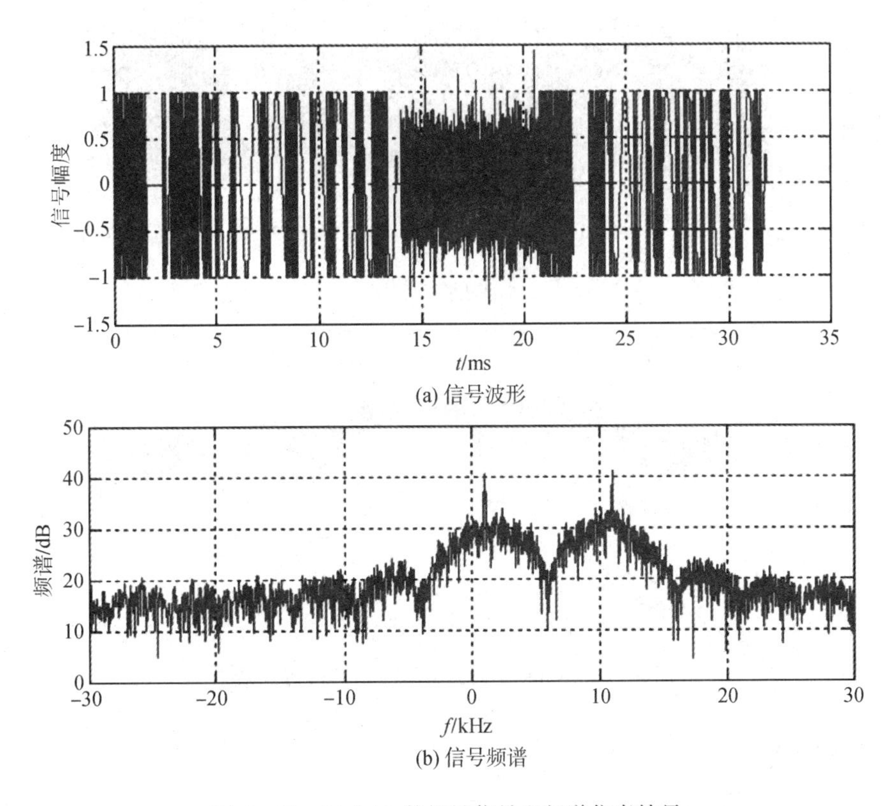

(a) 信号波形

(b) 信号频谱

图 6－32　Link4A 数据链信号和频谱仿真结果

6.4.2　Link11

Link11 是美军和北约普遍装备的一种 HF/UHF 战术数据链，美军称之为 TADIL-A，用以支持空中飞行器、陆基地以及舰船等的战术数据系统相互交换作战情报信息。它是海军舰-艇之间、舰-地之间、空-舰之间和空-地之间实现战术数字信息交换的重要战术数据链。Link11 分 HF(用于超视距传输)和 UHF(用于视距传输)两个工作频段，由 16 个副载波单音组成的多音信号对射频进行调频 (UHF)或单边带调制(HF)。Link11 数据链全部的单音信号同时发射，所有音调在同一时间发送。除用于同步和倍频的音调外，所有音调都可以独立调制。Link11 数据链有两种数据速率：帧长 13.33 ms 对应的数据速率为 2250 b/s (UHF)，帧长 22 ms 对应的数据速率为 1364 b/s(HF/UHF)。Link11 是半双工链路，按照一问一答的方式，每次信号的持续时间不是固定的。报文主要由报头帧、相位参考帧以及信息段帧组成。Link11 数据链信号有三种信息传输格式，即数据网控制站(Data Net Control Station，DNCS)不带战术数据的询问信息格式、DNCS 带战术数据的询问信息格式、监督站应答信息格式。Link11 数据链具有更好的纠错能力和数据吞吐量。Link11 数据链信号和频谱仿真结果如图 6－33 所示，其中图(a)为信号波形，图(b)为信号频谱。

DNCS 不带战术数据的询问信号为 8 帧长度，信号持续时间为 $8\times13.33=106.6$ ms 或者 $8\times22=176$ ms；DNCS 带战术数据的询问信号持续时间为 $12+2\times L$ 帧长度；监督站应答信号持续时间为 10＋2×L 帧长度，其中，L 为报文个数。

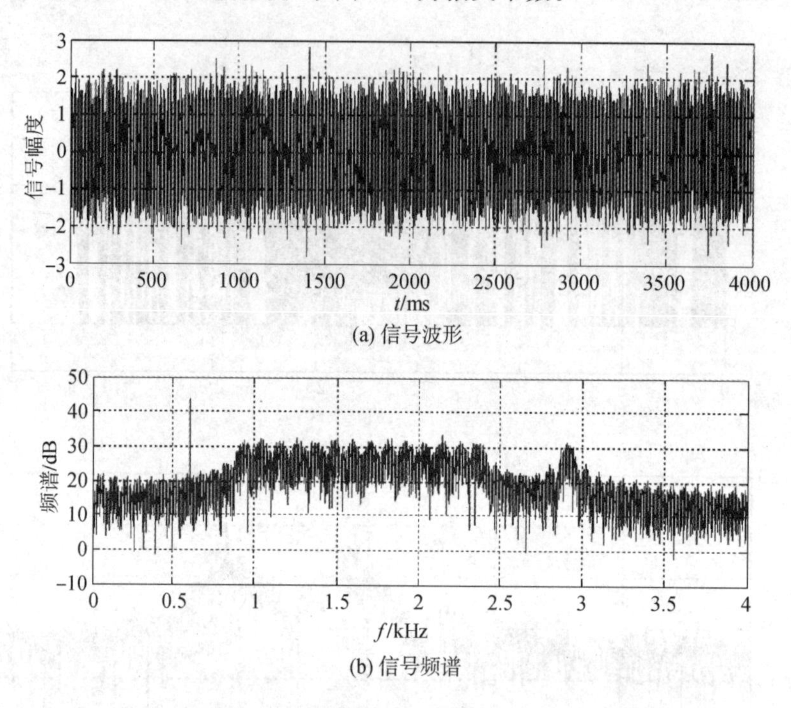

(a) 信号波形

(b) 信号频谱

图 6－33　Link11 数据链信号和频谱仿真结果

6.4.3　Link16

Link16 是美军主战平台的基本配置，是各型主战平台实施信息化作战、形成体系作战能力的重要支撑。Link16 各个用户通过其自组织特性实现信道时隙资源动态的选择、预约和使用，提高了通信网络的抗击毁性，在军事通信方面有很好的应用前景。Link16 采用 TDMA 接入方式组成无线数据广播网络，无中心结构，用户根据分配的时隙轮流发射信息。通过分配独立的跳频图案，可以形成多网结构，以容纳更多成员，并可通过中继实现超视距数据传输。Link16 在功能上是 Link11 及 Link4A 的总和，是为多军兵种战术作战单元的信息交换的需求而设计的，支持通信、导航和识别多种功能，具有大容量、抗干扰、保密能力的特点，满足侦察数据、电子战数据、任务执行、武器分配和控制等数据的实时交换。

Link16 信号的数据段在三个频率段(969～1008 MHz、1053～1065 MHz 以及 1113～1206 MHz)上进行 51 点跳频调制，每段的段内频率间隔均为 3 MHz，因此三段共有 51 个频点。没有占用敌我识别用到的 1030 MHz 和 1090 MHz。Link16 数据链传输速率为 28.8～115.2 kb/s，跳频速率为 76 900 次/秒，信号跳频间隔至少大于 30 MHz 的宽间隔跳频调制，能同时支持大约 20 个网络工作。

Link16 使用时分多址 TDMA 工作方式，按照 TDMA 结构将一天划分为多个时元(Epoch)，Link16 的时元长为 12.8 min，每个时元又划分为 64 个时帧(系统资源的基本分配周期)，时帧长为 12 s(12.8×60/64)。每个时帧又划分为 1536 个时隙(TimeSlot)，时隙长 7.8125 ms，Link16 时隙是系统成员发射或接收消息的基本时间单位。在每个时元中给每个 Link16 系统成员分配一定数量的时隙以发射信号，而在不发射信号的时隙中则接收其它成员所发射的信号。基带信号的生成以时隙为基本单元，包括单脉冲和双脉冲，单脉冲的长度为 13 μs，其中 6.4 μs 用来传送信息，6.6 μs 不发送任何信息即发送 0，双脉冲由两个重复的单脉冲组成。每个时隙中有效信息组成成分是 Syne(同步头)、Time Refine(精同步)、Message Head(消息头)、Message Word(消息数据)，除此之外的时隙段中不再包含任何信息。除了 Syne(同步头)的 32 个单脉冲由 8 个不同的载波频率所传送外，其余三个信息段都是由最小频移键控(MSK)调制出含有信息的单脉冲单元组成的。

Link16 数据链信号一个时隙的跳频段分为两部分：同步段跳频和数据段跳频同步段由粗同步段(16 个双脉冲)和精确同步段(4 个双脉冲)两部分构成，共 20 个双脉冲。数据段 109 个双脉冲用作数据传输，可以传递 109 个字符，每个字符占用 26 μs(两个脉冲)。在 Link16 数据链采用了 CCSK 软扩频编码，或称作(n, k)编码，n 表示伪随机码的长度，k 表示信息比特的长度，CCSK 和最小频移键控(MSK)调制完成了信号扩频。Link16 数据链信号和频谱仿真结果如图 6-34 所示，其中图(a)为信号波形；图(b)为信号频谱。

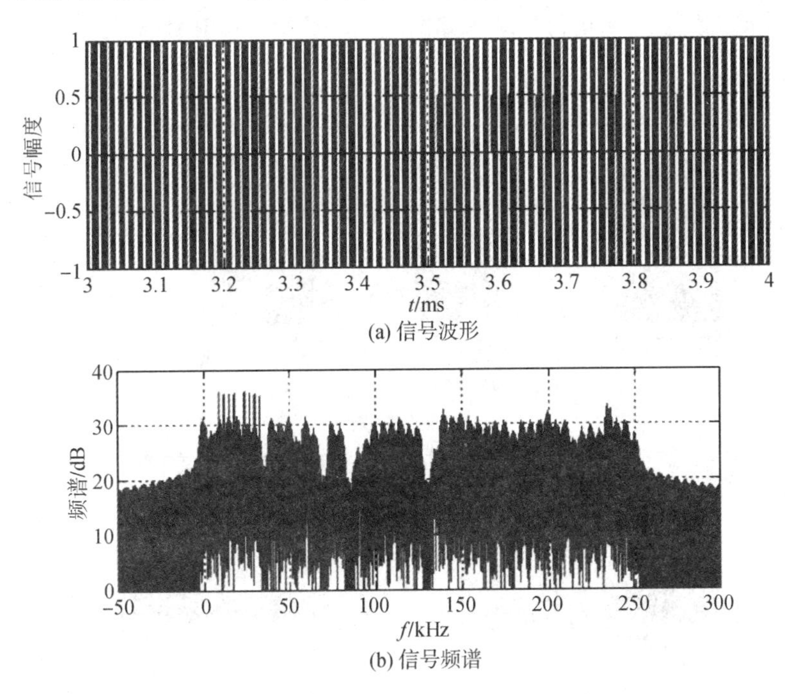

(a) 信号波形

(b) 信号频谱

图 6-34　Link16 数据链信号和频谱仿真结果

6.4.4　Link22

Link22 数据链是北约对 Link11 的改进型(NATO Improved Link Eleven, NILE)，与 Linkl6 兼容。Link22 是一种抗电子对抗的超视距战术通信系统，是北约国家的新一代战术数据链，工作频段为 HF 和 UHF，HF 频段为 2～30 MHz，提供超视距通信，UHF 频段为 225～400 MHz，仅提供视距通信。Link22 数据链网络采用 TDMA 或动态 TDMA (DTDMA)多址接入方式，将时间资源划分成时帧、时隙和微时隙，按照网络循环结构(Net-work Cycle Structure, NCS)运行网络。为了提高频带的利用率，Link22 使用了 8PSK、16QAM、32QAM 及 64QAM 的调制方式。

时帧是 Link22 数据链网络的时间循环单位，由多个 NU(NILE Unit)节点发送时隙组成，其长度被称为网络循环时间(Network Cycle Time，NCT)。每个时帧的总长度 NCT 为 15 s，包含 1 个网管时隙、4 个中断时隙和 128 个用于发送业务报文的微时隙，每个微时隙时间长度为 112.5 ms。

时隙是 NU 节点的消息发送单位，由整数个微时隙构成，微时隙数目根据 NU 节点业务量决定。时隙分为分配时隙(Allocated Timeslot，AS)和中断时隙(Interrupted Timeslot，IS)两种。NCS 中大多数时隙是分配时隙，各 NU 节点在分配到的时隙中发送消息，其余 NU 节点接受消息。NCS 中存在少量的中断时隙，用于传输优先级高的紧急消息，NU 节点通过竞争的方式来决定中断时隙的使用权。若干个时隙组成一个时帧，每帧中的时隙通过时隙分配算法分配给网内节点 NU(NILE Unit)。将网内节点空闲的时隙动态分配给时隙资源缺乏的节点使用，从而提升系统资源利用率，减小网络传输时延。

微时隙是最小的时间单位，其具体长度与通信信道性能、最大通信距离等因素有关。

Link22 数据链信号和频谱仿真结果如图 6-35 所示，其中图(a)为信号波形；图(b)为信号频谱。

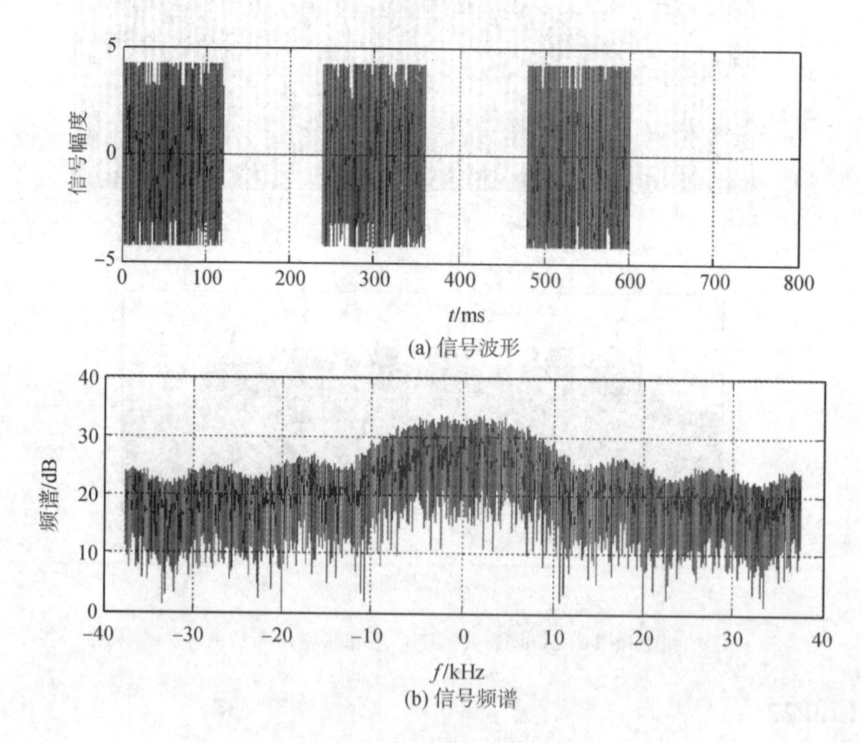

(a) 信号波形

(b) 信号频谱

图 6-35　Link22 数据链信号和频谱仿真结果

6.5　有源干扰信号模型

6.5.1　噪声信号产生模型

噪声信号产生模型包括射频噪声、噪声调频、噪声调相、噪声调幅等，另外还有灵巧噪声。

1. 射频噪声干扰

干扰信号形式如下：

$$J(t)=U_n(t)\exp[\mathrm{j}\omega_j t+\mathrm{j}\phi(t)] \tag{6-49}$$

式中：包络函数 $U_n(t)$ 服从瑞利分布，相位函数 $\phi(t)$ 服从 $[0, 2\pi]$ 上的均匀分布，且与 $U_n(t)$ 相互独立；$J(t)$ 服从正态分布，载频 ω_j 为常数，且远大于 $J(t)$ 的谱宽。

射频噪声干扰信号和频谱如图 6-36 所示，其中图(a)为信号波形；图(b)为信号频谱。

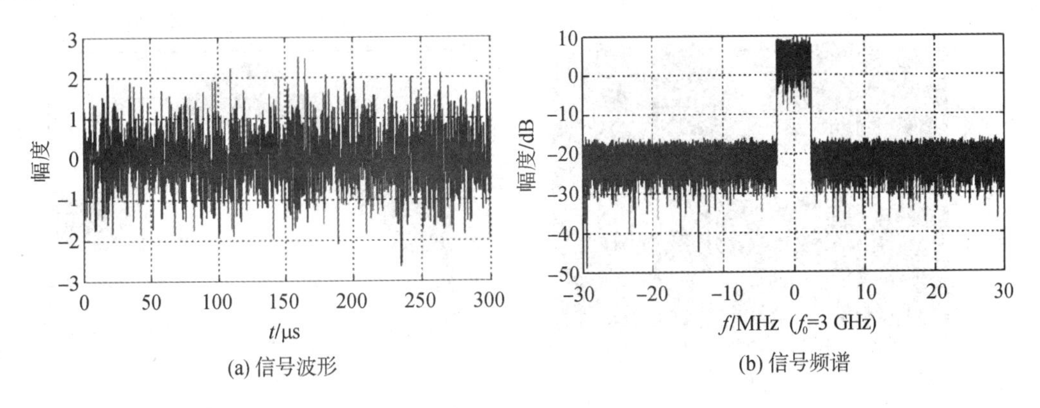

(a) 信号波形 (b) 信号频谱

图 6-36 射频噪声干扰信号和频谱

2. 噪声调频干扰

噪声调频也是一个广义平稳随机过程，其瞬时频率随调制电压的变化而变化，而振幅保持不便，干扰信号的形式为

$$J(t)=U_0\exp\left[\mathrm{j}\omega_j t+\mathrm{j}2\pi K_{FM}\int_0^t U_n(\tau)\mathrm{d}\tau+\mathrm{j}\phi(t)\right] \tag{6-50}$$

式中：K_{FM} 为比例系数，其它参数同上。

噪声调频干扰信号和频谱如图 6-37 所示，其中图(a)为信号波形；图(b)为信号频谱。

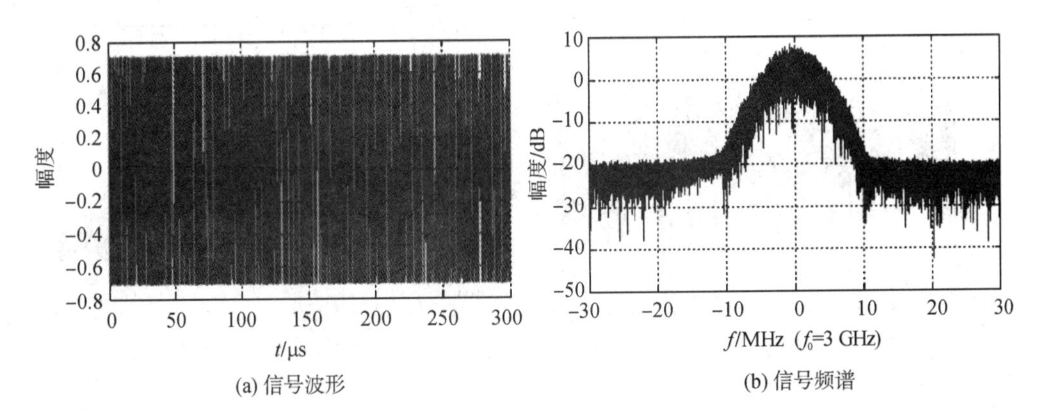

(a) 信号波形 (b) 信号频谱

图 6-37 噪声调频干扰信号和频谱

3. 噪声调相干扰

干扰信号的形式为

$$J(t)=U_0\exp[\mathrm{j}\omega_\mathrm{j}t+\mathrm{j}K_{\mathrm{PM}}\mu_\mathrm{n}(t)+\mathrm{j}\phi(t)] \tag{6-51}$$

式中：K_{PM} 为相位调制系数，$\mu_\mathrm{n}(t)$服从正态分布，其它参数同上。

噪声调相干扰信号和频谱如图 6-38 所示，其中图(a)为信号波形；图(b)为信号频谱。

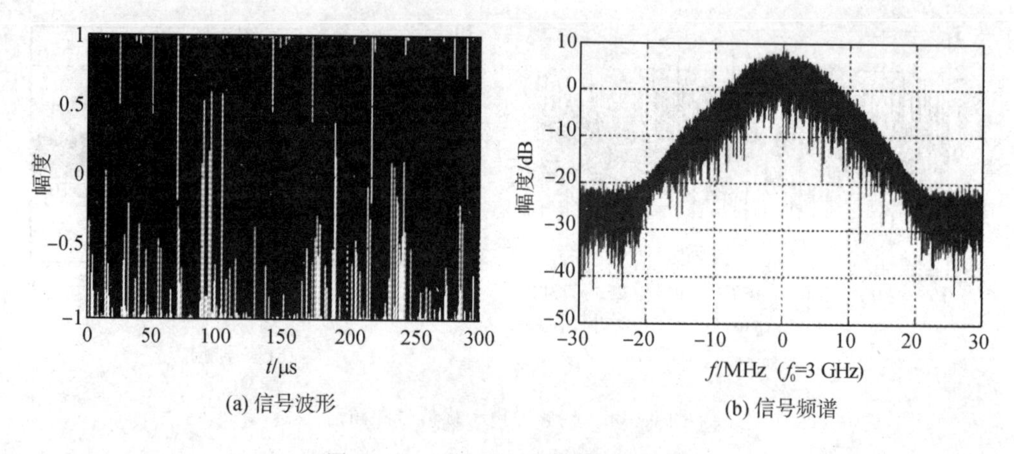

(a) 信号波形　　(b) 信号频谱

图 6-38　噪声调相干扰信号和频谱

4. 噪声调幅干扰

噪声调幅是一种广义平稳随机过程，幅度随调制噪声 $U_\mathrm{n}(t)$的变化而变化，干扰信号的形式为

$$J(t)=[U_0+U_\mathrm{n}(t)]\exp[\mathrm{j}\omega_\mathrm{j}t+\mathrm{j}\phi(t)] \tag{6-52}$$

式中：$U_\mathrm{n}(t)$为均值为 0、方差为 σ^2 的高斯限带噪声，U_0 为载波电压，其它参数同上。

噪声调幅干扰信号和频谱如图 6-39 所示，其中图(a)为信号波形；图(b)为信号频谱。

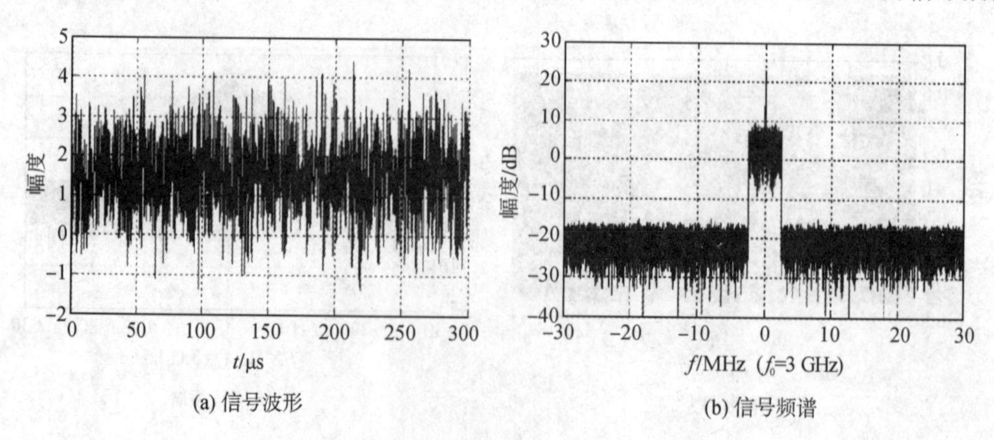

(a) 信号波形　　(b) 信号频谱

图 6-39　噪声调幅干扰信号和频谱

5. 灵巧噪声干扰

雷达信号与噪声信号卷积产生灵巧噪声，灵巧噪声带宽与雷达信号相同。灵巧噪声干扰信号和频谱如图6-40所示，其中图(a)为信号波形；图(b)为雷达和干扰信号频谱对比。

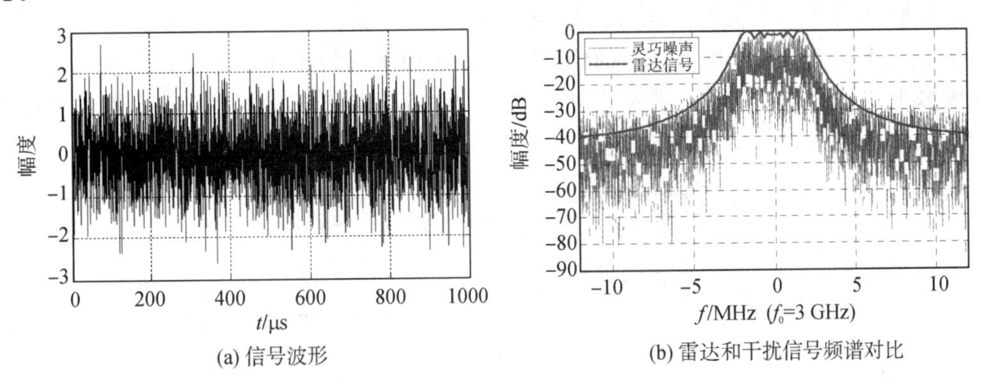

图6-40　灵巧噪声干扰信号和频谱

6.5.2　压制性干扰模型

压制性干扰可以淹没目标信号，降低威胁雷达接收信号的信噪比，以减小目标的检测概率。按照干扰信号中心频率 f_j、谱宽 Δf_j 相对雷达信号中心频率 f_s 和带宽 Δf_s 的关系，压制性干扰又可分为宽带阻塞式噪声干扰、窄带瞄准式噪声干扰、梳状谱噪声干扰、灵巧噪声干扰和扫频式干扰等。其中宽带阻塞式噪声干扰、窄带瞄准式噪声干扰、梳状谱干扰等干扰噪声的产生方法包括射频噪声、调频噪声、调相噪声、调幅噪声。

1. 宽带阻塞式噪声干扰

宽带阻塞式干扰信号的频带宽度达到雷达信号带宽的几倍到上百倍，甚至覆盖雷达的一个工作频段，宽带阻塞式干扰不需要知道雷达信号的详细情况，只要打开干扰机，在它频率范围内的雷达都将受到干扰。宽带阻塞式噪声干扰频谱示意图如图6-41所示。

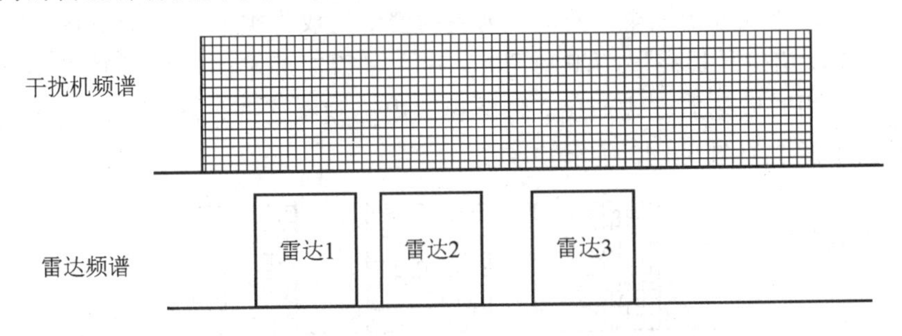

图6-41　宽带阻塞式噪声干扰频谱示意图

阻塞式干扰一般满足

$$\begin{cases}\Delta f_j > 5\Delta f_s \\ f_s \in \left[f_j - \dfrac{\Delta f_j}{2},\ f_j + \dfrac{\Delta f_j}{2}\right]\end{cases} \tag{6-53}$$

Δf_j 较宽，对频率引导的精度要求降低，使得频率引导设备简单；另外，Δf_j 宽，也便于同时干扰频率分集雷达、频率捷变雷达和多部不同工作频率的雷达。其缺点是在雷达带宽 Δf_s 内的干扰功率密度较低。

2. 窄带瞄准式噪声干扰

窄带瞄准式噪声干扰带宽是雷达信号带宽的 1～3 倍。干扰时需要干扰系统首先侦测出雷达的工作频率，然后将干扰机的频率对准雷达频率进行干扰。窄带式干扰由于干扰能量在频域上比较集中，在雷达带宽之外的能量损失小，所以干扰的效率高。窄带瞄准式噪声干扰频谱示意图如图 6-42 所示。

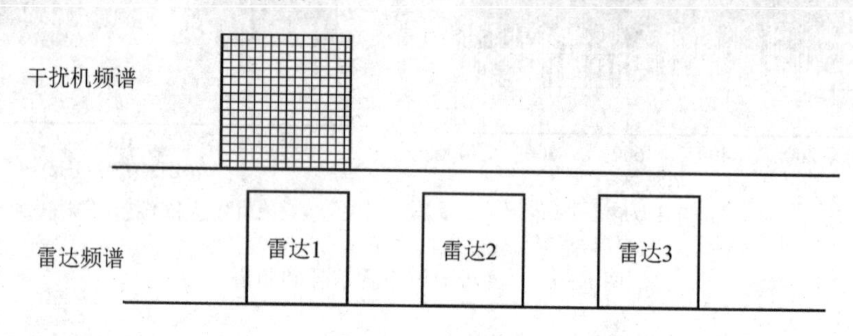

图 6-42　窄带瞄准式噪声干扰频谱示意图

窄带瞄准式噪声干扰一般满足

$$\begin{cases} f_j = f_s \\ \Delta f_j = (1 \sim 3)\,\Delta f_s \end{cases} \tag{6-54}$$

采用瞄准式干扰必须首先测得雷达信号频率 f_s，然后把干扰机频率 f_j 调整到雷达的载频上，从而保证较窄的 Δf_j 能够覆盖 Δf_s，这就是通常所说的频率引导。瞄准式干扰优点在于在雷达 Δf_s 内的干扰功率强，是遮盖式干扰的首选方式，但缺点是对频率引导要求高，有时甚至难以实现。

3. 梳状谱噪声干扰

梳状谱噪声干扰是一系列频点上产生按某种方式调制的一组窄带干扰信号，当频点上的干扰信号带宽大于或等于频率间隔时，则梳状谱干扰成为类似于宽带阻塞式噪声干扰的压制性干扰。梳状谱信号提高了功率利用率，避免了瞬时频率间隙内的功率浪费。噪声调频梳状信号可采用时域叠加方式产生，每个噪声中心频率不同，带宽相同或不同。梳状谱噪声干扰频谱示意图如图 6-43 所示。

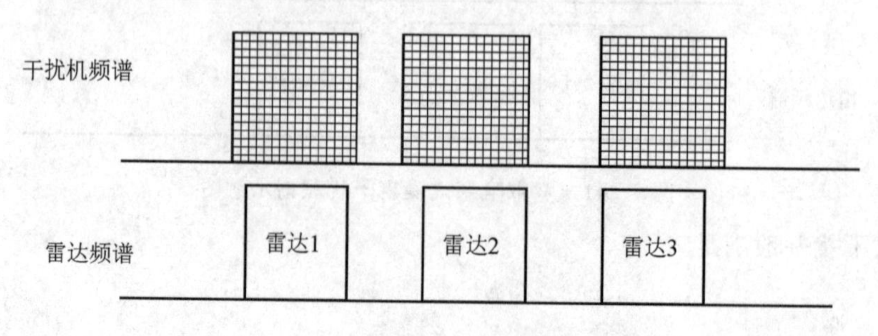

图 6-43　梳状谱噪声干扰频谱示意图

梳状谱噪声干扰信号表达式为

$$S_N(t)=\sum_{i=1}^{N}A_i\exp(\mathrm{j}2\pi f_i t)J_i(t) \tag{6-55}$$

式中：N 为梳妆谱数目；f_i 为第 i 个梳状谱中心频率；$J_i(t)$ 为第 i 个梳状谱噪声，$J_i(t)$ 相同或不同；A_i 为第 i 个梳状谱幅度，梳状谱干扰对单部雷达和组网雷达的干扰机功率分配可以是不同的。

4. 灵巧噪声干扰

灵巧噪声干扰是雷达发射信号时域波形与随机幅度脉冲串的卷积，如果随机幅度脉冲间隔小于雷达分辨距离产生的干扰即为灵巧噪声，灵巧噪声的干扰距离窗是可控的。如果随机幅度(或等幅度)脉冲间隔大于数个雷达分辨距离，则产生的干扰为随机幅度(或等幅度)多假目标干扰。多个灵巧噪声干扰就可以构成频域多分量梳妆谱干扰的效果，可以同时干扰多部雷达，从而使干扰中的每一个分量的功率利用效率都达到最大。灵巧噪声技术兼有欺骗干扰和噪声干扰的特点，由干扰机运用视频噪声将截获的雷达发射信号进行时域上的调制，产生的干扰在时域和频域上与真正的目标回波重叠并且覆盖住目标回波。

灵巧噪声干扰需要干扰系统首先截获雷达信号，通过信号卷积产生干扰信号。灵巧噪声干扰带宽与雷达信号相同，由于干扰能量没有频带损失，因此干扰效率高，通过信号叠加可以同时干扰多部雷达。灵巧噪声干扰频谱示意图如图 6-44 所示。

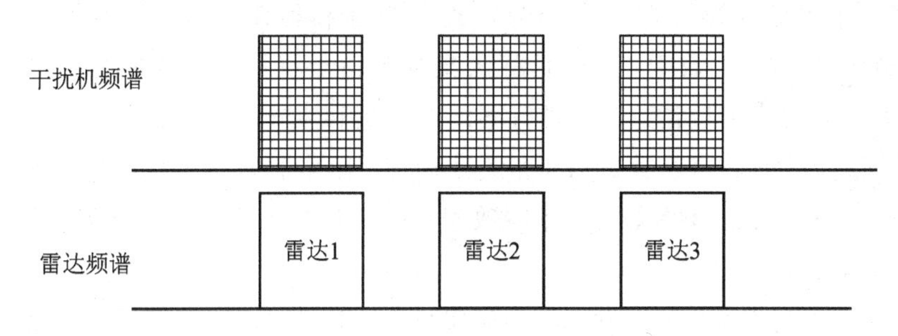

图 6-44　灵巧噪声干扰频谱示意图

灵巧噪声干扰一般满足：

$$\begin{cases}f_\mathrm{j}=f_\mathrm{s}\\ \Delta f_\mathrm{j}=\Delta f_\mathrm{s}\end{cases} \tag{6-56}$$

5. 扫频式干扰

扫频式干扰结合了瞄准式干扰和阻塞式干扰的特点，在任一时刻，干扰机产生的干扰信号带宽与瞄准式一样，与雷达的带宽相当，但干扰信号频率又在一个更宽的频率范围内周期变化，相当于以干扰带宽在大范围内扫频，中心频率为连续的、以 T 为周期的函数。扫频方式可以分为锯齿扫频和三角波扫频。扫频干扰可对雷达造成周期性间断的强干扰，扫频的范围较宽，也能够干扰频率分集雷达、频率捷变雷达和多部不同工作频率的雷达。锯齿扫频时刻的频率为

$$f(t)=f_0-\frac{f_\mathrm{B}}{2}+\frac{f_\mathrm{B}}{T}\bmod(t,T) \tag{6-57}$$

式中：f_B 为扫频带宽；T 为扫频周期；f_0 为中心频率。

6.5.3 欺骗干扰模型

假目标干扰是欺骗式干扰的一种重要干扰样式，通过产生与真实目标相似的回波来增加雷达发现、跟踪真实目标的难度。它的作用是使雷达偏离目标、跟踪假目标、不能区分真假目标。雷达将无法有效辨别区分真实目标信号和假目标信号，雷达对目标进行跟踪过程中不能很好地航迹关联，出现“混批”现象，导致雷达不能稳定跟踪目标。

假目标干扰包括多假目标干扰、前沿复制干扰、移频干扰、距离或速度波门拖引干扰等。

1. 多假目标干扰

多假目标干扰分为压制性多假目标和欺骗性多假目标干扰，压制性多假目标干扰一般不能形成连续航迹关联；欺骗性多假目标干扰一般假目标间隔比较大，能够形成假目标航迹。压制性多假目标干扰通过非固定时延来产生距离相对随机且数量繁多的假目标信号，从而具有更好的干扰效果。欺骗性多假目标干扰通过可控时延和相位来产生距离可控的多假目标信号，即需要控制假目标的多普勒和幅度特性，达到假目标欺骗效果。

干扰机将截获到的雷达信号经过一个时间延迟后发射回去，这种方式每复制一次就产生一个距离假目标。压制性假目标分为密集假目标和稀疏假目标，密集假目标间隔约 1 km，稀疏假目标间隔为数千米，假目标密集程度由干扰机复制脉冲之间的延时大小决定。一般假目标信号是通过雷达脉冲进行固定的时延转发产生的，由于所产生的干扰位置和参数相对固定，干扰较容易被识别和相关处理掉。而多假目标干扰通过非固定参数距离欺骗和速度欺骗来产生距离多普勒频率参数相对随机且数量繁多的假目标信号，从而具备更好的干扰效果。

干扰机在接收到雷达信号后发出相同的假目标干扰信号，假目标干扰的数学表达式为

$$J(t)=\sum_{i=1}^{N}s(t-\Delta_i) \tag{6-58}$$

式中：$s(t)$为雷达发射信号，Δ_i 为第 i 个假目标的延迟时间。

线性调频雷达信号表达式为

$$s(t)=\mathrm{rect}\left(\frac{t}{T}\right)\exp\left(\mathrm{j}2\pi\left(f_c+0.5\frac{B}{T}t^2\right)\right) \tag{6-59}$$

式中：$\mathrm{rect}\left(\frac{t}{T}\right)$为矩形信号，即$-T/2\leqslant t\leqslant T/2$；$f_c$ 为载波频率；B 为 LFM 信号带宽；T 为脉冲宽度。

为了实现多假目标干扰效果，干扰机可以采用数字射频存储(DRFM)+调制的工作模式。为了提高干扰效果，多假目标干扰可以采用随机起伏多假目标，每个假目标幅度不同，间隔也不同。随机起伏密集多假目标干扰仿真结果如图 6-45 所示，其中图(a)为信号波形；图(b)为干扰效果。

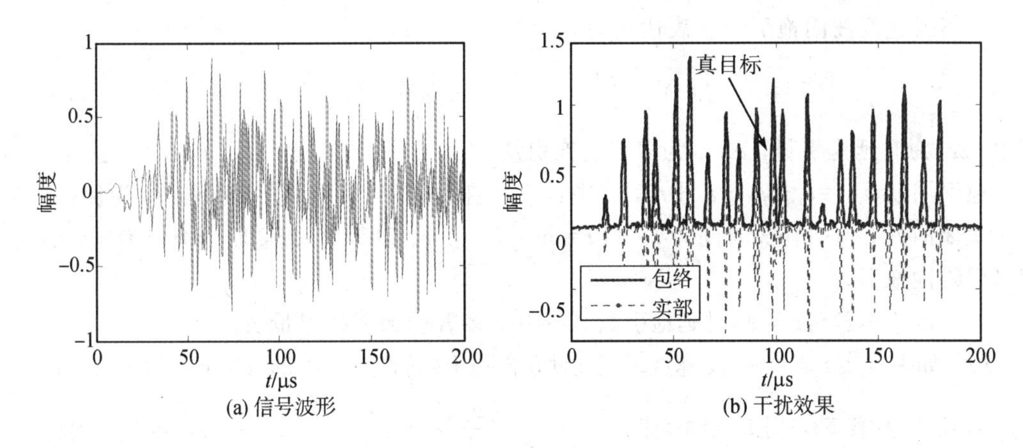

图6-45 随机起伏密集多假目标干扰仿真结果

2. 前沿复制干扰

前沿复制干扰主要利用脉冲前沿的频率引导，快速产生雷达干扰，以提高雷达干扰的反应时间。将获得的前沿波形进行多次复制形成雷达样本信号，然后对多次复制后的样本进行窄带噪声调制，形成干扰信号，这就是前沿复制干扰。

前沿复制干扰样本信号产生表示式为

$$J(t)=s'(t)+s'(t-\tau)+s'(t-2\tau)+\cdots+s'(t-N\tau) \tag{6-60}$$

式中：$s'(t)$为$s(t)$信号前沿，截取的前沿信号宽度为τ，$\tau<T$。

3. 移频干扰

为了达到假目标前置工作状态，可采用干扰机前置或采用跨周期干扰，但是针对频率捷变雷达，为了实现假目标前置，一般采用移频干扰。

移频干扰主要针对LFM信号，由于LFM存在距离和速度的强耦合，当信号具有多普勒频移时，压缩信号的主峰出现时间将随着频移超前或滞后，因此引起假目标的前移或后移。正LFM信号，正移频目标会前移；负LFM信号，正移频目标会后移。

移频干扰的数学表达式为

$$J(t)=\sum_{i=1}^{N}s(t-\Delta_i)\exp(2\pi f_i t) \tag{6-61}$$

式中：f_i为干扰信号附加的频移量。频移量越大，信号失配越严重，考虑包络幅度的衰减因素，移频范围一般选取为$-0.5B\leqslant f_i\leqslant 0.5B$，$B$为LFM信号带宽。

4. 距离或速度波门拖引干扰

距离波门拖引干扰对雷达距离实施欺骗，破坏雷达的距离跟踪，干扰机在接收到雷达脉冲后，延迟一段时间再发射一个同样的脉冲，就会在较远的距离上产生虚假的目标。距离波门拖引就是利用对信号时间的改变来形成距离欺骗。

速度波门拖引对雷达实施速度欺骗，破坏雷达的速度跟踪，速度波门拖引就是改变复制信号的频率，频率降低表示目标远离，反之为逼近。

距离和速度波门联合拖引是同时对距离和速度实施欺骗，破坏雷达的跟踪。

距离或速度波门拖引干扰表达式为

$$J(t)=\sum_{i=1}^{N}s(t-\Delta_i)\exp(2\pi\Delta f_{di}t) \tag{6-62}$$

式中：Δ_i 为时延拖引量；Δf_{di} 为多普勒拖引量。

拖引周期 $T_0=t_1+t_2+t_3+t_4$，式中：t_1 为启动时间，t_2 为拖引时间，t_3 为保持时间，t_4 为关闭时间，拖引释放时间为 t，则 $t=\mathrm{mod}(t, T)$。以距离-速度联合拖引为例，假设速度采用线性拖引。

(1) 如果 $0\leqslant t\leqslant t_1$，则时延拖引量 $\Delta_i=0$，多普勒频率拖引量 $\Delta f_{di}=0$。

(2) 如果 $t_1<t\leqslant t_1+t_2$，速度采用线性正向拖引(远离为正)，即 $\Delta f_{di}=-f_{\max}(t-t_1)/t_2$，$f_{\max}$ 为最大多普勒，对应目标速度 $v=-\dfrac{\lambda\Delta f_{di}}{2}=\dfrac{\lambda}{2}\dfrac{f_{\max}}{t_2}(t-t_1)$，则时延拖引量 $\Delta_i=\dfrac{2}{c}\int_{t_1}^{t}v(t)\mathrm{d}t=\dfrac{\lambda}{2c}\dfrac{f_{\max}}{t_2}(t-t_1)^2$。

(3) 如果 $t_1+t_2<t\leqslant t_1+t_2+t_3$，则拖引方向向后时多普勒拖引量 $\Delta f_d=f_{\max}$，则时延拖引量 $\Delta_i=\dfrac{\lambda}{2c}f_{\max}t_2+\dfrac{\lambda}{c}f_{\max}(t-t_1-t_2)$。

(4) 如果 $t_1+t_2+t_3<t<t_1+t_2+t_3+t_4$，则干扰机关闭，不发射信号。

第7章　时差定位系统数字仿真

时差定位系统数字仿真是在建立时差定位系统和环境辐射源装备数学模型的基础上，通过计算机仿真试验来评估时差定位系统的性能的。其优点是可以建立真实的辐射源定位对象，试验成本低，可重复性好，可以获取大量数据；其缺点是对数学模型要求高，模型需要经过校验。

时差定位系统数字仿真可以采用功能级、信号级两种仿真方法。功能级仿真采用真实时差+测量误差的方法获取基站间时差数据，时差测量误差的模拟要考虑基站接收信号信噪比SNR和信号处理算法，然后按照定位基站空间位置和定位算法完成辐射源定位。信号级仿真首先产生基站接收信号和接收机噪声的数字采样波形，接收信号的模拟要考虑路径延迟和路径衰减，然后按照基站信号处理方法完成脉冲信号配对和时差测量，最后按照定位基站空间位置和定位算法完成辐射源定位。因此信号级仿真更能体现时差定位信号处理全过程，对研究时差定位系统的复杂电磁环境适应性有重要意义。

本章研究了时差定位系统数字仿真。首先给出了侦察信号综合仿真模型，给出了侦察信号、多路径信号、杂波、接收机噪声等信号模型，并利用数字信号变采样技术实现了多路数字信号变采样合成；其次给出了电波传播衰减模型、大气衰减模型、路径衰减综合模型、天线方向图和资源调度模型等数字仿真关键模型；最后介绍了时差定位系统功能级仿真和数字视频仿真软件，给出了仿真流程和软件界面设计等，界面可视化强，能够对外场试验和内场半实物仿真试验提供支撑。

数字功能仿真可以产生连续定位数据，用于研究不同时差定位算法的性能，以及定位数据滤波算法。数字视频仿真可以产生复杂电磁环境信号，研究不同类型信号以及干扰和诱饵等环境信号对时差测量和脉冲配对的影响，同时可以研究定位算法和滤波算法等，相关技术可以直接用于内场半实物仿真系统。

7.1　侦察信号综合仿真模型

7.1.1　侦察信号模型

根据辐射源位置和速度，以及侦察设备的位置和速度，计算侦察信号时间延迟、多普勒值和信号幅度等，然后按照第 i 个侦察接收机接收辐射源信号模型，考虑多个基站接收机对多个辐射源侦察接收。第 i 个基站接收第 j 个辐射源信号的功率表示为

$$P_{ij}=\frac{P_{tj}G_{tji}G_{rij}\lambda_j^2}{(4\pi R_{ij})^2L_{ri}L_{tj}} \tag{7-1}$$

式中：P_{tj} 为第 j 个辐射源信号的功率；G_{tji} 为第 j 个辐射源在第 i 个基站方向的增益；L_{tj} 为第 j 个辐射源系统发射损耗；L_{ri} 为第 i 个基站的功率接收损耗(包括基站接收损耗、单

程大气损耗及波束损耗等)；R_{ij} 为第 i 个基站与第 j 个辐射源之间的距离；基站天线相同，G_{rij} 为第 i 个基站的天线接收增益；λ_j 为第 j 个辐射源的波长。

考虑多个辐射源，第 i 个侦察接收机接收信号模型为

$$S_i(t)=\sum_j \sqrt{P_{ij}}\exp\left[\mathrm{j}2\pi f_j\left(t-\frac{R_{ij}}{c}\right)\right]\nu_j\left(t-\frac{R_{ij}}{c}\right)\exp(\mathrm{j}2\pi f_{ij}t) \tag{7-2}$$

式中：P_{ij} 为第 i 个基站接收第 j 个辐射源信号的功率；f_j 为第 j 个辐射源的载频；$\nu_j(t)$ 为第 j 个辐射源的复调制函数(或基带信号)；R_{ij} 为第 i 个基站与第 j 个辐射源的距离；f_{ij} 为第 j 个辐射源和第 i 个基站的单程多普勒频率。

单程多普勒频率 f_{ij} 表达式为

$$f_{ij}=\frac{v_{ij}}{\lambda_j} \tag{7-3}$$

式中：v_{ij} 为第 j 个辐射源和第 i 个基站之间的径向速度；λ_j 为波长。

7.1.2　多路径信号模型

电磁波的传播存在多路径现象，传播路径一般包括直射路径、镜面反射路径以及山体和人造建筑物的反射路径。当电磁波经两条不同路径到达时，两路电磁波所通过的路径距离不同，相位和幅度也不同。影响相位的因素包括路径长度、反射相位、天线在传播方向上的相位等。影响幅度的因素包括路径长度、反射系数、反射面积、天线在传播方向上的增益等。

第 i 个基站接收第 j 个辐射源在第 k 个反射面方向的功率为

$$P_{ijk}=\frac{P_{tj}G_{tjk}G_{rik}\,|\rho_k|^2 S_k\lambda_j^2}{(4\pi)^3R_{jk}^2R_{ik}^2L_{ri}L_{tj}} \tag{7-4}$$

式中：P_{tj} 为第 j 个辐射源信号的功率；G_{tjk} 为第 j 个辐射源在第 k 个反射面方向的增益；L_{tj} 为第 j 个辐射源系统的发射损耗；L_{ri} 为第 i 基站功率接收损耗(包括基站接收损耗、单程大气损耗及波束损耗等)；R_{ik}、R_{jk} 分别为第 i 个基站、第 j 个辐射源到第 k 个反射面的距离；G_{rik} 为第 i 个基站在第 k 个反射面方向的增益；λ_j 为第 j 个辐射源的波长；$|\rho_k|$ 为第 k 个反射面的幅度反射系数；S_k 为第 k 个反射面的面积。

第 i 个基站接收第 j 个辐射源在第 k 个反射面方向的信号表达式为

$$S_{ijk}(t)=\sqrt{P_{ijk}}\exp\left[\mathrm{j}2\pi f_j\left(t-\frac{R_{jk}+R_{ik}}{c}\right)\right]\nu_j\left(t-\frac{R_{jk}+R_{ik}}{c}\right)\exp(\mathrm{j}2\pi f_{ijk}t)\exp(-\mathrm{j}\phi_k) \tag{7-5}$$

式中：f_{ijk} 为多普勒频率；$-2\pi f_j\dfrac{R_{jk}+R_{ik}}{c}$ 为路径传输相位延迟；ϕ_k 为第 k 个反射面的反射相位；幅度复数反射系数表示为 $\rho_k=|\rho_k|\exp(-\mathrm{j}\phi_k)$。

环境信号功率密度通常用场强表示，功率密度 P(W/m^2)和信号场强 E(V/m)的转换关系为

$$\begin{cases}E=\sqrt{377P}\\ P=\dfrac{P_tG}{4\pi R^2}=\dfrac{P_t}{4\pi R^2}\dfrac{4\pi A}{\lambda}=\dfrac{P_t}{R^2}\dfrac{A}{\lambda}\end{cases} \tag{7-6}$$

对于地面镜面反射多路径来说，可以利用第一菲涅尔区表示镜面反射面积 S_k。

1. 菲涅尔区

电波传播镜面反射或绕射现象可用惠更斯原理解释。惠更斯原理表明波前上的所有点可作为产生次级波的波源，次级波组合起来在传播方向上形成新的波前，即可接收点的场强为所有次级波场强的矢量和。

菲涅尔区电波传播路径示意图如图 7－1 所示。电波传播中一个重要概念就是菲涅尔区，第 n 个菲涅尔区半径近似为

$$F_n=\sqrt{\frac{n\lambda d_1 d_2}{d_1+d_2}} \tag{7-7}$$

式中：λ 为波长；并且 $F_n \ll d_1$、d_2，d_1 与 d_2 为垂直于 TR 连线的平面分别与发射机和接收机的距离，T 为发射机，R 为接收机。可以看出，当 d_1+d_2 一定时，波长 λ 越短，对传播起主要作用的区域半径越小，菲涅尔区的椭球体就越细长，最后退化为直线。

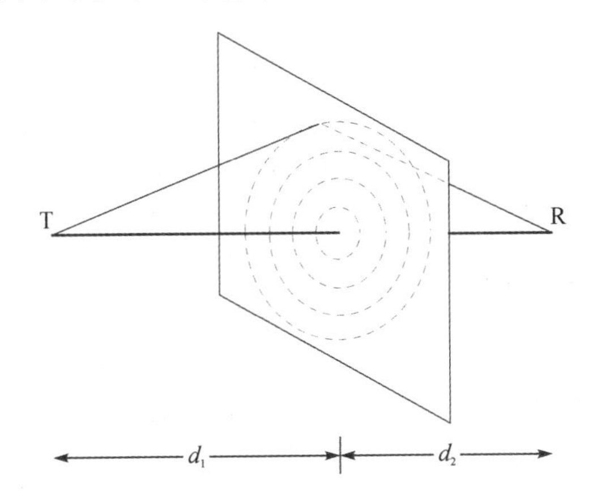

图 7－1　菲涅尔区电波传播路径示意图

$n=1$ 时，称为第一菲涅尔半径，该半径内的区域为第一菲涅尔区，这一地区称为反射地面上的有效反射区，区域外的反射在接收点不产生显著的影响。

最小菲涅尔区的面积为第一菲涅尔区的 1/3，则最小菲涅尔区半径 $F_0=0.577F_1$。最小菲涅尔区半径表示在接收点能够得到与自由空间传播相同的信号强度时所需的最小空中通道的半径。

假设天线的架设高度比波长大得多，而且地面又可视为无限大的理想导电地，则地面的影响可以用镜像法来进行分析。M 点为辐射源，N 点为接收基站，M' 为 M 的镜像，这时经过反射点 D 到达接收点 N 的射线可以认为是来自镜像 M' 的射线。根据电波传播菲涅尔区概念，M' 与 N 之间的电波传播空间通道是一个以 M'、N 为焦点的椭球体，该椭球体与地面相交形成椭圆区域，椭圆中心点一般情况下不在反射点。镜面反射菲涅尔区示意图如图 7－2 所示。

工程上常把第一菲涅尔区视为对传播起主要作用的区域，因此可以得出相应的地面有效反射区的大小。假设地面为平面地，收发天线高度远大于波长 λ，传播距离也远大于波长，而且 $d \gg h_1+h_2$，在以上条件下得到第一菲涅尔椭圆区的几何尺寸。

椭圆中心点在 x 轴的坐标为

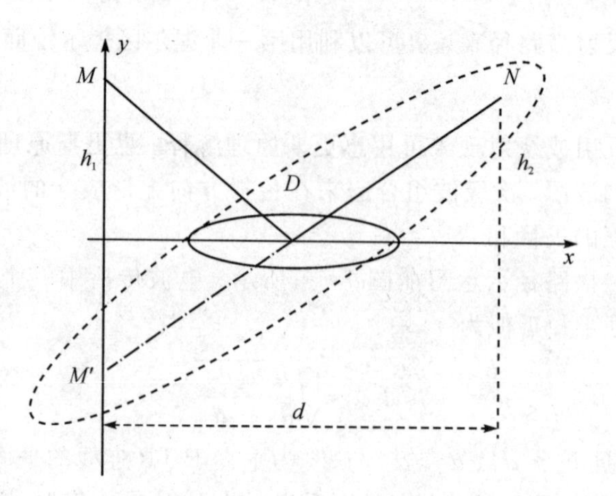

图 7-2　镜面反射菲涅尔区示意图

$$x_{\mathrm{o}} \approx \frac{d}{2}\frac{\lambda d + 2h_1(h_1+h_2)}{\lambda d + (h_1+h_2)^2} \tag{7-8}$$

椭圆的长轴为 x 轴，长半轴为

$$a_x \approx \frac{d}{2}\frac{\sqrt{\lambda d(\lambda d + 4h_1h_2)}}{\lambda d + (h_1+h_2)^2} \tag{7-9}$$

椭圆的短轴为 y 轴，短半轴为

$$b_y \approx \frac{a_x}{d}\sqrt{\lambda d + (h_1+h_2)^2} \tag{7-10}$$

第一菲涅尔椭圆区面积为

$$S = \pi a_x b_y \tag{7-11}$$

2. 反射系数

第 k 个反射面的幅度复数反射系数表示为

$$\rho_k = \rho_0\rho_{\mathrm{s}}D_{\mathrm{f}} \tag{7-12}$$

式中：ρ_0 为电磁幅度反射系数，决定于反射面的电磁性能、入射波的极化性质和擦地角；ρ_{s} 为反射面粗糙因子，即考虑反射面粗糙程度的修正系数；D_{f} 为反射面发散因子，即考虑凸形地球曲面造成的射束发散，从而减弱功率密度的因子。

由电磁波的反射系数，得到前向幅度复反射系数 ρ_0 为

$$\rho_{0\mathrm{HH}} = \frac{\sin\varphi - \sqrt{\varepsilon - \cos^2\varphi}}{\sin\varphi + \sqrt{\varepsilon - \cos^2\varphi}} \tag{7-13}$$

$$\rho_{0\mathrm{VV}} = \frac{\varepsilon\sin\varphi - \sqrt{\varepsilon - \cos^2\varphi}}{\varepsilon\sin\varphi + \sqrt{\varepsilon - \cos^2\varphi}} \tag{7-14}$$

$$\rho_{0\mathrm{CC}} = \frac{1}{2}(\rho_{0\mathrm{VV}} + \rho_{0\mathrm{HH}}) \tag{7-15}$$

式中：φ 为反射射线擦地角；$\rho_{0\mathrm{HH}}$ 为水平极化波复反射系数；$\rho_{0\mathrm{VV}}$ 为垂直极化波复反射系数；$\varepsilon = \varepsilon_{\mathrm{r}} - \mathrm{j}60\lambda\sigma$ 为复介电常数，$\varepsilon_{\mathrm{r}} = \varepsilon/\varepsilon_0$ 为地面相对介电常数(电容率常数)，真空电容率 $\varepsilon_0 = 8.854\ 187\ 817 \times 10^{-12}$(F/m)；$\sigma$ 为地面电导率(S/m)，真空电导率为 0；λ 为波长(m)；

下标 HH 表示收发水平极化，VV 表示收发垂直极化，CC 表示收发圆极化。

高斯型的粗糙表面，粗糙表面反射因子 ρ_s 为

$$\rho_s = \exp\left[-2\left(\frac{2\pi\sigma_h \sin\varphi}{\lambda}\right)^2\right] \tag{7-16}$$

式中：σ_h 为高斯型高度分布的标准偏差；φ 为反射射线擦地角。

波长为 0.3 m 时，高度分布的标准偏差为 0.1 m，得到粗糙表面反射因子如图 7-3 所示。擦地角为 0°时，反射因子为 1，随着擦地角的增大，反射因子逐渐减小。

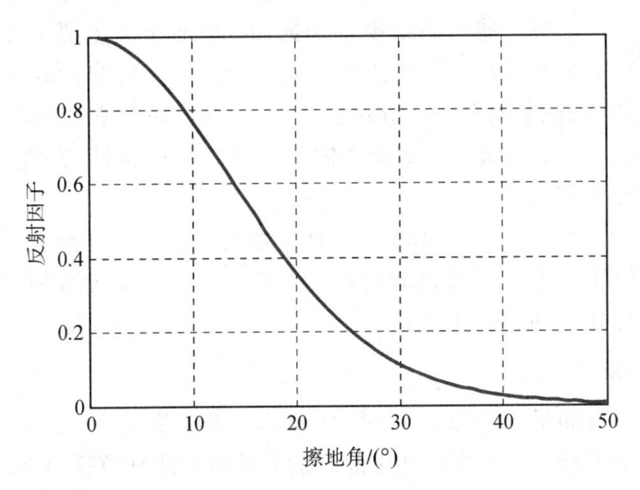

图 7-3　粗糙表面反射因子

因为地球反射面表面为曲面，所以反射波波前的曲率不同于入射波波前的曲率。根据射线理论，如果表面曲率呈凸形，那么反射射线比从平面反射的射线发散得更迅速，故用球面的扩散系数或发散因子 D_f 来说明这样引起的反射场的减弱，即

$$D_f = \frac{E_1}{E_0} = \sqrt{\frac{a_e d \sin\varphi \cos\varphi}{\left(\dfrac{2d_1 d_2}{\cos\varphi} + a_e d \sin\varphi\right)\left(1 + \dfrac{h_1}{a_e}\right)\left(1 + \dfrac{h_2}{a_e}\right)}} \tag{7-17}$$

式中：E_1 为球面地反射时反射波场强；E_0 为平面地反射时反射波场强；a_e 为有效地球半径；φ 为反射射线擦地角；d 为收发两点之间的距离；d_1、d_2 分别为收发天线与反射面的距离。

由于擦地角 φ 永远是一个很小的角度，因此 D_f 可近似为

$$D_f = \frac{E_1}{E_0} \approx \left(1 + \frac{2d_1 d_2}{a_e d \sin\varphi}\right)^{-1/2} \tag{7-18}$$

反射射线擦地角表达式为

$$\varphi = \frac{[1 - m(1 + b^2)](h_1 + h_2)}{d} \tag{7-19}$$

上两式中：d 为收发两点距离；h_1、h_2 为发、接天线高度；a_e 为有效地球半径；$m = \dfrac{d^2}{4a_e(h_1 + h_2)}$；$b = 2\sqrt{\dfrac{m+1}{3m}}\cos\left[\dfrac{\pi}{3} + \dfrac{1}{3}\arccos\left(\dfrac{3c}{2}\sqrt{\dfrac{3m}{(m+1)^3}}\right)\right]$，$c = \dfrac{|h_1 - h_2|}{h_1 + h_2}$。

7.1.3 杂波模型

时差定位系统的杂波主要包括地/海杂波、气象杂波等。杂波是辐射源照射到地面、海面、云雨后反射到接收基站的信号。为了真实有效地评估时差定位系统性能，杂波干扰是必须要考虑的因素。

地面/海面杂波取决于辐射源参数(频率、极化、脉冲宽度、天线形状、天线仰角)、接收基站参数(频率、极化、天线形状、天线仰角)、辐射源和基站空间的几何关系、地面/海面起伏和散射系数等，一般不能用高斯模型来描述。地面杂波主要来源于树木、草地、沙土、岩石、海面以及建筑物等人造物体的散射或反射。海面的起伏取决于风速、风向、浪高、浪间距、浪方向、涨潮或退潮等。精确的地/海杂波功率计算模型要视特定的环境，通过大量的实测数据进行修正和验证。地面杂波模型可以用确定性杂波模型进行仿真；海面杂波可以用统计模型进行仿真。

气象杂波包括云、雾、雨、雪等体杂波，体杂波是一种分布散射现象，它用雷达反射系数来表示，即每单位体积的雷达散射截面积，由于体杂波是由大量相互独立的点组成的，因而其起伏特性可以用高斯模型来描述。

1. 地面确定性杂波模型

地杂波也是一种分布散射现象，在数字地理信息系统支持下，散射单元一般按照数字地形图的网格大小来划分，可以直接利用前向散射系数公式计算反射系数。

对于地杂波，通常将信号源照射区域分成若干分辨单元，分别对每个分辨单元的杂波信号进行建模，将各个单元的杂波信号合并叠加。对各散射单元回波信号电压进行叠加，得到杂波距离回波幅度序列，忽略天线不同方向相位起伏影响，第 i 基站接收第 j 辐射源的综合反射强度为

$$\begin{cases} \text{Scatter}_{ij}(r, f_{\mathrm{d}}) = \sum_{k=1}^{K} \delta\left(t - \frac{r}{c}\right) A_{ijk}(r) \exp(\mathrm{j}2\pi f_{ijk} t) \\ A_{ijk}(r) = \sqrt{P_{ijk}} \exp\left(-\mathrm{j}2\pi f_j \frac{R_{jk} + R_{ik}}{c} - \mathrm{j}\phi_k\right) \end{cases} \tag{7-20}$$

$$P_{ijk} = \frac{P_{\mathrm{t}j} G_{\mathrm{t}jk} G_{\mathrm{r}ik} |\rho_k|^2 S_k \lambda_j^2}{(4\pi)^3 R_{jk}^2 R_{ik}^2 L_{\mathrm{r}i} L_{\mathrm{t}j}} \tag{7-21}$$

式中：$r = R_{jk} + R_{ik}$ 为传播路径，最短距离为直射路径；K 为分割的反射面数量；$A_{ijk}(r)$ 为第 i 基站接收第 j 辐射源在第 k 个反射面方向的复强度；P_{ijk} 为第 i 基站接收第 j 辐射源在第 k 个反射面方向的功率；f_j 为第 j 辐射源信号载波频率；R_{ik} 为第 i 基站到第 k 个反射面的距离；R_{jk} 为第 j 辐射源到第 k 个反射面的距离；f_{ijk} 为第 k 个反射面信号的多普勒频率；ϕ_k 为第 k 个反射面的反射相位；c 为光速；$\delta(t)$ 为冲激函数。

为了减少计算量，只考虑天线主瓣和第一副瓣波束。对于雷达回波可以采用距离分辨力和角度分辨力划分分辨单元，以保证每个分辨单元内的多普勒频移小于多普勒分辨力。

对于侦察基站与辐射源，可以将距离-多普勒频率联合量化，形成离散化网格数据 $A(m_r, n_f)$，其中 m_r 表示距离量化，n_f 表示多普勒频率量化，网格数据初始化为 0；将相同量化单元的散射信号矢量叠加，这样可以减少散射单元数量，提高散射信号计算速度。对于窄波束天线，主波束照射区的多普勒频率可以近似相等，二维散射单元就转换为一维

散射单元。第 k 个反射面方向的散射信号强度 $A_{ijk}(r)\exp(\mathrm{j}2\pi f_{ijk}t)$ 在距离和多普勒频率上进行离散化，即

$$\begin{cases} m_r = \mathrm{round}\left(\dfrac{r}{\Delta r}\right) \\ n_f = \mathrm{round}\left(\dfrac{f_{ijk}}{\Delta f}\right) \end{cases} \tag{7-22}$$

式中：Δr 为距离间隔，可以取信号距离分辨单元的 1/2；$\Delta f = 1/T$ 为多普勒分辨率，T 为采样时间。将 K 个反射面回波数据进行离散化处理后，将 $A_{ijk}(r)$ 与 $A(m_r, n_f)$ 复数相加，最终形成距离-多普勒频率联合量化网格数据 $A(m_r, n_f)$，round() 为临近取整函数。

距离-多普勒网格点 (m_r, n_f) 的反射强度为

$$\mathrm{Scatter}_{ij}(m_r, n_f) = \delta\left(t - \frac{m_r \Delta r}{c}\right) A(m_r, n_f)\exp(\mathrm{j}2\pi n_f \Delta f t) \tag{7-23}$$

第 j 个辐射源信号为 $\nu_j(t)$，则综合杂波信号为

$$\begin{aligned} S_{ijk}(t) &= \sum_{m_r}\sum_{n_f} \mathrm{Scatter}_{ij}(m_r, n_f)\nu_j(t) \\ &= \sum_{m_r}\sum_{n_f} A(m_r, n_f)\nu_j\left(t - \frac{m_r \Delta r}{c}\right)\exp(\mathrm{j}2\pi n_f \Delta f t) \end{aligned} \tag{7-24}$$

为了实现综合杂波信号快速计算，首先对第 m_r 距离单元的多个多普勒频率单元进行离散积分，得到第 m_r 距离单元的综合反射强度为

$$\mathrm{Scatter}_{ij}(m_r) = \delta\left(t - \frac{m_r \Delta r}{c}\right)\sum_{n_f} A(m_r, n_f)\exp\left(\mathrm{j}2\pi n_f \Delta f \frac{m_r \Delta r}{c}\right) \tag{7-25}$$

假设辐射源信号 $\nu_j(t)$ 按照时间间隔 ΔT 离散化为 $\nu_j(m)$，为了实现数字化处理，将距离间隔 Δr 量化后的综合反射强度按照时间间隔 ΔT 量化，即将 $\mathrm{Scatter}_{ij}(m_r)$ 量化到 $\mathrm{Scatter}_{ij}(m)$。为了实现反射强度的快速计算，通常 $\Delta r \gg c\Delta T$。这两个信号进行卷积就可以得到综合杂波信号：

$$S_{ijk}(m) = \nu_j(m) \otimes \mathrm{Scatter}_{ij}(m) \tag{7-26}$$

2. 海面统计性杂波模型

对于海面情况，由于海浪起伏和风速、风向等有关，可以构建海面起伏散射单元模型，建立与风速、风向、视线方位角、擦地角、波长、极化、散射单元面积等参数相关的反射系数统计模型或统计曲线，利用外场测量数据对模型进行验证；然后利用反射系数的均值和标准差，产生正态随机数作为某散射单元的反射系数。

1）杂波统计分布模型

随着现代高分辨雷达的出现，由于相邻散射单元的回波在时间和空间上均存在一定的相关性，杂波满足高斯分布的假设已不成立。实测数据已证实在低仰角或高分辨率雷达情况下，杂波分布的统计特性明显偏离高斯分布特性。用非高斯分布模型来模拟能更精确地描述实际雷达回波的统计特性。常用于描述杂波的统计分布有 Lognormal(对数正态)分布、Weibull(韦布尔)分布以及 K 分布等。

从杂波模型来看，要模拟杂波，即产生满足幅度要求和功率谱要求的随机数，常用方法有零记忆非线性变换法(Zero Memory Nonlinearity)和球不变随机过程法(Spherically

Invariant Random Process)。零记忆非线性变换法是将高斯白噪声通过低通滤波器得到满足功率谱特征的数据，然后再经零记忆非线性变换使数据满足幅度特征。球不变随机过程法对于常用的杂波模型都能得到满意的结果，但数据计算量大，数据产生速度慢。

(1) 高斯分布。

高斯分布的概率密度函数为

$$f(x)=\frac{1}{\sigma\sqrt{2\pi}}\exp\left(\frac{-(x-u)^2}{2\sigma^2}\right) \tag{7-27}$$

式中：u 为杂波均值；σ^2 为杂波方差。一般认为杂波具有零均值，即 $u=0$。

当杂波服从高斯分布时，杂波幅度分布为瑞利(Rayleigh)分布，Rayleigh 分布的概率密度函数为

$$f(x\mid b)=\frac{x}{b^2}\exp\left(\frac{-x^2}{2b^2}\right) \tag{7-28}$$

式中：$x\geqslant 0$；b 为瑞利参数。Rayleigh 分布的均值和方差分别为 $E(x)=b\sqrt{\pi/2}$、$\mathrm{var}(x)=b^2\left(2-\frac{\pi}{2}\right)$。

对概率密度函数积分，可得 Rayleigh 分布的分布函数为

$$F(x\mid b)=\int_0^\infty \frac{x}{b^2}\exp\left(\frac{-x^2}{2b^2}\right)\mathrm{d}x=1-\exp\left(\frac{-x^2}{2b^2}\right) \tag{7-29}$$

不同的瑞利参数条件下，瑞利分布的概率密度曲线如图 7-4 所示。

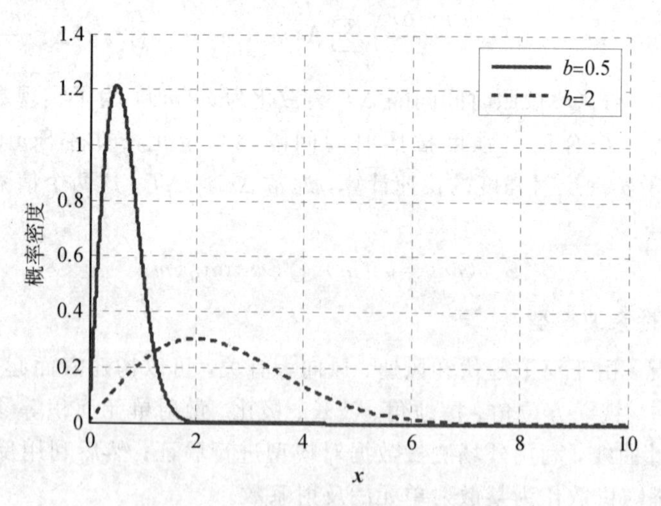

图 7-4　瑞利分布的概率密度曲线

复高斯分布杂波功率服从指数分布，指数分布的概率密度函数为

$$f(x)=\frac{1}{\mu}\exp\left(-\frac{x}{\mu}\right) \tag{7-30}$$

式中：$x\geqslant 0$，该指数分布的均值为 μ，方差为 μ^2。不同均值条件下，指数分布的概率密度曲线如图 7-5 所示。

(2) 对数正态分布。

对数正态分布是 S. F. George 在 1968 年提出的。它是一种常用的描述非瑞利包络杂波

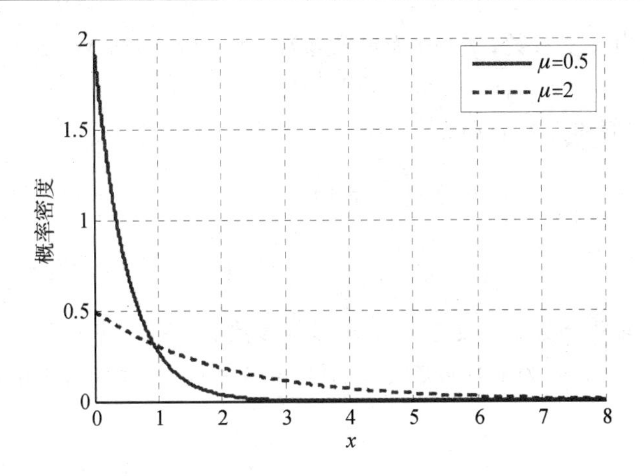

图 7-5　指数分布的概率密度曲线

的统计模型，其概率密度函数为

$$f(x \mid \mu, \sigma)=\frac{1}{x\sigma\sqrt{2\pi}}\exp\left(\frac{-(\ln x-\mu)^2}{2\sigma^2}\right) \tag{7-31}$$

式中：$x>0$；μ 为 $\ln x$ 的均值(尺度参数)；σ 为 $\ln x$ 的标准偏差(形状参数)。

对数正态分布的均值和方差分别为

$$E(x)=\exp\left(\frac{\sigma^2}{2}+\mu\right) \tag{7-32}$$

$$\operatorname{var}(x)=\exp(\sigma^2+2\mu)\left[\exp(\sigma^2)-1\right] \tag{7-33}$$

对数正态分布的概率密度随尺度参数 μ 以及形状参数 σ 变化的关系曲线如图 7-6 所示。

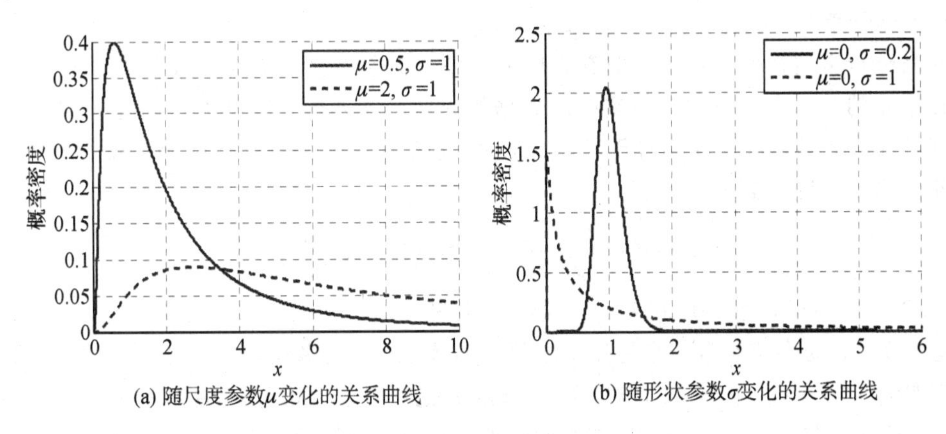

图 7-6　对数正态分布的概率密度曲线

(3) Weibull 分布。

和对数正态分布模型一样，Weibull 分布模型也是描述非瑞利包络杂波的一种常用的统计模型。相比瑞利分布和对数正态分布，Weibull 分布模型能在很宽的条件下很好地与实验数据相匹配。Weibull 分布的概率密度表示为

$$f(x)=\frac{p}{q}\left(\frac{x}{q}\right)^{p-1}\exp\left[-\left(\frac{x}{q}\right)^{p}\right] \tag{7-34}$$

式中：$x \geqslant 0$；$q>0$ 为尺度参数；$p>0$ 为形状参数，$p=1$，2 时，Weibull 分布分别退化为指数分布和瑞利分布。

Weibull 分布均值和方差分别为

$$\begin{cases} E(x)=q\Gamma\left(\dfrac{1}{p}+1\right) \\ \operatorname{var}(x)=q^2\left[\Gamma\left(\dfrac{2}{p}+1\right)-\Gamma^2\left(\dfrac{1}{p}+1\right)\right] \end{cases} \tag{7-35}$$

韦布尔分布的概率密度随尺度参数 q 和形状参数 p 变化，韦布尔分布的概率密度曲线如图 7-7 所示，其中图(a)为随尺度参数 q 变化的关系曲线；图(b)为随形状参数 p 变化的关系曲线。

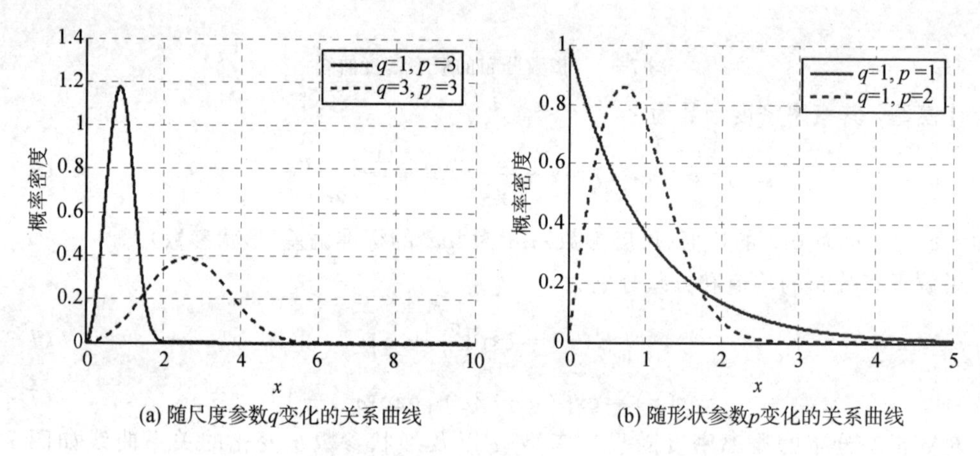

(a) 随尺度参数q变化的关系曲线　　(b) 随形状参数p变化的关系曲线

图 7-7　韦布尔分布的概率密度曲线

(4) K 分布。

对高分辨雷达在低视角工作时获得的海杂波回波包络模型的研究表明，用 K 分布不仅可以在很宽的范围内很好地与观测杂波数据的幅度分布匹配，还可以正确地模拟杂波回波脉冲间的相关特性，这一性能对于精确预测回波脉冲积累后的目标检测性能是很重要的。K 分布的概率密度函数为

$$f(x)=\frac{2}{a\Gamma(v+1)}\left(\frac{x}{2a}\right)^{v+1}\mathrm{K}_v\left(\frac{x}{a}\right) \tag{7-36}$$

式中：$x>0$，$v>-1$，$a>0$，$\mathrm{K}_v(\cdot)$为第二类修正 Bessel 函数；a 为尺度参数，仅与杂波的平均值有关；v 为形状参数，控制分布尾部的形状。对于大多数杂波，形状参数 v 的取值范围一般是$[0.1\quad\infty)$。当 $v\to 0.1$ 时，K 分布的右拖尾较长，可描述尖峰状杂波；而当 $v\to +\infty$时，K 分布接近于瑞利分布。有试验证明，对于高分辨低入射余角的杂波，形状参数 v 的取值范围一般是$[0.1\quad 3)$。K 分布的各阶矩介于瑞利分布和对数正态分布的各阶矩之间。

K 分布对应的均值和方差分别为

$$\begin{cases} E(x)=\dfrac{2a\Gamma(v+3/2)\Gamma(3/2)}{\Gamma(v+1)} \\ \operatorname{var}(x)=4a^2\left[v+1-\dfrac{\Gamma^2(v+3/2)\Gamma^2(3/2)}{\Gamma^2(v+1)}\right] \end{cases} \tag{7-37}$$

对概率密度函数求积分，可得 K 分布的分布函数近似为

$$F(x)=1-\frac{2}{\Gamma(v+1)}\left(\frac{x}{2a}\right)^{v+1}K_{v+1}\left(\frac{x}{a}\right) \tag{7-38}$$

K分布的概率密度随尺度参数 a 和形状参数 v 变化的关系曲线如图7-8所示。

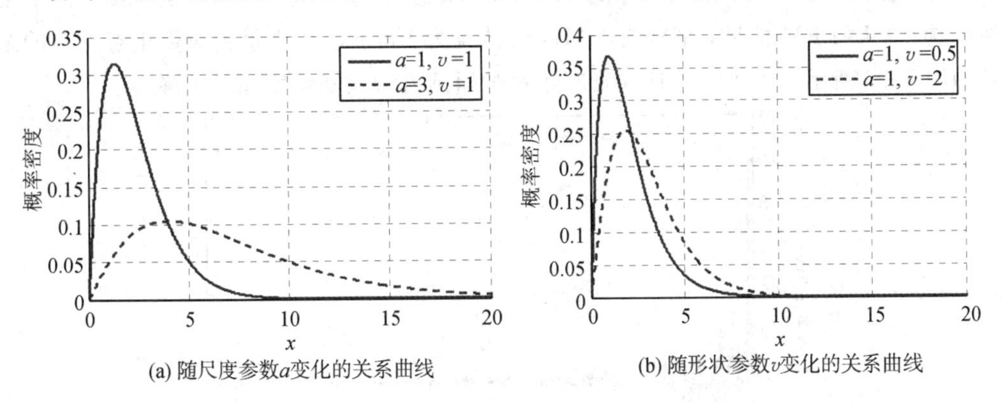

图7-8　K分布的概率密度曲线

2）杂波功率分布

将信号源照射区域分成若干分辨单元，分别对每个分辨单元的杂波信号进行建模，将各个单元的杂波信号幅度叠加。第 i 基站接收第 j 辐射源的综合反射功率强度为

$$\begin{aligned}\text{Scatter}P_{ij}(r)&=\sum_{k=1}^{K}\delta\left(t-\frac{R_{jk}+R_{ik}}{c}\right)P_{ijk}\\&=\sum_{k=1}^{K}\delta\left(t-\frac{R_{jk}+R_{ik}}{c}\right)\frac{P_{tj}G_{tjk}G_{rik}\,|\rho_k|^2S_k\lambda_j^2}{(4\pi)^3R_{jk}^2R_{ik}^2L_{ri}L_{tj}}\end{aligned} \tag{7-39}$$

式中：$r=R_{jk}+R_{ik}$ 为传播路径，最短距离为直射路径；K 为分割的反射面数量；P_{ijk} 为第 i 基站接收第 j 辐射源在第 k 个反射面方向的功率；f_j 为第 j 辐射源信号载波频率；R_{ik} 为第 i 基站到第 k 个反射面的距离；R_{jk} 为第 j 辐射源到第 k 个反射面的距离；c 为光速；$\delta(t)$ 为冲激函数。

对距离进行离散量化，$m_r=\text{round}(r/\Delta r)$，将相同距离量化单元的散射信号功率叠加，即将 K 个反射面回波数据进行离散化处理后，将 $\text{Scatter}P_{ij}(r)$ 与 $P(m_r)$ 功率相加，得到距离间隔 Δr 的散射功率分布 $P(m_r)$，m_r 以直射路径为参考0点，$m_r=0$ 表示直射路径。

3）杂波信号产生

杂波信号计算步骤如下：

(1) 计算每个杂波单元的功率 $P(m_r)$、距离间隔 Δr，$m_r\in[0, M]$，M 为离散杂波功率序列长度。

(2) 产生一个方差为1的Lognormal（对数正态）分布、Weibull（韦布尔）分布或K分布的 M 长度杂波复信号 $\text{noise}(m_r)$。

(3) 得到散射单元散射强度信号 $\sigma(m_r)=\sqrt{P(m_r)}\,\text{noise}(m_r)$，$m_r\in[0, M]$。

(4) 根据辐射源信号模型，产生辐射源离散信号 $\nu(n)$、信号采样时间间隔 ΔT。

(5) 将杂波散射单元距离按照时间间隔 ΔT 量化，即 $n=\text{round}\left(\frac{m_r\Delta r}{c\Delta T}\right)$，得到 $\sigma'(n)$，由于 $\Delta r\gg c\Delta T$，因此 $\sigma'(n)$ 中存在大量零值。

(6) 通过卷积得到散射区域对辐射源信号 $\nu(n)$ 的散射信号 $x(n)=\sigma'(n)\otimes\nu(n)$。

直升机接收基站高度为 3000 m，天线波束宽度为 60°，天线增益为 10 dB，波束指向辐射源；辐射源高度为 6 m，发射功率为 100 kW，增益为 30 dB，波束宽度为 7.2°，波束指向基站位置，发射 LFM 信号，带宽为 1 MHz，脉宽为 100 μs。仿真得到对数正态分布的杂波信号如图 7-9 所示，杂波信号时域波形随着时间延迟增大其幅度逐步下降。

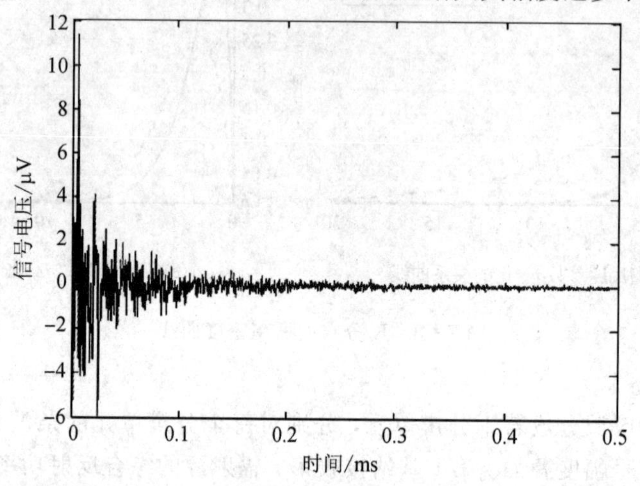

图 7-9　基于高斯分布的杂波信号

7.1.4　接收机噪声模型

接收机噪声为高斯限带白噪声，即在基站通频带内噪声功率谱是均匀的，其幅度服从瑞利分布，仿真中具体可用一个高斯过程的样本函数来表示，带通噪声复信号表示为

$$n(t)=\bar{n}(t)\mathrm{e}^{\mathrm{j}\omega_c t} \tag{7-40}$$

式中：$\bar{n}(t)=n_\mathrm{d}(t)-\mathrm{j}n_\mathrm{q}(t)$，$n_\mathrm{d}(t)$ 和 $n_\mathrm{q}(t)$ 为独立的均值为 0、方差为 σ_N^2 的高斯随机过程。

带通噪声复信号 $n(t)$ 的功率为

$$\delta^2=kF_\mathrm{n}BT_0 \tag{7-41}$$

式中：$k=1.3806\times10^{-23}$ (J/K)为玻尔兹曼常数；T_0 为接收机参考温度，$T_0=290$ K；B 为接收机带宽；F_n 为接收机噪声系数。噪声方差 $\sigma_\mathrm{N}^2=\delta^2/2$，即复噪声实部和虚部各占功率的一半。

实际数字仿真中，噪声公式中接收机带宽 Δf 应该取数字采样频率，因为数字噪声信号在接收机带宽 Δf 内的噪声功率只占总功率的一部分。视频仿真中用到的是离散信号，离散信号的采样率和视频回波信号的采样率 f_s 相同，用离散信号来模拟噪声，噪声谱均匀分布在$[-f_\mathrm{s}/2, f_\mathrm{s}/2]$内，因此为了能得到在接收机带宽 Δf 内的噪声功率，计算噪声功率的带宽应该用采样率 f_s。

7.1.5　信号合成模型

时差定位系统的数字视频仿真，首先需要模拟基站接收到的射频信号，它主要由环境辐射源信号、多路径信号、各类杂波信号、接收机噪声四部分组成。其中环境辐射源信号包括雷达信号、雷达诱饵信号、通信信号(含数据链)、导航信号、广播电视信号、干扰机信号等，参见第 6 章。

时差定位某个基站接收到的射频信号可表示为

$$\begin{aligned}B(t)&=S_{\Sigma}(t)+M_{\Sigma}(t)+C(t)+R(t)+n(t)\\&=\sum_{n=1}^{N}a_{n}s_{n}(t-\tau_{n})+\sum_{n=1}^{N}\sum_{m=1}^{M}b_{nm}s_{n}(t-\Delta_{nm})+C(t)+R(t)+n(t)\end{aligned}\qquad(7-42)$$

式中：$S_{\Sigma}(t)=\sum_{n=1}^{N}a_{n}s_{n}(t-\tau_{n})$为基站接收到的环境辐射源信号，$N$ 表示环境辐射源个数，$s_{n}(t)$为第 n 个辐射源信号，a_{n} 为基站接收到的第 n 个辐射源信号强度，τ_{n} 为信号延迟；$M_{\Sigma}(t)=\sum_{n=1}^{N}\sum_{m=1}^{M}b_{nm}s_{n}(t-\Delta_{nm})$为多路径信号，$b_{nm}$ 表示基站接收到的第 n 个辐射源第 m 条传播路径信号强度，Δ_{nm} 为对应的信号延迟，M 为传播路径数；$C(t)$为杂波信号，包括地/海杂波、气象杂波等；$n(t)$为接收机噪声。

多路信号合成包括模拟信道合成、数字信道合成。模拟信道合成通常用多通道信号模拟器，通过射频信号的空域叠加或射频合路器形成复杂电磁信号环境，该方法需要多通道信号模拟器、合路器或辐射天线等大量的硬件资源，成本高。数字信道合成通常按照各通道信号的中心频率、带宽、调制样式、幅度、采样率等，利用信号模型产生各自的数字信号，然后将多路信号转换成关心带宽通道(侦察通道)的数字信号。

7.1.6　数字信号变采样技术

通过数字信号频谱交叉项合成和时频域相互变换，直接在数字域实现了不同中心频率和采样率的通道间的相互转换，这是多路数字信号合成的基础。

在数字信号仿真中，产生各类电子装备的数字信号可以用信号模型产生，数字信号一般基于零中频产生，数字信号包括中心频率、采样率、正交双通道数据。假设第 m 个数字信号 $s_{m}(n)$的中心频率为 f_{0m}，采样率为 f_{sm}，信号长度为 N_{m}。数字变采样就是将该信号转换成中心频率为 f_{0R}、采样率为 f_{sR} 的数字信号 $s_{R}(n)$。第 m 个数字信号的数字变采样表示为

$$s_{R}(n)=F_{C}[s_{m}(n)]\qquad(7-43)$$

式中：F_{C} 为数字变采样函数，或称为数字变采样接收机，能够将数字信号按照任意中心频率和采样率进行抽取或移频，得到数字变采样信号。数字变采样函数 F_{C} 经过频谱初始化、频谱交叉项参数求解、频谱综合、时域波形解算等几个处理过程，得到数字变采样信号。

数字变采样函数 F_{C} 的实现步骤如下：

1. 频谱初始化

数字变采样合成信号和数字信号的时间长度是相同的，因此数字变采样合成信号长度 N_{R} 为

$$N_{R}=\text{round}\left(\frac{N_{m}f_{sR}}{f_{sm}}\right)\qquad(7-44)$$

式中：N_{m} 为第 m 个数字信号采样长度；f_{sm} 为数字信号采样率；f_{sR} 为数字变采样合成信号采样率；round()为邻近取整函数。

利用信号长度和快速傅里叶频谱长度相同，将数字变采样合成信号频谱 $S_{\mathrm{R}}(n)$ 初始化为 0，信号函数可表示为

$$S_{\mathrm{R}}(n)=\mathrm{zeros}(1,\ N_{\mathrm{R}}) \tag{7-45}$$

2. 频谱交叉项参数求解

复杂电磁环境信号包括不同频率、不同带宽、不同调制样式、不同幅度的多路信号，通道间可能存在频谱交叉。数字信号与数字变采样合成信号的频谱交叉项表达式为

$$\begin{cases} f_{\mathrm{b}m}=\max\left(f_{0\mathrm{R}}-\dfrac{f_{\mathrm{sR}}}{2},\ f_{0m}-\dfrac{f_{\mathrm{s}m}}{2}\right) \\ f_{\mathrm{e}m}=\min\left(f_{0\mathrm{R}}+\dfrac{f_{\mathrm{sR}}}{2},\ f_{0m}+\dfrac{f_{\mathrm{s}m}}{2}\right) \end{cases} \tag{7-46}$$

式中：$f_{\mathrm{b}m}$ 和 $f_{\mathrm{e}m}$ 分别为第 m 个数字信号与数字变采样合成信号的频谱交叉项的起点频率和终止频率。f_{0m} 和 $f_{\mathrm{s}m}$ 分别为第 m 个数字信号的中心频率和采样率。

如果 $f_{\mathrm{b}m}>f_{\mathrm{e}m}$，则两信号频谱没有交叉项，即数字变采样接收机接收不到该数字信号；如果 $f_{\mathrm{b}m}\leqslant f_{\mathrm{e}m}$，则两信号频谱存在交叉项，即数字变采样接收机能够接收该数字信号。数字信号与数字变采样合成信号的频谱交叉项示意图如图 7-10 所示。

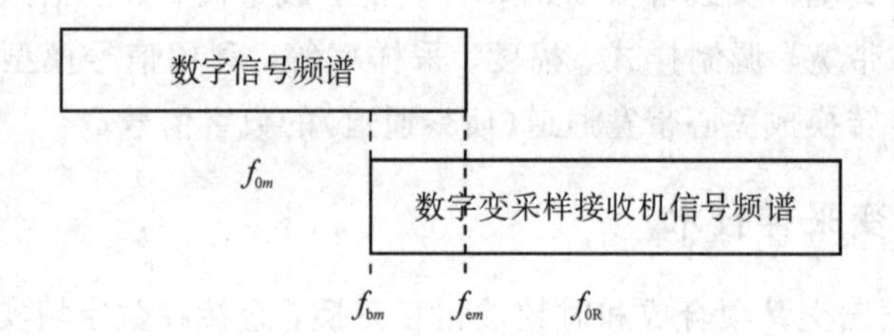

图 7-10　数字信号与数字变采样合成信号的频谱交叉项示意图

3. 频谱综合

第 m 个数字信号频谱为

$$S_m(n)=\mathrm{fftshift}\left\{\frac{1}{N_m}\mathrm{fft}\left[s_m(n)\right]\right\} \tag{7-47}$$

式中：N_m 为信号长度，fft 为快速傅里叶变换函数，fftshift 函数将零频率分量移动到频谱中心。

基于频谱交叉项参数，得到变采样信号频谱表达式为

$$S_{\mathrm{R}}(n_{\mathrm{R}m}:n_{\mathrm{R}m}+N_{\mathrm{c}m}-1)=S_m(n_m:n_m+N_{\mathrm{c}m}-1) \tag{7-48}$$

$$\begin{cases} N_{\mathrm{c}m}=\mathrm{round}\left(\dfrac{f_{\mathrm{e}m}-f_{\mathrm{b}m}}{\Delta f_m}\right) \\ n_m=\mathrm{round}\left(\dfrac{f_{\mathrm{b}m}-f_{0m}+f_{\mathrm{s}m}/2}{\Delta f_m}\right) \\ n_{\mathrm{R}m}=\mathrm{round}\left(\dfrac{f_{\mathrm{b}m}-f_{0\mathrm{R}}+f_{\mathrm{sR}}/2}{\Delta f_m}\right) \end{cases} \tag{7-49}$$

式(7-48)表示将离散信号 $S_m(n)$ 的 $(n_m:n_m+N_{\mathrm{c}m}-1)$ 数据段复制到 $S_{\mathrm{R}}(n)$ 的 $(n_{\mathrm{R}m}:n_{\mathrm{R}m}+N_{\mathrm{c}m}-1)$ 数据段。$S_{\mathrm{R}}(n)$ 为数字变采样合成信号频谱；$S_m(n)$ 为数字信号频谱；$N_{\mathrm{c}m}$ 为频谱交叉项长度，n_m 为频谱交叉项起始点在第 m 个数字信号频谱的位置，$n_{\mathrm{R}m}$ 为频

谱交叉项起始点在变采样合成信号频谱的位置，频谱分辨率 $\Delta f_m = f_{sm}/N_m$，round()为邻近取整函数；f_{0m} 为第 m 个数字信号 $s_m(n)$的中心频率；f_{sm} 为第 m 个数字信号的采样率；f_{0R} 为数字变采样接收机中心频率；f_{sR} 为数字变采样接收机采样率。

4. 时域波形解算

利用逆傅里叶变换，得到接收机收到的数字信号 $s_R(n)$为

$$s_R(n) = \frac{N_R}{2}\text{ifft}\{\text{fftshift}[S_R(n)]\} \tag{7-50}$$

式中：ifft 为逆傅里叶变换函数；N_R 为数字变采样接收机频谱长度。

辐射源信号脉宽为 20 μs，带宽为 10 MHz，信号幅度为 1，中心频率为 300 MHz，采用零中频采样，采样率为 60 MHz。图 7－11 为辐射源信号和信号频谱(f_0＝300 MHz，f_s＝60 MHz)，信号满足采样要求。

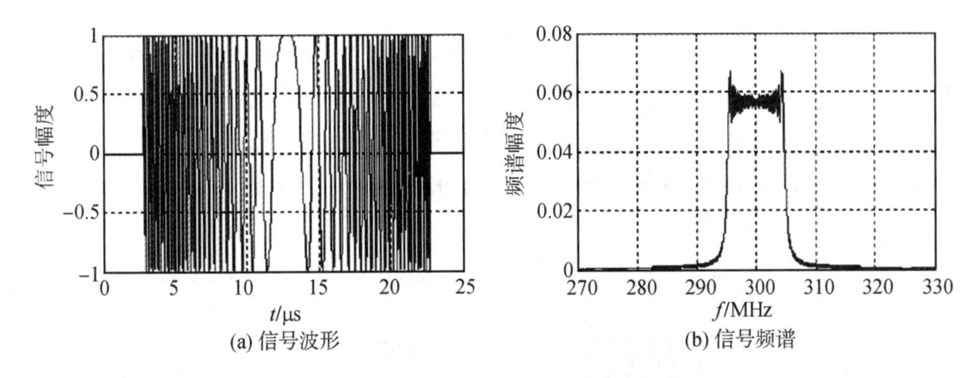

图 7－11　辐射源信号和信号频谱(f_0＝300 MHz，f_s＝60 MHz)

为了验证数字变采样接收技术，数字接收机采用三种状态：接收机中心频率 f_0＝300 MHz，采用零中频采样，采样率为 6 MHz；接收机中心频率为 310 MHz，采用零中频采样，采样率为 40 MHz；接收机中心频率为 320 MHz，采用零中频采样，采样率为 40 MHz。

信号变采样接收仿真结果如图 7－12～图 7－14 所示。

图 7－12 为接收机信号和信号频谱(f_0＝300 MHz，f_s＝6 MHz)，图中频谱表明数字变采样中心频率不变，采样率采用欠采样后，接收机频带外的辐射源信号被滤除。数字信号合成技术满足频谱和信号幅度要求。

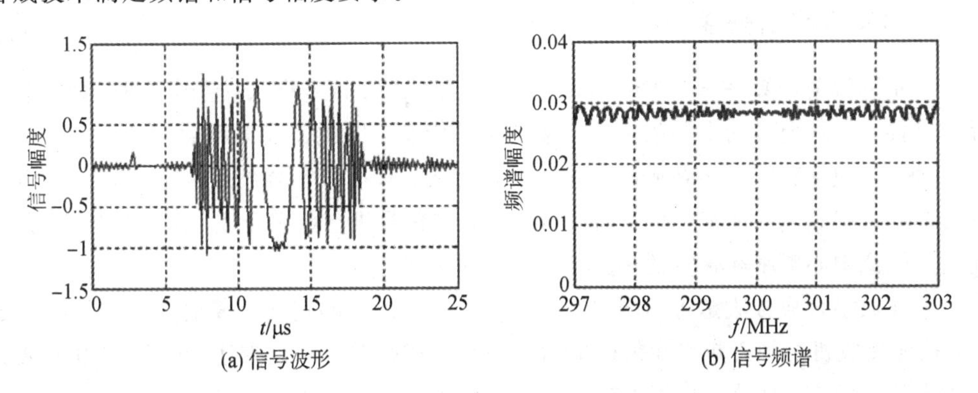

图 7－12　数字变采样接收机信号和信号频谱(f_0＝300 MHz，f_s＝6 MHz)

图 7-13 为接收机信号和信号频谱（f_0=310 MHz，f_s=40 MHz），图中频谱表明数字变采样中心频率和采样率均变化的情况下，辐射源信号频带在数字变采样带宽内，数字信号合成技术满足频谱和信号幅度要求。

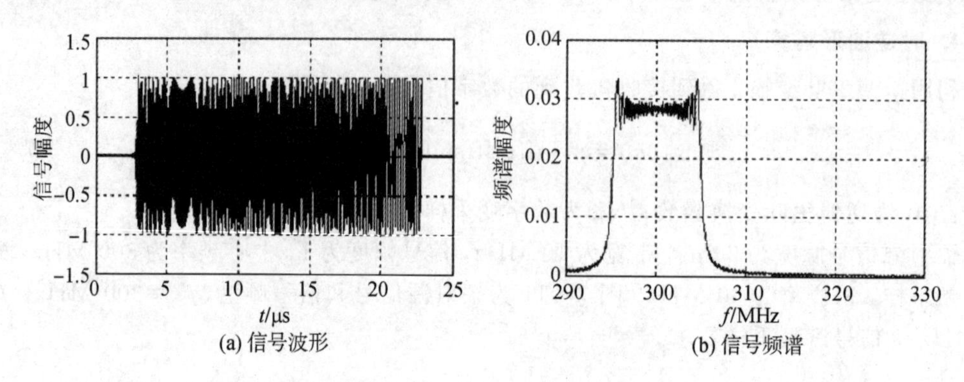

(a) 信号波形 (b) 信号频谱

图 7-13 数字变采样接收机信号和信号频谱（f_0=310 MHz，f_s=40 MHz）

图 7-14 为接收机信号和信号频谱（f_0=320 MHz，f_s=40 MHz），图中频谱表明数字变采样中心频率和采样率均变化的情况下，当辐射源信号部分频带在数字变采样带宽内时，数字信号变采样技术频谱和幅度满足设计要求，由于频谱截断，导致时域信号存在过冲振荡。

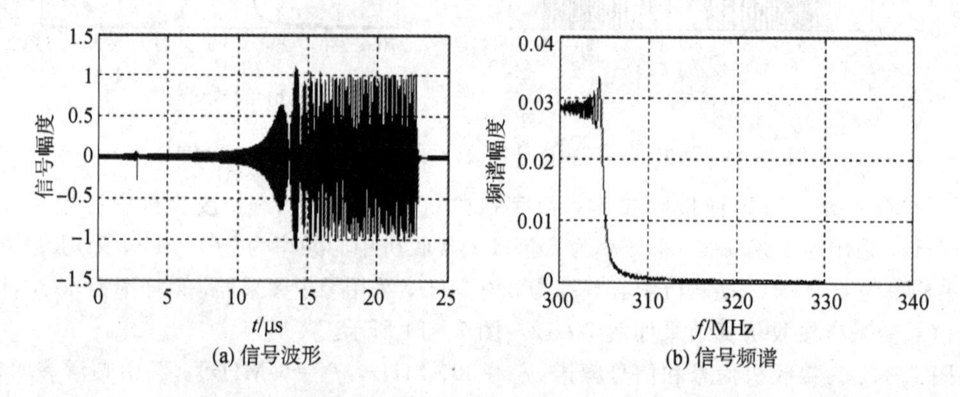

(a) 信号波形 (b) 信号频谱

图 7-14 数字变采样接收机信号和信号频谱（f_0=320 MHz，f_s=40 MHz）

7.1.7 多路数字信号变采样合成

由于不同辐射源数字采样信号的采样率、中心频率、信号样式、信号强度等均不同，而实际信号接收系统要求的中心频率和采样率是确定值，因此需要多路数字信道合成。多路数字信道合成包括直接数字合成和变采样数字合成。直接数字合成通常是用多路信号按照相同的中心频率和采样率来产生信号，然后将多路信号进行数字合成。该方法具有局限性，不能满足任意中心频率和带宽的多路信号的合成需求。

变采样数字合成方法是将不同中心频率和采样率的多路正交双通道数字信号进行数字合成，按照接收机的中心频率和采样率输出数字采样信号。满足雷达（或通信）电子战数字视频仿真信号的产生需求，也可以利用矢量信号源产生满足中心频率和采样率要求的射频信号，满足信号测试需求。

多路数字信号变采样数字合成方法包括两种：多路信号分别数字变采样合成、多路信号综合数字变采样合成，这两种方法是等价的。

假设环境中有 M 个辐射源信号，某接收机可以接收到 M 路信号，假设 M 个信号源的数字采样起始时刻和采样时长均相同，采样率和采样点数均不同。假设第 m 个数字信号为 $s_m(n)$，信号长度为 N_m，中心频率为 f_{0m}，采样率为 f_{sm}。为了统一采样时间长度，要求 N_m/f_{sm} 近似为常数。某数字接收机中心频率为 f_{0R}，采样率为 f_{sR}，合成信号为 $s_R(n)$。

1. 多路信号分别数字变采样合成

多路信号分别数字变采样合成是对多路信号采用相同的数字变采样处理，然后对这些信号进行数字相加，得到多路数字信号的合成信号。多路信号分别数字变采样合成为

$$s_R(n)=\sum_{m=1}^{M}F_C[s_m(n)] \tag{7-51}$$

式中：F_C 为数字变采样函数。该方法要对每路信号进行全过程的数字变采样，效率相对较低。

2. 多路信号综合数字变采样合成

多路信号综合数字变采样合成是采用多路信号频域叠加，得到多路信号的综合频谱，其他步骤参见 7.1.6 小节中的“3. 频谱综合”，该方法计算效率相对较高。

将 $S_m(n)$ 中交叉频谱数据段叠加到 $S_R(n)$，即：

$$S_R(n_{Rm}:n_{Rni}+N_{cm}-1)=S_R(n_{Rm}:n_{Rm}+N_{cm}-1)+S_m(n_m:n_m+N_{cm}-1) \tag{7-52}$$

式中：N_{cm} 为第 m 个辐射源信号数字频谱交叉项长度；n_m 为频谱交叉项在第 m 个辐射源信号频谱的起始位置；n_{Rm} 为交叉项频谱在接收机信号频谱的起始位置。循环所有 M 个数字信号，叠加所有交叉频谱数据，得到多路数字信号的综合数字频谱。

辐射源 A 信号脉宽为 20 μs，带宽为 5 MHz，信号幅度为 1，中心频率为 300 MHz，采用零中频采样，采样率为 30 MHz，辐射源 A 信号和信号频谱如图 7－15 所示。

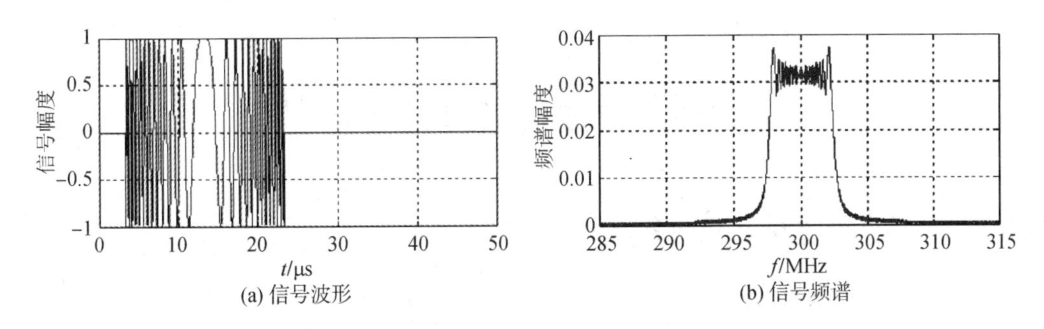

图 7－15　辐射源 A 信号和信号频谱(f_0=300 MHz，f_s=30 MHz)

辐射源 B 信号脉宽为 30 μs，带宽为 2 MHz，信号幅度为 1，中心频率为 320 MHz，采用零中频采样，采样率为 40 MHz，辐射源 B 信号和信号频谱如图 7－16 所示。

接收机中心频率为 310 MHz，采用零中频采样，采样率为 60 MHz。对辐射源 A 和 B 信号进行数字变采样合成，得到接收机接收的数字信号。多路信号数字变采样接收仿真结果如图 7－17 所示。仿真表明多路数字信号合成技术满足频谱和信号幅度要求。

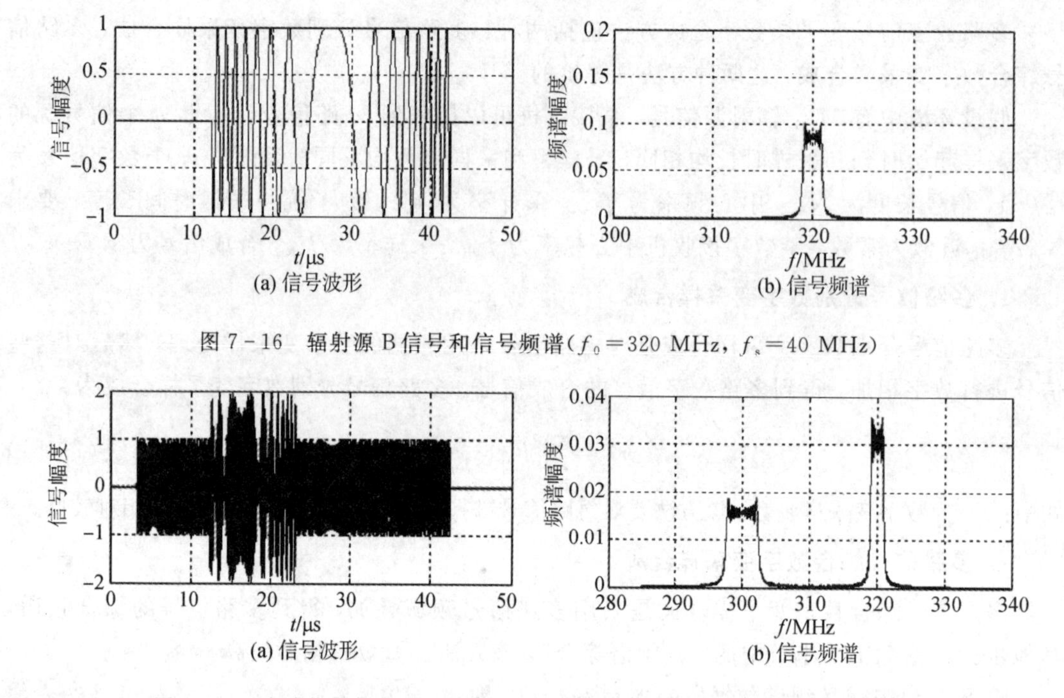

图 7-16　辐射源 B 信号和信号频谱($f_0=320$ MHz，$f_s=40$ MHz)

图 7-17　多路信号数字变采样接收仿真结果($f_0=310$ MHz，$f_s=60$ MHz)

7.1.8　信号数字量化

进行信号数字量化时通常采用数字量化接收机，假设 ADC(模拟数字转换器)为 16 位，ADC 最大电压为 1000 mV。基站收到的数字信号为 $s_B(n)$，通常将 $s_B(n)$信号进行自动增益控制，使 $s_B(n)$信号最大包络小于 1000 mV。采用邻近量化方法，ADC 量化表达式为

$$s_{Bq}(n)=\mathrm{round}\left(\frac{s_B(n)}{U_{\max}}2^{k-1}\right) \tag{7-53}$$

式中：$U_{\max}$ 为 ADC 最大电压；k 为量化位数。

7.2　电波传播衰减模型

7.2.1　无线电波传播方式和衰减预测模型

1. 无线电波传播方式

无线电波传播的主要方式分为三类：天波传播、地波传播和空间波传播。

(1) 天波传播。无线电波经由发射天线向高空电离层辐射，经高空电离层反射后到达地面接收点的传播方式称为天波传播，也称为电离层传播。这种电波传播方式的优点是传播距离远，能够达到数千公里以外，并且传播损耗小，从而可以用较小的功率进行远距离通信。对于频率为 3～30 MHz 的短波，天波传播时由于电离层变动的原因，会出现时强时弱的衰落现象。

(2) 地波传播。沿地球表面进行传播的电波传播模式称为地波传播，也叫地面波、地表

面波传播。长波、中波传播一般采用这种传播模式。天线一般直接架设在地面，其最大辐射方向沿地球表面。这种传播方式信号稳定，基本上不受气象条件、昼夜及季节变化的影响。电波的频率越低，损耗越小，利用地波传播的频率范围一般在 1.5～5 MHz。短波频率较高，地面吸收较为强烈，地表面波衰减很快，故短波的地波传播距离只有几十公里。地波传播不会随时间变化，受天气影响小，因此传播稳定。

(3) 空间波传播。空间波传播又称为直接波或视距传播，超短波(30～300 MHz)及更高频率的电磁波一般采用视距传播。根据按收、发射天线所处的空间位置不同，视距传播大体上可分为三类：第一类是指地面上的视距传播，例如，中继通信、电视、广播、舰船之间相互通信以及地面上的移动通信等；第二类是指地面与空中目标如飞机、通信卫星等之间的视距传播；第三类是指空间飞行体之间的视距传播，如空间飞行器间的电波传播等。在传播过程中，电波会受到对流层大气的各种影响，发生折射、反射、散射和吸收等现象。

2. 无线电波传播衰减预测模型

无线电波传播一直是工程电磁场理论和环境电磁特性领域中的研究热点之一。根据实际工程需求，人们建立了多种无线电波传播衰减预测模型。预测模型大体分为以下三类：经验统计模型、确定性模型、半经验半确定性模型。

(1) 经验统计模型。电波传播衰减模型一般基于经验统计模型进行描述。经验统计模型是基于对大量实测数据进行统计分析和总结得到的模型，有确定的公式和曲线图。比较典型的有 Egli 模型、Okumura-Hata 模型、COST231-Hata 模型、Ibrahim-Parsons 模型、Lee 模型、Atefi-Parsons 模型、Walfisch-Igkami 模型等。其优点是使用方便；其缺点是实测地形以外的其他场景模型时误差大，另外不同地区、环境、季节等都对电波传播有一定的影响。

(2) 确定性模型。确定性模型主要用电磁场理论对无线电波传播的具体场景进行模拟和仿真运算，得到一系列公式，即由电波传播的初始条件和边界条件，利用麦克斯韦方程组进行推导，得到传播路径上的电波传播特性公式。初始条件主要是由辐射源功率、频率和传播距离等决定的，而边界条件则是由传播媒介与接收端地形和电磁特性决定的，不同的传播环境有不同的边界条件，边界条件使预测模型具有更高的精度和实用性。

大多数确定性模型基于射线追踪的电磁方法，如几何光学(Geometrical Optics)、物理光学(Physical Optics)、几何绕射理论(Geometrical Theory of Diffraction)、一致绕射理论(Uniform Theory of Diffraction)等，确定性模型综合考虑电波传播的反射、绕射、折射和散射等传播机制，建立各个子模型，预测不规则地形上的电波中远距离传播的损耗。比较典型的确定性模型包括 Longley-Rice 模型、Durkin 模型、TIREM 模型等。

(3) 半经验半确定性模型。半经验半确定性模型是用实验测量值对特定环境所导出的确定性模型公式进行修正，使预测值和实验测量值保持一致，在应用上类似于经验统计模型，主要用于城市、市郊和海面的电波传播特性预测。其优点是比经验统计模型要求更详细的环境信息，预测速度快，模型精度高。半经验半确定性模型主要有 ITU(International Tele communications Union)模型、Ikegami 模型、Walfish-Bertoni 模型、Xia-Bertoni 模型。ITU 模型是国际电信联盟通过电磁理论仿真运算得出公式，并根据各个国家和地区大量的实测数据对公式进行修正得出的，例如基于 ITU-R P.1546 建议书的 ITU 模型。

7.2.2　自由空间衰减

自由空间是指一种理想的、均匀的、各向同性的介质空间，电磁波在该介质中传播时，不会发生反射、折射、散射和吸收等现象，只存在电磁波能量扩散而引起的传播损耗。电磁波传播损耗模型通常与自由空间的传播损耗特性模型进行比较，因此引入自由空间传播的概念。

由于电磁波的传播方式是以球面波的形式扩散的，因此自由空间传播损耗是一种扩散式的能量自然损耗。自由空间基本传输损耗是在自由空间中发射功率和接收功率之比，假设发射/接收天线均是无方向性的，则天线接收端的接收功率为

$$P_A = \frac{P_S}{4\pi d^2}\frac{\lambda^2}{4\pi} \tag{7-54}$$

式中：λ 为波长；$A=\lambda^2/(4\pi)$为无方向性天线有效面积；d 为传播距离；P_S 为发射功率。

自由空间传播损耗公式为

$$L_f = \log\left(\frac{P_S}{P_A}\right) = \log\left(\frac{(4\pi d)^2}{\lambda^2}\right) = 32.45 + 20\log f + 20\log d \tag{7-55}$$

式中：f 为频率(MHz)；d 为传播距离(km)；log 表示取以 10 为底的对数；L_f 单位为 dB。

7.2.3　Egli 传播模型

指控通信通常用 VHF(30～300 MHz)信号，波长范围为 10～1 m。非平坦地面可以近似为平坦地面。平坦地面允许的起伏度为

$$H \leqslant \frac{\lambda d}{16h} \tag{7-56}$$

式中：d 为起伏地物至天线的距离；h 为天线高度。当地面为起伏高度是 15.2 m 的丘陵或城市环境时，对于低频电波可以认为地面为平坦地面，对于高频电波可以认为地面是非平坦地面。一般城市环境为非规则区。

Egli 引入了非平坦地面的额外损耗因子，该式适用于不规则地面，适用距离要求小于 30 km，频率 f 的范围为 40～1000 MHz。不规则地面的 Egli 传播模型可以表示为

$$P_r = \beta\frac{P_t G_t G_r h_t^2 h_r^2}{R^4} = \left(\frac{40}{f}\right)^2 \frac{P_t G_t G_r h_t^2 h_r^2}{R^4} \tag{7-57}$$

理论地球模型为规则地面，规则地面或平坦地面 Egli 传播模型可以表示为

$$P_r = \frac{P_t G_t G_r h_t^2 h_r^2}{R^4} \tag{7-58}$$

式中：频率 f 的单位为 MHz；P_r 为接收信号强度，P_t 为发射信号强度；G_t、G_r 分别为发射天线和接收天线增益；h_t、h_r 分别为发射天线和接收天线高度(单位为 m)；R 为接收机和发射机之间的距离(单位为 m)；额外损耗 β 取决于频率和地形特征。

不规则地面的 Egli 传播模型中传播损耗用 dB 表示为

$$L_{egli} = 40\log R + 20\log f - 20\log h_t - 20\log h_r - 32.0412 \tag{7-59}$$

规则地面的 Egli 传播模型中传播损耗用 dB 表示为

$$L_{egli} = 40\log R - 20\log h_t - 20\log h_r \tag{7-60}$$

7.2.4　Okumura-Hata 模型

Okumura-Hata 模型的特点是以准平坦大城市市区的中值传输损耗为标准，在此基础上对其他传播环境及地形条件等因素分别用修正因子进行修正。该经验公式被国际无线电咨询委员会(International Radio Consultative Committee)采纳。适用条件：频率范围为150～1500 MHz，适用距离为 1～20 km，发射天线高度为 30～200 m，接收天线高度为1～10 m，接收机天线均是各向同性、准平坦地域。Okumura-Hata 传播损耗中值预测公式为

$$L_{\text{Hata}} = 69.55 + 26.16\log f - 13.82\log h_{\text{b}} + (44.9 - 6.55\log h_{\text{b}})\log d - a(h_{\text{m}}) + L_{\text{mod}i} \tag{7-61}$$

式中：L_{Hata} 的单位为 dB；d 为收发天线之间的距离(km)；f 为载波中心频率(MHz)；h_{b} 为发射机等效高度(m)；h_{m} 为接收机天线高度(m)；$a(h_{\text{m}})$为接收机天线即移动天线的校正因子，由传播环境中建筑物的密度及高度等因素确定；$L_{\text{mod}i}$ 为区域类型修正因子。

对于不同的环境类型和不同的工作频率，$a(h_{\text{m}})$和 $L_{\text{mod}i}$ 计算公式如下

$$a(h_{\text{m}}) = \begin{cases} (1.1\log f - 0.7)h_{\text{m}} - 1.56\log f + 0.8 & \text{中小城市} \\ 8.29[\log(1.54h_{\text{m}})]^2 - 1.1 & \text{大城市}(f \leqslant 300\ \text{MHz}) \\ 3.2[\log(11.75h_{\text{m}})]^2 - 4.97 & \text{大城市}(f > 300\ \text{MHz}) \end{cases} \tag{7-62}$$

$$L_{\text{mod}i} = \begin{cases} 0 & \text{城市} \\ -2\left[\log\left(\dfrac{f}{28}\right)\right]^2 - 5.4 & \text{郊区} \\ -4.78(\log f)^2 + 18.33\log f - 40.94 & \text{开阔地} \end{cases} \tag{7-63}$$

假定发射机天线高度 h_{b} 为 100 m，接收机天线高度 h_{m} 为 2 m，按照工作频率 f 分别为 200 MHz 与 800 MHz 进行计算，得到在不同传播距离和环境类型下 Okumura-Hata 模型的路径损耗如图 7－18 所示。仿真表明自由空间传播整体损耗最小，只是在近程衰减会大于开阔地传播，这主要是地面多路径耦合造成的；开阔地、郊区、中小城市、大城市同等条件下衰减依次增大，

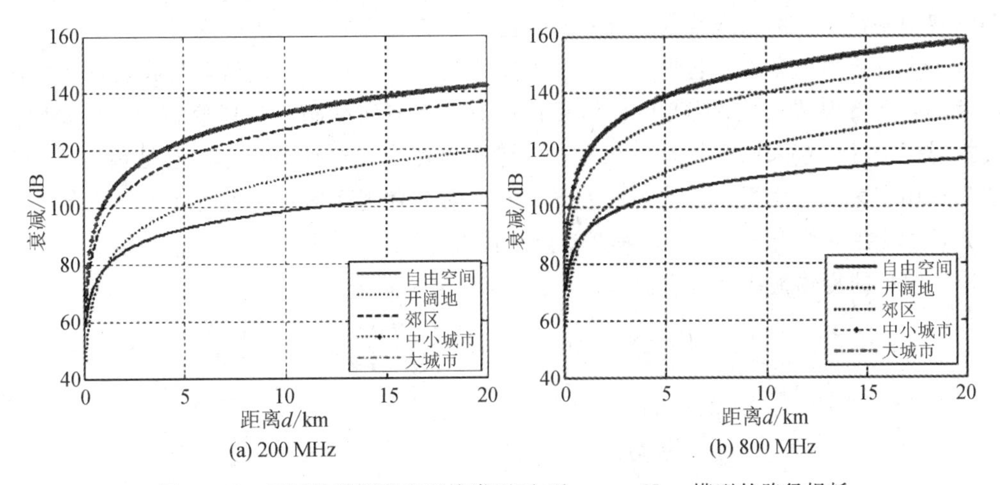

图 7－18　不同传播距离和环境类型下 Okumura-Hata 模型的路径损耗

其中中小城市和大城市差别比较小；频率越大衰减越大。

7.2.5 COST231-Hata 传播模型

COST231-Hata 传播模型是欧洲研究委员会 COST231 传播模型小组根据 Okumura-Hata 模型研究出的扩展版本，接收机天线均是各向同性、准平坦地域，应用频率范围为 1500～2000 MHz，适用于半径为 1～20 km 的宏蜂窝系统，发射天线高度为 30～200 m，接收天线高度为 1～10 m。COST231-Hata 传播模型公式为

$$L_{\mathrm{COST}}=46.3+33.9\log f-13.82\log h_{\mathrm{b}}+(44.9-6.55\log h_{\mathrm{b}})\log d-a(h_{\mathrm{m}})+C_{m}+L_{\mathrm{mod}i} \tag{7-64}$$

式中：L_{COST} 的单位为 dB；d 为收发天线之间的距离；f 为载波中心频率；h_{b} 为发射机等效高度；h_{m} 为接收机天线高度；$a(h_{\mathrm{m}})$ 为接收机天线即移动天线的校正因子，由传播环境中建筑物的密度及高度等因素确定。对于不同的环境类型和不同的工作频率，$a(h_{\mathrm{m}})$ 同 Okumura-Hata 模型；$L_{\mathrm{mod}i}$ 为区域类型修正因子，同 Okumura-Hata 模型；C_{m} 为大城市中心校正因子。

7.2.6 Longley-Rice 模型

Longley-Rice 模型(简称 L-R 模型)属于不规则地形法(Irregular Terrain Methodology，ITM)模型，采用 L-R 算法实现，适用于非规则地面，可模拟各种复杂环境，包括不同气候类型、地形、频率等各种情况。对于无人机地-空传输，距离一般在几十千米到几百千米之间，无线通信以微波和超短波为主，通信距离、天线高度和工作频率均在 L-R 模型的适用范围内。L-R 模型采用实测数据和理论分析相结合建立精确预测模型，考虑了更多的与地形有关的因素，包括地面折射率、地面导电率、介电常数等，甚至还考虑到了天线的不同放置标准对信号接收的影响，对电波传播损耗的计算十分细致和准确。

在 L-R 模型中，利用地貌地形的路径几何和对流层的绕射性预测中值传输衰落；将双线地面反射模型用于地平线以内的传输场强预测；采用 Fresnel-Kirchoff 刃形模型模拟绕射损耗；用前向散射理论对长距离对流层散射进行预测；并使用 Van der Pol-Bremmer 方法预测双地平线路径的远地绕射损耗；同时也参考了 ITS 不规则地形模型。

由于大气折射的影响，电波在大气中传播的实际路径是一条曲线，与收发信机之间的实际距离存在着误差，预测信道传播路径损耗时需要对实际距离加以修正。L-R 模型中对大气折射误差的修正采用等效地球半径法，等效地球半径法计算简单，但是精度不高，该方法只利用了大气地面折射率的水平差异，未利用垂直剖面信息，而实际大气折射率的垂直差异，尤其在近地面 1 km 内的垂直差异比较大。

L-R 模型的传输损耗参考中值为

$$A_{\mathrm{ref}}(d)=\begin{cases}\max\left(0,\ A_{\mathrm{el}}+K_{1}d+K_{2}\ln\left(\dfrac{d}{d_{\mathrm{LS}}}\right)\right) & d_{\min}\leqslant d<d_{\mathrm{LS}}\\ A_{\mathrm{ed}}+m_{\mathrm{d}}d & d_{\mathrm{LS}}\leqslant d<d_{x}\\ A_{\mathrm{es}}+m_{\mathrm{s}}d & d\geqslant d_{x}\end{cases} \tag{7-65}$$

式中：$d_{\min}<d<d_{\mathrm{LS}}$ 为视距传播范围；$d_{\mathrm{LS}}<d<d_{x}$ 为衍射传播范围；$d\geqslant d_{x}$ 为散射传播范

围；d 为地面站和移动台之间的距离(单位为 km)；d_{LS} 为光滑地面距离；d_x 表示此处的衍射损耗和散射损耗相等；A_{el} 为自由空间下视距传播损耗值；A_{ed} 为衍射传播损耗值；A_{es} 为散射传播损耗值；K_1 和 K_2 为传播损耗系数；m_d 和 m_s 分别为衍射和散射损耗系数。

L-R 模型的适用频率范围为 20 MHz～40 GHz；收发信机天线高度为 0.5～3000 m；覆盖距离为 1～2000 km。

发射和接收天线高度均为 15 m，水平极化，频率为 30 MHz，基于 L-R 模型的点对点电波传播衰减仿真结果如图 7-19 所示，其中图(a)为某地形高程信息；图(b)为电波传播综合衰减。仿真表明点对点 L-R 确定性模型能够计算由地形引起的传播损耗。

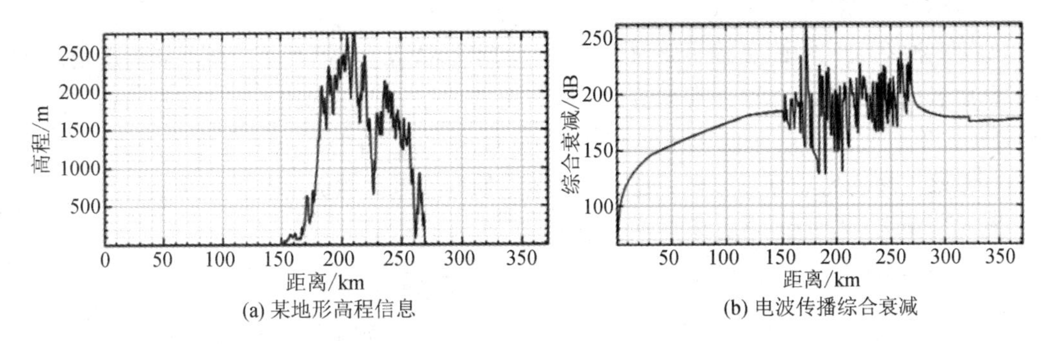

(a) 某地形高程信息　(b) 电波传播综合衰减

图 7-19　基于 L-R 模型的点对点电波传播衰减仿真结果

7.3　大气衰减模型

地对地传播时，对电波产生影响的大气主要是对流层。对流层位于大气层的下部，从地面起到海拔 10～18 km，对流层温度通常随高度增加而减小。在地球的两极，对流层从地面延伸到大约 9 km 的高度，而在赤道地区，能延伸到大约 17 km 的高度。对流层的上边界高度还随大气条件不同而改变，例如：在中纬度地区，对流层高度在高气压时可达 13 km 左右，在低气压时可小于 7 km。在对流层中，温度、压力、湿度的变化以及云和雨都会影响无线电波从一点到另一点的传播。

在实际应用中，低空大气层是一种不均匀的媒质，电波在其中传播会有折射、反射、散射、吸收等效应，当频段高的时候还会引起降雨时衰减和退极化等现象。对于超短波及其以上频段的无线电波，对流层的局部折射指数起伏会散射电磁波能量，折射指数大面积的负梯度会产生波导现象。大气气体衰减主要原因是吸收，主要与频率、仰角、水平面上的高度以及水蒸气密度(绝对湿度)等有关。在 10 GHz 以下频率，衰减通常可以忽略；在 10 GHz 以上频率，尤其在低仰角时，衰减逐渐增大。

在给定频率，氧气对大气吸收的贡献相对稳定，但是水蒸气密度和其垂直剖面却经常变化，尤其是雨季。氧气和典型的水汽衰减是加性关系，氧气和水汽衰减曲线有许多谐振吸收峰。浓雾(含水量约为 1 g/m^3，能见度约为 50 m)的衰减率一般比大气气体的衰减率大，但雾或云引起的衰减并不严重。0.25 mm/h 的毛毛雨的水汽浓度比浓雾小，因此衰减也小。

雪和冰雹的影响也比较小，因为冰的复介电常数比水的复介电常数要小得多，完全由冰组成的云的衰减比含水量相同的水滴组成的云的衰减小两个数量级左右。频率低于 50 GHz 时，干雪引起的衰减不大；超过 60 GHz 时，干雪引起的衰减可能超过含水相当的雨引起的衰减。

ITUR P.676 建议书给出了计算大气气体衰减的完整方法。从海平面到 10 km 高度范围内，频率小于 350 GHz 的干空气和水汽造成的无线电波衰减率可以用建议书中的模型；对于高度超过 10 km 且对精确度要求更高的情况，应采用逐线计算的方法。

7.3.1 大气衰减率模型

无线电波在大气中的衰减主要由干燥空气和水汽造成。在某压力、温度和湿度情况下，采用累加氧气和水汽各自谐振线的方法，同时也考虑了一些其他相对影响较小的因素，如 10 GHz 以下氧气的非谐振的 Debye 频谱，100 GHz 以上的主要由大气压力造成的氮气衰减和过多水汽吸收的潮湿连续带，能够准确地计算无线电波在大气气体中的衰减率。

大气衰减率 γ(dB/km)的计算方法如下：

$$\begin{cases}\gamma(f, p, e, T) = \gamma_o(f, p, e, T) + \gamma_w(f, p, e, T) \\ \gamma_o(f, p, e, T) = 0.1820 f\left(\sum_i S_i F_i + N''_D(f, p, e, T)\right) \\ \gamma_w(f, p, e, T) = 0.1820 f \sum_i S_i F_i\end{cases} \tag{7-66}$$

式中：f 是频率(GHz)；γ_o 和 γ_w 分别是干空气和水汽条件下的衰减率(dB/km)，两者均是频率 f、干空气压强 p、水汽分压强 e 和温度 T 的函数；S_i 是第 i 条氧气或水汽谱线强度；F_i 为氧气或水汽谱线形状因子；$N''_D(f, p, e, T)$是由氮气吸收和 Debye 频谱产生的干空气连续吸收谱，干燥连续带来自于 10 GHz 以下的氧气非谐振 Debye 频谱以及 100 GHz 以上的由压力造成的氮气衰减，有

$$\begin{cases}N''_D(f, p, e, T) = fp\theta^2\left(\dfrac{6.14\times10^{-5}}{d[1+(f/d)^2]} + \dfrac{1.4\times10^{-12}p\theta^{1.5}}{1+1.9\times10^{-5}f^{1.5}}\right) \\ d = 5.6\times10^{-4}(p+e)\theta^{0.8}\end{cases} \tag{7-67}$$

式中：f 是频率(GHz)；p 是干空气压强(hPa)；e 是水汽分压强(hPa)；$\theta=300/T$，T 为温度(K)；d 是 Debye 频谱中的宽度参数。

利用某高度的水汽密度 $\rho(h)$和温度 T 可以得到水汽分压强 e(hPa)：

$$e = \frac{\rho(h)T}{216.7} \tag{7-68}$$

式中：$\rho(h)$为水汽密度(g/m^3)；T 为温度(K)。

水汽密度 ρ 值(g/m^3)是在海平面的假设数值，计算如下：

$$\rho(h) = \rho_0 \exp\left(-\frac{h}{h_0}\right) = \rho_0 \exp\left(-\frac{h}{2}\right) \tag{7-69}$$

式中：标高 $h_0=2$ km，而标准海平面水汽密度为 $\rho_0=7.5$ g/m^3。海平面水汽密度 ρ_0 可以采用测量值 $\rho_0=\rho_1\times\exp(h_1/2)$，其中 ρ_1 为对应于高度 h_1 的水汽密度。

氧气频谱参数 $a_1, a_2, \cdots, a_6$ 参见表 7-1；水汽频谱参数 $b_1, b_2, \cdots, b_6$ 参见表 7-2。

表 7-1　在氧气中衰减的谱线数据

f_i	a_1	a_2	a_3	a_4	a_5	a_6
50.474214	0.975	9.651	6.690	0.0	2.566	6.850
50.987745	2.529	8.653	7.170	0.0	2.246	6.800
51.503360	6.193	7.709	7.640	0.0	1.947	6.729
52.021429	14.320	6.819	8.110	0.0	1.667	6.640
52.542418	31.240	5.983	8.580	0.0	1.388	6.526
53.066934	64.290	5.201	9.060	0.0	1.349	6.206
53.595775	124.600	4.474	9.550	0.0	2.227	5.085
…	…	…	…	…	…	…

表 7-2　在水汽中衰减的谱线数据

f_i	b_1	b_2	b_3	b_4	b_5	b_6
22.235080	0.1130	2.143	28.11	0.69	4.800	1.00
67.803960	0.0012	8.735	28.58	0.69	4.930	0.82
119.995940	0.0008	8.356	29.48	0.70	4.780	0.79
…	…	…	…	…	…	…

利用频谱参数表可以得到第 i 条氧气或水汽谱线强度 S_i 和谱线形状因子 F_i 如下：

$$S_i = \begin{cases} a_1 \times 10^{-7} p\theta^3 \exp[a_2(1-\theta)] & \text{氧气} \\ b_1 \times 10^{-1} e\theta^{3.5} \exp[b_2(1-\theta)] & \text{水汽} \end{cases} \tag{7-70}$$

$$F_i = \frac{f}{f_i}\left[\frac{\Delta f - \delta(f_i - f)}{(f_i - f)^2 + \Delta f^2} + \frac{\Delta f - \delta(f_i + f)}{(f_i + f)^2 + \Delta f^2}\right] \tag{7-71}$$

$$\delta = \begin{cases} (a_5 + a_6\theta) \times 10^{-4}(p + e)\theta^{0.8} & \text{氧气} \\ 0 & \text{水汽} \end{cases} \tag{7-72}$$

式中：p 为干空气压强(hPa)；e 为水汽分压强(hPa)；δ 为氧气谱线干扰修正因子；f_i 为氧气或水汽谱线频率；Δf 为谱线宽度。

在 10 km 以下高度无需考虑氧气谱线的塞曼分裂和水汽谱线的多普勒展宽，谱线宽度为

$$\Delta f = \begin{cases} a_3 \times 10^{-4}(p\theta^{(0.8-a_4)} + 1.1e\theta) & \text{氧气} \\ b_3 \times 10^{-4}(p\theta^{b_4} + b_5 e\theta^{b_6}) & \text{水汽} \end{cases} \tag{7-73}$$

在 10 km 以上高度需考虑氧气谱线的塞曼分裂和水汽谱线的多普勒展宽，得到修改的谱线宽度：

$$\Delta f=\begin{cases}\sqrt{\Delta f^2+2.25\times10^{-6}} & 氧气\\ 0.535\Delta f+\sqrt{0.217\Delta f^2+\dfrac{2.1316\times10^{-12}f_i^2}{\theta}} & 水汽\end{cases}\tag{7-74}$$

在表 7-1 中氧气谱线上针对氧气进行求和，在表 7-2 中水汽谱线上针对水汽进行求和。采用全球大气平均参考数据，气压为 1013.2 hPa、温度为 15℃时，海平面上 1～350 GHz 频率范围干空气和水汽的衰减率如图 7-20 所示，其中水汽密度取 7.5 g/m³。

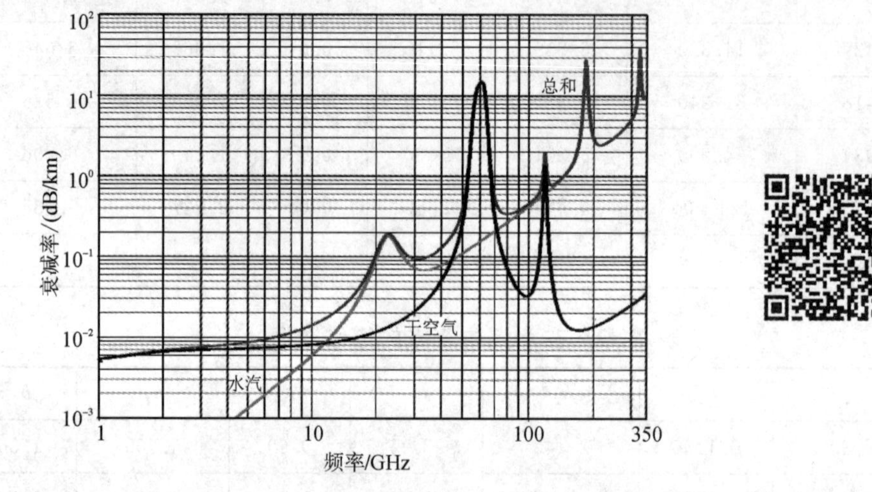

图 7-20 干空气和水汽的衰减率

在海平面的大气压力作用下，许多氧气吸收线合并形成一个宽的吸收带，其中氧同位素、氧振动激发物、臭氧、臭氧同位素和臭氧振动激发物对于典型气体可以忽略。计算得到频率为 50～70 GHz 时不同高度的大气衰减率(步长为 10 MHz)，如图 7-21 所示，图中数据表明大气衰减率随着高度的增加而减小，其各谐振线亦逐渐变得清晰。

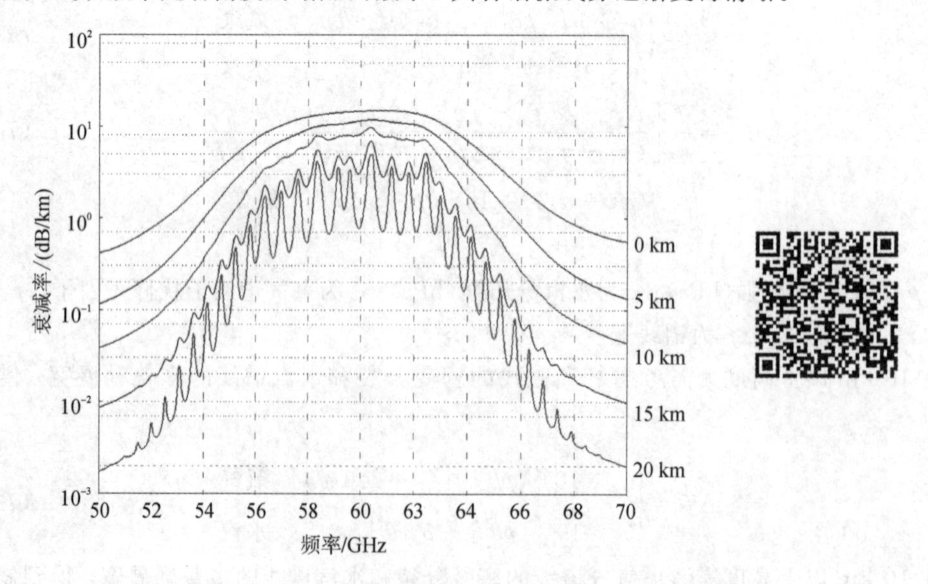

图 7-21 频率为 50～70 GHz 时不同高度的大气衰减率(步长为 10 MHz)

7.3.2 路径衰减积分模型

1. 地面路径衰减

对于地面路径或靠近地面的略微倾斜路径，路径衰减 A(dB)可表示为

$$A=\gamma r_0=(\gamma_o+\gamma_w)r_0 \tag{7-75}$$

式中：r_0 为路径长度(km)；γ 为大气衰减率；γ_o 为干空气衰减率(dB/km)；γ_w 为水汽衰减率(dB/km)。

2. 倾斜路径衰减模型

为了计算某空地链路的大气衰减，可以采用逐行模型积分计算整个传输路径，路径长度的计算考虑球面形地球上出现的射线弯曲。将大气划分为水平层，根据沿路径的压力、温度和湿度分布等气象参数，就可准确确定地球大气内外具有任何几何结构的路径衰减。

当仰角 $\phi\geqslant 0$ 时，基于极化坐标下 Snell's 定律，得到总的倾斜路径衰减值 $A(h,\phi)$为

$$A(h,\phi)=\int_h^{\infty}\frac{\gamma(H)}{\sin\Phi}\mathrm{d}H \tag{7-76}$$

$$\Phi=\arccos\left(\frac{(r+h)n(h)\cos\phi}{(r+H)n(H)}\right) \tag{7-77}$$

式中：h 为辐射源海拔高度；ϕ 为仰角；$n(h)$为大气无线电折射率。传输路径的压力、温度和水汽压力采用 ITU-R P.453 建议书的方法计算。

当 $\phi<0$ 时，存在最小海拔高度 $h_{\min}$，在该高度，无线电波束将平行于地球表面传播。$h_{\min}$ 可通过解如下超越方程得到：

$$(r+h_{\min})\times n(h_{\min})=(r+h)n(h)\cos\phi \tag{7-78}$$

该方程可通过重复计算求解，采用 $h_{\min}=h$ 作为初始值：

$$h'_{\min}=\frac{c}{n(h_{\min})}-r \tag{7-79}$$

因此，$A(h,\phi)$计算如下：

$$A(h,\phi)=\int_{h_{\min}}^{\infty}\frac{\gamma(H)}{\sin\Phi}\mathrm{d}H+\int_{h_{\min}}^{h}\frac{\gamma(H)}{\sin\Phi}\mathrm{d}H \tag{7-80}$$

3. 倾斜路径衰减数值计算

积分求解可以通过分层计算方法，大气传输路径示意图如图 7-22 所示，L_n 是无线电波束在第 n 层内穿越的长度，δ_n 是第 n 层的厚度，n_n 是第 n 层的折射率，α_n 和 β_n 为第 n 层的入射和出射角。r_n 是地球中心到第 n 层起点的距离。由此 L_n 计算如下：

$$L_n=-r_n\cos\beta_n+\frac{1}{2}\sqrt{4r_n^2\cos^2\beta_n+8r_n\delta_n+4\delta_n^2} \tag{7-81}$$

入射角 α_n 计算如下：

$$\alpha_n=\pi-\arccos\left(\frac{-L_n^2-2r_n\delta_n-\delta_n^2}{2L_nr_n+2L_n\delta_n}\right) \tag{7-82}$$

β_1 是在地面站的入射角，与仰角 θ 互余。应用 Snell's 定律，β_{n+1} 可由 α_n 计算如下：

$$\beta_{n+1}=\arcsin\left(\frac{n_n}{n_{n+1}}\sin\alpha_n\right) \tag{7-83}$$

式中：n_n 和 n_{n+1} 分别为第 n 层和第 $n+1$ 层的折射率。

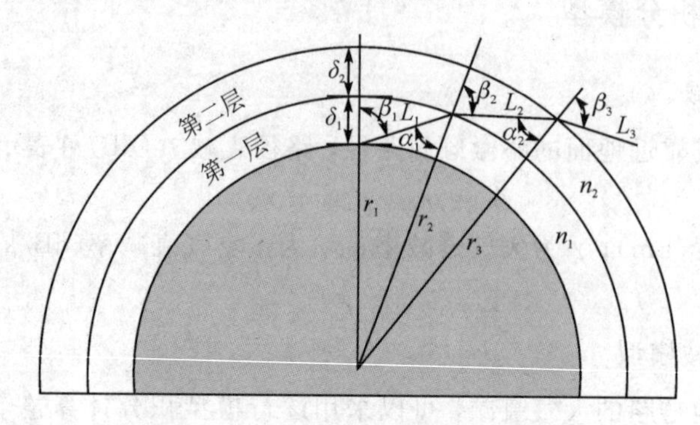

图 7-22 大气传输路径示意图

总衰减值 A_{gas}(dB)计算如下：

$$A_{\text{gas}}=\sum_{n=1}^{k}L_n\gamma_n \tag{7-84}$$

式中：γ_n 为第 n 层的大气衰减率。

为了准确地计算路径衰减，在最低层(地面)层厚取为 0.1 m，在 100 km 高度层厚取为 1 km，各层的厚度应以指数级增大，第 n 层厚度 δ_n(km)表示为

$$\delta_n=0.0001\exp\left(\frac{n-1}{100}\right) \tag{7-85}$$

当 $n=1\sim922$ 时，计算可得 $\delta_{922}\approx1$ km，$\sum_{n=1}^{922}\delta_n\approx100$ km。对于地对空的情况，累计应至少到 30 km，在氧气线中心频率可以达到 100 km。

7.4 路径衰减综合模型

7.4.1 路径衰减统计模型

当降雪在暖和空气中开始融化时，这些融化的雪花可能含有比通常雨滴大得多的水粒，因而引起大的散射衰减。雨对信号的衰减在大于 140 GHz 时可以认为信号变化很小，和 140 GHz 时的信号衰减接近。

由 Barton 得到的近似方法，大气和降雨影响使信号衰减，造成的损失为 L_{dB}：

$$L_{\text{dB}}=k_aR_e\left[1-\exp\left(-\frac{R}{R_e}\right)\right]+rk_rR+Mk_fR \tag{7-86}$$

式中：k_a 为标准大气衰减系数(dB/km)；k_r 为气象系数((dB/km)/(1 mm/h))；r 为降雨速度(mm/h)；距离参数 $R_e=\frac{3}{\sin\varphi_c}$(km)，$\varphi_c=\varphi_t+\frac{2.5\times10^{-4}}{\varphi_t+0.028}$为修正的目标仰角，其中 φ_t 为目标仰角；R 为传播路径长度(km)；k_f 为雾的衰减系数((dB/km)/(g/m^3))；M 为雾的含水量(g/m^3)。

不同频率大气衰减系数、降雨气象系数和雾气象系数如表 7-3 所示，可见 400 MHz 以下频率大气综合衰减很小。

表7-3　大气损耗系数

频率/GHz	大气衰减系数 k_a	降雨气象系数 k_r	雾气象系数 k_f
0.001	0.0087	7e-9	7e-9
0.1	0.009	5e-8	5e-8
0.4	0.01	1.0e-6	1.0e-6
1.3	0.012	0.0003	0.0003
3	0.015	0.0013	0.0013
5.5	0.017	8.000001e-3	8.000001e-3
10	0.024	0.037	0.03
15	0.055	0.083	0.1
22	0.3	0.23	0.25
35	0.14	0.57	0.57
60	35	1.3	1.3
95	0.8	2	3.1
140	1	2.3	7.8
240	14	2.2	15

利用对数内插法可以得到任意频率 f 的标准大气衰减系数 $k_a(f)$ 为

$$k_a(f)=K_{a0}\left(\frac{f}{f_0}\right)^{\left(\log\frac{K_{a1}}{K_{a0}}\right)\Big/\left(\log\frac{f_1}{f_0}\right)} \tag{7-87}$$

式中：频率 f_0 对应的标准大气的电波衰减系数为 K_{a0}，频率 f_1 对应的标准大气的电波衰减系数为 K_{a1}。

利用对数内插法可以得到任意频率 f 的(降雨)气象系数 $k_r(f)$ 为

$$k_r(f)=K_{r0}\left(\frac{f}{f_0}\right)^{\left(\log\frac{K_{r1}}{K_{r0}}\right)\Big/\left(\log\frac{f_1}{f_0}\right)} \tag{7-88}$$

式中：频率 f_0 对应的(降雨)气象系数为 K_{r0}，频率 f_1 对应的(降雨)气象系数为 K_{r1}。完全由冰组成的云或空中雪对信号的衰减比含水量相同的水滴组成的云对信号的衰减小两个数量级左右。

利用对数内插法可以得到任意频率 f 的雾气象系数 $k_f(f)$ 为

$$k_f(f)=K_{f0}\left(\frac{f}{f_0}\right)^{\left(\log\frac{K_{f1}}{K_{f0}}\right)\Big/\left(\log\frac{f_1}{f_0}\right)} \tag{7-89}$$

式中：频率 f_0 对应的雾气象系数为 K_{f0}，频率 f_1 对应的雾气象系数为 K_{f1}。

实验证明，电波的波长和雨滴的直径越接近，雨滴对电波的吸收越强烈，传播损耗越大。当频率大于10 GHz时，雨造成的信号衰减开始显得明显。当频率进一步增高时，电波在雨中的衰减将随着频率的增高迅速增大，并且雨的强度越大，电波的衰减越大。当电波的频率达到50 GHz时，应该考虑云、雾等对信号的影响。

标准大气和降雨的频率-损耗关系曲线如图 7-23 所示。大气中的水蒸气和氧是电磁波衰减的主要原因，当电磁波频率小于 1 GHz 时，大气引起的衰减可忽略。氧气引起的衰减峰值为 60 GHz 和 118 GHz，总的变化趋势是，频率越高，传输损耗受天气影响越大。水蒸气引起的电磁波衰减峰值为 22.24 GHz 和 184 GHz。

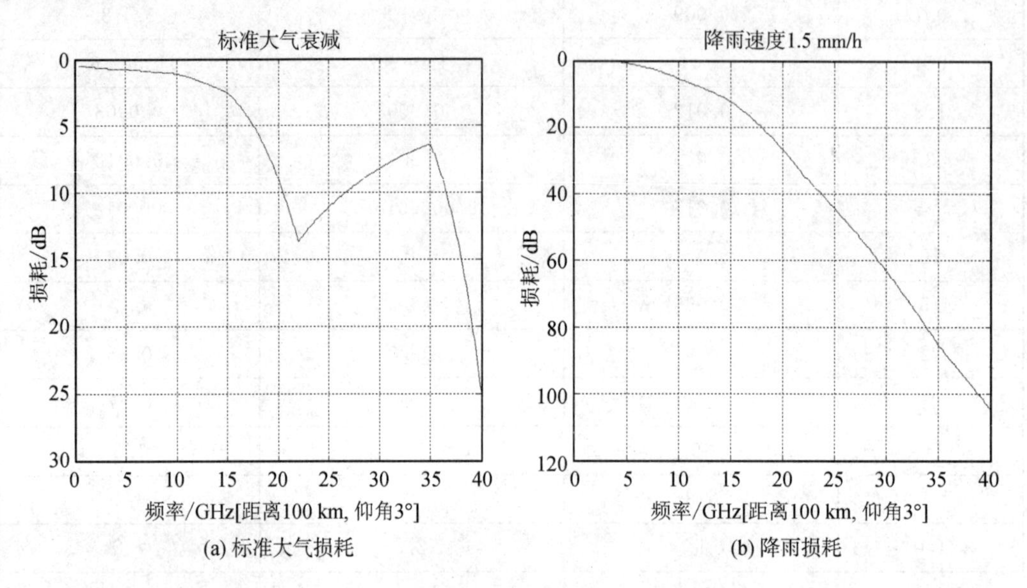

(a) 标准大气损耗　　(b) 降雨损耗

图 7-23　标准大气和降雨的频率-损耗关系曲线

7.4.2　雨衰减系数模型

雨对电磁波造成的具体的衰减 γ_R(dB/km)可从降雨强度 R(mm/h)的幂次律关系中算出：

$$\gamma_R = kR^{\alpha} \tag{7-90}$$

作为频率的函数，式(7-90)中系数 k 和 α 的值由下列等式确定，这些等式是通过从离散计算中获得的从曲线拟合到幂次律系数推出的

$$\log k = \sum_{j=1}^{4} a_j \exp\left[-\left(\frac{\log f - b_j}{c_j}\right)^2\right] + m_k \log f + c_k \tag{7-91}$$

$$\alpha = \sum_{j=1}^{5} a_j \exp\left[-\left(\frac{\log f - b_j}{c_j}\right)^2\right] + m_\alpha \log f + c_\alpha \tag{7-92}$$

式中：f 为频率，单位 GHz，其有效范围为 1～1000 GHz；针对不同极化，k 分为 k_H、k_V，α 分为 α_H、α_V。

7.4.3　云雾衰减系数模型

对完全由通常小于 0.01 cm 的小水滴组成的云或雾而言，瑞利近似计算对最高达 200 GHz 的频率适用，则特定的云或雾中的电磁波的具体衰减系数可表示为

$$\gamma_c(f, T) = K_1(f, T)M \quad (\text{dB/km}) \tag{7-93}$$

式中：K_1 为单位液态水密度的小水滴衰减系数(dB/km)/(g/m^3)；M 为云或雾中的液态水密度(g/m^3)；f 为频率(GHz)；T 为液态水滴温度。在约 100 GHz 或以上频率，雾衰减可

能非常显著。对中等雾而言，雾中液态水密度通常约为 0.05 g/m^3(能见度约为 300 m)，浓雾则为 0.5 g/m^3(能见度约为 50 m)。

基于瑞利散射，将双德拜模型用于水介电常数的数学模型可用于计算最高频率达 200 GHz 的 K_1 值：

$$K_1(f, T)=\frac{0.819f}{\varepsilon''(1+\eta^2)} \quad (\mathrm{dB/km})/(\mathrm{g/m^3}) \tag{7-94}$$

式中：f 是频率(GHz)；$\eta=\dfrac{2+\varepsilon'}{\varepsilon''}$；水的复介电常数可表示为

$$\varepsilon''(f)=\frac{f(\varepsilon_0-\varepsilon_1)}{f_p[1+(f/f_p)^2]}+\frac{f(\varepsilon_1-\varepsilon_2)}{f_s[1+(f/f_s)^2]} \tag{7-95}$$

$$\varepsilon'(f)=\frac{\varepsilon_0-\varepsilon_1}{1+(f/f_p)^2}+\frac{\varepsilon_1-\varepsilon_2}{1+(f/f_s)^2}+\varepsilon_2 \tag{7-96}$$

式中：$\varepsilon_0=77.66+103.3(\theta-1)$，$\varepsilon_1=0.0671\varepsilon_0$，$\varepsilon_2=3.52$，$\theta=300/T$，$T$ 是液态水温度(K)；主要弛豫频率 $f_p=20.20-146(\theta-1)+316(\theta-1)^2$ (GHz)；次要弛豫频率 $f_s=39.8f_p$(GHz)。

如果没有云中液态水总柱状含量 $L(\mathrm{kg/m^2})$的当地测量数据，该预测方法基于 ERA-40 数据使用了降至固定温度 273.15 K 的云中液态水总柱状含量 $L_{ref}(\mathrm{kg/m^2})$。对于 $90°\geqslant\varphi\geqslant 5°$，斜路径云中电波的衰减 A(dB)为

$$A=\frac{LK_1^*(f, 273.15)}{\sin\varphi} \tag{7-97}$$

$$K_1^*(f, T)=\frac{0.819(1.9479\times10^{-4}f^{2.308}+2.9424f^{0.7436}-4.9451)}{\varepsilon''(1+\eta^2)} \tag{7-98}$$

式中：$K_1^*(f, T)$的单位为(dB/km)/(g/m^3)；L 是液态水的总柱状含量(kg/m^2)；φ 是仰角，液态水温度 T 为 273.15 K。

7.4.4 植被衰减模型

对林地内或类似的广阔植被内电波传播来说，穿透植被引起的超量(或附加)衰减率用 dB/m 表示。超量损耗定义为所有不属于自由空间损耗的衰减。林地内电波传播示意图如图 7-24 所示，发射机处于林地之外，接收机在林地内的一定距离 d 处。植被引起的电波超量损耗 A_{ev} 表示为

$$\begin{cases} A_{ev}=A_m\left[1-\exp\left(-\dfrac{d\gamma}{A_m}\right)\right] \\ A_m=A_1 f^{\alpha} \end{cases} \tag{7-99}$$

式中：d 为林地内无线电路径长度(m)；γ 为植被路径引起的电波的特有衰减率(dB/m)，该值取决于植被的种类和密度；A_m 为特定的植被类型和深度引起的终端处电波的最大衰减(dB)；f 为信号频率(MHz)。不同植被中电波传播的衰减参数 A_1、α 参见表 7-4。

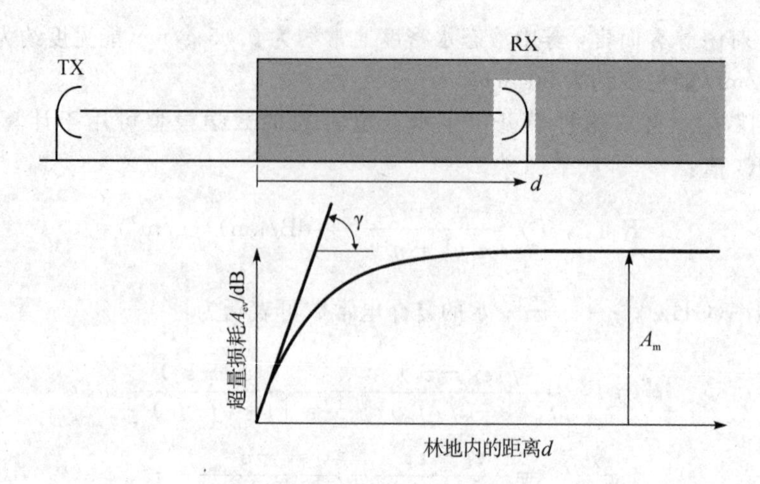

图 7-24　林地内电波传播示意图

表 7-4　不同植被中电波传播的衰减参数

	裸地荒漠	草地	灌木	阔叶林	针叶林
A_1	0	0	1.15	0.18	1.37
α	0	0	0.43	0.752	0.42

林地造成的特有的信号衰减率相对于频率的近似关系曲线如图 7-25 所示，频率小于 1 GHz 时，垂直极化信号比水平极化信号的衰减更大，这可以设想是树干的散射导致的。

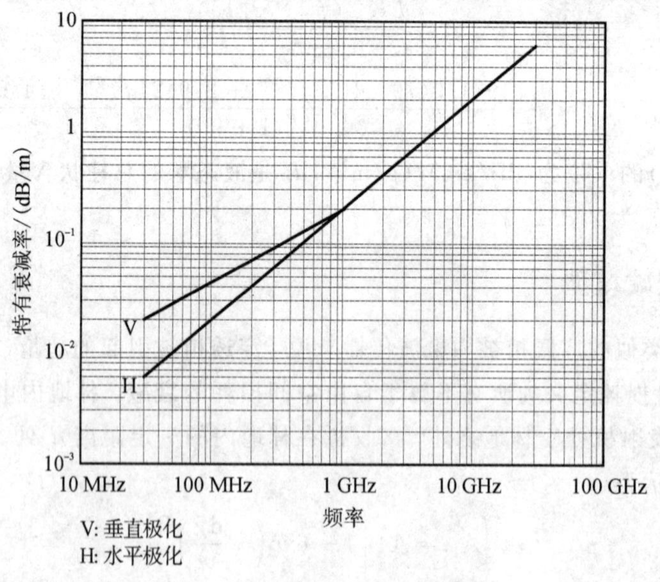

图 7-25　林地造成的特有衰减率

发射机(TX)和接收机(RX)处于林地之外，沿水平和倾斜落叶路径传播的信号衰减损耗 L_{dB} 表示为

$$L_{dB} = Af^{B}d^{C}(\theta + E)^{G} \tag{7-100}$$

式中：f 为频率(MHz)；d 为植被深度(m)；θ 为仰角(度)；A、B、C、E、G 为实测量参数。

7.5　天线方向图和资源调度模型

7.5.1　天线方向图模型

在时差定位系统数字视频仿真和内场半实物仿真中，需要基于天线相关参数计算出某方向的天线增益，例如辐射源和基站天线增益，以便进一步根据侦察方程计算基站侦测信号强度。为了便于操作，通常采用曲线插值方法实现天线方向图的仿真。

1. 天线增益

天线增益倍数相当于所求归一化方向图乘以天线在该方向的增益常数。对于常规天线，天线增益是固定的。对于相控阵雷达，天线增益与波束方向-阵面法线方向夹角 ψ 有关，相控阵天线增益为

$$G = G_0 + 10\log^{\cos(\psi)} \tag{7-101}$$

式中：G_0 为波束指向法向的天线增益(dB)，也称为标准增益或最大增益。

2. 一维方向图

基于天线增益、主瓣宽度、第一零深、第一副瓣、多级副瓣等特征参数，将分段主瓣辛格函数曲线拟合扩展到副瓣，实现了天线主瓣、多等级副瓣的一维方向图仿真。

简单天线方向图可以采用 Sinc 函数插值方法进行仿真：

$$G(x) = \mathrm{Sinc}(x) = \frac{\sin(x)}{x} \tag{7-102}$$

为了能够准确体现出天线主瓣和副瓣波束参数，天线方向图可以用天线波束参数表示，即波束宽度、第一零深、N 个副瓣增益以及角度位置等。由于最基本的天线方向图一般用 Sinc 函数表示，因此基于天线波束参数的天线方向图可以用多段 Sinc 函数曲线拟合。

多段 Sinc 函数曲线拟合的天线方向图仿真模型为

$$G(\Delta) = \begin{cases} \mathrm{Sinc}\left(x_0 \dfrac{\Delta}{B/2}\right), & \Delta \in [0, B/2] \\ \mathrm{Sinc}\left(x_0 + (x_1 - x_0)\dfrac{\Delta - B/2}{\alpha_1 - B/2}\right) & \Delta \in (B/2, \alpha_1] \\ -\dfrac{G_1}{V_{\mathrm{sub}}}\mathrm{Sinc}\left(x_2 + (x_3 - x_2)\dfrac{\Delta - \alpha_1}{\alpha_{1.5} - \alpha_1}\right), & \Delta > \alpha_1 \text{ 且 } n \in [1, 2) \\ G_n\left(x_2 + (x_3 - x_2)\dfrac{\Delta - \alpha_1}{\alpha_{1.5} - \alpha_1}\right)\mathrm{Sinc}\left(x_2 + (x_3 - x_2)\dfrac{\Delta - \alpha_1}{\alpha_{1.5} - \alpha_1}\right), & \Delta > \alpha_1 \text{ 且 } n \geqslant 2 \end{cases} \tag{7-103}$$

式中：Δ 为偏离波束中心的方位或俯仰角；$n = \mathrm{fix}\left(\dfrac{1}{\pi}\left|x_2 + (x_3 - x_2)\dfrac{\Delta - \alpha_1}{\alpha_{1.5} - \alpha_1}\right|\right)$，为副瓣位置编号，[1, 2)表示第一副瓣范围；$B$ 为波束宽度；α_1 为第一零点；G_1 为第一副瓣的增益值(幅度)，$\alpha_{1.5}$ 为第一副瓣峰值角度；G_n 为第 n 副瓣的增益值(幅度)；x_0 为方程 $\mathrm{Sinc}(x_0) = 0.707$ 的解，$x_0 = 1.3918$；x_1 为方程 $\mathrm{Sinc}(x_1) = C$ 的解，C 为第一零点增益；

x_2 为方程 $\mathrm{Sinc}(x_2)=V_{\mathrm{sub}}\dfrac{C}{G_1}$ 在区间$[\pi, x_3]$的解；x_3 为方程 $\mathrm{Sinc}(x_3)=V_{\mathrm{sub}}$ 的解，$V_{\mathrm{sub}}=-0.2172$ 为$|\mathrm{Sinc}(x)|$在$[\pi, 2\pi]$区间的最大值，通过计算机插值求解得到 $x_3=1.43\pi$。

设置天线波束宽度为2.2°；第一零深位置为2.4°；第一副瓣位置为3.4°；其他副瓣只满足幅度，位置适当；第一零深增益为−30 dB；天线增益第一副瓣为−20 dB；第二副瓣为−30 dB；第三副瓣及其他副瓣均为−40 dB。可以得到多段Sinc函数曲线拟合方向图如图7-26所示。

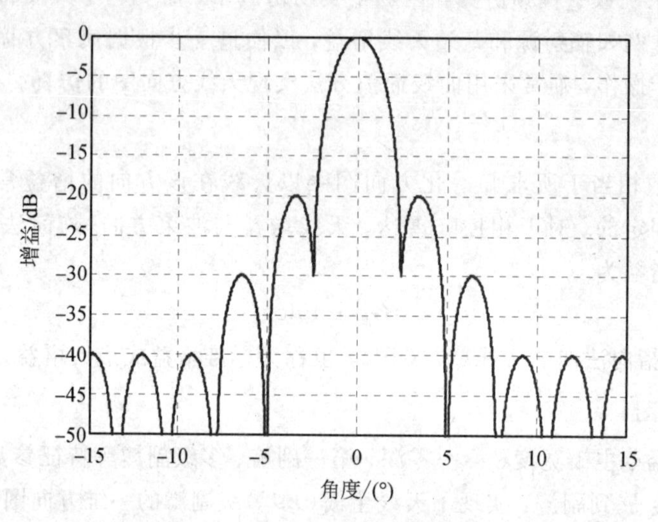

图7-26 多段Sinc函数曲线拟合方向图

3. 矩形天线二维方向图

矩形天线方向图是方位方向图和俯仰方向图的乘积。$G(\alpha, \beta)$可以由方位方向图$G_\alpha(\alpha)$和俯仰方向图$G_\beta(\beta)$来合成：

$$G(\alpha, \beta)=G_\alpha(\alpha)G_\beta(\beta) \tag{7-104}$$

方位向和俯仰向：波束宽度为2.2°；第一零深位置为2.4°；第一副瓣位置为3.4°；第一零深增益为−30 dB；天线增益第一副瓣为−20 dB；第二副瓣为−30 dB；第三副瓣及其他副瓣均为−40 dB。仿真得到矩形天线二维方向图如图7-27所示。

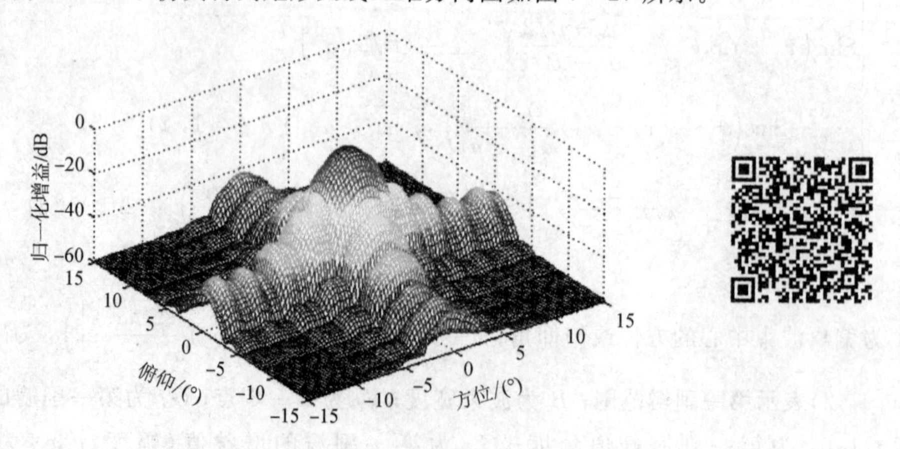

图7-27 矩形天线二维方向图

4. 圆形或椭圆形天线二维方向图

对于圆阵或椭圆幅度加权或密度加权(相控阵)天线方向图，天线等场强处为近似圆形或椭圆形，基于一维方向图设计，可以实现二维方向图插值模拟。

对于圆形天线，天线方向图是圆对称的，因此可以通过旋转一维方向图得到二维方向图。圆形天线二维方向图如图7-28所示。

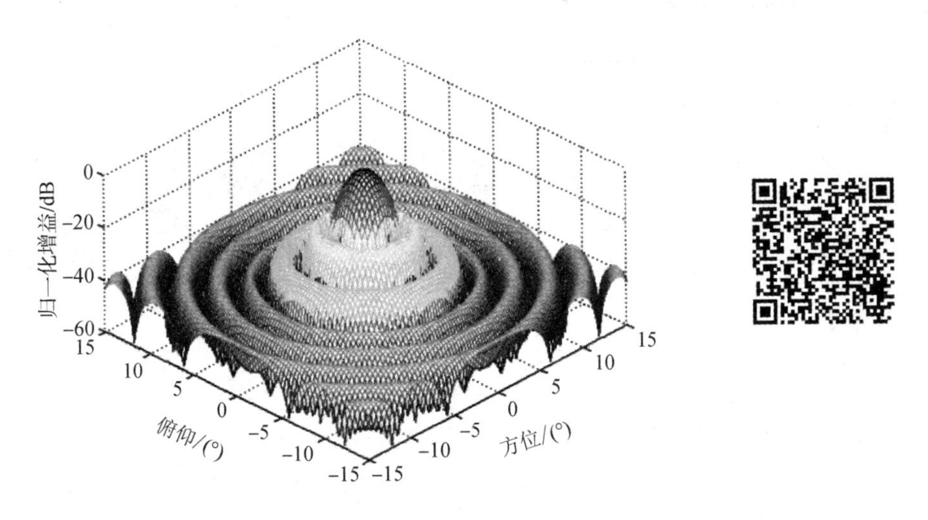

图7-28　圆形天线二维方向图

将一维方向图仿真方法扩展，给出了适用于圆形天线、椭圆形天线、矩形天线的方位-俯仰二维方向图实时仿真方法。椭圆形天线方向图采用椭圆插值方法计算，满足方位和俯仰方向图不同特征参数要求，实现了方位和俯仰天线方向图特征参数的平滑过渡。

对于椭圆形天线，波束在指向坐标系的方位和俯仰角与一维方向图的天线波束参数均不相同(增益可能相同)，将二维方向图中某方位和俯仰指向角($\Delta\alpha$，$\Delta\beta$)转换为偏角Δ，偏角Δ对应的一维方向图的天线波束参数可以通过椭圆插值获取，这样二维方向图转换为一维方向图的求解问题。偏角Δ和天线波束参数S为

$$\begin{cases}\Delta=\sqrt{\Delta\alpha^{2}+\Delta\beta^{2}}\\ S=\sqrt{\dfrac{\Delta\alpha^{2}+\Delta\beta^{2}}{\dfrac{\Delta\alpha^{2}}{S_{\alpha}^{2}}+\dfrac{\Delta\beta^{2}}{S_{\beta}^{2}}}}\end{cases} \tag{7-105}$$

式中：S_α为方位向波束参数；S_β为俯仰向波束参数，波束参数包括波束宽度、增益以及角度位置等；$\Delta\alpha$为指向坐标系的方位角；$\Delta\beta$为指向坐标系的俯仰角。当俯仰角$\Delta\beta=0$时，上式等价于方位一维方向图参数；同理方位角$\Delta\alpha=0$时，上式等价于俯仰一维方向图参数。

椭圆形天线方向图采用椭圆插值方法，满足方位和俯仰方向图不同特征参数要求，实现了方位和俯仰天线方向图特征参数的平滑过渡。

椭圆天线方位向：波束宽度为2.2°；第一零深位置为2.4°；第一副瓣位置为3.4°；其他副瓣只满足幅度，位置适当；第一零深增益为−30 dB；天线增益第一副瓣为−20 dB；第二

副瓣为－30 dB；第三副瓣及其他副瓣均为－40 dB。

椭圆天线俯仰向：波束宽度为4.4°；第一零深位置为4.8°；第一副瓣位置为7.8°；其他副瓣只满足幅度，位置适当；第一零深增益为－30 dB；天线增益第一副瓣为－15 dB；第二副瓣为－20 dB；第三副瓣及其他副瓣均为－25 dB。

根据上述参数设定，得到仿真结果如图7－29所示。

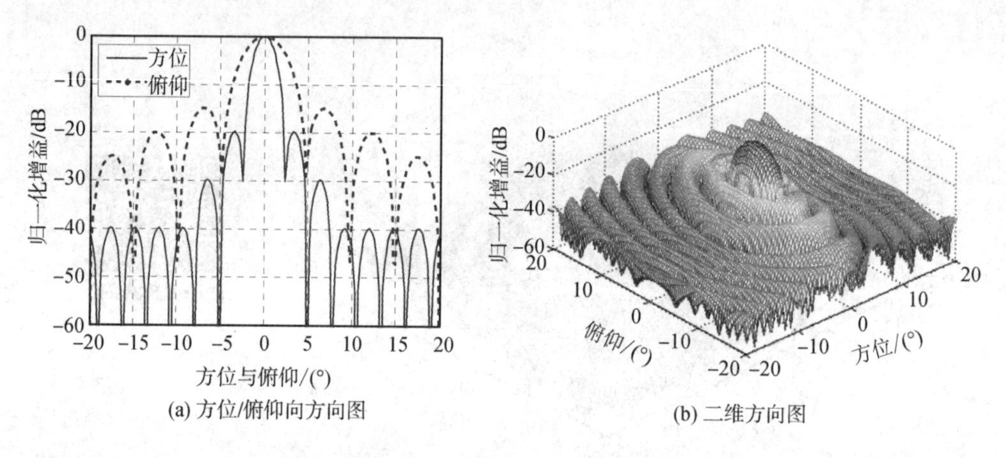

(a) 方位/俯仰向方向图　　(b) 二维方向图

图7－29　椭圆天线二维方向图

5. 非对称天线二维方向图

对于非对称天线，可以通过读取天线方向图文件得到天线各方向的增益。对于部分非对称天线也可以通过曲线模拟的方法，例如余割平方天线。传统的警戒雷达通常用变形的抛物面反射器实现余割平方天线波束，该天线的特点是当目标在波束内以恒定的高度移动时，在接收机的输入端目标回波信号强度相对平稳，实现对远程目标或近程目标的探测。余割平方天线俯仰向幅度增益为余割分布(功率增益为余割平方)，方位向为对称分布，可以采用一维对称方向图曲线模拟方法。俯仰向采用分段拟合的方法，俯仰方向图函数G_β为

$$G_\beta(\theta)=\begin{cases}\mathrm{Sinc}\left(x_0\,\dfrac{\theta-\theta_{\max}}{B/2}\right), & \theta\in[0,\theta_B]\\[2ex] \mathrm{Sinc}\left(x_0\,\dfrac{\theta_B-\theta_{\max}}{B/2}\right)\dfrac{\sin(\theta_B)}{\sin(\theta)}, & \theta\in(\theta_B,\pi/2]\end{cases}\tag{7－106}$$

式中：B为俯仰波束宽度；$\theta_{\max}$为波束最大增益俯仰角；θ_B为余割平方的起始角度，$(\theta_B,\pi/2]$按照余割平方模拟。一般$\theta_{\max}$取$B/2$，θ_B取$[B, 1.1841B]$，$1.1841B$时天线衰减6 dB；$x_0=1.3918$为方程$\mathrm{Sinc}(x_0)=0.707$的解。

利用方位方向图$G_\alpha(\Delta)$，得到二维方向图为

$$G(\alpha,\beta)=G_\alpha(\alpha)G_\beta(\beta)\tag{7－107}$$

波束宽度$B=6°$，波束最大增益俯仰角$\theta_{\max}=3°$，余割平方的起始角度$\theta_c=1.1841\times6°=7.1046°$，得到余割平方天线方向图如图7－30所示，其中图(a)为几何关系图；图(b)为垂直方向图；图(c)为二维方向图。

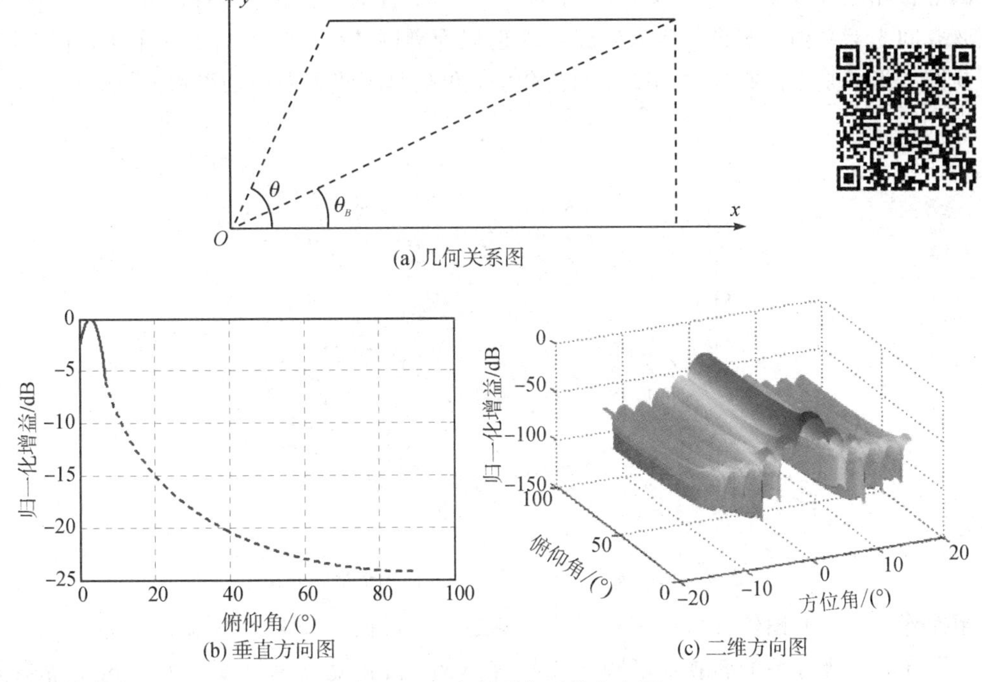

图 7－30　余割平方天线方向图

6. 相控阵天线二维方向图

相控阵天线根据波位安排进行空间扫描，随扫描角度不同方向图形状会发生变化，即天线波束随扫描偏轴角增大逐渐展宽。正弦坐标系的相控阵波束投影形状是不变的，相控阵天线半功率波束空间分布式表示如下：

$$\frac{(T_x - T_{x0})^2}{\sin^2(B_x/2)} + \frac{(T_y - T_{y0})^2}{\sin^2(B_y/2)} = 1 \tag{7-108}$$

式中：$T_x = \sin\beta\cos\varphi$；$T_y = \sin\beta\sin\varphi$；$\beta \in [0, \pi/2]$，$\beta = \pi/2 - \theta$，$\theta$ 为球坐标系俯仰角，$\varphi \in [-\pi, \pi]$为球坐标系方位角，波束指向(β_0, φ_0)；$T_{x0} = \sin\beta_0\cos\varphi_0$；$T_{y0} = \sin\beta_0\sin\varphi_0$；$B_x$ 为 x 轴半功率点宽度；B_y 为 y 轴半功率点宽度，对于圆对称形相控阵天线 $B_x = B_y$。

球坐标系示意图如图 7－31 所示。

图 7－31　球坐标系示意图

(T_x, T_y)就是所谓的正弦空间坐标系，即波束在阵面的投影，$T_x^2 + T_y^2 = \sin^2\beta$，因此 T_x、T_y 的区域为半径为 1 的圆。阵面球坐标系与正弦坐标系相互转换的公式为

$$\begin{cases} T_x = \sin\beta\cos\varphi \\ T_y = \sin\beta\sin\varphi \end{cases} \tag{7-109}$$

$$\begin{cases} \beta = \arcsin\sqrt{T_x^2 + T_y^2} \\ \varphi = \mathrm{arctg}\,\dfrac{T_y}{T_x} \end{cases} \tag{7-110}$$

圆对称相控阵天线方向图形变示意图如图 7-32 所示。这表明相控阵半功率等场强线在正弦空间坐标系内为圆形，在球坐标系内近似为椭圆。在正弦空间坐标系中，相控阵天线方向图的形状是不随扫描角的变化而变化的，仅仅是天线方向图的平移而已。

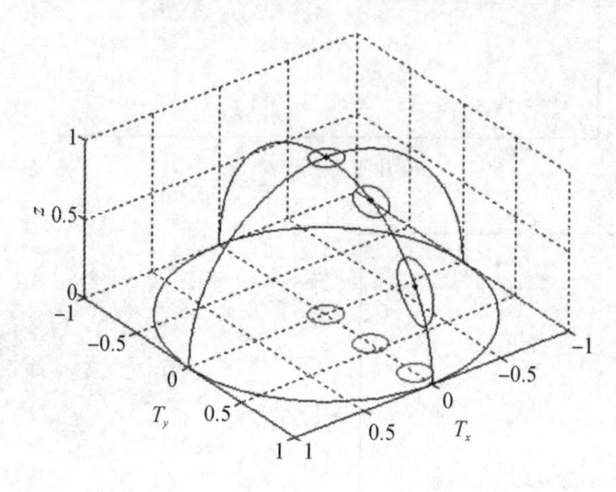

图 7-32　圆对称相控阵天线方向图形变示意图

相控阵雷达方向图仿真可以在正弦坐标系进行，根据工程需要可以实现方向图在不同坐标系的转换。以圆形相控阵为例：波束宽度为 2.2°；第一零深位置为 2.4°；第一副瓣位置为 3.4°；第一零深增益为 −30 dB；天线增益第一副瓣为 −20 dB；第二副瓣为 −30 dB；第三副瓣及其他副瓣均为 −40 dB。阵面球坐标系波束指向方位角为 30°，俯仰角为 60°。仿真得到相控阵雷达天线不同坐标系方向图对比如图 7-33 所示。

7. 振子方向图

通信电台天线通常采用对称振子、半波振子天线、全波振子。振子方

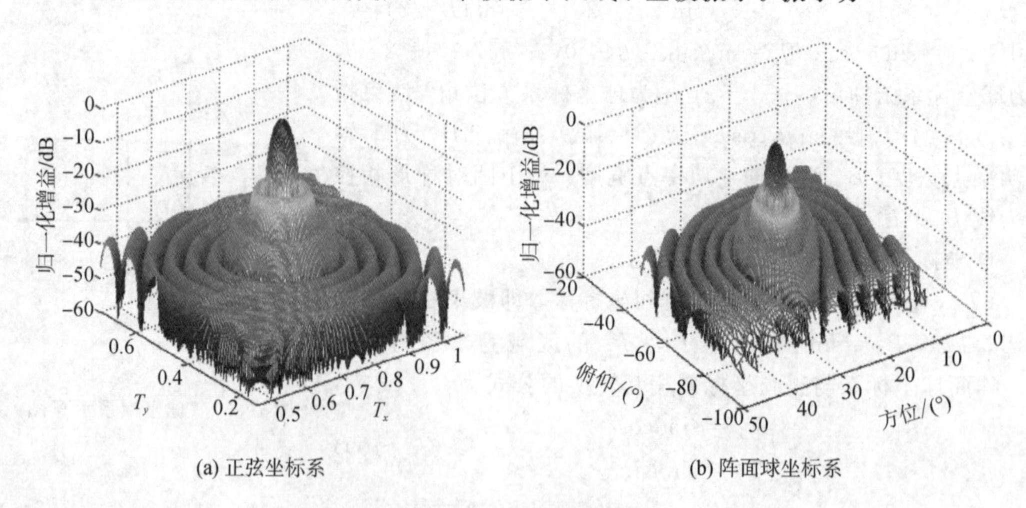

图 7-33　相控阵雷达天线不同坐标系方向图对比

向图与方位角无关，是围绕振子轴的轴对称函数，该类天线方向图可以用函数表示。

对称振子天线的方向图函数为

$$f(\theta)=\frac{\cos(kl\cos\theta)-\cos(kl)}{\sin\theta} \tag{7-111}$$

式中：θ 为偏离振子天线的角度；$k=2\pi/\lambda$，λ 为波长。

半波振子 $kl=\pi/2$，其归一化方向图函数为

$$f(\theta)=\frac{\cos\left(\dfrac{\pi}{2}\cos\theta\right)}{\sin\theta} \tag{7-112}$$

全波振子 $kl=\pi$，其归一化方向图函数为

$$f(\theta)=\frac{\cos(\pi\cos\theta)+1}{\sin\theta} \tag{7-113}$$

对称振子天线俯仰方向图示意图如图 7-34 所示，其中图(a)为半波振子和全波振子俯仰向方向图的对比；图(b)为半波振子立体方向图；图(c)为全波振子立体方向图。

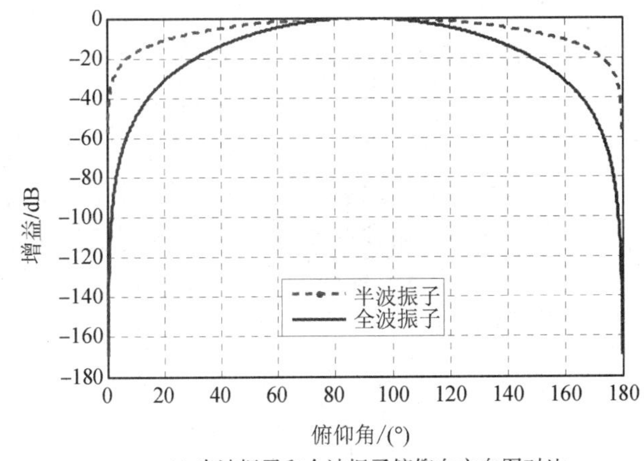

(a) 半波振子和全波振子俯仰向方向图对比

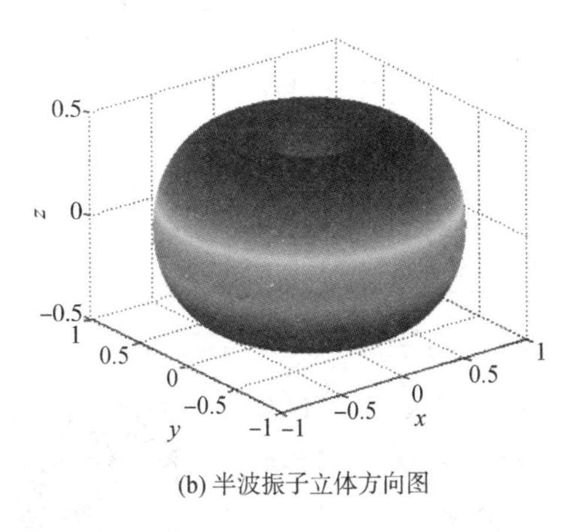

(b) 半波振子立体方向图

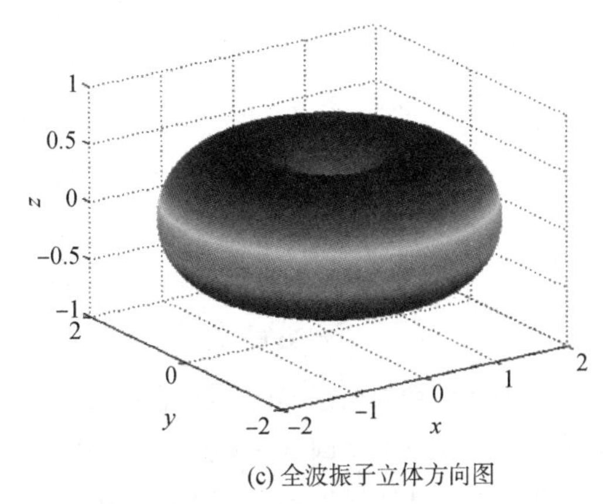

(c) 全波振子立体方向图

图 7-34　对称振子天线俯仰方向图示意图

7.5.2　天线扫描与资源调度模型

1. 常规天线扫描

机械扫描雷达用机械旋转实现天线波束指向的变化。常规机械扫描天线的扫描方式有

跟踪、匀速圆周扫描、扇扫、锥扫等。时差定位系统仿真主要考虑匀速圆扫天线，天线方位角表达式为

$$\varphi=\varphi_0 \pm \omega t \tag{7-114}$$

式中：φ_0 为零时刻的方位角；ω 为天线转速；t 为当前时间，取+为顺时针扫描，取−为逆时针扫描。

2. 相控阵资源调度

相控阵雷达天线波束扫描是离散的，依靠数字式移相器实现波束指向的变化。相控阵采用边搜索边跟踪方式，根据目标数目和目标位置决定跟踪信号形式。相控阵雷达天线需要考虑波束资源调度问题，资源调度模块可采用固定模板或自适应模板思想来实现雷达调度的功能，其根据数据处理提出的波束请求遵循一定的调度准则在一个调度时间间隔内安排雷达任务，并根据相应的雷达任务进行波形控制操作，实现对多目标的搜索、确认、跟踪和识别等。

相控阵雷达基本任务包括确认、跟踪、搜索、失跟处理。搜索任务(SRB)是按照波位表进行照射以检测目标，而且要进行去相关处理以保证检测到的是新的目标；确认任务(CRB)是对上一个搜索波位产生的新的起始航迹进行 N 次补充照射，以确认目标是否是虚假的；跟踪任务(TRB)是对建批目标进行跟踪照射和航迹相关处理；而失跟处理任务(LRB)是对失踪目标进行再次的搜索和捕获。相控阵雷达固定模板资源管理如图 7-35 所示。其中 L 表示失跟处理，T 表示跟踪，S 表示搜索，C 表示确认，T_{seg} 表示一个资源间隔。

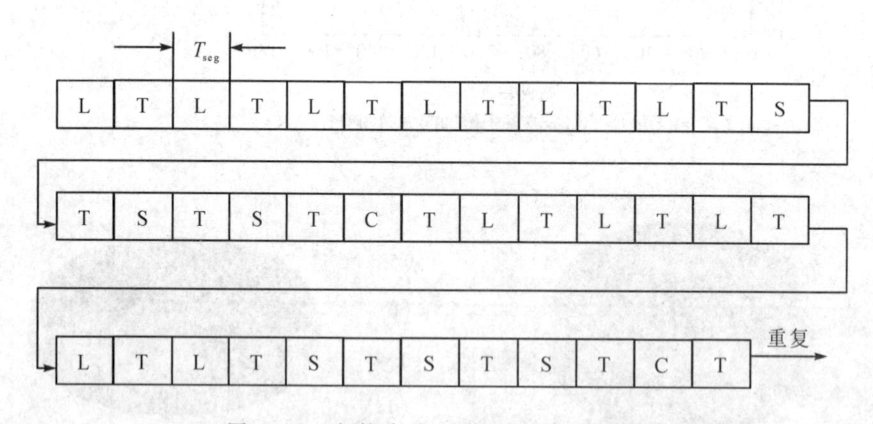

图 7-35　相控阵雷达固定模板资源管理

对于搜寻波束，相控阵的波束编排通常在正弦坐标系进行。在阵面正弦坐标系，天线波束为圆，容易实现波束编排，在正弦坐标系内完成波束安排，再转换到阵面球坐标或雷达站球坐标系得到扫描波位，可见要完成空域坐标的转换是很复杂的，在实际应用中要把常用扫描空域的转换数据入库，用查询的办法来完成波束坐标转换。相控阵天线在正弦坐标系的波束编排以及全空域覆盖波束安排如图 7-36 所示。

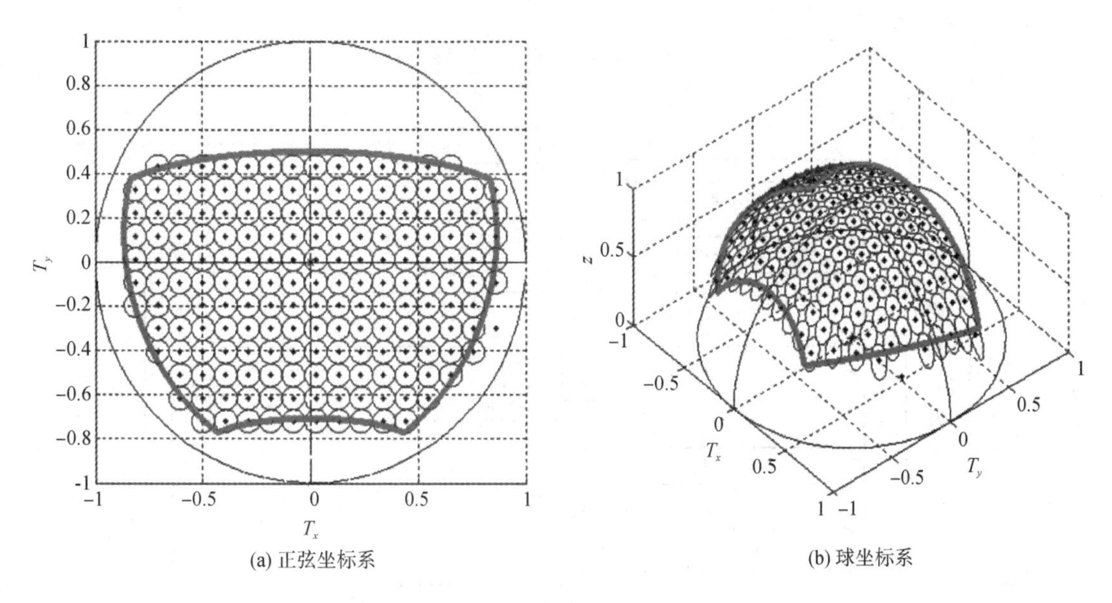

(a) 正弦坐标系　(b) 球坐标系

图 7-36　全空域覆盖波束安排

相控阵雷达天线波束扫描是离散的，依靠数字式移相器实现波束指向的变化。相控阵雷达天线需要考虑波束资源调度问题，资源调度模块可采用自适应模板模型，根据数据处理提出的波束请求，遵循一定的调度准则在一个调度时间间隔内安排雷达任务，并根据相应的雷达任务进行波形控制操作，实现对多目标的搜索、确认、跟踪和识别。

7.6　时差定位系统功能级仿真

时差定位数字仿真系统软件用于时差定位系统对辐射源的定位过程仿真，主要为时差定位基站部署策略研究提供分析工具，同时可以仿真得到辐射源按照某航线运动情况下的定位数据，为试验航线设计和数据处理提供技术支撑。

该系统实现了辐射源信号模型、时差定位算法模型、数据跟踪滤波模型等定位过程模型，能够实现时差定位系统对环境辐射源系统的定位过程仿真。根据仿真时间的推进给出三站、四站、多站等时差定位系统对辐射源的连续定位仿真数据、数据误差和理论误差曲线、目标跟踪显示、战场态势显示等，同时可以给出时差定位精度的 GDOP。

7.6.1　时差定位系统功能仿真流程

为了分析时差定位性能、辅助设计外场试验及评估方案，可以从功能仿真的角度建立仿真系统。时差定位数字仿真系统仿真流程图如图 7-37 所示。

首先进行场景编辑，包括基站平台航线、辐射源平台航线、辐射源参数、定位系统参数等，场景数据可以存储为场景文件，根据战情编辑可以获得装备参数、运动位置和速度数据。

仿真开始后，根据时间推进实时计算定位基站、辐射源的空间位置和速度，然后根据侦察接收机信号接收模型解算接收信号强度和侦察信噪比。如果信号强度过检测门限，则

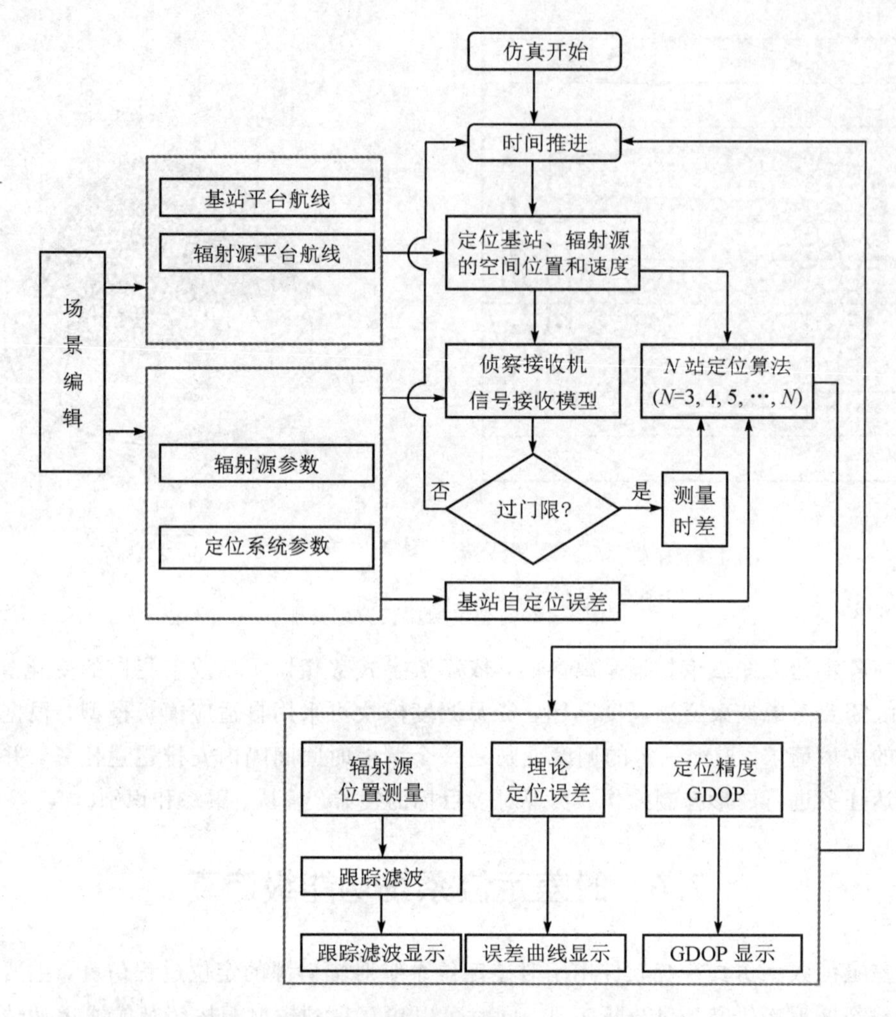

图 7-37　时差定位数字仿真系统仿真流程图

根据基站相关接收信噪比模型、基站自定位误差模型、运动模型、速度对时差测量精度影响误差模型等，得到定位基站时差测量结果。

然后根据过检测门限的基站数量，选择定位算法，解算得到辐射源定位结果以及当前定位基站构型情况下的定位精度 GDOP。最后完成实际定位数据和滤波数据比对显示、实际测量误差和理论定位误差的对比显示，以及定位精度 GDOP 的显示。

功能仿真要基于理论研究和模型分析，对定位制导精度的综合效能评估具有指导意义。功能仿真的缺点是不能仿真多信号间的相关配对，不能仿真雷达诱饵对定位性能的影响。

7.6.2　时差定位系统参数

战情场景编辑可以进行新建文件、保存、打开等操作，可以对装备信息进行浏览、编辑、删除等操作。可选择装备的类型包括雷达、通信电台、侦察干扰、时差定位等。单击“选择”选取一个需要参与构建电磁环境的装备名称，选取完毕后，该装备的预存信息将自动加载和显示。装备的部署位置通过经度、纬度、高度三个参数来控制，也可以第一个装备为坐标原点，利用位置转换窗口，输入相对原点的距离、角度和高度，程序自动转换为经度、纬度、高度三个参数。

基于雷达参数、干扰机参数以及空间位置参数(试验环境)，利用时差定位算法，计算定位误差理论结果并将其与仿真结果图形化对比显示。由显示图能够初步判定时差定位精度是否满足精度要求，时差测量站是否需要重新部署。

通过参数编辑功能可完成辐射源、定位基站参数编辑，参数编辑窗口如图 7－38 所示。可以设计平台位置、速度以及系统参数。通过“添加”按钮向系统中添加装备，装备通过选择框进行选择，用频装备列表给出所有装备参数信息；通过“上一个”“下一个”按钮选择装备，“目标位置”框实时给出所选装备经度、纬度、高度及运动速度信息，可编辑和保存装备信息。

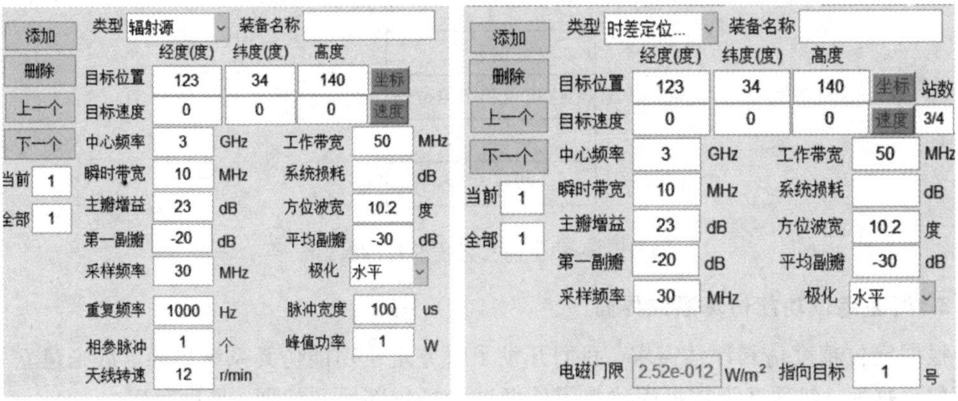

(a) 辐射参数编辑　　(b) 定位基站参数编辑

图 7－38　参数编辑窗口

辐射源装备参数数据库包括装备类型、名称、中心频率(GHz)、工作带宽(MHz)、瞬时带宽(MHz)、峰值功率(W)、系统损耗、极化方式、重复频率(Hz)、天线转速(r/min)、主瓣增益(dB)、方位波束宽度(°)、第一副瓣电平(dB)、平均副瓣(dB)、脉冲宽度(dB)、相参脉冲数等。

定位基站参数数据库包括装备类型、名称、基站数量、中心频率(GHz)、工作带宽(MHz)、瞬时带宽(MHz)、系统损耗、极化方式、主瓣增益(dB)、方位波束宽度(°)、第一副瓣电平(dB)、平均副瓣(dB)、灵敏度门限、天线指向目标号等。可以设置定位基站数量以及每个基站的参数。

7.6.3　时差定位系统功能级仿真软件设计

1. 仿真系统的软件框架

时差定位数字仿真系统采用功能级仿真实现了时差定位系统对环境辐射源系统的定位过程仿真，给出三站、四站、多站等时差定位系统对辐射源的连续定位仿真数据，给出了测量误差和理论误差曲线，同时可以给出时差定位精度的 GDOP。该系统包括场景编辑模块、基站侦察信噪比计算模块、多站时差定位模块、数据处理模块、误差分析模块、GDOP 计算模块、数据显示模块。仿真系统的软件框架如图 7－39 所示。

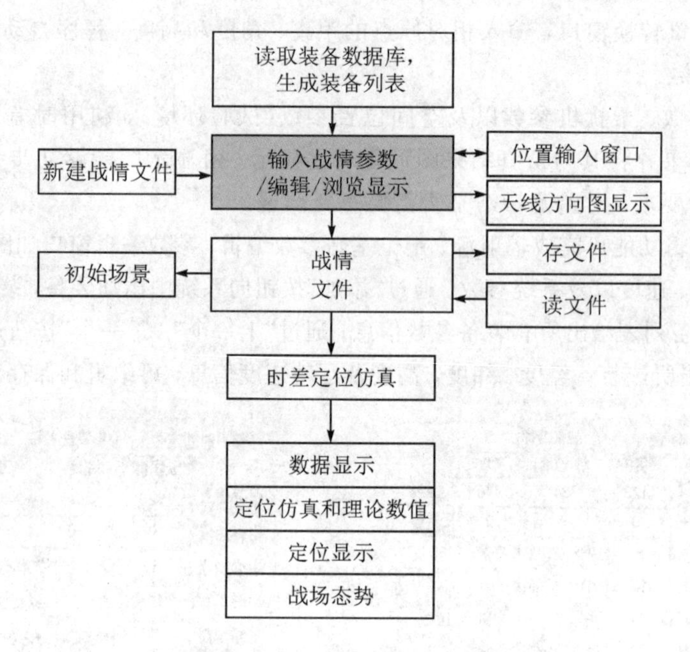

图 7-39　仿真系统的软件框架

2. 时差定位功能仿真系统界面

根据定位精度仿真评估需求，我们开发了时差定位功能仿真系统界面。首先建立了装备参数数据库，然后基于数据库建立了外场试验场景部署和规划，最后利用以上研究的时差定位模型对辐射源进行定位。该系统可以根据仿真时间的推进，仿真不同时刻(不同目标位置)的连续定位结果，并能进行跟踪滤波、定位误差理论结果和仿真结果显示、目标跟踪显示、战场态势显示等。时差定位系统的定位精度评估模块运行效果如图7-40所示。

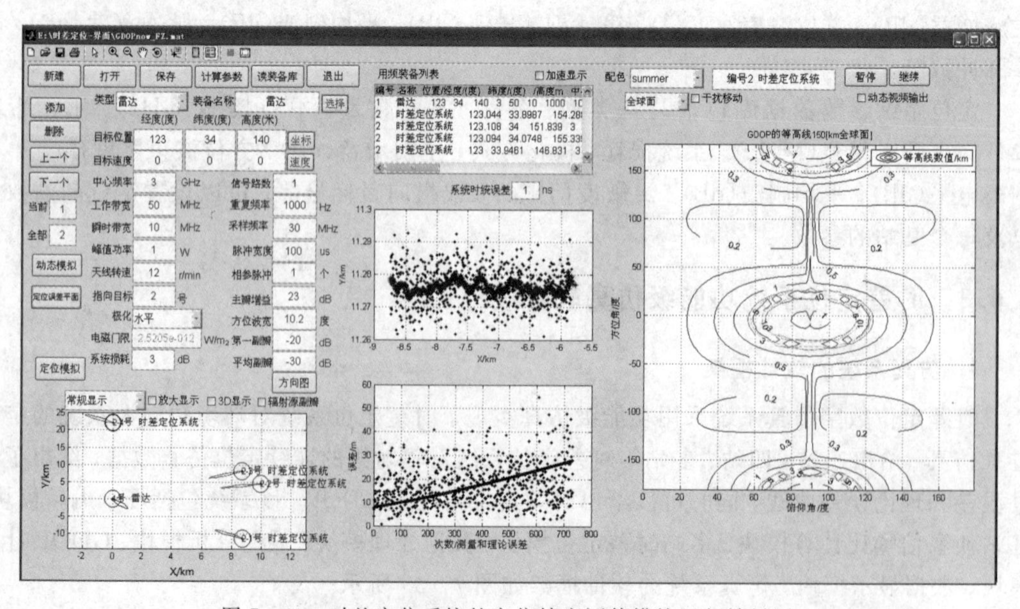

图 7-40　时差定位系统的定位精度评估模块运行效果图

通过“打开”按钮打开所需要的时差定位系统文件，可保存和读取系统运行状态，仿真开始后可通过“暂停”和“继续”按钮控制仿真进程。图7-40 左下角为时差定位系统与目标雷达空间态势图。显示对象选择列表位于图 7-40 右上角，可查看各装备的参数信息。环境态势展示区域能显示各时刻的目标位置、速度，同时描绘各装备对应的天线方向图和指向。

时差定位数字仿真系统具有场景和系统参数编辑、场景文件管理、仿真控制、显示参数控制等功能。时差定位数字仿真系统界面如图 7-41 所示。

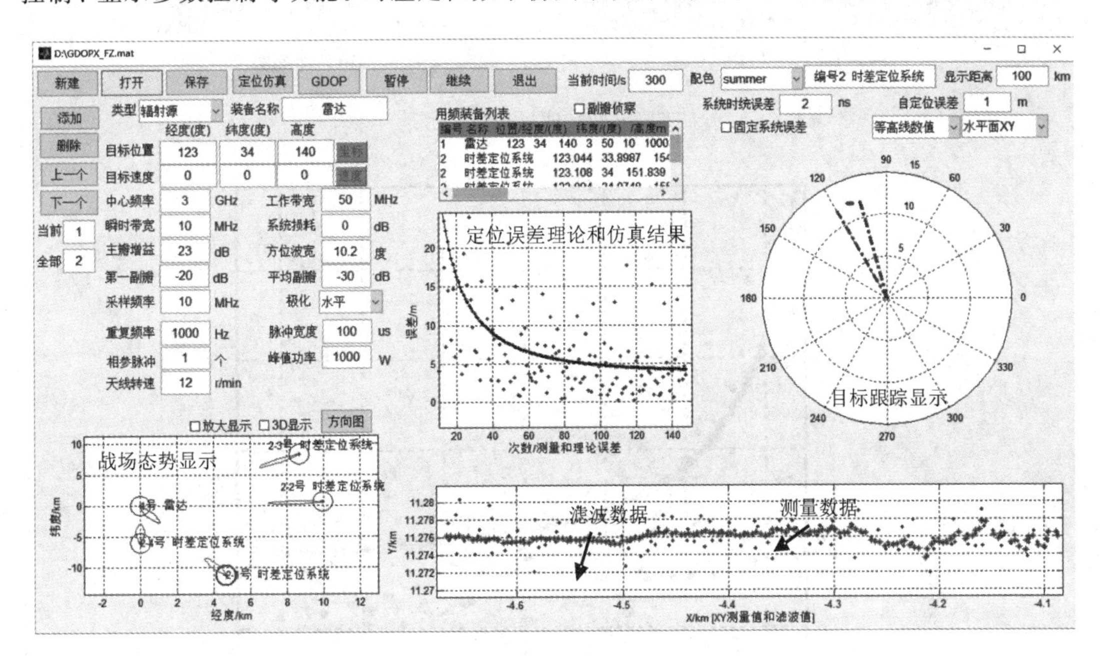

图 7-41　时差定位数字仿真系统界面

装备天线参数输入后可以通过调用“方向图”按键显示当前天线仿真方向图，完成目标雷达、装备参数设置和部署后可保存该时差定位部署。

3. 战场态势显示

时差定位数字仿真系统运行后，可对辐射源与时差定位系统基站的空间态势进行图形化显示，随着仿真过程的步进更新态势，显示方式可选择二维、三维显示。战场态势显示目标辐射源与时差定位系统基站中各装备空间位置、天线方向图和波束主瓣指向信息。战场态势显示如图 7-42 所示。

4. 定位精度 GDOP 显示

定位跟踪显示将定位误差理论结果与仿真结果进行对比显示，测量误差和理论误差显示如图 7-43 所示，点线为理论误差值，实点为测量误差值。由显示图能够初步判定时差定位精度是否满足精度要求，时差测量站是否需要重新部署。

通过“定位仿真”按钮完成仿真推进，根据仿真时间的推进，仿真不同时刻(不同目标位置)的连续定位结果。根据定位误差理论结果与仿真结果对比曲线，评估时差定位系统定位

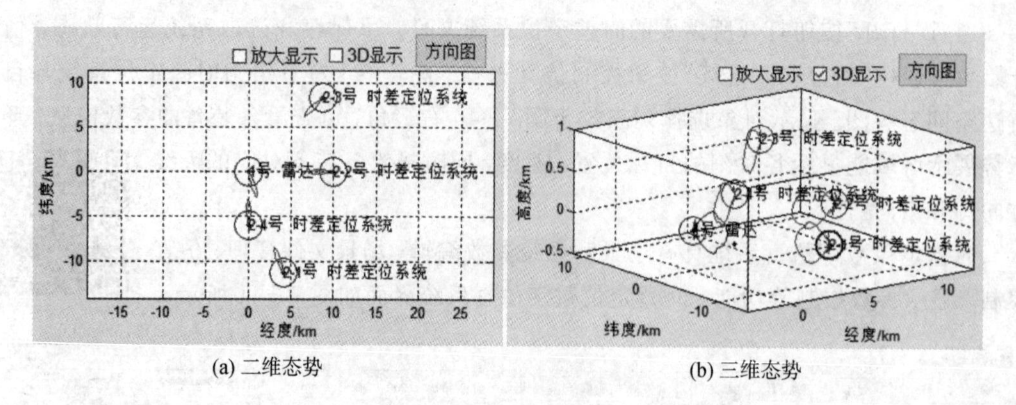

(a) 二维态势　　(b) 三维态势

图 7-42　战场态势显示

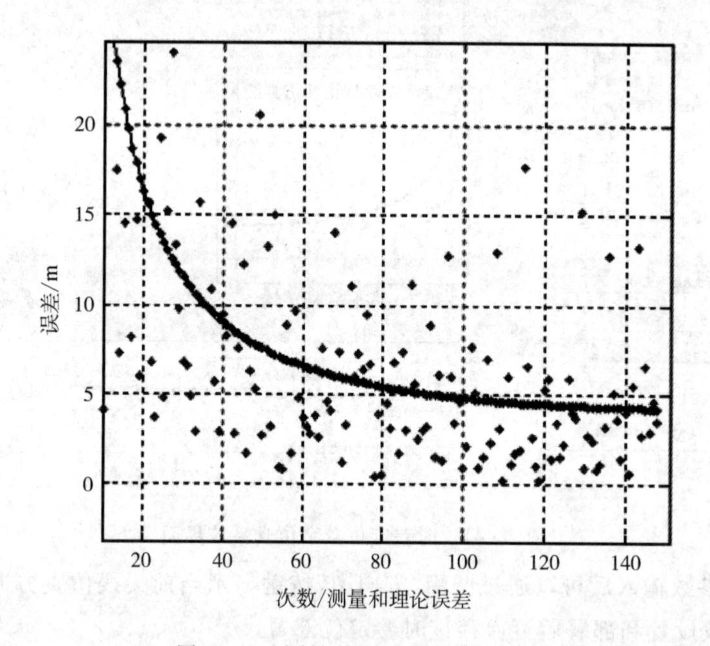

图 7-43　测量误差和理论误差显示

精度。“暂停”按钮用于暂停仿真进程，“继续”按钮用于解除暂停继续仿真，“退出”按钮用于关闭窗口和退出。“GDOP”按钮完成 GDOP 显示，定位精度 GDOP 如图 7-44 所示。在图 7-44 所示界面中可以设置显示数据方式，即等高线数值、系统误差、距离百分比、切向距离百分比、切向距离误差和径向距离误差，还可以设置定位面，即水平面 XY、垂直面 YZ、垂直面 XZ、上半球面、下半球面和全球面，从而完成 GDOP 显示方式选择。

5. 时差定位精度评估过程

时差定位系统定位精度评估软件使用步骤如下：

(1) 点击“打开”按钮，打开时差定位系统文件。通过“添加”按钮向系统中添加装备，装备通过选择框进行选择，用频装备列表给出所有装备参数信息。

(2) 通过“上一个”“下一个”按钮选择装备，“目标位置”框实时给出所选装备经度、纬度、高度及运动速度信息，可编辑和保存装备信息，完成参数设置和装备部署后可保存该

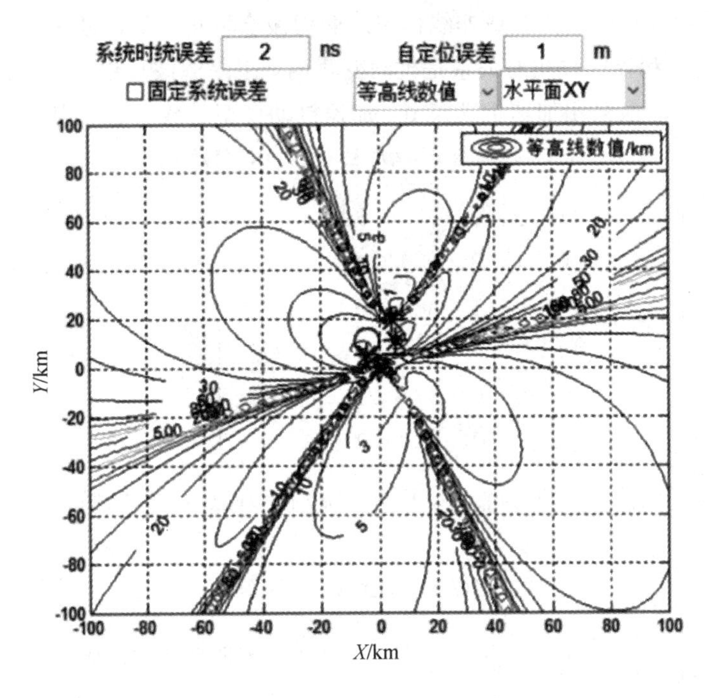

图 7-44　定位精度 GDOP

时差定位部署。

(3) 点击“参数分析”按钮给出雷达主瓣侦察门限和时差定位系统主瓣辐射密度随距离的变化曲线，以及探测距离随 RCS 的变化曲线。

(4) 点击“定位跟踪”按钮开始仿真，根据仿真时间的推进，仿真不同时刻(不同目标位置)的连续定位结果。根据定位误差理论结果与仿真结果对比曲线，评估时差定位系统定位精度，下一步根据此结果优化时差定位系统中各装备部署，提高时差定位精度。

7.6.4　目标跟踪滤波模型

目标数据处理模块包括航迹管理和航迹滤波处理。航迹管理模块对点迹报告进行航迹关联，自动形成航迹，并根据点迹信息与航迹的配对情况进行搜索、确认或跟踪处理，对于相控阵雷达可以产生相应的波束请求；另外可以根据一定的规则，终结部分航迹，退出跟踪，使雷达避免因为敌方施放的大量干扰、诱饵而系统崩溃。跟踪滤波模块对航迹数据进行滤波处理，并对目标在下一时刻的位置进行预测，使其对目标的定位精度高于雷达对目标的观测值。

常用的航迹滤波方法有 Kalman 滤波器、$\alpha-\beta$ 滤波器和 $\alpha-\beta-\gamma$ 滤波器等，仿真系统可根据雷达的实际滤波方式适当选择滤波方法，本小节以 $\alpha-\beta-\gamma$ 滤波器为例给出数据处理模型。目标运动模型一般可分为线性模型和非线性模型。线性模型适用于一般的飞行器，比如战斗机、轰炸机等；非线性模型适用于弹道飞行的目标，如导弹、火箭等。对于线性模型，采用一般的线性卡尔曼滤波器，可以获得较好的结果，其滤波误差由目标的随机扰动和雷达的观测精度等因素决定；对于非线性模型，一般的线性卡尔曼滤波器并不适用，根据实际情况，采用 α－β－γ 滤波或非线性卡尔曼滤波会取得更好的效果。

时差定位装置和辐射源相对关系是机动变化的，跟踪滤波可以采用高阶模型的卡尔曼滤波器。高阶模型一般采用加速机动模型，加速机动模型的数学表示为

$$\boldsymbol{X}^m(k+1)=\boldsymbol{\Phi}^m\boldsymbol{X}^m(k)+\boldsymbol{G}^m\boldsymbol{W}^m(k) \tag{7-115}$$

式中：$\boldsymbol{X}^m=\begin{bmatrix}x^m\\ \dot{x}^m\\ y^m\\ \dot{y}^m\\ \ddot{x}^m\\ \ddot{y}^m\end{bmatrix}$；$\boldsymbol{\Phi}^m=\begin{bmatrix}1&\Delta&0&0&0.5\Delta^2&0\\0&1&0&0&\Delta&0\\0&0&1&\Delta&0&0.5\Delta^2\\0&0&0&1&0&\Delta\\0&0&0&0&1&0\\0&0&0&0&0&1\end{bmatrix}$；$\boldsymbol{G}^m=\begin{bmatrix}0.25\Delta^2&0\\0.5\Delta&0\\0&0.25\Delta^2\\0&0.5\Delta\\1&0\\0&1\end{bmatrix}$；

$E[\boldsymbol{W}^m(k)\boldsymbol{W}^{m\mathrm{T}}(j)]=\boldsymbol{Q}^m\delta_{kj}$，T 为转置，$E[\boldsymbol{W}^m(k)]=0$；$\Delta$ 为步进时间间隔。

测量模型为

$$\boldsymbol{Z}(k)=\boldsymbol{H}\boldsymbol{X}(k)+\boldsymbol{V}(k) \tag{7-116}$$

式中：$\boldsymbol{H}^m=\begin{bmatrix}1&0&0&0&0&0\\0&0&1&0&0&0\end{bmatrix}$；$\boldsymbol{V}$ 为零均值、协方差阵为 $\boldsymbol{R}$ 的白噪声，与 $\boldsymbol{W}$ 不相关。

时差定位系统得到目标第 k 次观测后，卡尔曼滤波过程如下：

(1) 预测：$\hat{\boldsymbol{X}}_{k/k-1}=\boldsymbol{H}\hat{\boldsymbol{X}}_{k-1/k-1}$。

(2) 预测协方差：$\hat{\boldsymbol{P}}_{k/k-1}=\boldsymbol{H}\hat{\boldsymbol{P}}_{k-1/k-1}\boldsymbol{H}^{\mathrm{T}}+\boldsymbol{Q}_k$。

(3) 卡尔曼增益：$\boldsymbol{K}_k=\hat{\boldsymbol{P}}_{k/k-1}\boldsymbol{C}^{\mathrm{T}}[\boldsymbol{C}\hat{\boldsymbol{P}}_{k/k-1}\boldsymbol{C}^{\mathrm{T}}+\boldsymbol{R}_k]^{-1}=\hat{\boldsymbol{P}}_{k/k-1}\boldsymbol{C}^{\mathrm{T}}\boldsymbol{P}_v(k)^{-1}$。

(4) 滤波：$\hat{\boldsymbol{X}}_k=\hat{\boldsymbol{X}}_{k-1/k-1}+\boldsymbol{K}_k[\hat{\boldsymbol{Z}}_k-\boldsymbol{C}\hat{\boldsymbol{X}}_{k-1/k-1}]=\hat{\boldsymbol{X}}_{k-1/k-1}+\boldsymbol{K}_k\boldsymbol{v}(k)$。

(5) 滤波协方差：$\hat{\boldsymbol{P}}_{k/k}=[\boldsymbol{I}-\boldsymbol{K}_k\boldsymbol{C}]\hat{\boldsymbol{P}}_{k/k-1}$。

式中：$\boldsymbol{v}(k)$是新息项，$\boldsymbol{P}_v(k)$是新息协方差矩阵。

定位位置和跟踪滤波显示如图 7－45 所示。同时可以给出以主站为融合中心的雷达站平面位置变化图。

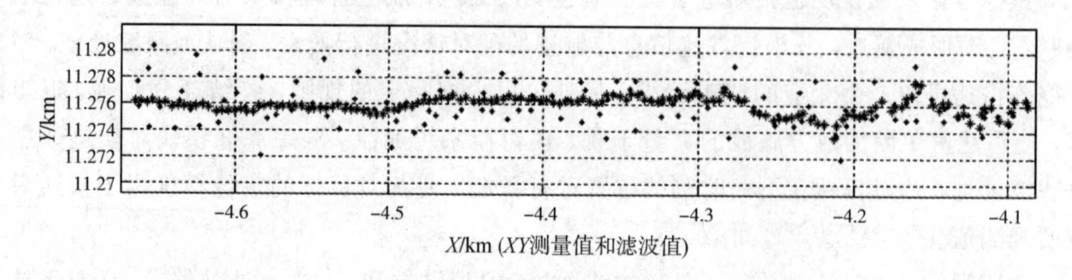

图 7－45 定位位置和跟踪滤波

7.7 时差定位系统信号级仿真

时差定位系统信号级仿真用于对时差定位系统适应复杂电磁环境的能力进行评估，是

一项涉及多学科领域、技术复杂、工程量很大的集成性复杂系统工程。我们考虑到不同时差定位构型、雷达体制、工作平台和各种环境信号、干扰信号体制，构建了复杂电磁环境下时差定位数字视频仿真平台。时差定位系统信号级仿真可以实现空间基准站的空间位置关系对时差定位精度的影响分析、复杂电磁环境对时差定位信号分选的影响仿真、基站运动对雷达信号时差测量和定位算法的影响仿真。仿真信号体制包括脉冲多普勒、单脉冲、线性调频、相位编码、频率编码。

信号级仿真首先产生基站接收信号和接收机噪声的数字采样波形，接收信号的模拟要考虑路径延迟和路径衰减，然后按照基站信号处理方法完成脉冲信号配对和时差测量，最后按照定位基站空间位置和定位算法完成辐射源定位，以及三站、四站、多站等时差定位系统。因此信号级仿真更能体现时差定位信号处理全过程，对研究时差定位系统的复杂电磁环境适应性有重要意义。

下面以某时差定位数字视频仿真软件系统为例对时差定位系统信号级仿真进行说明。

7.7.1 时差定位系统信号级仿真框图

仿真系统涉及平台运动模型、雷达辐射源信号模型、定位算法模型等，如何构建复杂环境下时差定位系统仿真结构框架是时差定位系统数字仿真系统研制的关键技术。考虑到仿真系统的可扩展性，为雷达对抗领域数字视频仿真奠定基础，时差定位仿真系统包括战情编辑系统、时差定位系统、雷达系统、干扰信号产生系统、信息显示和保存系统等。该仿真系统的主要操作界面有仿真进程控制界面、时差定位系统界面、雷达或雷达诱饵显示界面、干扰机显示控制界面。

态势显示模块负责实时输出仿真过程中目标、干扰、时差定位及雷达等工作状态信息，主要显示界面有战场态势显示、装备参数显示、航迹显示等。复杂电磁环境下的雷达对抗仿真系统平台主要流程如图7-46所示。

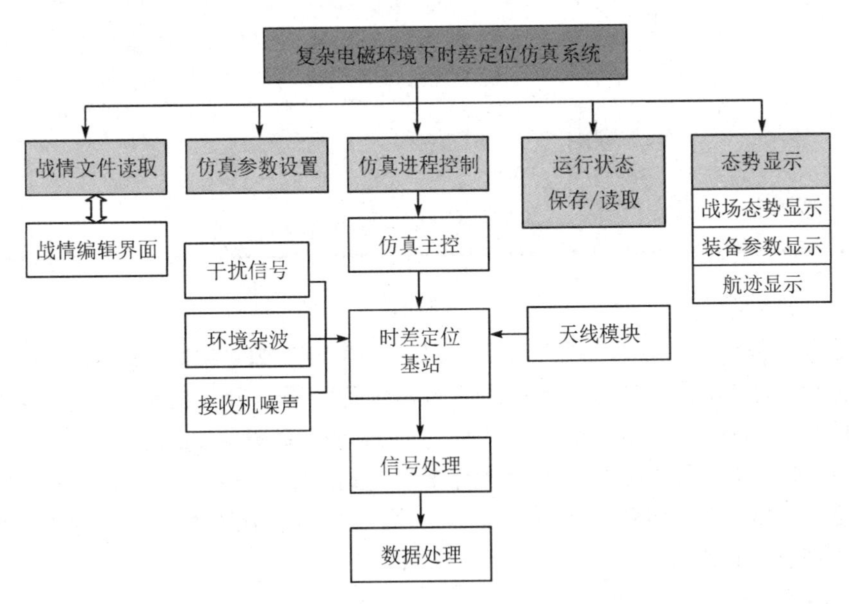

图7-46 时差定位系统模块流程图

7.7.2 时差定位系统信号级仿真战情编辑

战情编辑系统模块完成复杂电磁环境的场景设置(雷达位置部署、速度设置)和装备战技指标的入库，并作为战情文件存储。由于雷达对抗装备体制多、工作平台多、干扰样式多，因此设计的战情文件结构应该具有通用性，满足各种雷达工作参数的需求。综合考虑雷达对抗设备，对相关雷达参数进行简化，设计的战情编辑模块涉及参数包括装备载体的目标特征参数(RCS类型、位置和速度)、时差定位系统参数、雷达系统参数、天线参数、雷达脉冲描述字、导引头参数等。

1. 战情编辑界面

在战情编辑界面可以完成战场态势和装备参数的设置，并存入文件，如图7-47所示。

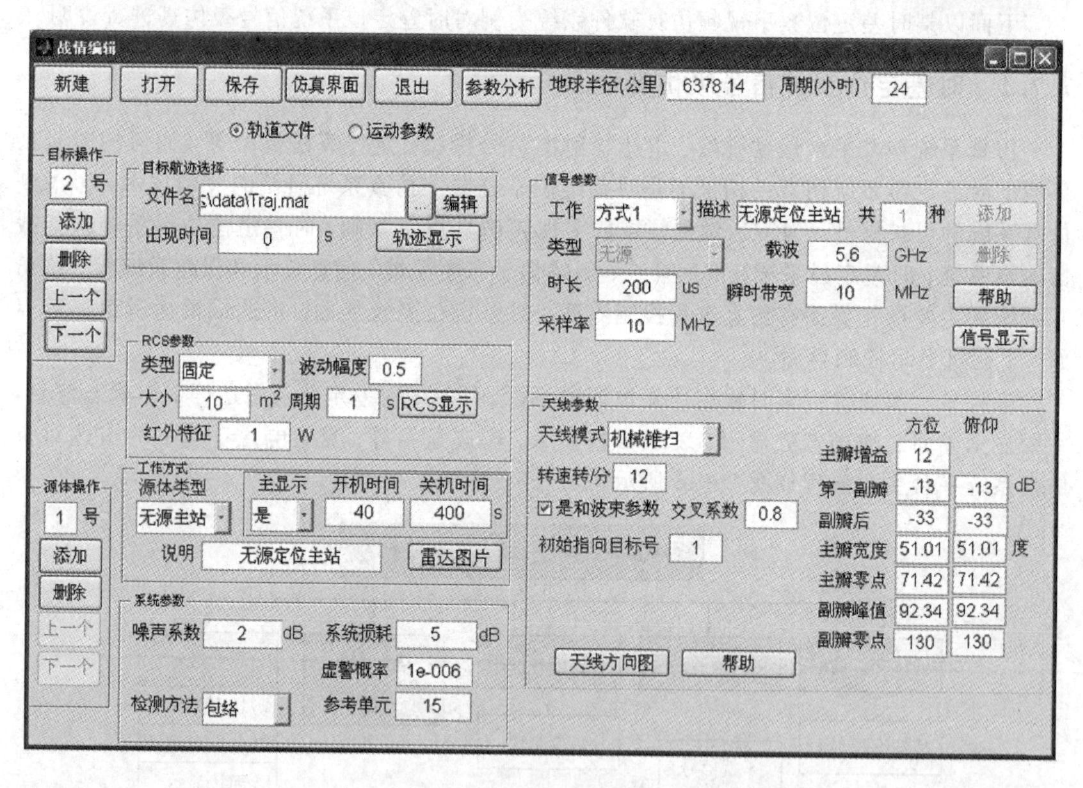

图7-47 战情编辑界面

首先输入装备载体的运动参数和雷达截面积(RCS)参数，其次选择装备的工作方式，选择源体类型(包括雷达、有源体、干扰机、目标体等)，输入开关机时间及说明，系统界面根据选择的源体类型，显示对应的输入界面。然后，输入系统参数、信号参数、天线参数或制导参数等。其中在信号参数中可添加多种工作方式，雷达信号类型可选择定频、线性调频、相位编码(位数/文件序列)、噪声、波形文件、无源等。在天线参数中输入主瓣增益后可自动输入其它缺省参数，并可显示天线方向图。

2. 电子装备参数

复杂电磁环境下，雷达的接收信号包括目标反射回波、有源电子干扰和无源诱饵雷达回波、环境杂波和接收机噪声。目标回波模型参数包括目标雷达截面积(RCS)、目标至雷达距离、目标的径向速度以及雷达接收的综合损耗等。目标散射模型大体分为确定型模型和统计型模型，RCS 统计模型主要有 Swerling 模型、对数正态模型和小目标(弹头类)等。接收信号产生模块首先对每个目标生成回波信号。然后对所有目标回波信号进行叠加生成回波信号，再在回波信号上叠加干扰信号，最后生成接收机噪声并叠加入回波信号中。

电子装备源体操作组进行辐射源或侦察设备属性编辑，一个目标体可以载多个辐射源或侦察设备，以满足载多类电子设备的舰船或飞机类目标的环境设置要求。源体操作组界面如图 7-48 所示。目标操作组包括“添加”“删除”、浏览(“上一个”“下一个”)功能按钮，对应的属性包括工作方式、系统参数、信号参数、天线参数、中制导参数、末制导参数。

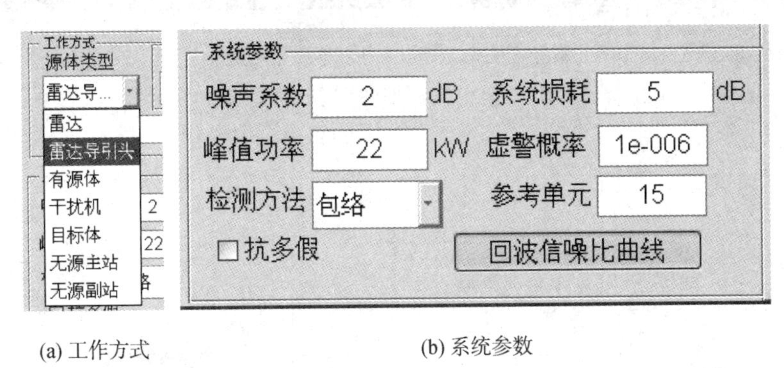

(a) 工作方式　　(b) 系统参数

图 7-48　源体操作组界面

工作方式包括源体类型、(是否)主显示、开机时间、关机时间等。其中源体类型包括雷达、雷达导引头、有源体、干扰机、目标体(纯目标)、无源主站、无源副站。主显示设置用于建立该装备的显示内存。

系统参数包括噪声系数、系统损耗、峰值功率、虚警概率、检测方法(包络检波、平方率检波)、参考单元等。

信号参数包括工作方式(可以有多类工作方式，可以添加、删除工作方式)、信号类型(定频、LFM、编码(位数、序列)、噪声、波形文件、无源)、载波频率、脉宽、瞬时带宽、采样率、相参脉冲数、重频。同时可以通过“信号显示”按钮显示该参数对应的波形。

天线参数包括天线模式、转速、初始指向目标号(仿真初始时刻天线缺省指向)、单脉冲测角参数(交叉系数、是(否)和波束参数)、方位和俯仰天线参数(主瓣增益、第一副瓣、其它副瓣、主瓣宽度、主瓣零点、副瓣峰值、副瓣零点)。

7.7.3　时差定位系统信号级仿真软件设计

1. 仿真主控界面

仿真主控界面包括战情编辑、仿真进程控制、内场控制、仿真进程显示、战场态势显示、显示对象选择等。其中仿真进程控制包括打开战情、仿真开始、暂停、继续、保存状态、读取状态。按照内场试验需求，内场控制文件主要用于存储仿真过程时差定位系统和辐射源的运动参数、系统参数，建立本软件系统与内场注入式仿真试验平台的控制参数接口标准。当前仿真进程通过进度条显示。主控界面如图 7－49 所示。

点击“打开战情”按钮打开所需要的战情文件，可保存和读取程序运行状态，仿真开始后可通过“暂停”和“继续”按钮控制仿真进程。仿真起始时间自动为 0，仿真时间长度要根据实际仿真要求来设置，仿真步进要根据实际装备参数来设计，为了加快仿真进程可将相关参数人工设置为更加合理的数值。仿真界面具有进程显示功能，能够显示整个仿真的时间消耗情况。仿真系统主要考虑载波和到达角，并采用功能仿真和数字仿真相结合的方式对无源工作模式进行简化。

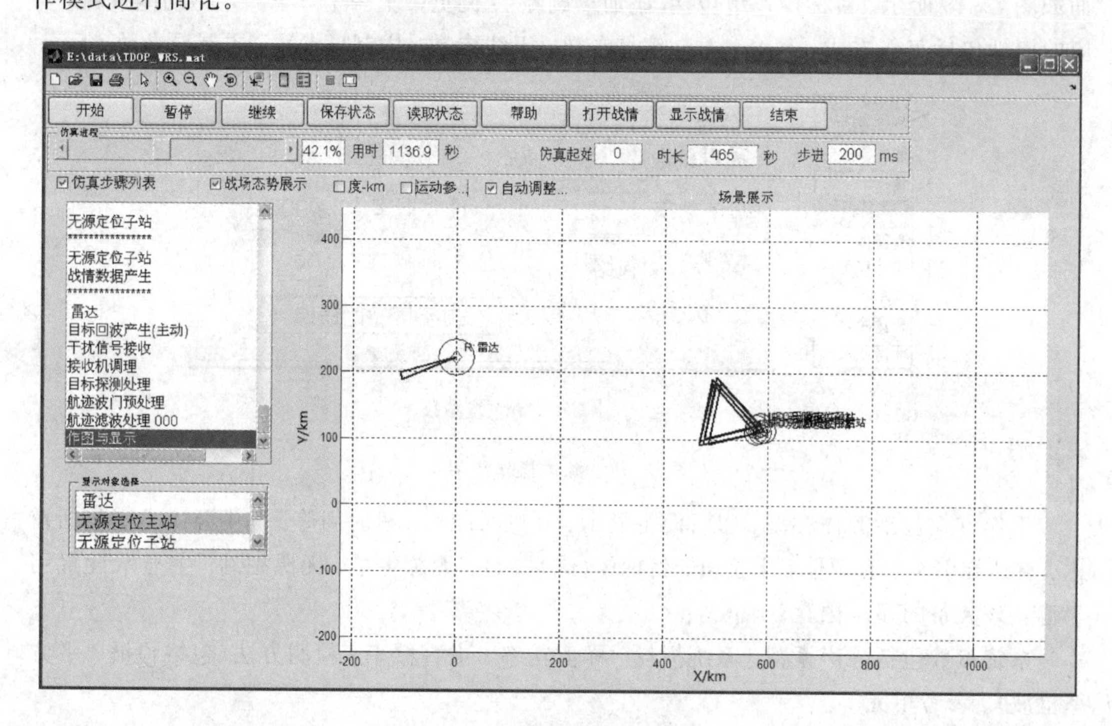

图 7－49　时差定位仿真主控界面

“仿真步骤列表”显示本仿真流程进度，以及各装备的工作情况。“场景展示”区域能显示各时刻的目标位置、速度和加速度，同时描绘各装备对应的天线波束宽度。“显示对象选择”窗口列表位于图 7－49 左下角，用于显示场景装备，通过双击装备能够打开装备控制窗口，可以显示或操作各装备状态。态势显示窗的控制选项有：仿真步骤列表、战场态势展示、度－km、运动参数、自动调整窗口。“战场态势展示”用于显示战场复杂电磁环境态势、各用频装备的位置和速度、天线指向等信息，显示战情的推进过程。

2. 时差定位显示窗口

时差定位显示窗口如图 7－50 所示，包括显示控制工具栏、辐射源位置显示窗、波形显示组。显示控制工具栏包括 P 显、航显、A 显、暂停、继续、关闭、窗口最小、仿真模式(视频仿真、功能仿真和理论计算(显示真实位置))工作状态显示列表，其中 A 显用于显示侦察波形，P 显用于显示辐射源探测跟踪情况，航显用于显示对辐射源的跟踪航迹。

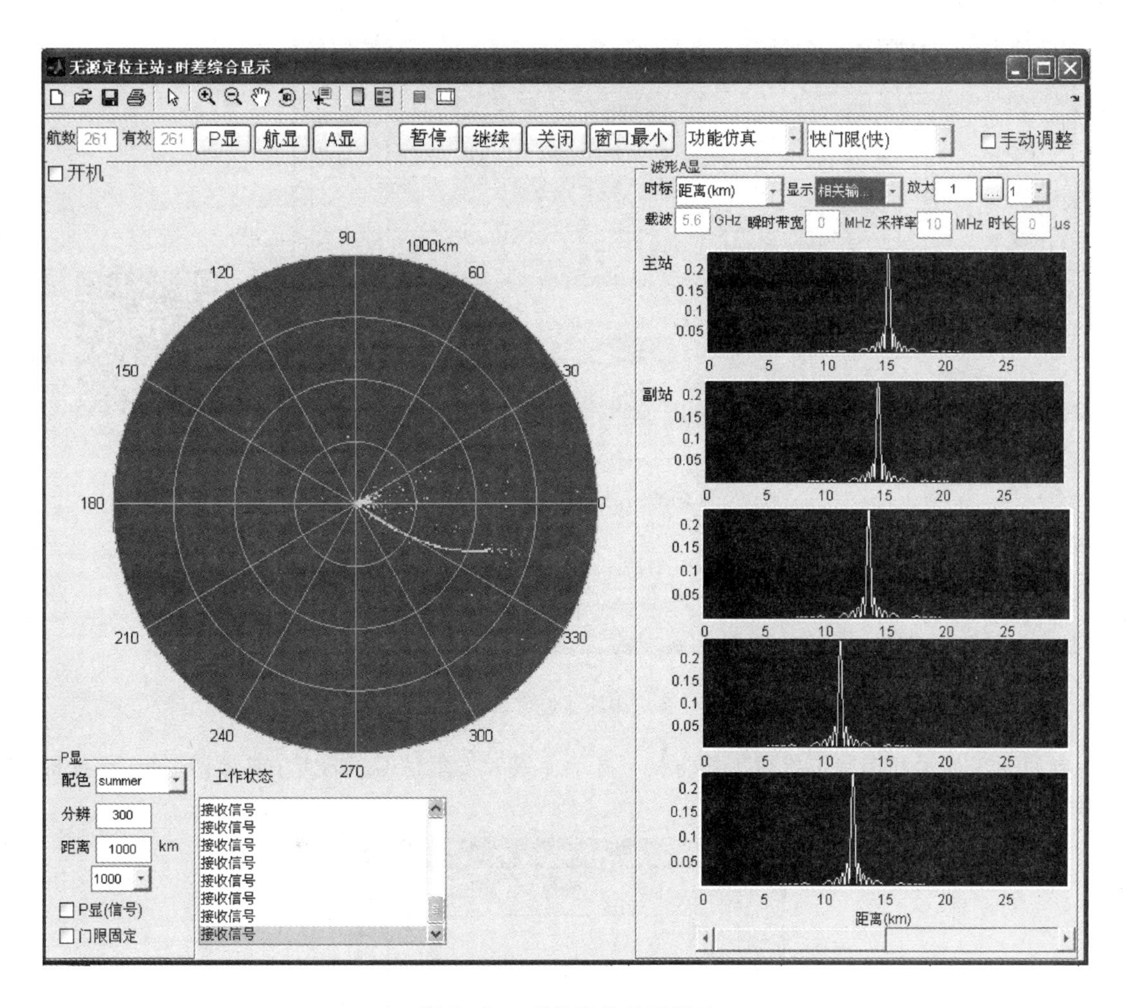

图 7 - 50　时差定位显示窗口

A 显(波形显示)包括时标、显示类型、放大倍数、载波、瞬时带宽、采样率、采样时长等参数。时标包括距离、时间和点数。显示类型包括视频显示、相关输出(V-dB)、不显示。放大倍数包括 1、2、3、5、8、10、20、50、100、200、1000。显示主站和 4 个子站侦察得到的波形。

3. 时差定位系统跟踪滤波窗口

航显用于显示时差定位对辐射源的跟踪滤波结果。时差定位系统跟踪滤波窗口如图 7 - 51 所示，由图可见，开始时侦察信噪比低，定位基站不能侦察到目标，这时不能实现时差定位功能或定位误差非常大；随着辐射源和定位基站距离不断缩短，信噪比逐渐增大，时间测量误差也逐渐减小，因而定位误差逐渐减小。

4. 干扰机显示控制界面(环境信号)

在实际设计仿真系统时要充分考虑不同雷达干扰装备的特殊要求，使干扰系统界面具有灵活配置能力。当雷达具有频率捷变能力时，要求侦察接收机能对干扰机进行快速频率引导。因此，在仿真中要考虑干扰机频率侦察引导时间和引导误差的影响。干扰机显示控

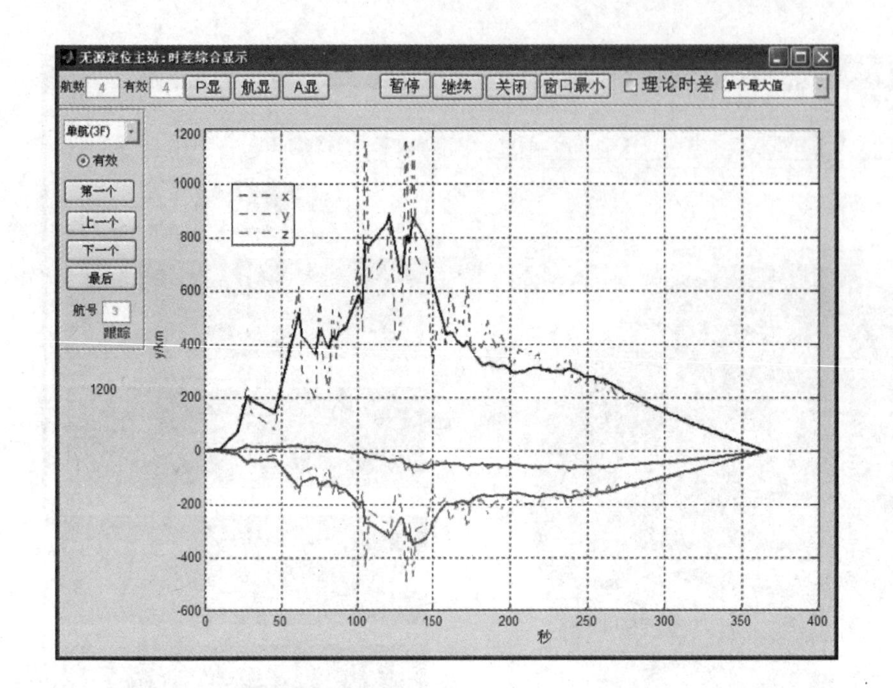

图 7-51　时差定位系统跟踪滤波窗口

制界面用于显示和控制干扰机工作方式，显示侦察和发射信号的波形(或频谱)等。干扰机显示控制界面如图 7-52 所示。

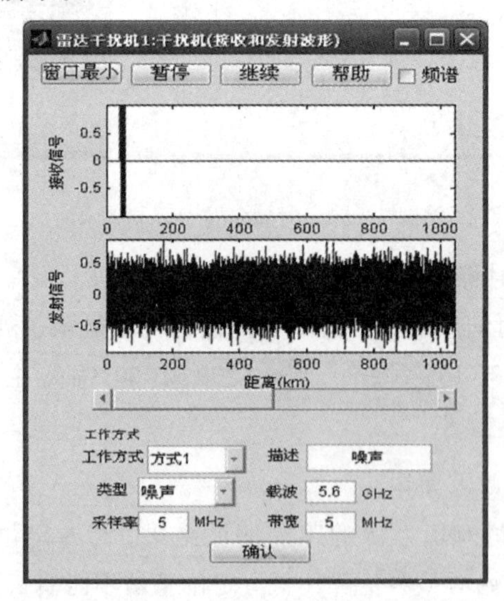

图 7-52　干扰机显示控制界面

第8章 时差定位系统内场半实物仿真试验设计

时差定位系统射频级的试验评估包括外场实装试验(或称为真实场景试验)和内场半实物仿真试验(或称为虚拟场景试验)。外场实装试验按照实际定位场景部署定位基站和辐射源,在真实场景中测试时差定位性能;内场半实物仿真试验利用多通道矢量信号源模拟产生各基站的射频接收信号,信号时序关系模拟要能再现真实场景,并用馈线注入各定位基站,各基站位置采用虚拟半实物仿真注入方式。该方法具有复杂环境构建容易、测量数据精度高、试验重复性好、费效比低等优点,和外场实装试验相比具有一定优势。

本章分析研究了时差定位系统内场半实物仿真试验设计的关键技术,具体内容安排为:首先分析了内场半实物仿真试验总体需求,分析了时差定位内场半实物仿真系统框架,以及环境信号模拟要求和系统指标要求;其次分析研究了时差信号产生方法,给出了两种信号产生方法:硬件延迟线法和虚拟延迟线法,打破了内场延迟线长度的限制,并给出了一种基于多通道矢量信号源的时差定位内场半实物仿真试验平台构建方法;接下来分析了内场半实物仿真时延控制,研究了数据接口模型、通道幅度控制模型、径向距离模型、时延控制模型等半实物仿真关键技术;最后给出了内场半实物仿真流程控制,包括基于多通道矢量信号源的仿真流程控制模型、内场半实物仿真装备参数、雷达参数数据结构、内场半实物仿真信息交互关系。

本章为时差定位系统内场半实物仿真试验环境建设指明了方向,解决了架构论证、信号产生方法、时延控制和仿真流程等关键技术问题。

8.1 内场半实物仿真试验总体需求

8.1.1 半实物仿真试验评估系统框架

由于试验条件限制,外场试验很难模拟时差定位的空间态势,利用内场注入式仿真设备可以构建时差定位试验态势。按照时差定位基站的空间位置和运动参数,控制内场仿真设备模拟输出多个定位基站接收信号,并用电缆分别注入各定位基站,模拟多站信号接收。模拟信号在时间延迟、幅度和多普勒调制等参数上符合基站理论接收信号模型。通过仿真主控进程推进,完成不同时刻、不同空间态势情况下的基站接收信号模拟,并将各基站的空间位置数据传输到定位主站,由主站完成辐射源分选识别和时差定位。半实物仿真系统可以形成射频闭环仿真环境,其框架如图8-1所示。

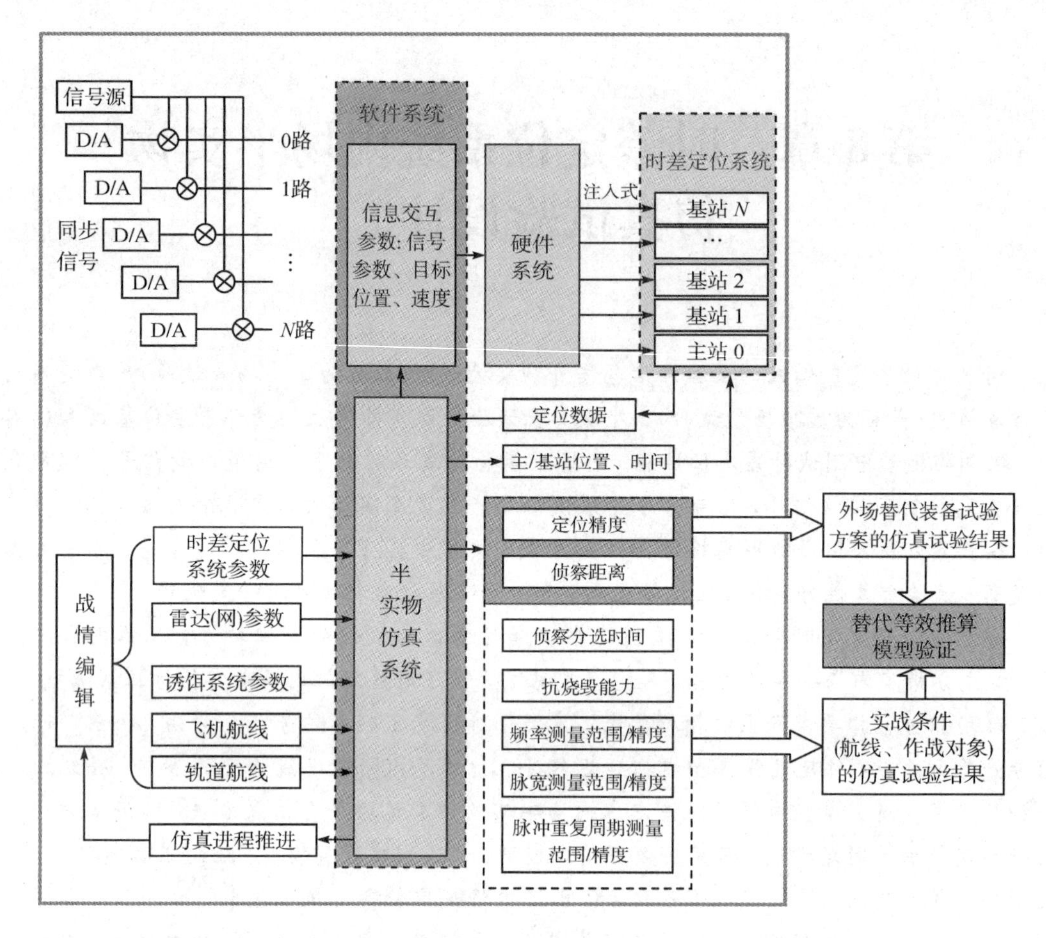

图 8-1　半实物仿真系统框架

首先需要建立战情编辑库，涉及雷达及雷达对抗、雷达诱饵、通信及通信对抗、时差定位系统等系统参数，并完成飞机航线、卫星轨道等升空平台运动数据的编辑。

时差定位半实物仿真系统中的主控计算机根据仿真进程的推进，按照时差定位基准站和空间辐射源的空间位置、运动参数、系统参数等信息，产生位置和速度、信号参数、天线指向等仿真参数，然后完成各定位基站接收信号的时序(时延)、幅度和多普勒调制参数解算。最后控制各信号仿真分系统硬件模块，完成射频信号的产生，并注入时差定位系统各基站。基站的时间-位置信息由半实物仿真系统产生，并通过数据总线(或通过人工设置)传输到时差定位系统信息处理中心。

半实物仿真系统仿真结果包括定位精度、侦察距离、侦察分选时间、抗烧毁能力、频率测量范围/精度、脉宽测量范围/精度、脉冲重复周期测量范围/精度等。可以分析基站或辐射源空间位置、飞行高度、运动速度对时差测量精度的影响。半实物仿真系统可以对时差定位系统进行信号级的内场试验，可以建立相同布站位置和航线的两套试验方案：外场替代装备试验方案和外场实际装备试验方案(实际装备是指定位系统指标要求的定位对象)，通过内场半实物仿真试验获取两个方案的试验结果，可以对替代等效推算模型进行验证和确认。

8.1.2　环境信号模拟要求

半实物仿真平台能够模拟多部不同距离、不同方位的多辐射源战情，各辐射源到达各无源时差定位站的幅度大小和先后次序均不同，且随着动态战情的变化而变化。时差定位系统对辐射源定位是依据各定位站接收到同一雷达辐射脉冲的时间差进行的，只有各站都能接收到同一雷达发射信号，才能实现定位。因此，在进行脉冲排序丢失处理时，要保证如果一个辐射脉冲被一个定位基站接收，则其他定位站也必须能够接收到同一发射信号；如果一个辐射脉冲不能被其中一个定位站接收，则其他定位站也必须丢弃该发射信号。

由于各定位基站接收到不同雷达的脉冲时间先后顺序不同，因此各雷达的脉冲描述字在时间上是交错的，同一雷达信号被各定位基站接收到的时间要占据一定的时间跨度，这个时间跨度和空间布站间隔有关，假设基站间隔 300 km，对应的时间跨越为 0～1 ms。假设有 2 部雷达辐射源和 4 个定位基站。雷达辐射源 1 发射的信号到达 4 个定位基站的先后顺序为 T11、T12、T13、T14，雷达辐射源 2 发射的信号到达 4 个侦察站的先后顺序为 T21、T22、T23、T24，其发射信号在时域上的分布如图 8-2 所示。

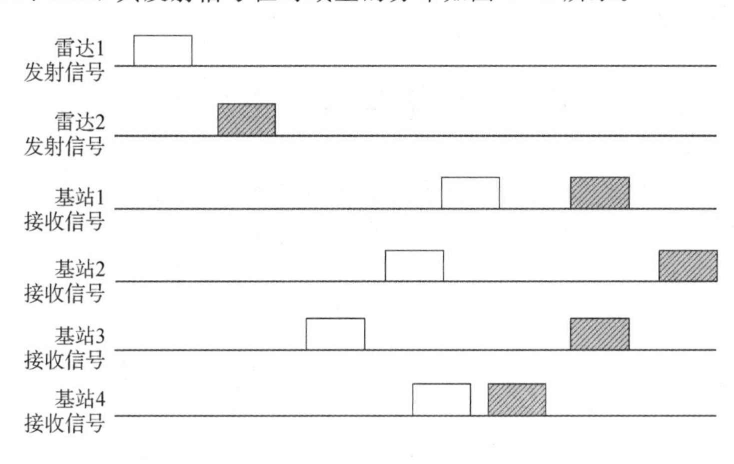

图 8-2　雷达信号在时域上的分布示意图

依据同一部雷达信号到达各侦察站的先后顺序在 50 ms 内不变的特点，先对各定位站进行排序。每一辐射源脉冲扩展出来的各接收脉冲先后次序不同，将导致同一部雷达发射信号从一个时间有序的脉冲序列变为一个时间杂乱无章的脉冲序列。在进行脉冲多通道扩展时，若按基站顺序存储脉冲描述字，其信号到达时刻是杂乱的。

在信号输出控制时，需按 TOA 从小到大的顺序存放各定位基站接收到的脉冲信号描述字，从而为后续的脉冲排序算法的优化创造条件。对 PDW 数据流进行通道动态分配、排队、丢失处理，生成按 TOA 从小到大排列的时间上不重叠的、通道唯一的脉冲描述字数据流，控制信号有序产生。需要采用双缓冲接收、滑窗预处理、循环链表数据存储、通道动态分配和脉冲流归并排序等技术，实现脉冲描述字的排队和丢失实时处理。

8.1.3　系统指标要求

基于内场半实物仿真系统，可以模拟输出多个时差定位基站接收信号，进行注入式半实物仿真试验。为了实现内场时差定位系统试验条件，内场半实物仿真系统和时差定位系统指标需求如下。

1. 内场半实物仿真系统要求

(1) 具备战情编辑能力。

(2) 能够模拟目标辐射源的时延、相位和多普勒信息，为时差定位系统提供3、4、5路时差信号。

(3) 能够接入目标辐射源复杂波形信号，构建含有复杂波形的信号环境。

(4) 具有多通道组合时延控制方式。

(5) 时延控制范围0～8 ms；时延控制精度优于2 ns。

(6) 信号密度不低于20万脉冲/秒。

(7) 仿真脉冲丢失率小于1/10。

2. 时差定位系统要求

时差定位系统具有内场可测性条件，建立与内场的数据传输接口，使时差定位基站的位置信息可以虚拟注入。

8.2 时差信号产生方法

根据辐射源位置和速度，以及侦察设备的位置和速度，计算侦察信号时间延迟、多普勒值和信号幅度等，然后按照第 i 个侦察接收机接收辐射源信号模型产生信号脉冲流，通过馈线注入第 i 个侦察接收机。如果采用多馈源同时工作模式进行试验，要求多路信号同步模拟，控制好时间延迟；如果采用多馈源分时工作模式进行试验，要求控制好各路信号时间延迟间隔，通过调整各侦察接收机的同步基准时间的方法满足同步接收同一脉冲信号的试验需求。

本节给出了两种信号产生方法：硬件延迟线法和虚拟延迟线法，打破了内场延迟线长度的限制，并给出了一种基于多通道矢量信号源的时差定位内场半实物仿真试验平台构建方法。

8.2.1 虚拟延迟测试方法

虚拟延迟测试方法：辐射源输出1路射频信号，经过功分器分成多路信号，分别注入时差定位系统各基站，同馈线长度时，到达各基站的信号延迟相同，基站时差测量结果为随机测量误差；实际时延和定位场景有关，是动态变化的，延迟可以通过计算机控制输入时差定位系统。时差定位系统将时差测量随机误差 t_i 和实际延迟 T_i 相加，即为时差定位系统的实际理论测量值 T_i+t_i，其中 i 表示第 i 个基站。内场试验时基站放置在固定位置，而实际基站一般是运动的，因此内场半实物仿真试验需要通过计算机程序控制基站的位置和固定延迟量，以便时差定位系统进行辐射源位置解算。时差定位虚拟延迟半实物仿真流程结构图如图8-3所示。

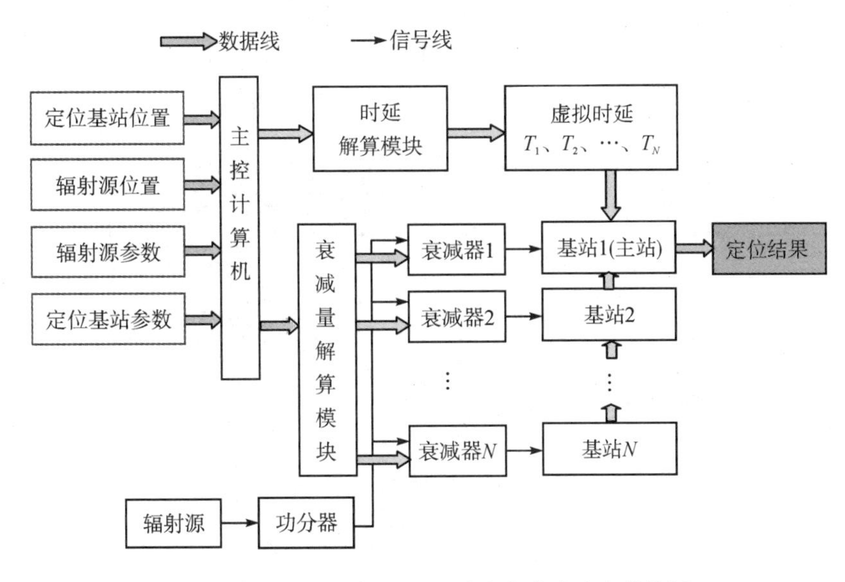

图8-3　时差定位虚拟延迟半实物仿真流程结构图

该方法既能测试时差定位系统的随机测量误差，又能测试时差测量动态定位能力，能够满足地面时差定位(短基线)、机载时差定位(长基线)、星载时差定位(长基线)的需要。短基线容易实现，而对于长基线，延迟线方法很难实现，例如对于机载时差基线几十公里、星载时差基线百公里的长基线，延迟线方法经费巨大，虚拟延迟的试验方法具有较大优势。时差定位内场虚拟延迟的试验方法能够满足短基线和长基线要求，优点是不需要复杂硬件，需求经费少，无时序控制误差问题。缺点是同一时刻只能模拟单个辐射源，只能分时进行复杂电磁环境模拟。

由于内场注入式仿真主要考核侦察/定位设备的性能，侦察/定位设备面临的空间信号的强度和信号样式是影响侦察/定位性能的关键，因此侦察天线方向图、雷达波束调度、雷达天线方向图、雷达信号样式、雷达功率和频率是内场注入式仿真的关键输入参数。单辐射源虚拟延迟测试方法一次只能模拟一部雷达信号，复杂环境的模拟可以采用分时仿真方法。

8.2.2　基于DRFM的硬件延迟方法

对同一雷达信号到达各时差定位站时延的实现有三种方式：脉冲展宽延时切割法、多通道组合法、DRFM延时复制法。脉冲展宽延时切割法只适用于无脉内调制的单载频信号，对于脉内压缩信号，脉冲展宽延时切割法将导致波形严重失真，带宽大幅下降；同时，对采用相关法测时延的无源时差定位设备，会造成时延测量错误。多通道组合法采用多个频率源通道相结合的方法，每一频率源通道模拟一个定位站接收信号，由于各频率源通道采用同一晶振信号，各通道之间相参，可以克服脉冲展宽延时切割法对脉冲压缩信号的影响。DRFM延时复制法采用数字储频技术，将同一脉冲信号采样存储后，每一储频通道模拟一个定位站的接收信号，经各通道延时复制后，形成通道间的时延控制。

硬件延迟网络通道可以采用光纤延迟法或DRFM延迟法。对于光纤延迟法来说，由于光纤受环境温度影响比较大，延迟控制精度很难达到ns量级。DRFM延迟法采用数字储频技术，充分利用雷达与电子战分系统中 DRFM 通道的存储延时转发功能，每个 DRFM 通道对应一个辐射源至定位基站的链路。DRFM 通道进行时延控制，射频通道和注入网络进行幅度、相位控制。多通道组合法时延控制框图如图 8-4 所示。

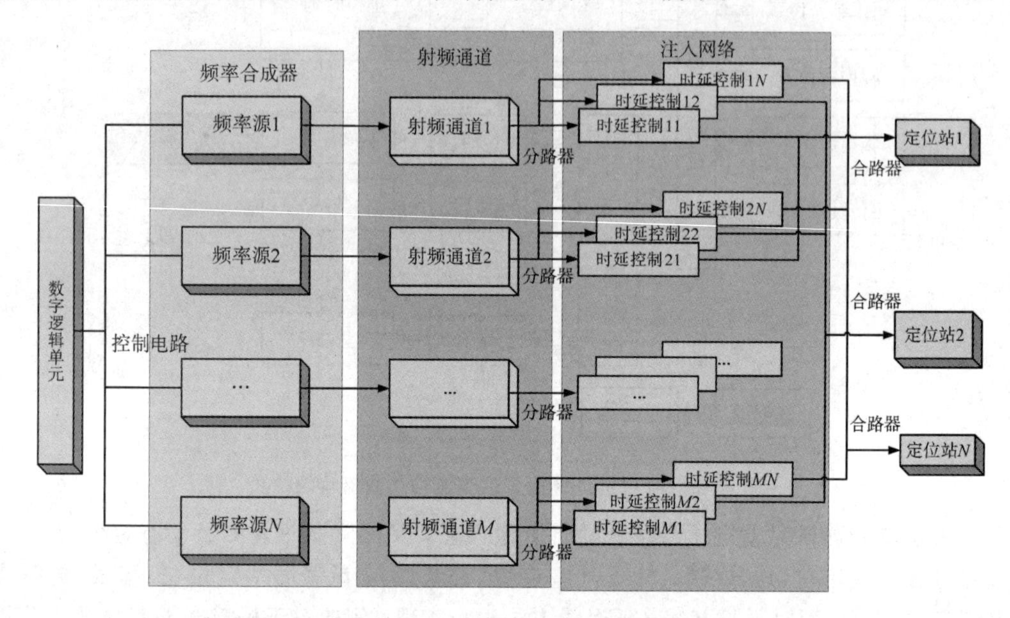

图 8-4　多通道组合法时延控制框图

基于 DRFM 的硬件延迟方法采用多个频率源通道、多个延迟通道相结合的方法。辐射源信号包括雷达信号和背景辐射源信号，每一频率源通道模拟辐射源或采用分时方法模拟多个辐射源，多个基站的接收采用延迟网络。借助于硬件延迟网络通道实现同一辐射源信号到各时差定位站的信号时延控制。最后，将多信号源到各基站延迟射频信号功率合成后送往各时差定位站。当不要求模拟多辐射源信号环境时，也可以用多个辐射源模拟同一个辐射源，一路辐射源分别对应一路定位基站。各频率源通道采用同一晶振信号，分别模拟一个定位站接收信号。硬件延迟线法的优点是可以模拟复杂电磁环境，缺点是花费较大。

时延控制精度取决于各信号源之间的时延控制一致性。DRFM 延迟线法需要高精度时钟控制硬件，受工程条件或经费限制，假设硬件延迟线时延控制分辨率为 10 ns，延时需要量化为 10 ns，会产生±5 ns 的延时控制误差，从而导致辐射源在无源时差定位系统坐标系中的相对位置发生漂移，对试验结果的客观性和有效性产生影响。为了弥补仿真系统分辨力误差，以满足时差控制精度试验需求，可以采用定位基站微调技术和辐射源位置微调法。

（1）定位基站微调技术：首先根据当前仿真进程节拍，确定基站位置和辐射源位置，计算各基站的时间延迟量，然后按照 10 ns 取整处理，并根据取整后延迟量，重新微调基站位置以满足 10 ns 整数倍延迟，微调方法是按照辐射源位置和基站连线方向调整基站位置。该方法对于单辐射源能够满足要求，不满足多辐射源测试环境要求，适用于 3 站或 4 站时差定位系统，但对于大于等于 5 站时差定位的冗余时差定位系统不适用。

（2）辐射源位置微调法：首先根据当前仿真进程节拍，确定基站位置和辐射源位置，计算各基站的时间延迟量，然后按照 10 ns 取整处理，并根据取整后延迟量和基站真实位置确定辐射源新位置，即辐射源修正位置，两位置间有一定的位置偏离，实际计算时差定位系统定位误差时，用辐射源修正位置作为真值。该方法对于多辐射源能够满足要求，但同样对基站数量有限制，即对于 3、4 站时差定位满足要求，对于存在冗余的五站时差定位不满足要求。原因是辐射源位置修正存在系统固有矛盾，即冗余多站时差定位得不到定位位置的理想解析解，为了弥补该缺点，这时可以增加微调第五定位基站的方法，即先按照第一至第四站确定辐射源解析解，然后根据该解析解(辐射源修正位置)修正剩余第五站基站位置，使之满足 10 ns 延迟控制要求。该方法采用辐射源位置反推法，根据量化后的时延反推出该组时延所对应的辐射源的地理位置，作为评估无源时差定位系统定位精度的真值位置。

基于 DRFM 的硬件延迟方法仿真时间推进与位置关系流程图如图 8－5 所示。

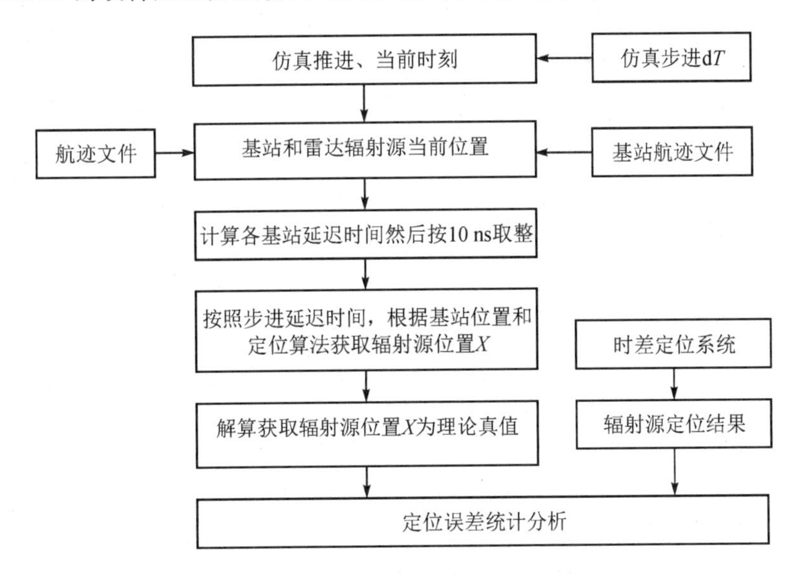

图 8－5　硬件延迟线法仿真时间推进与位置关系流程图

基于 DRFM 的硬件延迟方法采用多个频率源通道模拟不同频段的多路雷达信号和环境信号，例如基于 M 路射频源可以真实模拟 M 个辐射源，无脉冲丢失。雷达脉冲发射有一定的空闲时间，可以在空闲时间发射其他雷达信号。对于大于 M 路辐射源，可以采用分时模拟的方法，这就需要考虑波形序列安排问题，当脉冲序列重合时，根据辐射源重要程度安排优先级，先安排重点辐射源，再安排一般背景辐射源。

8.2.3　基于多通道矢量信号源的时差信号模拟

1. 多通道矢量信号源

多通道矢量信号发生器(例如 R&S 公司的 SMW200A)能生成高品质复杂数字调制信号，频率范围 100 kHz～20 GHz，内置 160 MHz 的 I/Q 调制带宽，具有 2 个基带模块和 4 个衰落模拟模块。2 个基带模块最多对应 8 个基带发生器，带实时编码器和 ARB 任意波形发生器(储存深度 1 G 采样)。内置衰落模拟选件是 SMW200A 区别于其它射频矢量信号发生器的重要标志，使用最新 FPGA 技术实现最多 4 个衰落模拟模块，可以模拟 16 条衰落通道(衰落模拟器)，每条衰落通道具有最多 20 个衰落节拍(20 个衰落节拍分成 4 组，每组 5 个衰减节拍)，可以仿真模拟室内多路径信号。

SMU/AMU 安装 2 条衰落通道，每条衰落通道具有最多 20 个衰落节拍(20 个衰落节拍分成 4 组，每组 5 个衰减节拍)，可以仿真模拟室内多路径信号。每个信道的延迟包括基本延迟与附加延迟，基本延迟设置范围 0～2.56 ms，时间分辨率为 10 ns，附加延迟由 4 组衰落节拍控制，设置范围最大 0～40 μs，每组节拍中精确延迟分辨率 10 ps。

衰落通道中衰落节拍配置示意图如图 8-6 所示。每个信道的延迟包括基本延迟与附加延迟，基本延迟设置范围 0～0.5 s，时间分辨率为 10 ns，附加延迟由 4 组衰落节拍控制，设置范围最大 0～40 μs，每组节拍中前 3 个节拍提供 2.5 ps 的精确时间分辨率，后 2 个节拍提供 5 ns 的精确时间分辨率。

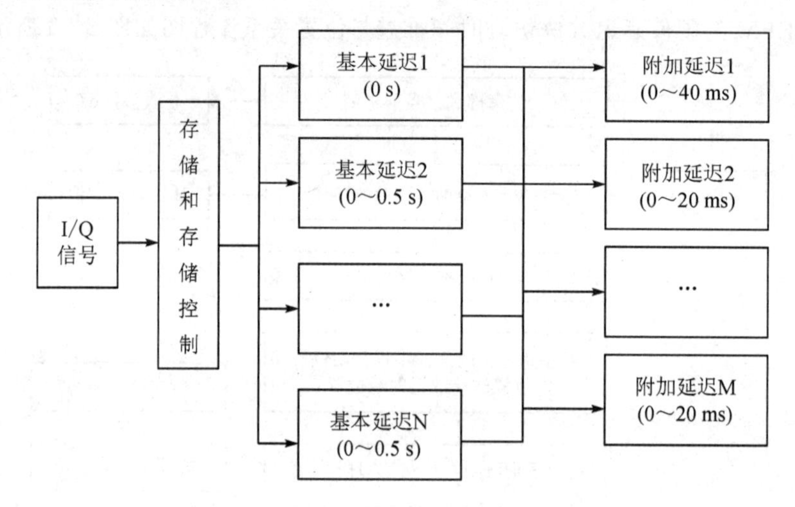

图 8-6　衰落通道中衰落节拍配置示意图

SMW200A 可以模拟 GSM/EDGE、EDGE Evolution、3GPP FDD、CDMA2000 等多种数字调制的基带信号。一台 SMW200A 有 2 路 I/Q 输出，通过外接 SGS100A 信号发生器，可以再产生 2 路射频信号，因此 SMW200A 能够逼真模拟 MIMO 场景，例如 2×2MIMO、4×4MIMO、8×2MIMO 等，当需要更多射频路径时，可以利用多台 SMW200A 和 SGS100A 搭建。

2. 基于仪器搭建的四站时差定位测试环境

在实际应用中，时差定位系统面临空间多辐射源的复杂信号环境，辐射源信号包括常规脉冲信号、LFM 信号、编码信号、连续波信号、干扰信号等多种信号样式，另外多类信号间存在交叠。不同信号样式对不同体制时差测量有不同的影响。当时差定位基站瞬时带宽内有多部辐射源信号或多路径信号时，基站接收信号交叠会使时差定位系统的信号分选、识别和脉冲配对变得非常困难。因此复杂电磁环境测试是时差定位系统测试的重要环节。

SMW200A 矢量信号源非常适用于 MIMO 信号测试，利用 R&S 公司的双通道 SMW200A 和两个 SGS100A 矢量信号发生器构建四站时差定位态势，输出四个定位基站模拟接收信号，并用电缆分别注入到多个定位基站。通过仿真进程推进，完成时差定位系统半实物仿真测试。基于仪器搭建的四站时差定位测试环境如图 8-7 所示。MIMO 信号环境可以利用多台 SMW200A 和 SGS100A 组合构建，具体可以参考相关文献。

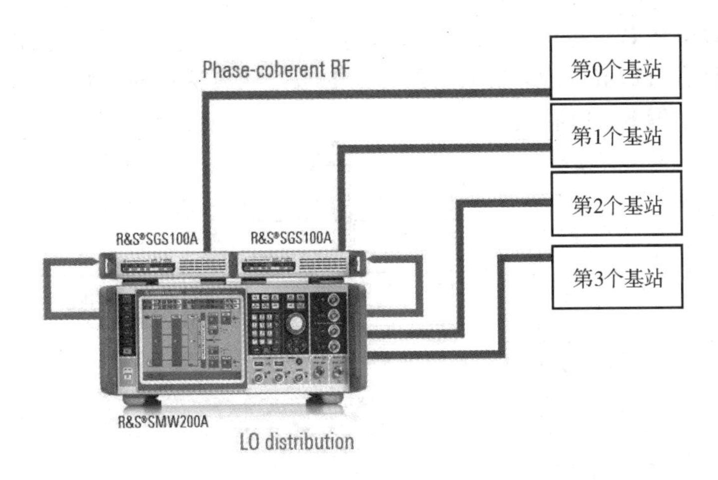

图 8－7　基于仪器搭建的四站时差定位测试环境

SMW200A 中 4×4MIMO 信号输出配置界面如图 8－8 所示。基带部分提供 4 个信号源和 16 个逻辑衰落模拟器，四个基带信号 A～D 分别经过多信道衰落调制，并合成输出到射频输出端，模拟四个基站接收。SMW200A 内置了双通道矢量信号发生器，射频 A、B 经过矢量信号发生器本身输出；C、D 射频输出段分别经过两个 SGS100A 矢量信号发生器产生，两仪器间通过 I/Q 模拟通道或数字通道连接。最终生成所需的测试信号并对外输出。时间延迟、信号强度、多普勒、辐射源信号、噪声量等参数可以通过仪器面板设置，也可以用计算机程序控制实现。

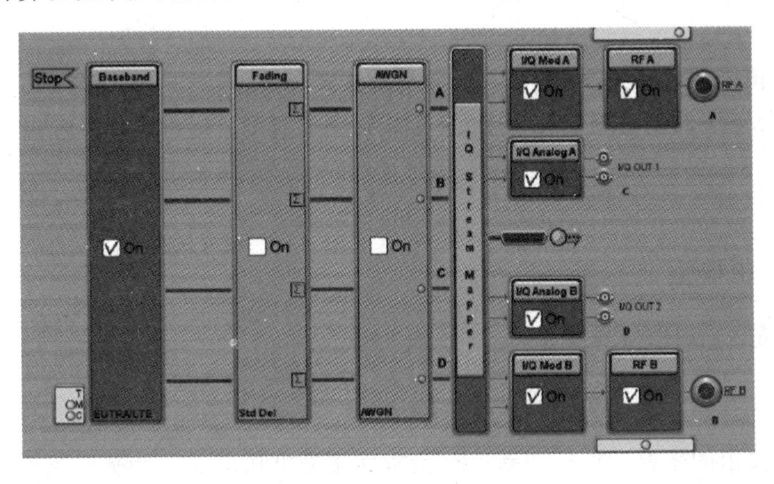

图 8－8　SMW200A 中 4×4MIMO 信号输出配置界面

8.3　内场半实物仿真时延控制模型

8.3.1　数据接口模型

在仿真试验中，要求系统与被试装备之间能够进行数据通信，通过串口或 LAN 总线实时传输时间-时差定位基站位置信息，以满足时差定位系统自身定位需求。根据时差定位系统定位数据率设置仿真步进间隔，然后按照仿真步进推进仿真进程，并对基站航迹文件、辐射源位置文件进行插值处理，获取当前时刻的基站和雷达辐射源位置。仿真时间推进与位置关系流程图如图 8-9 所示。

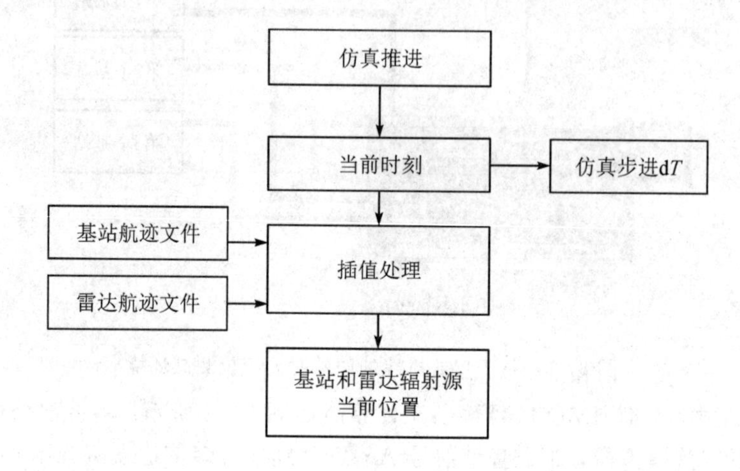

图 8-9　仿真时间推进与位置关系流程图

根据星载时差定位系统的时间、位置和速度参数离散数据，仿真进程调用中用到某时刻目标的径向速度和位置信息可以通过插值方法得到，任意时刻 t_n 目标位置表达式为

$$\begin{cases} x_n = \text{interp1}(t,\ x,\ t_n) \\ y_n = \text{interp1}(t,\ y,\ t_n) \\ z_n = \text{interp1}(t,\ z,\ t_n) \end{cases} \tag{8-1}$$

式中：interp1(.)为插值函数。速度插值方式与位置插值方式一致。

由雷达站直角坐标系下的某时刻位置和速度，可以得到该时刻目标雷达径向速度为

$$\dot{r} = \frac{1}{\sqrt{x^2 + y^2 + z^2}}(x\dot{x} + y\dot{y} + z\dot{z}) \tag{8-2}$$

8.3.2　通道幅度控制模型

被试设备侦收到雷达辐射信号强度为

$$P_r = \frac{P_t G_t G_r \lambda^2}{(4\pi)^2 R^2 L_p L_t L_r} |F_t F_r| \tag{8-3}$$

式中：P_r 为侦收天线输出的辐射源信号功率；P_t 为辐射源输出功率；G_t 为辐射源天线增益；G_r 为定位基站天线增益；λ 为信号波长；R 为侦收天线至辐射源的距离；L_p 为侦收天线极化损耗；L_t 为辐射源发射天线馈线损耗；L_r 为侦收天线馈线损耗；F_t 为辐射源天线方向图因子；F_r 为侦收天线方向图因子。

8.3.3　径向距离模型

1. 地面布站模式下基站和辐射源的地心直角坐标系坐标

时差定位地对空工作时，基站位于地面，辐射源位于空中。时差定位系统各基站地心大地坐标系位置(L_i，B_i，H_i)，将地心大地坐标系转换为地心直角坐标系的公式为

$$\begin{cases}X_i=(R_{Ni}+H_i)\cos B_i\cos L_i\\Y_i=(R_{Ni}+H_i)\cos B_i\sin L_i\\Z_i=[R_{Ni}(1-e^2)+H_i]\sin B_i\end{cases}\tag{8-4}$$

式中：L_i、B_i、H_i 分别为基站经度、纬度和高程；$e=\sqrt{1-(b/a)^2}$，a、b 分别是地球长/短半轴长度，WGS-84 坐标系中 $a=6378.137$ km，$b=6356.752$ km；$R_{Ni}=a/\sqrt{1-e^2\sin^2 B_i}$；基站号 $i\in[1, N]$，N 为基站数。

机载辐射轨迹示意图如图 8-10 所示，机载辐射源以 S 点(L_S，B_S，0)的站心地平直角坐标系为参考，方位角为 α，匀速直线运动，飞行高度为 h。在 S 点站心地平直角坐标系，t 时刻机载辐射源的位置(x_t，y_t，z_t)为

$$\begin{bmatrix}x_t\\y_t\\z_t\end{bmatrix}=\begin{bmatrix}(R_{NS}+h)\sin\left(\dfrac{Vt}{R_{NS}+h}\right)\cos\alpha\\(R_{NS}+h)\sin\left(\dfrac{Vt}{R_{NS}+h}\right)\sin\alpha\\R_{NS}+h-\dfrac{R_{NS}}{\cos\left(\dfrac{Vt}{R_{NS}+h}\right)}\end{bmatrix}\tag{8-5}$$

式中：V 为飞行速度；t 为飞行时间；α 为方位角；h 为飞行高度；$R_{NS}=a/\sqrt{1-e^2\sin^2 B_S}$，$B_S$ 为 S 点纬度。

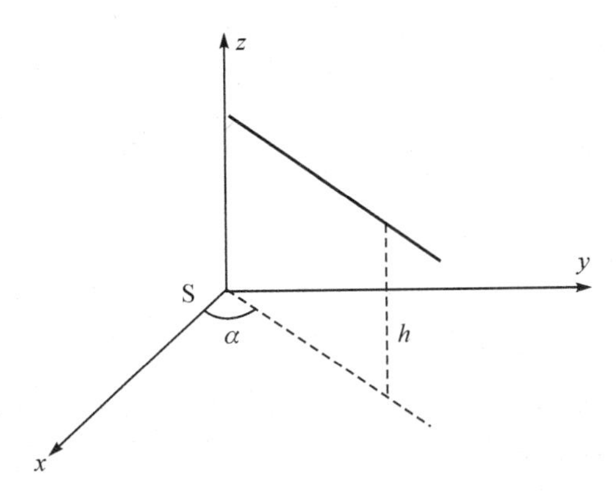

图 8-10　机载辐射轨迹示意图

机载辐射源在地心直角坐标系位置(X_t，Y_t，Z_t)为

$$\begin{bmatrix}X_t\\Y_t\\Z_t\end{bmatrix}=\begin{bmatrix}X_S\\Y_S\\Z_S\end{bmatrix}+\boldsymbol{T}_S\begin{bmatrix}x_t\\y_t\\z_t\end{bmatrix}=\begin{bmatrix}R_{NS}\cos B_S\cos L_S\\R_{NS}\cos B_S\sin L_S\\R_{NS}(1-e^2)\sin B_S\end{bmatrix}+\boldsymbol{T}_S\begin{bmatrix}x_t\\y_t\\z_t\end{bmatrix}\tag{8-6}$$

$$\boldsymbol{T}_S=\begin{bmatrix}-\sin L_S & -\sin B_S\cos L_S & \cos B_S\cos L_S\\\cos L_S & -\sin B_S\sin L_S & \cos B_S\sin L_S\\0 & \cos B_S & \sin B_S\end{bmatrix}\tag{8-7}$$

式中：(X_S，Y_S，Z_S)为 S 点的地心直角坐标，S 点地理坐标位置为(L_S，B_S，0)；(x_t，y_t，z_t)为机载辐射源在 S 点雷达站坐标系坐标；$\boldsymbol{T}_S$ 为 S 点雷达站直角坐标系至地心

直角坐标系的转换矩阵。

2. 机载布站模式下基站和辐射源的地心直角坐标系坐标

定位基站采用机载工作模式，飞机按照编队构型飞行。基站编队以 S 点(L_S, B_S, 0)的站心地平直角坐标系为参考，方位角为 α，匀速直线运动，飞行高度为 h。基站编队轨迹示意图如图 8-11 所示。

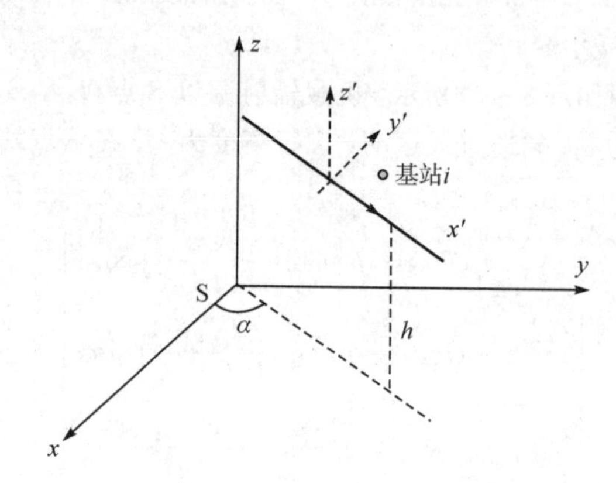

图 8-11 基站编队轨迹示意图

第 i 个基站在编队坐标系的位置为(x'_i, y'_i, z'_i)，飞机编队以方位角 α 水平飞行，可以得到第 i 个基站在编队的雷达站坐标系位置(x_i, y_i, z_i)为

$$\begin{bmatrix} x_i \\ y_i \\ z_i \end{bmatrix} = \begin{bmatrix} \cos\alpha & -\sin\alpha & 0 \\ \sin\alpha & \cos\alpha & 0 \\ 0 & 0 & 1 \end{bmatrix} \begin{bmatrix} x'_i \\ y'_i \\ z'_i \end{bmatrix} \tag{8-8}$$

参考式(8-6)可以得到第 i 个基站在地心坐标系的位置(X_i, Y_i, Z_i)为

$$\begin{bmatrix} X_i \\ Y_i \\ Z_i \end{bmatrix} = \begin{bmatrix} X_S \\ Y_S \\ Z_S \end{bmatrix} + \boldsymbol{T}_S \begin{bmatrix} x_t + x_i \\ y_t + y_i \\ z_t + z_i \end{bmatrix} = \begin{bmatrix} R_{NS}\cos B_S \cos L_S \\ R_{NS}\cos B_S \sin L_S \\ R_{NS}(1-e^2)\sin B_S \end{bmatrix} + \boldsymbol{T}_S \begin{bmatrix} x_t + x_i \\ y_t + y_i \\ z_t + z_i \end{bmatrix} \tag{8-9}$$

式中：(X_S, Y_S, Z_S)为编队起始 S 点的地心直角坐标；(x_t, y_t, z_t)为 t 时刻编队在 S 点雷达站坐标系的位置，可以参照式(8-5)得到；$\boldsymbol{T}_S$ 为 S 点雷达站直角坐标系至地心直角坐标系的转换矩阵。

对于辐射源地面布置，根据辐射源地理坐标位置(L, B, H)，利用式(8-4)得到其地心坐标坐标系位置(X_t, Y_t, Z_t)。

3. 基站与辐射源径向距离模型

利用基站和辐射源地心坐标系的位置，可以得到两者径向距离 R_i 为

$$R_i = \sqrt{(X_t - X_i)^2 + (Y_t - Y_i)^2 + (Z_t - Z_i)^2} \tag{8-10}$$

式中：(X_t, Y_t, Z_t)为辐射源地心坐标系的位置；(X_i, Y_i, Z_i)为基站地心坐标系的位置。

8.3.4 时延控制模型

由于延迟系统存在时延量化分辨率，因此需要将时延量化成离散数字量。第 i 基站的时延控制量为

$$t_i = \text{round}\left(\frac{R_i}{c\Delta\tau}\right)\Delta\tau \tag{8-11}$$

式中：辐射源相对于各时差定位站的径向距离为 R_i；时延量化分辨率为 $\Delta\tau$；c 为光速。

时差是相对的，可以求取最小时延基站编号，其它基站的时间延迟控制为

$$\Delta t_i = t_i - t_q \tag{8-12}$$

式中：q 为最小时延基站编号，对应延迟控制为 $\Delta t_q=0$，其它基站延迟为正值。

仿真系统输出时延控制信号如图8-12所示，其中图(a)为示波器采样信号；图(b)为采样信号显示，第一个脉冲为参考信号，第二个脉冲为仿真系统控制的时延信号；图(c)为相关法输出信号；图(d)为多次时差测量结果，多次测量的均方根误差为0.41 ns。

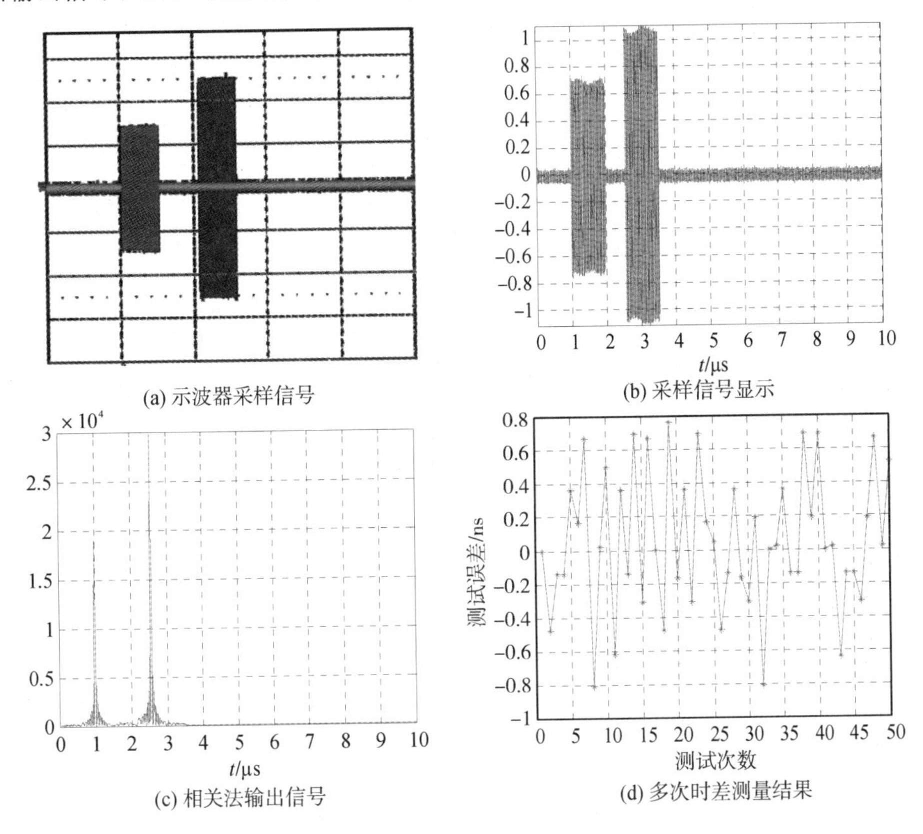

图8-12 仿真系统输出时延控制信号

8.4 内场半实物仿真流程控制

8.4.1 基于多通道矢量信号源的仿真流程控制模型

半实物仿真系统可以形成射频闭环仿真环境，按照时差定位系统定位数据率设置仿真步进间隔，推进仿真进程。根据仿真时间推进，解算时差定位基准站和空间辐射源的空间位置、运动参数、系统参数等，产生位置和速度、信号参数、天线指向等参数，其中相控阵雷达系统信号形式和波束方向要根据系统资源调度进行仿真。最后解算各定位基站接收信

号的时序(时延)、信号强度和多普勒量等仿真控制参数，控制各信号仿真分系统硬件模块，完成射频信号的产生，并注入时差定位各基站。基于多通道矢量信号源的仿真流程控制示意图如图 8 - 13 所示。

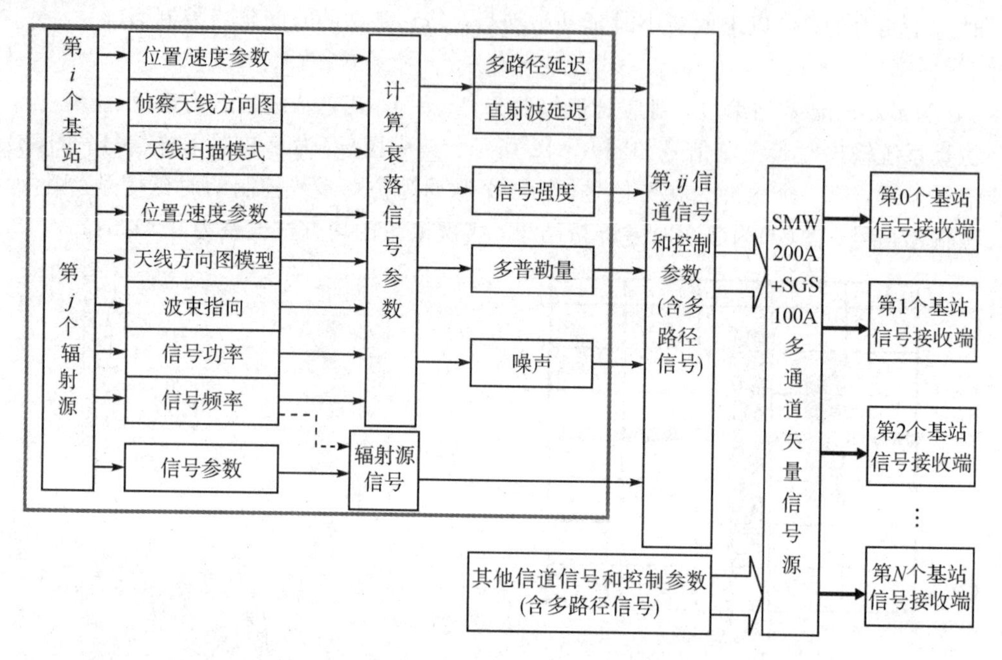

图 8 - 13　基于多通道矢量信号源的仿真流程控制示意图

测试时半实物仿真系统与时差定位系统之间能够进行数据通信，通过 LAN 或 GPIB 数据总线实时传输时间-时差定位基站位置信息，以满足时差定位系统自身定位需求。时差定位系统根据侦测信号进行辐射源定位，测试获得时差测量精度、定位精度、频率覆盖等系统性能参数。

8.4.2　内场半实物仿真装备参数

由于内场注入式仿真主要考核时差定位系统的性能，时差定位系统面临的空间信号强度和信号样式是影响侦察/定位性能的关键，因此侦察天线方向图、雷达波束调度、雷达天线方向图、雷达信号样式、雷达功率和频率是内场注入式仿真的关键输入参数。

仿真过程中仿真推进的大部分信息需要通过软件进行配置，根据定位站数量，主控软件读取战情配置文件的数据。在软件配置过程中，设定各辐射源的参数产生其对应的到达回波信号是关键，内场半实物仿真装置应具备各种辐射信号的仿真功能，然后计算其对应的幅度、延迟、多普勒频率调制、多径、衰减等各种效应，通过信号源产生信号。仿真装备的功能要求如下：

(1) 数字视频仿真/功能仿真能力：能够实现雷达系统、有源/无源导引头、通信装备、干扰机的数字视频仿真/功能仿真，并可以根据需要扩展多体制。雷达体制包括脉冲多普勒(PD)、单脉冲、线性调频、相位编码、频率编码、连续波、SAR、ISAR 等。干扰机干扰样式包括噪声、多假、速度拖引、距离拖引等。

(2) 通信信号包括 AM、FM、PM、SSB、DSB、ASK、FSK、PSK、DPSK、MSK、

GMSK、SFSK、QPSK 、OQPSK、π/4 QPSK、QAM、TDMA、CDMA、FDMA、HopFre、Link4A、Link11、Link16、Link22 等多种模拟或数字调制信号。通信信号和频谱图如图 8 - 14 所示。

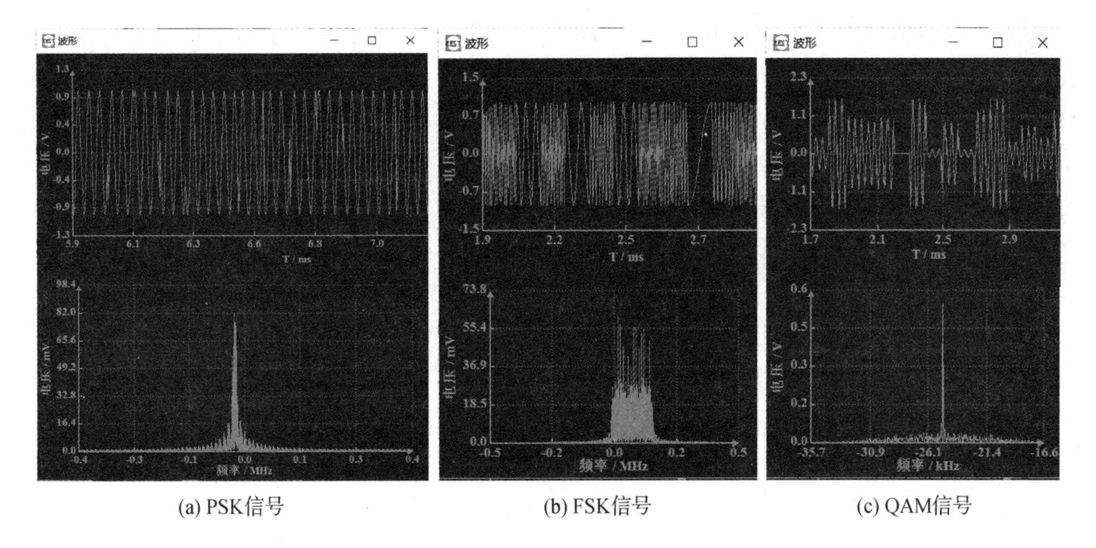

(a) PSK信号　　(b) FSK信号　　(c) QAM信号

图 8 - 14　通信信号和频谱图

(3) 能够对通信装备的位置参数(LLH 和速度)、系统参数(发射功率、系统发射损耗、接收损耗、频率范围、接收机灵敏度等)、天线方向图或天线参数(天线增益、极化、波束宽度、副瓣电平等)、信号参数(调制类型(QAM、PAM、ASK 调制、FSK 调制、PSK 调制)、Link16、Link11、码元宽度、信道宽度、容错率)等进行设置。数据结构支持短波电台、超短波电台、卫星通信辐射源、民用移动通信基站辐射源。电台参数数据结构输入如图 8 - 15 所示。

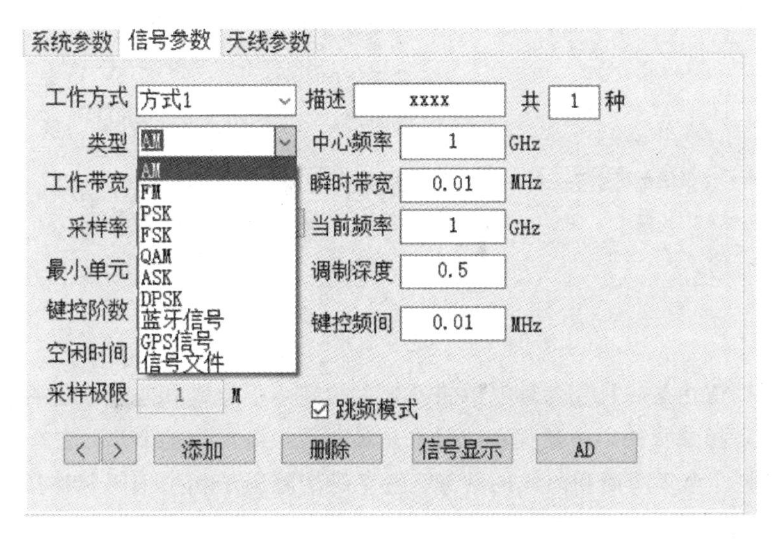

图 8 - 15　电台参数数据结构输入

仿真系统可以产生定频脉冲、LFM、NLFM、巴克码、M 序列、调频连续波等常用雷达信号。发射信号形成模块主要提供各种模式下的发射信号，其形成有两种方式：一是采用系统采集数据，另一种方式是根据模型进行仿真。仿真系统能够进行信号级仿真，查看发送端和接收端信号的时域波形和信号频谱数据，支持将该信号输入信号发生器，生成对应的射频信号，具备信号处理功能，能够模拟典型的信号处理过程，如相关处理。相参处理、距离-多普勒处理、MTI、MTD、自适应波束调零、CFAR 检测、跟踪滤波。仿真系统具备频谱分析功能，能够进行用频冲突矩阵分析，进行用频分布态势、频谱图和瀑布图展示，满足常规雷达信号显示和信号认知培训需求。

8.4.3 雷达参数数据结构

内场半实物仿真系统能够对雷达装备的位置参数(LLH 和速度)、系统参数(发射功率、系统发射损耗、接收损耗、频率范围、接收机灵敏度等)、天线方向图或天线参数(天线增益、极化、波束宽度、副瓣电平、极化、扫描特征等)、信号基本参数(带宽、脉宽、相参脉冲数)、脉冲描述字(包括定频/LFM/NLFM/巴克码/M 序列等信号类型)、工作模式、抗干扰措施等参数进行设置。雷达参数数据结构输入如图 8－16 所示。

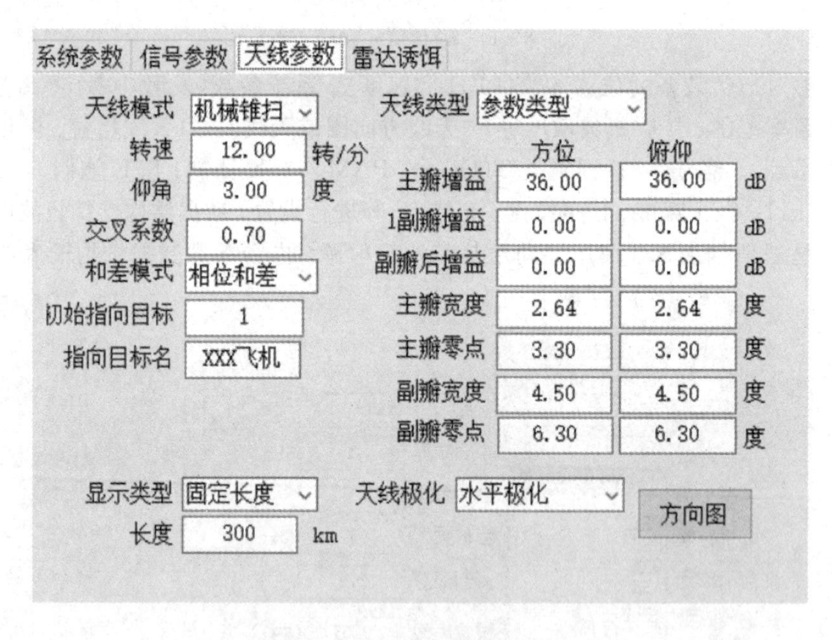

图 8－16 雷达参数数据结构输入

脉冲多普勒雷达是一种相参体制的雷达，它的基本信号是相位相参脉冲串信号。均匀脉冲串信号又是相参脉冲串中最简单，但也是最重要、最常用的波形。它有相等的子脉冲宽度、相等的脉冲重复周期和同样的载频。巴克码信号属于相位编码脉冲压缩信号，其信号波形如图 8－17 所示。

频率或相位调制可得到大带宽信号，线性调频(LFM)信号是常见的方式。在这种情况下，频率在脉宽内线性扫描，上调频或者下调频。线性调频信号的波形和频谱如图8－18 所示。

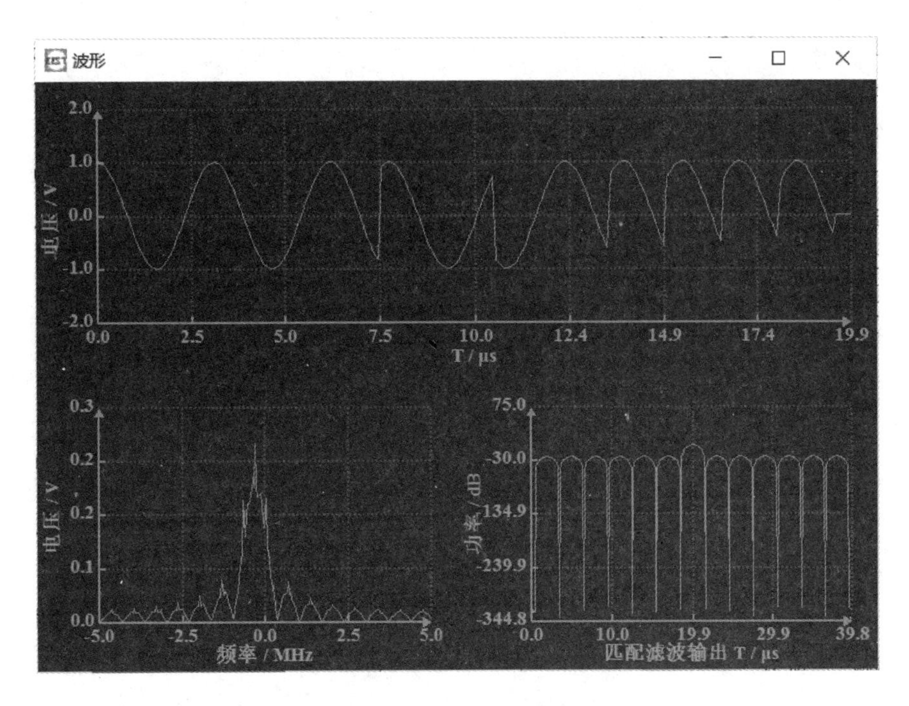

图 8 - 17　巴克码波形图

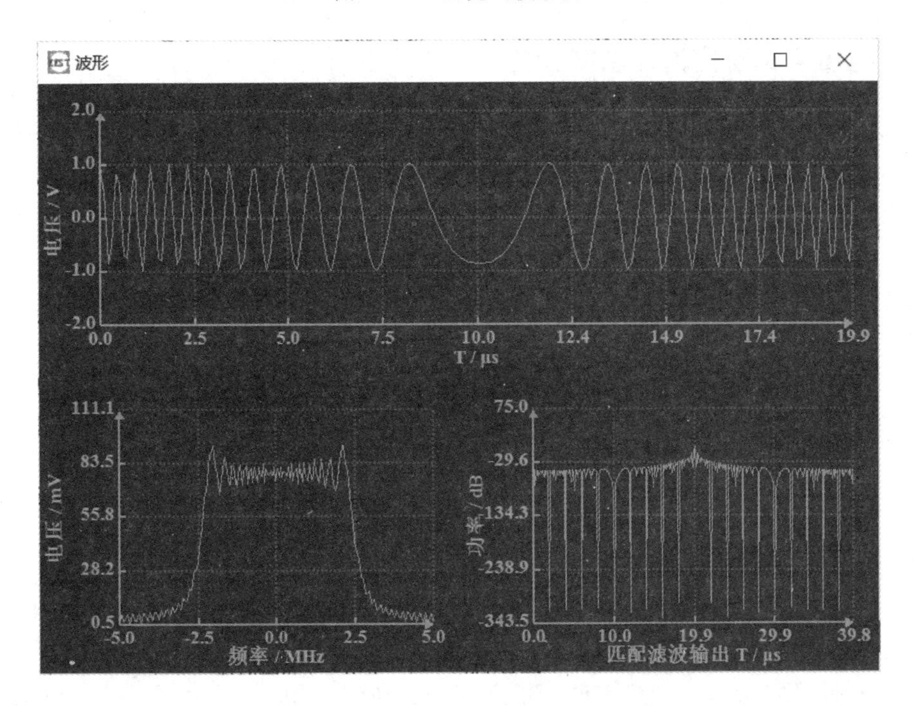

图 8 - 18　线性调频信号的波形与频谱

非线性调频信号通过对辐射信号频谱的调制降低副瓣的影响，其典型波形与频谱如图 8 - 19 所示。

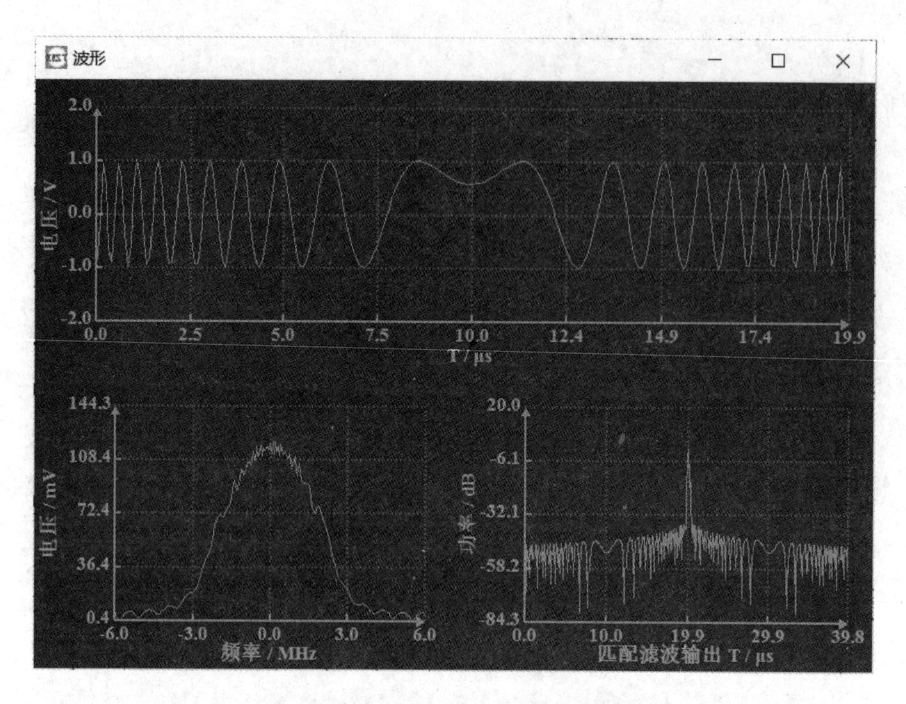

图 8-19　非线性调频信号的波形与频谱

8.4.4　内场半实物仿真信息交互关系

时差定位系统评估参数包括时差测量精度、定位精度、侦察距离、侦察分选时间、定位反应时间、频率测量范围/精度、脉宽测量范围/精度、脉冲重复周期测量范围/精度、信号幅度测量动态范围/精度、抗烧毁能力、站间信息数据传输能力等。时差定位系统重点评估探测距离、定位精度、抗诱饵和复杂环境的能力等。

时差定位系统评估模块参数交互集如表 8-1 所列。建立仿真评估软件系统与内场注入式仿真试验平台的控制参数接口标准，评估需要的输入参数主要有：

(1) 系统参数，包括雷达和信号参数、诱饵参数、时差定位系统参数。

(2) 雷达辐射源位置参数，包括经度(°)、纬度(°)、高度(m)。

(3) 诱饵位置参数，包括相对某雷达辐射源的位置或经度(°)、纬度(°)、高度(m)。

(4) 系统位置时钟误差，包括自定位误差(m)和系统时间基准误差(ns)。

(5) 时差定位模型，包括最小二乘和时差定位解析。

(6) 辐射源目标测量数值，包括时间、方位(°)、俯仰(°)、距离(m)、是否探测到(连续探测和定位解算能力)、侦察信噪比。

(7) 辐射源目标真值，包括时间、方位(°)、俯仰(°)、距离(m)(或经度(°)、纬度(°)、高度(m))。

经分析和处理后，输出参数有探测距离、定位精度、抗诱饵和复杂环境能力、时差定位的等效推算关系模型校验。

表 8-1　时差定位系统评估模块参数交互集

序号	参数名称	定　义	备　注
1	雷达参数集	发射功率、频率、带宽、调制样式等	
2	定位基站参数集	中心频率、工作带宽、灵敏度等	
3	雷达(网)位置	经度(°)、纬度(°)、高度(m)	输入
4	诱饵位置	经度(°)、纬度(°)、高度(m)	输入
5	系统位置时钟误差	时间误差(s)	输入
6	时差定位模型	最小二乘法、直接求解	输入
7	目标测量数值	时间、方位(°)、俯仰(°)、距离(m)、是否探测到(Y/N)、受干扰情况(待定)、侦察信噪比(dB)	输入
8	目标真值	时间、方位(°)、俯仰(°)、距离(m)、(或经度(°)、纬度(°)、高度(m))	输入
9	探测距离	距离(m)	输出
10	对试验辐射源的定位精度 GDOP	分布平面参数(高度)、探测概率分布图	输出
11	对真实辐射源的定位精度 GDOP	真实辐射源系统参数、分布平面参数(高度)、探测概率分布图	输出
12	综合时间测量误差	时间误差(s)	输出
13	综合系统参数	/	输出

第9章　时差定位系统综合试验方法

时差定位系统常用的试验方法包括数学仿真试验、内场半实物仿真试验和外场试验三种。如何充分利用三种不同试验方法综合评估时差定位系统电子环境适用性，评判技战术指标、系统性能以及电磁环境生存能力是一个复杂的系统工程。

数学仿真系统可以得到真实试验方案和外场替代试验方案的仿真试验结果，通过两种试验结果的比较，可以对替代等效推算模型进行修正和完善；同时可以通过设计不同试验场景，对试验方案进行预测和优化。半实物仿真系统同样可以得到真实试验方案和外场替代试验方案的半实物仿真试验结果，可以对时差定位系统射频信号侦测和信息处理全流程进行评估，通过两种试验结果的比较，可以对替代等效推算模型进行验证和确认。外场实装试验是对时差定位系统在真实场景全流程的试验，试验结果可以完善数学仿真系统和半实物仿真系统模型，另外外场实装试验结果可以替代等效推算实战试验结果。

本章讨论了时差定位系统综合试验方法，主要包括时差定位系统试验总体设计、时差定位系统指标和试验设计、复杂电磁环境构建方法、复杂电磁环境适应性试验。首先给出了时差定位系统试验总体设计，包括试验总体思路和原则、常用试验方法、试验方法相互关系，统筹分析了数字仿真试验、半实物仿真试验、外场实装试验等三种试验方法的相互关系，为最终的定位性能评估奠定基础。然后给出时差定位系统指标和试验设计，包括战术技术指标、地面和高塔试验、内场半实物仿真试验、飞行试验，并以四站时差定位系统为例进行了试验方案设计。接下来给出复杂电磁环境构建方法，对复杂电磁环境构建原则、外场试验电磁环境构建方法、阵地位置选取条件、基站布站或航线要求、试验信号源的选择等进行详细说明。最后介绍了复杂电磁环境适应性试验，包括环境设置构建与试验方法、分选识别评估方法、分选识别评估模型。

本章为时差定位系统综合试验提供了理论基础及实践参考。

9.1　时差定位系统试验总体设计

为了综合评估复杂电磁环境对时差定位系统的影响，需要构建复杂电磁环境，考虑到复杂电磁环境的构造难度，需要充分利用数学仿真试验、半实物仿真试验和外场实装对抗试验各自的特点，三种试验方法相互结合、相互补充，综合评估时差定位系统的技战术指标、系统性能以及复杂电磁环境适应能力等。

在未知国外雷达技术性能的情况下，如何评估干扰装备的性能；在未知国外雷达干扰性能的情况下，如何评估雷达的抗干扰效果，这两个问题一直是困扰我们的关键技术难点。替代等效推算试验方法在一定程度上解决了雷达与雷达对抗试验的需求，在现有的外场试验条件下取得了一些成果，推动了时差定位系统在电子对抗领域的发展。但是从长远考虑，由于替代等效推算毕竟不能替代真实的外国装备，因此这种方法存在一定的风险，如何更全面地评估电子装备性能将是一个紧迫且复杂的系统工程。

9.1.1　试验总体思路和原则

1. 试验总体思路

时差定位系统试验前必须开展试验关键技术研究，包括定位关键技术、情报研究、试验方法(布站、航线)和评估方法，从而解决试验阵地选择、航线设计、数据处理、定位性能评估等技术问题。

实施外场实装试验法的首要条件就是在接近实际使用环境的条件下，严格按照规定的指标要求，根据使用场景需要，选择试验区域，配置电子战装备和各种陪试装备，制造出接近实际工作环境的典型电磁信号环境。

由于外场实装试验存在缺少理想陪试装备和空间场景构建困难等问题，因此电子装备试验通常用替代等效推算试验方法。时差定位系统试验总体思路是采用电磁信号环境模拟器、机载电子信号发生器和地面电子对抗装备等相配合的方式，装备在性能、体制和技术方面与理想陪试装备(辐射源定位对象)相近或相似，进行外场动态试验，获得实际试验场景和陪试装备的试验数据，然后比较实际陪试装备和理想陪试装备的差异，进行理论建模和仿真，建立替代等效推算模型，由间接(替代)试验的结果外推到理想场景和辐射源对象的试验结果，最终得出时差定位系统是否满足指标设计要求。

2. 基本原则

电子装备试验必须遵循以下原则进行试验设计：

(1) 条件逼真原则：试验应当积极创造条件，尽量缩小试验场与战场环境条件的差距，在更接近实际环境和态势的条件下进行试验。条件越真实，试验就越有效，装备使用风险就越小，发挥的效能就越大。

(2) 循序渐进原则：装备试验应按照先单机后系统、先静态后动态、先内场后外场、先地面后空中的程序进行，不能盲目超越。

(3) 试验数据量充分原则：试验的数据处理和结果评定依照假设检验原理进行并且误差服从一定的分布规律，必须有相当的数据量支持才具有说服力。

(4) 综合利用原则：在试验设计时，应充分考虑试验阵地、试验题目、飞行架(航)次等试验设施设备的综合利用，以提高试验效率，缩短试验周期。

3. 替代等效推算试验方法

在军用电子系统试验鉴定与评估中，通常采用替代等效推算试验方法来解决理想陪试装备和试验场景缺失问题，即该试验评估方法包括两个方面，一是(陪试)装备替代等效推算，二是场景替代等效推算，对于时差定位系统、组网雷达对抗系统等来说这两个方面同时存在。

1) 装备替代等效推算

装备替代等效推算主要解决试验装备缺失难题，利用与期望陪试装备性能和工作状态相近的装备替代期望陪试装备进行外场试验。装备替代等效推算就是基于替代装备的试验数据，等效推算出期望陪试装备的工作性能，包括两个步骤：

(1) 利用被试装备系统参数、替代装备系统参数和期望陪试装备系统参数，建立装备替代等效推算评估模型。

(2) 基于装备替代等效推算评估模型和对替代装备的试验数据，给出对期望陪试装备工作性能的评估结果。

2) 场景替代等效推算

场景替代等效推算主要解决组网装备空间态势遍历难题，组网装备空间态势不同，组网装备系统性能也不同。试验中不可能遍历所有布站态势，场景替代等效推算就是基于某试验场景的试验数据，等效推算出任意空间态势的工作性能，包括两个步骤：

(1) 利用被试装备系统参数、陪试装备系统参数和空间部署态势等，建立场景替代等效推算评估模型。

(2) 基于场景替代等效推算评估模型和某场景试验数据，给出被试组网装备任意空间态势的工作性能。

替代等效推算方法最主要的就是建立试验系统数学模型，数学模型的输出就是要考核的指标，其输入就是影响试验结果的各类因素，例如装备系统参数、试验场景(装备空间关系)、电波传播影响因素等。替代等效推算数学模型要具有完备性和正确性，并得到验证。

在替代等效推算试验过程中，首先在理论上分析实际试验和期望试验中影响试验结果的各种因素，建立推算模型，并开发替代等效推算软件；其次设计一种典型的试验态势，选择合适的试验替代对象，通过外场试验获得试验数据；第三将外场试验数据应用于推算模型，推算出对期望空间态势和陪试装备的试验结果。替代等效推算的原理框图如图 9-1 所示。

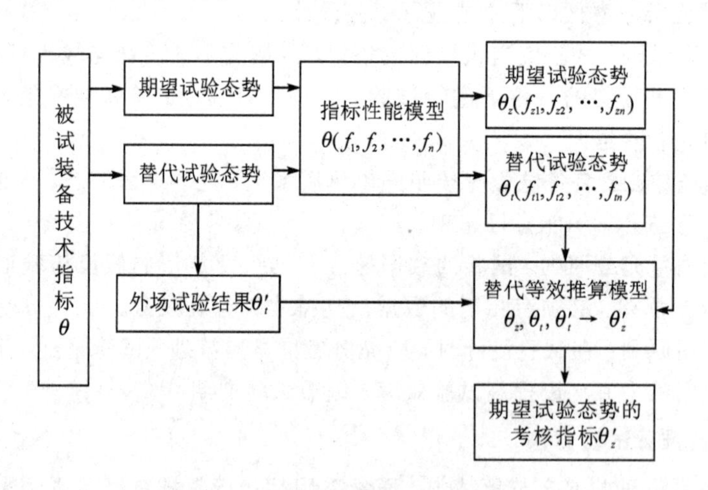

图 9-1　替代等效推算的原理框图

替代等效推算评估方法的前提有两个：一是理论前提，即替代等效推算模型推导要准确；二是系统数据获取是准确无误的，即期望陪试装备、替代装备和被试装备的详细情况需要分析清楚，有关各装备参数和试验数据要准确。

9.1.2　常用试验方法

1. 数学仿真试验

数学仿真是用数学模型在计算机(网)上进行试验，数学仿真试验包括功能仿真和数字视频仿真，两者均要通过数学模型建立包含系统、主平台、实战环境以及威胁系统的仿真系统。功能仿真主要仿真雷达发射、目标及目标回波、杂波和干扰等信号的幅度信息，数字视频仿真要仿真幅度和相位信息，要逼真地复现信号的发射、空间传播、散射体反射、杂波与干扰信号、接收机信号处理的全过程。数学仿真试验是电子装备前期论证研究的基础，可以用于修正电子装备的工作模型。数学仿真试验为试验鉴定与评估提供灵活方便的仿真试验平台，它可以得到被试装备在多种战情环境中发挥作用的具体情况。

数学仿真试验能够灵活方便地反映装备在不同战情条件下的工作效能，具有试验环境可控(复杂电磁环境构建容易)、数据录取容易、测量数据精度高、试验重复性好、费效比低、保密性好等优点，而且可以对外场试验难以做到的技术细节进行检验，为武器效能评估提供了一条有效途径，可以弥补外场实装试验缺少真实对象、费效比高和保密性差的缺点。数学仿真系统不足之处是只能从算法上对电子系统进行验证，很难完全真实反映电子装备的工作状态，因此必须依靠外场进行试验验证。

2. 半实物仿真试验

半实物仿真试验可以在真实的射频环境下进行(通常在微波暗室进行)，半实物仿真试验系统可以提供高密度射频信号流、噪声和背景环境。

外场实装对抗试验中，地面/高塔试验和挂飞试验很难模拟电子装备的空间对抗态势，从空间位置和速度上与真实环境差距比较大，实装试验又有一定的局限性，安全性和重复性差，成本高；而数学仿真不能从射频角度考核电子装备。半实物仿真具备了数学仿真的优点，同时又具备外场实装对抗试验可信度高的特点，是时差定位系统试验的重要组成部分。

3. 外场实装试验

(1) 地面高塔试验。地面试验具有精度高、消耗小、操作方便、可重复性强等显著优点，而且试验中可对导引头处理过程节点进行观测，试验数据便于获取且测量误差小。通过对雷达防御措施的灵活设置，可以全面掌握不同电磁环境条件下时差定位系统的工作状态、抗干扰能力等。但是在地面试验中，由于辐射源相对静止与实际定位环境有很大差别，因此所取得的试验结果代表性不够，可信度不高。地面试验一般只能用于时差定位系统定位性能和抗干扰性能分析等，是挂飞试验、在轨试验的基础。

(2) 挂飞试验。利用飞机挂飞试验可模拟实际的机载时差定位、星载时差定位。对于地对空时差定位系统则需要飞机挂飞雷达辐射源。对于地面试验来说，挂飞试验更接近实际工作情况，该方法可以试验定位系统在运动过程中的目标探测精度，试验更接近实际工作情况，试验结果的可信度高。

(3) 在轨试验。在轨试验为靶场试验的最高形式，一般作为最终检验方法，能够有效验证星载电子装备的综合能力。按照实战使用要求对诱偏系统和被保护雷达进行布站。在轨试验存在代价高、风险大、周期长等缺点。

9.1.3　试验方法相互关系

时差定位系统性能对战场环境高度敏感，受电磁环境的影响极大，在不同级别电磁环境下，完成特定定位性能试验需要大量的试验数据作为评估依据。外场试验耗费巨大，而内场仿真试验可以解决试验数据量严重不足的问题。

数学仿真系统只能从算法上对电子系统进行验证，很难完全真实反映电子装备的工作状态，必须依靠外场进行试验验证。可以基于外场试验的数据对时差定位系统内场仿真试验模型进行修正。在目前的试验条件下，外场陪试装备不可能是期望陪试装备，因此需要依靠替代等效推算方法的外场试验方法。半实物仿真试验具备了数学仿真试验的优点，同时又具备外场实装试验可信度高的特点，是时差定位系统试验的重要组成部分。综合考虑时差定位系统的特点，需要采用数学仿真试验、半实物仿真试验和外场实装试验三者相结合的试验方法，结合试验结果的替代等效推算方法，对时差定位系统的突防性能进行综合评估。

替代等效推算方法利用与期望陪试对象性能和工作状态相近的一套或几套替代实装来等效期望陪试系统进行野外靶场实际试验，利用野外靶场试验数据以及替代陪试系统实测技术数据和期望陪试系统技术数据，在建立的数学模型基础上进行数学仿真试验，最终给出时差定位系统的评估结果。

数学仿真试验、半实物仿真试验和外场实装试验三种试验方法的相互关系如图 9-2 所示。用三种不同试验方法综合评估时差定位系统电子环境适用性，评判技战术指标、系统性能以及电磁环境生存能力等。

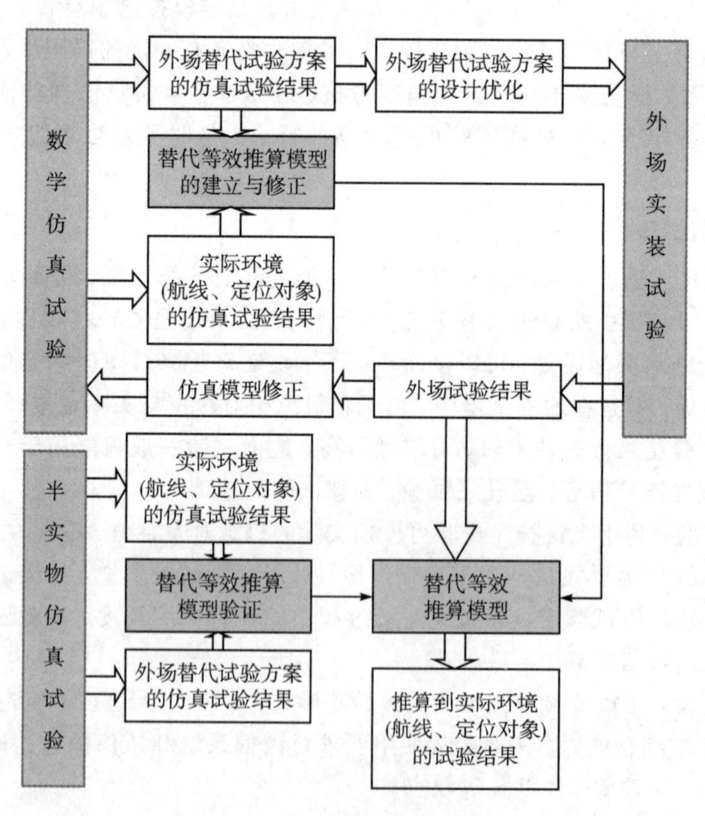

图 9-2　三种试验方法的相互关系

数学仿真系统可以研究设计时差定位系统工作场景，进行替代等效推算和数学仿真试验，可以得到外场替代试验方案的仿真试验结果和实际环境(航线、定位对象)的仿真试验结果，通过两种试验结果的比较，可以对替代等效推算模型进行修正和完善；同时可以应用数学仿真手段研究设计典型的野外靶场试验战情，预测试验结果，对外场实装试验方案进行优化和预测；数学仿真试验可以复现野外靶场试验过程，验证数学仿真模型和仿真系统。

半实物仿真系统同样可以得到外场替代试验方案的仿真试验结果和实际环境(航线、定位对象)的仿真试验结果，通过两种试验结果的比较，可以对替代等效推算模型进行验证和确认，同时可以对系统进行信号级的内场试验。

通过外场实装试验结果可以完善数学仿真系统模型，另外可以通过替代等效推算模型，把外场实装试验结果等效推算到实际环境(航线、定位对象)的试验结果。

数学仿真系统包括功能仿真和数字视频仿真，根据最终靶场试验和评估的需要，为了更好地进行外场试验方案设计和综合评估研究，我们根据需要进行了数学仿真系统的研究。数学仿真系统框架如图 9-3 所示。

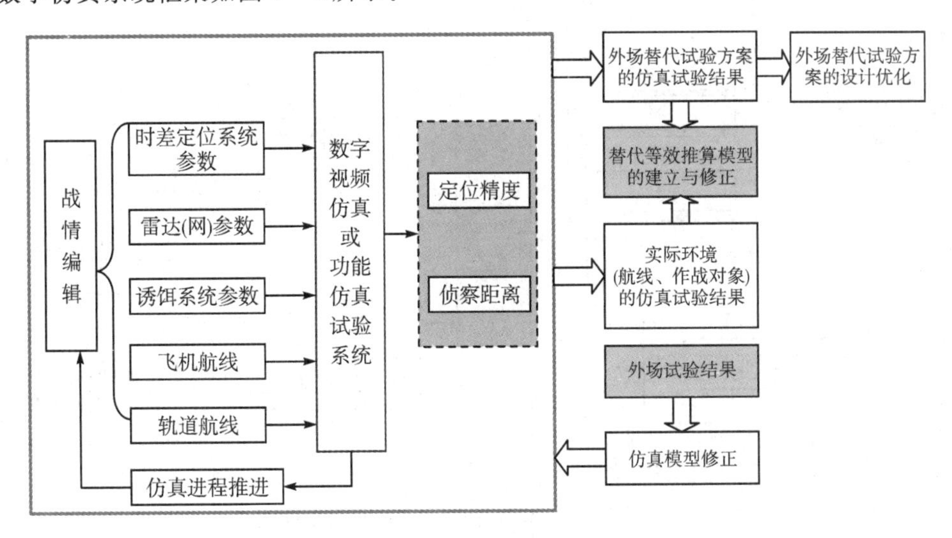

图 9-3　数学仿真系统框架

设计数学仿真系统首先需要建立战情编辑库，包括雷达和诱饵系统、雷达对抗系统、时差定位系统等系统参数，并完成飞机航线、轨道航线数据的编辑；然后根据仿真进程的推进，产生目标位置、信号形式、天线指向等仿真参数，控制仿真系统产生仿真结果，包括定位精度、侦察距离等。

半实物仿真系统可以形成射频闭环仿真环境，半实物仿真系统框架如图 8-1 所示。首先需要建立战情编辑库，包括反辐射武器系统参数、组网雷达对抗系统参数、雷达(网)参数、诱饵系统参数、飞机航线设计数据；然后根据仿真进程的推进，产生目标位置和速度、信号参数、天线指向等仿真参数；最后形成具有多路不同时间延迟和相位信息的脉冲流数字信号，通过仿真系统硬件分别注入时差定位系统基(主)站中，基(主)站的位置信息由半实物仿真软件系统产生，并通过数据总线(或通过人工设置)传输到时差定位系统主站。如果采用分时注入方法，还需要将分时脉冲流的时间延迟信息传输给时差定位系统主站。半实物仿真系统产生的仿真结果包括定位精度、侦察距离、侦察分选时间、抗烧毁能力、频率\脉宽\重复周期测量范围和精度等。半实物仿真系统的仿真结果可以对替代等效推算模型进行验证和确认，同时可以对时差定位系统进行信号级的内场试验。

外场实装试验框架如图 9-4 所示。外场试验首先要根据定位对象进行情报研究，进行定位对象和替代装备性能比较，为最终的替代等效推算奠定基础；其次要基于数字仿真系统进行最优航线设计和阵地部署方案设计；最后构建外场试验环境，并用升空设备载基(主)站模拟反辐射和组网雷达对抗分系统的空间运动态势。

外场实装试验结果包括定位精度、侦察距离、侦察分选时间、抗烧毁能力、频率\脉宽\重复周期测量范围和精度等。在末制导打击(打靶试验)时可以获得单次制导误差数据，但制导精度需要多次统计，外场试验很难多次进行，因此制导精度需要根据定位精度试验结果以及末制导系统参数进行数字仿真，利用数字仿真系统获取最终的制导精度。最后用替代等效推算模型，把外场实装试验结果等效推算到实战条件的试验结果。利用外场实装试验结果可以完善数学仿真系统模型，也可以用不同的外场试验数据验证替代推算模型。

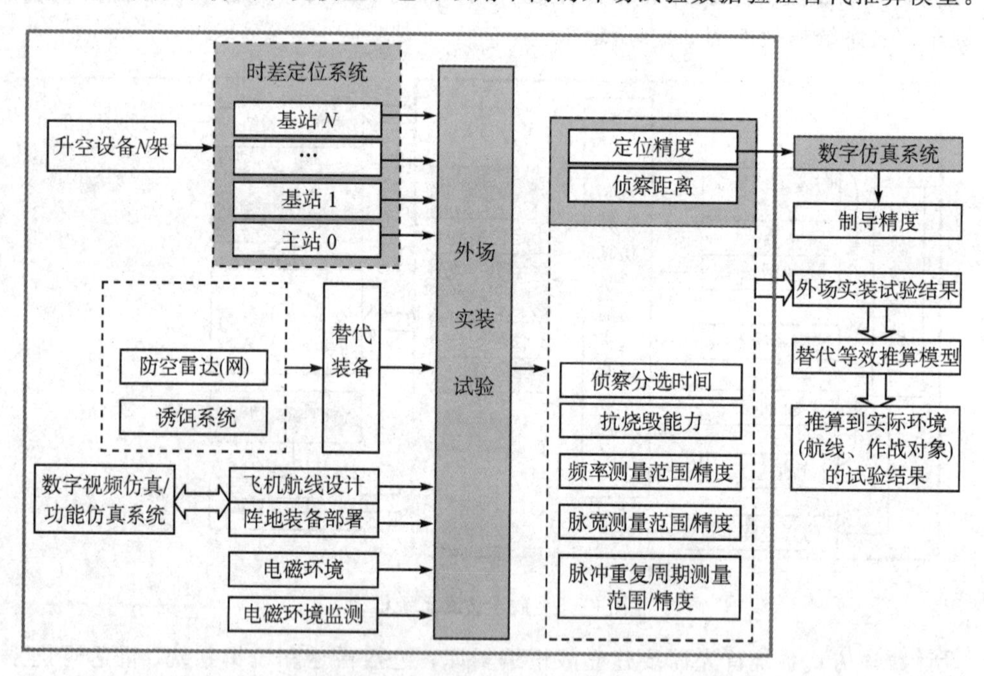

图 9-4 外场实装试验框架

9.2 时差定位系统指标和试验设计

设计定型试验包括内场半实物仿真实验、外场地面试验和飞行试验、在轨试验。本节对内场半实物仿真实验、外场地面试验和飞行试验的试验方法进行系统阐述，在轨试验方法不在本书进行讨论。

9.2.1 战术技术指标

时差定位系统试验的目的是检验被试装备的战术技术指标是否达到设计要求，时差定位系统的关键技术指标包括：

(1) 工作频率范围和测频精度。

(2) 脉冲宽度测量范围和精度。

(3) 脉冲重复周期测量范围和精度。

(4) 接收系统灵敏度及动态范围。

(5) 手动增益控制范围。

(6) 单站的侦察分选时间。

(7) GPS 定位精度。

(8) 显示、控制功能。

(9) 探测空域范围。

(10) 侦察距离。

(11) 频率覆盖范围和频率测量精度。

(12) 设备的时差定位精度。

(13) 脉冲参数测量能力，包括脉冲宽度测量范围及精度、脉冲重复周期(PRI)测量范围及精度等。

(14) 设备的信号环境适应能力，包括设备适应的信号密度(能进行正常的信号分选、识别及定位处理)、设备的目标处理容量、设备可分选识别的信号形式(例如常规脉冲雷达信号、脉冲压缩雷达信号、频率捷变雷达信号、重频抖动、重频参差、雷达信号、脉冲多普勒雷达信号等)、可接收信号的极化形式(水平极化、垂直极化、圆极化等)。

(15) 设备的反应时间或侦察分选时间、确立航迹起始点时设备的反应时间、跟踪目标时设备的处理时间(刷新时间)。

(16) 自定位能力。在主站和两个副站各配有一套 GPS 差分定位装置，以主站为中心，三个侦收站同时接收同一组卫星数据，通过主站计算出三站之间相对位置的精确值，以满足时差定位时相对位置精度的要求。

(17) 动态范围和抗烧毁能力。

(18) 时差测量能力。设备具有高精度本地时钟，用于计量脉冲到达时间差(TDOA)，脉冲到达时间计量精度应满足定位精度的要求。

(19) 主站和副站间的信息传输距离。

9.2.2　地面高塔试验

1. 地面静态参数测试

地面静态参数测试主要完成频率覆盖范围和频率测量精度、脉冲参数测量能力、接收机灵敏度、设备的反应时间或侦察分选时间、动态范围和抗烧毁能力、自定位能力、天线方向图、时差测量能力等指标参数的测试。

2. 地面高塔试验

地面高塔试验完成多站间通信距离、传输速率、测控与信息传输方式测试等试验，以及定位精度的初步地面试验。地面高塔试验的关键是根据试验态势部署试验阵地，根据时差定位系统特点，在部署试验阵地时要考虑各定位基站与辐射源之间的通视、各副站与主站之间的通视。根据试验任务要求，通过外场勘察选点，得到时差定位系统地面试验阵地部署如图 9-5 所示。该方案的优点是：定位基站阵地比较平坦，可以灵活调整各基站之间的相对位置，可以模拟几个典型态势，使地面试验进行得更加充分。

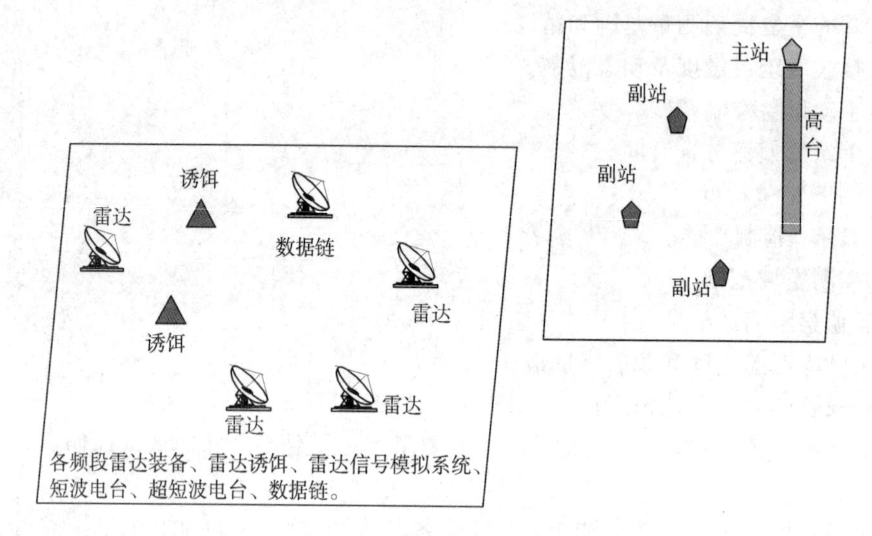

图 9-5　时差定位系统地面试验阵地部署

阵地部署完成后，辐射源开机工作，各定位基站侦收辐射源信号，并进行信号分选；副站将侦收的信号转发给主站，在主站内进行时差提取和辐射源定位解算，通过多次测量数据验证时差定位系统的各项性能指标。其中，可通过改变辐射源的功率验证定位系统的灵敏度，等效推算得到侦察距离。在试验条件允许的情况下，适当调整各基站的相对位置，模拟时差定位系统工作过程中几个典型空间分布态势，记录试验数据，分析定位性能，进而推导系统全过程的定位性能。

值得注意的是，由于阵地部署的限制，定位基站的部署无法准确模拟时差定位系统真实场景分布态势，需要先研究定位基站布站方式对定位性能的影响，从而推导在实战条件下时差定位系统的定位性能。

9.2.3　内场半实物仿真试验

内场动态试验的目的是验证不同的基站布站方式、飞行速度和飞行高度对时差测量精度的影响，并验证基站飞行过程中对辐射源的持续定位功能，为外场试验方案设计提供支撑。根据设计的不同战情，控制内场注入式半实物仿真系统输出多路信号注入时差定位主站和基站，模拟对象辐射源在空间传输延迟和多普勒调制等，测试被试装备的测时差精度和时差定位精度，并试验评估对辐射源的连续跟踪滤波能力。分析高速运动对时差测量精度的影响，获得侦察距离、定位精度、频率覆盖能力的内场数据等，同时测试飞行速度和高度对定位性能的影响。

根据实际工作环境或外场试验环境，设计时差定位系统和辐射源之间的空间运动态势，内场试验态势示意图如图 9-6 所示。

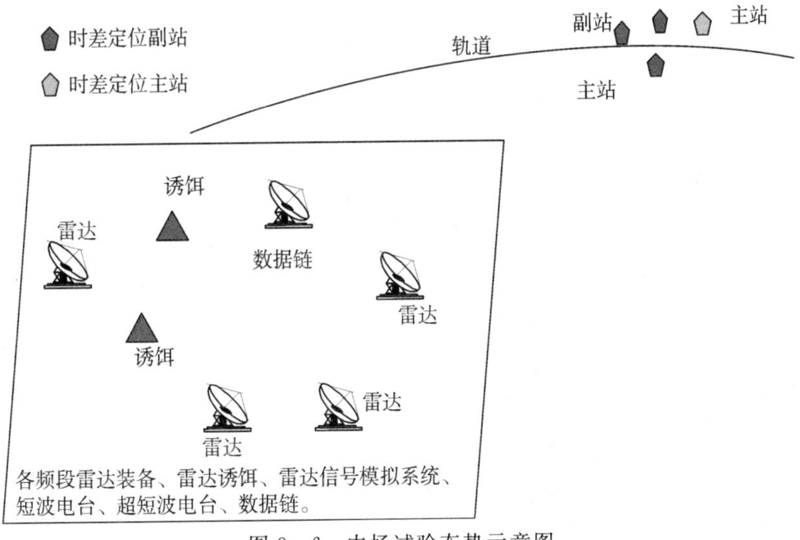

图 9-6　内场试验态势示意图

9.2.4　飞行试验

飞行试验主要完成如下三项工作：

(1) 侦察距离试验：检验在不同等级复杂电磁环境下对目标雷达的侦察能力。

(2) 定位精度试验：检验在不同等级复杂电磁环境下对目标雷达的定位能力。

(3) 目标信号处理容量试验：检验在不同等级复杂电磁环境下的目标信号处理能力。

对于地空时差定位系统，定位目标主体是空中的战机，在实际对抗环境中飞机种类繁多，航线十分复杂，有曲线、直线、加速直线等，速度和加速度也不同。可以将航线简化，使目标飞机沿预定航线水平、直线、往返飞行。

陪试装备开机后，被试装备主站、副站天线对准预定航线进行扇扫，分别对目标信号进行侦收；当飞机临近飞行时，各站同步录取其稳定侦收到目标信号的时间数据和方位角数据，副站将数据传送到主站，主站进行数据处理，给出定位结果。标准设备机载 GPS 系统或精密测量雷达实现全航路目标跟踪。用 GPS 接收系统分别校准被试装备与测量雷达数据录取系统的内部时钟，使二者分别同步录取目标的方位角数据和坐标数据。

飞行试验中对内场试验结果进行外场试验验证，试验复杂电磁环境的信号分选能力，试验对不同辐射源(不同雷达、雷达诱饵)的分辨能力、通信链路动态传输能力、定位精度等，推算对定位对象的侦察距离和定位精度。

外场动态飞行试验初步采用两种模式，外场动态试验模式一和外场动态试验模式二。

1. 外场动态试验模式一

外场动态试验模式一是定位系统在地面，采用飞机载辐射源为定位对象，辐射源载机在空中按照设计航线运动，测量多站通信、侦察距离和定位精度等。外场动态试验模式一的简易框图如图 9-7 所示。定位基站部署在地面阵地上，用一架直升机装载模拟辐射源，按设定的航线运动模拟定位基站与辐射源之间的运动态势，并构造可通视的多个辐射源信号环境，试验过程中，测试定位基站对机载信号源的定位性能。

该试验方案可以减少试验飞行架次，但是采用地面构型模式时，模拟定位基站运动过程中的基线长度变化较为困难，只能通过改变定位基站的位置模拟定位基站运动态势的几个离散状态。

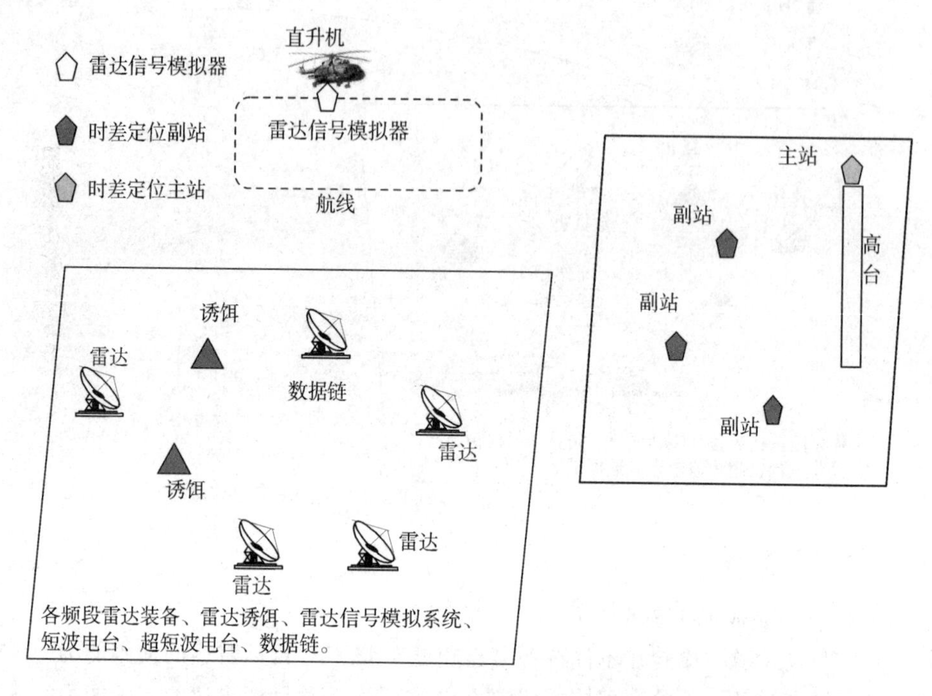

图 9-7　外场动态试验模式一的简易框图

2. 外场动态试验模式二

外场动态试验模式二是用固定编队飞机组成定位空间态势，时差定位系统在运动中对地面辐射源定位。飞机按照预定航线飞行，测试基准站间通信能力(通信距离)，重点测试基准站运动对自定位能力和目标定位精度等的影响。外场动态试验模式二的简易框图如图 9-8 所示。

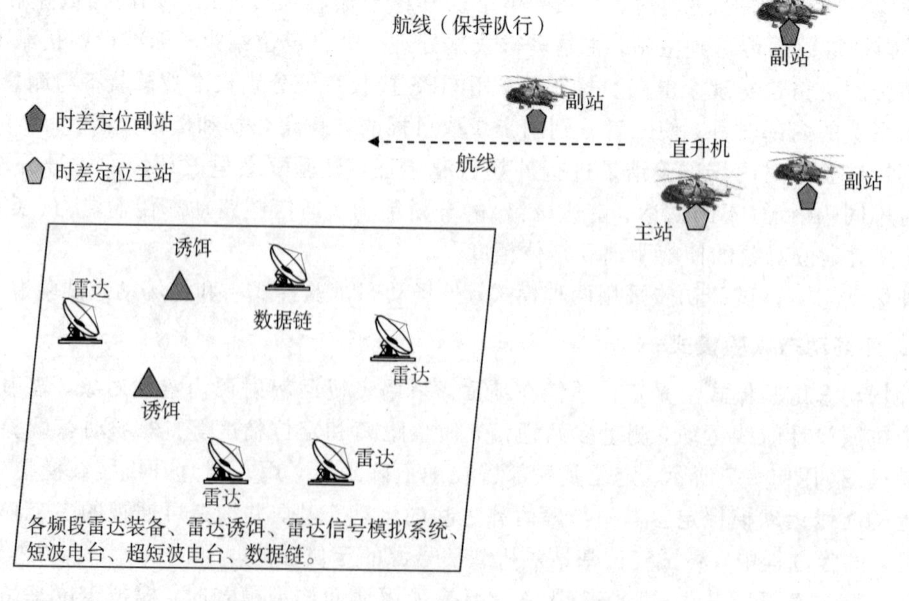

图 9-8　外场动态试验模式二的简易框图

9.3　复杂电磁环境构建方法

9.3.1　复杂电磁环境构建原则

如前所述，战场电磁环境的构成要素应包括电子干扰威胁环境、电磁目标信号环境、电子装备之间的自扰互扰、民用电子设备电磁辐射环境、自然电磁环境等 5 种，这样的划分，也便于在试验中更有针对性、更有效地进行战场电磁环境模拟构建。在 5 方面的构成要素中，对电子装备影响最大的是敌方电子战装备对我方电子装备进行干扰时所形成的复杂电磁环境。我方各种用频装备的自扰互扰、民用电子设备的辐射以及自然电磁辐射的影响相对较弱。

根据对未来战场电磁环境构成要素的分析，战场电磁环境模拟设置应包括对敌方干扰威胁环境、敌方目标信号环境、我方装备电磁环境、民用电磁环境、自然电磁现象等的模拟设置。其中，对于雷达或通信装备，其面临的战场电磁环境主要包括敌方干扰威胁环境、我方装备电磁环境、民用电磁环境、自然电磁现象等。对于侦察装备，其面临的战场电磁环境主要包括敌方目标信号环境、敌方无意干扰信号环境、我方装备电磁环境、民用电磁环境、自然电磁现象等。

战场电磁环境的主要特征是频域上密集交叠、空域上纵横交错、时域上动态变化、功率域上强弱起伏。这就要求在进行电磁环境模拟设置时，要在综合考虑战场电磁环境构成要素的基础上，重点对对装备性能影响较大的各类电磁信号环境进行深入分析，以逼真地模拟构建典型电磁环境。

对于敌方干扰威胁环境、敌方目标信号环境、我方装备电磁环境，可充分利用试验场具备的各类雷达装备、通信装备、导航装备、雷达干扰设备、通信干扰设备、导航干扰装备、信号模拟设备、干扰模拟设备等进行模拟构建；对于民用电磁环境、自然电磁现象，则可依托实际民用电磁辐射和自然电磁环境进行模拟构建。

试验采用外场实装对抗与等效推算相结合的方式进行。真实的复杂电磁环境很难构建，只能利用国内现有装备，采用替代等效方法进行模拟，根据侦察对象电子装备工作频段和工作模式等，选择相应的陪试电子装备，分别进行自卫干扰效能试验、侦察试验和干扰装备干扰效能试验等。为逼真地模拟构建典型电磁环境，需遵循以下原则：

(1) 针对性原则。要紧密结合电子信息装备任务，针对不同定位对象、不同地域，重点构设敌我双方的电磁对抗环境，同时兼顾我方用频装备的自扰互扰环境及民用电子设备辐射等背景环境。

(2) 逼真性原则。要按照各类电子装备的不同运用方式，结合敌对双方电子装备编制、装备主要战技性能和运用方式，逼真设置战场电磁态势，模拟展现敌我双方的电磁对抗行动，逼真模拟战场各类电子信息装备的信号特征。

(3) 等效性原则，即对各类电子装备的辐射信号功率等实行等效缩比模拟。可采用小功率模拟大功率、近距离模拟远距离的等效缩比方法，等效模拟战场复杂电磁环境下各类电子装备与对象装备间的作用效果。

(4) 标准化原则。战场电磁环境构设要贯彻已有标准，用标准指导试验与研究工作。

(5) 通视原则。时差定位基站的部署要满足基站间信息传递，同时要满足对辐射源的侦察要求，因此电子装备部署应该满足通视原则。一般通视距离要满足：

$$R \leqslant \sqrt{(r_e + h_r)^2 - r_e^2} + \sqrt{(r_e + h_t)^2 - r_e^2} \tag{9-1}$$

式中：R 单位为 m；地球等效半径 $r_e = 8493$ km；h_r 为侦察基站高度；h_t 为辐射源高度。

工程上简化公式为

$$R \leqslant 4.12(\sqrt{h_1} + \sqrt{h_2}) \tag{9-2}$$

式中：R 单位为 km；侦察基站高度 h_1 和辐射源高度 h_2 的单位为 m。

由于试验场地存在高山或丘陵等地形起伏，实际电子装备部署方案可以采用数字地图进行辅助设计，以满足通视要求。利用数字高程信息很容易获知布站点位是否通视，某场地视线距离-高程曲线如图 9-9 所示。

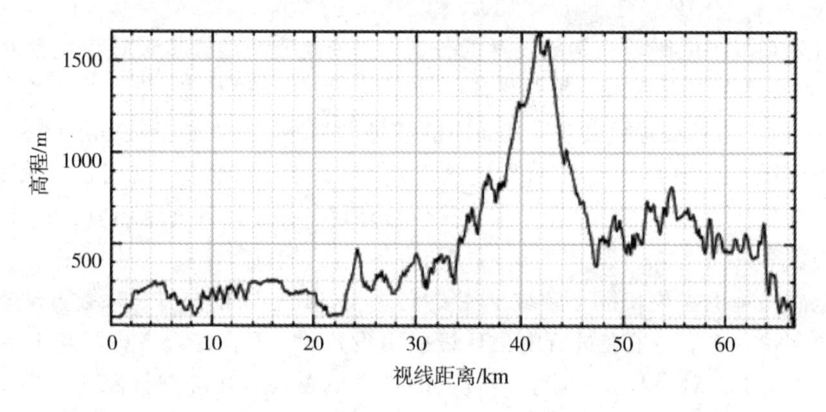

图 9-9　某场地视线距离-高程曲线

9.3.2　外场试验电磁环境构建方法

时差定位系统外场试验电磁环境采用实装构建以及实体装备与模拟器相结合的方法进行构建，按照功率、时间、运动特性等效法的原则，产生复杂电磁环境。根据时差定位系统面临的复杂电磁环境和适应性指标构建复杂战场态势，试验采用外场实装对抗与替代等效相结合的方式进行。时差定位系统电磁环境模拟构建装备包括雷达及雷达对抗装备、通信及通信对抗装备、敌我识别装备、导航装备、指挥控制装备等，为了构建贴近实际的电磁环境，可以采用替代等效方法，装备的替代需要考虑装备的工作频段、工作模式、信号样式、天线极化、扫描模式等装备因素。信号模拟设备距被试装备通常较近，通过辐射模拟信号的天线在被试雷达的方位和俯仰方向上的移动和目标信号的可变延时来模拟运动目标。一般通过实时监测信号环境来组织实施外场试验，并按照被试装备战术技术性能要求采用相应的干扰与抗干扰措施。外场不能构建的，利用内场半实物仿真或数字仿真技术。

电磁环境要满足电磁环境分布特征，例如雷达脉冲参数(DOA、RF、PW)要满足电磁环境直方图统计特征。直方图统计特征一般把二维平面划分为若干小格，每个小格称为一个分选单元。例如方位角 2°×频率(5 MHz)为一个小格。对于固定频率的辐射源，在直方图上包含单一的到达角和射频峰值。捷变雷达频率变化范围宽，到达脉冲属于不同频率的脉冲组，但到达角相同。电磁信号空间方位-频率-脉冲数统计分布图如图 9-10 所示。

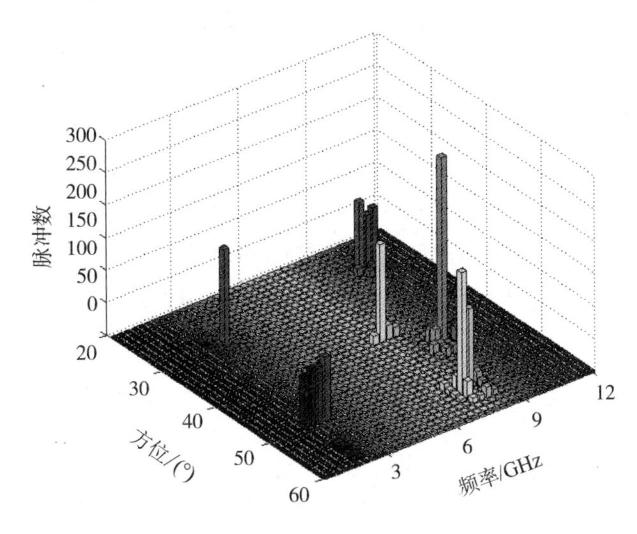

图 9-10　电磁环境直方图统计特征

外场试验电磁环境构建和内场试验电磁环境构建时，通常可依托试验基地或训练基地进行。战场电磁环境模拟构建方法从不同的角度有不同的分类。从构建设备上分可分为外场实装构建法、模拟装备构建法及利用自然环境构建法；从等效模拟的角度可分为空间缩小法、功率等效法、时间等效法、信号密度等效法、调制域等效法、随机特征等效法、运动特性等效法等；从提高试验对抗性的角度可分为信号环境实时监测调整法、红蓝双方自主对抗法、反制战术措施综合运用法。

1. 从构建设备上分类的外场试验电磁环境构建方法

(1) 外场实装构建法。外场实装构建法是在接近实际地理和气象环境条件下，用真实的电子设备和对抗装备，以及相应目标飞机作为合作目标，严格按照规定的战术、技术指标要求，根据实际需要，选择试验区域，配置双方对抗设备，并利用试验场区的其他实体装备产生逼近实战的复杂电磁环境，以达到接近实战条件的试验效果。

外场实装对抗试验的优点是：符合实战条件，产生的电磁环境真实，试验数据准确度高，干扰效果直观可信，置信度高。然而，外场实装对抗试验需要解决以下问题：一是所需装备、设备及基础设备量大，二是所需空域及地域广阔，三是受气候条件的影响和其它因素制约，试验周期长，投入人员、物资、经费多，消耗大。

(2) 模拟装备构建法。在试验外场一定的地理空间范围内，用信号模拟器或干扰信号模拟器产生各类电子信号，所模拟的信号通过天线向电子装备辐射，模拟器通常距被试装备较近。模拟装备构建方法可比较全面地测试电子装备(含天线部分)的各项性能。

(3) 利用自然环境构建法。利用自然环境中已有的民用电台、广播、卫星等信号作为背景信号，利用不同的季节、气象条件和地理地貌作为影响电磁环境的自然环境，对光电设备来说太阳、月亮、云彩等自然辐射可作为辐射信号源。

(4) 综合利用各类资源构建。利用实体电子设备、电子对抗装备、模拟装备和试验场区的各类电台、雷达、广播、卫星等辐射的信号构建复杂电磁环境。该方法具有充分利用各类资源的优点，较易产生不同复杂程度的电磁环境，是较常用的电磁环境构建方法。

2. 从等效模拟角度分类的外场试验电磁环境构建方法

(1) 区域缩小法。就是将用频装备设备集中配置在一个相对狭小的区域内，提高单位面积内电磁辐射源的密度，使有限的辐射源最大限度发挥作用，以提高构建区域内的背景噪声和频谱占用度，增加用频装备设备的自扰互扰，人为恶化构建区域的电磁环境，起到以小代大的效果。

(2) 功率等效法。就是通过缩短对抗装备之间的距离来达到小功率设备发射信号与大功率设备发射信号在接收点等效的目的。该方法既可解决大功率设备短缺的问题，也有利于提高试验电磁安全性和保密性。

(3) 时间等效法。电磁信号在空间的传播时间是信号的重要特征，可通过信号模拟设备对信号进行延时处理模拟信号的传播时延。

(4) 背景等效法。就是比对预定区域与构建区域电磁环境的实测数据，在构建区域采取增减电磁辐射源等措施，等效自然电磁环境和既设军用、民用电子设备形成的电磁环境，使构建区域的电磁环境背景噪声和频谱占用度与预定区域相近似。

(5) 调制域等效法。通过实体或模拟设备使复杂电磁环境各种调制样式的信号数量和密度符合要求，通常采用信号产生设备在相应频段生成一定数量的多种调制样式信号，使其满足复杂信号环境对信号样式的需求。

(6) 随机特征等效法。就是指通过指挥或技术手段使各种信号的出现和持续的时间、频率、样式、数量、密度等的动态变化与模拟的实际战场环境随机特性相同。

(7) 运动特性等效法。通过对信号进行处理，使信号模拟设备可以在静止的状态下模拟载体的运动对信号频率、衰减和衰落带来的影响。

(8) 频率限制法。就是增加保护频率、压缩可用频率，使用频设备频谱需求大，导致可用频率资源紧缺，营造与实战相近似的复杂电磁环境。

(9) 超强配置法。就是考虑在未来战区敌我双方可能的编制和最大电磁辐射源数量的基础上，大幅度增加电磁发射源的数量，增大构建区域电磁辐射源密度，提高构建区域电磁环境的复杂程度。

3. 从提高试验对抗性的角度分类的外场试验电磁环境构建方法

(1) 信号环境实时监测调整法。在试验实施过程中，通过电磁环境监测设备实时监测空间信号环境变化情况，并指挥调度对抗双方适时调整对抗策略。

(2) 红蓝双方自主对抗法。在试验过程中，被试装备和陪试装备分别扮演红蓝双方，各自独立组织实施对抗，依据对抗态势的变化及时采取相应的战术技术措施。

(3) 反制战术措施综合运用法。试验实施过程中，综合运用各种侦察与反侦察、干扰与反干扰措施，增强对抗的强度和复杂性。

9.3.3 阵地位置选取条件

根据战情想定以及各类装备的部署方式，各类装备阵地的选择需满足以下要求：

(1) 导航设备通常配属于各种武器平台，对阵地均无特别要求，但需保证用户设备天线与导航卫星间的通视。

(2) 雷达装备应部署于无遮挡的开阔地或高地，以便于对目标进行侦察。

(3) 通信系统的部署应选择平坦、开阔的阵地，且阵地与其他电台之间应满足通视条件。

(4) 对无源探测定位设备，各分设备的部署应保证能对主要方向上目标进行有效定位，定位区域应包含环境构建装备阵地。例如三站时差定位设备侦察主站和两个侦察副站分别部署于三块相互间可通视的阵地。三块阵地构成等腰三角形，侦察主站对准主要工作区域，两副站相对侦察主站的夹角为 120°时，其定位误差最小。

(5) 雷达干扰系统指挥控制站与各干扰站间距应满足使用要求，主要部署在工作方向上无遮挡的开阔地或高地。

(6) 通信对抗系统中侦察控制站、侦察测向站和干扰站的布站间距应满足使用要求，应分别部署于在工作方向上无遮挡的开阔地或高地，阵地相互间可通视。

对各类雷达、通信电台、数据链模拟系统、塔康系统、敌我识别系统、信号模拟装备及雷达干扰装备、通信干扰装备、导航干扰装备等，则重点考虑其与模拟的战场复杂电磁环境的关系，通过模拟等效计算，进行各类装备部署阵地的初选。而后再通过实地勘测，测量各类装备信号到达各被试装备阵地的实际信号密度、强度是否符合复杂电磁环境的设置要求，最终确定各类装备的部署阵地。

在以上工作的基础上，对试验所需阵地进行实地勘测，通过调整典型雷达、通信电台、信号模拟装备等的位置、距离，对到达各被试装备阵地的各类装备信号进行测量，以完成对试验阵地的进一步确定。

根据前文中定位原理和定位误差几何分布分析可知：

(1) 在 0～180°范围内，当基线夹角加大时系统对目标的定位精度有所提高。

(2) 当辐射源在基线附近时定位误差较大，基线法线附近定位精度最高。

(3) 基线拉长时，整个定位区域内的定位精度提高，基线缩短时，情况正好相反。

(4) 时差定位基线长度满足通视要求，以便实现基站间信息传递。

因此，基线长度及夹角的确定还要考虑系统的站间通信距离以及发射站的信号辐射功率、波束宽度等条件。同时，阵地的选择也要兼顾试验飞行航线的设计。

9.3.4　基站布站或航线要求

在实际战场环境中，复杂电磁环境的时域特征与装备使用方式、工作方式密切相关。

在空域上，复杂电磁环境的空域特征与对抗态势、装备部属方式密切相关，使得被试装备的时域占有和空域占有情况时刻发生变化。考虑试验主要目的是对各类装备在复杂电磁环境下的适应性能力进行试验，在同一等级复杂电磁环境下试验时，应尽量保持环境的相对稳定性。因此，在环境构建装备布站时，采用以点代面的“区域缩小法”，将被试装备和环境构建装备设备集中配置在一个或数个相对狭小的区域内，提高单位面积内电磁辐射源的密度，使有限的辐射源最大限度发挥作用，以提高构建区域内的背景噪声和频谱占用度。

在能量域上，根据实际应用方式，通过等效缩比计算，采用“近距离、小功率等效远距离、大功率”的等效性原则，按被试装备受响应的电平幅度确定电磁环境门限值，除抗干扰试验中干扰信号外，试验中复杂电磁环境能量域设置保证以超过电磁环境门限值为限，不再进行不同能量域设置。

在进行外场适应性试验时，动用装备多，调整较困难，在考虑装备布局时，要综合利用试验资源，将各型装备布局结合形成总体布局，将不同装备的工作态势融入一个试验布局中，可依据被试装备使用方式形成不同的态势。在复杂电磁环境下通用电子装备适应性试验中，遵循以上方法和原则，通过合理布局，将多种态势和需求融合。

试验中，需使用飞机或直升机模拟空中辐射源目标，试验航线进入点的最大距离不应超过单站的最大侦察距离 R，根据航路捷径的大小，同时考虑有效航线两端各 20% 的裕量。考虑替代辐射源与实际定位目标辐射源的等效辐射功率的差别，将侦察距离等效到试验侦察距离。航线高度要满足波束覆盖要求。侦察接收机与辐射源的距离 R 为

$$R=\sqrt{\frac{PG\lambda^2}{(4\pi)^2 S_{i\min} L}} \tag{9-3}$$

式中：P 为辐射源等效辐射功率；G 为侦察天线增益；λ 为波长；L 为综合损耗；$S_{i\min}$ 为侦察接收机系统灵敏度。

为了达到功率等效的目的，要求模拟辐射源和实际辐射源到达基站的口面功率密度相同或相近，得到信号模拟设备的布站距离为

$$R_{\mathrm{m}}=R_{\mathrm{r}}\sqrt{\frac{P_{\mathrm{m}}L_{\mathrm{r}}}{P_{\mathrm{r}}L_{\mathrm{m}}}} \tag{9-4}$$

式中：实际辐射源等效辐射功率为 P_{r}；距时差定位基站距离为 R_{r}；综合损耗为 L_{r}；模拟辐射源等效辐射功率为 P_{m}；与时差定位基站距离为 R_{m}；综合损耗为 L_{m}。

9.3.5 试验信号源的选择

根据时差定位系统的工作频带，有必要在每个频段设置一定数量的信号源进行试验，以检测系统在复杂体制及复杂环境下的侦察定位能力。

如果定义 PRI 小于时差窗宽度的辐射源为高重频辐射源，那么对于单个固定高重频辐射源，采用直方图统计方法或相关法进行脉冲配对时会出现虚假峰值，即模糊时差峰，它们与真实的时差峰相差了整数倍。多辐射源环境下，在两个高重频辐射源 PRI 的公倍数上也能产生直方图积累形成虚假峰值。参差雷达信号在 PRI 主周期和各参差点上都能产生虚假峰值。

在高密度的辐射源环境下，虚假峰值将大量产生，产生的虚假峰值对信号的分选、识别及数据关联带来很大的影响。为考核系统在复杂电磁环境中的适应能力，试验陪试信号源应具有高重频、重频参差等复杂体制，按照循序渐进的原则，将辐射源数量由少到多，信号由简单到复杂进行设置，在辐射源增加的过程中检测时差定位系统对复杂信号的适应能力。被试装备主要是对机载雷达进行侦察定位，模拟的战情应尽可能与实战接近，可采用直升机装备载信号源进行试验，机载信号源在频率、信号样式和参数上，尽可能与探测对象相近，信号源功率根据工程需要适当降低，同时在试验设计时，可采用等效缩比或近距配置来模拟实战情况。

9.4 复杂电磁环境适应性试验

按照复杂电磁环境的定义，构建轻度、中度和重度复杂电磁环境，对时差定位系统在复杂电磁环境下的适应能力进行检验，分别对参数测量能力、分选识别能力、探测距离、航

迹更新时间、侦察距离、定位精度、单站反应时间和系统定位反应时间方面的试验数据进行分析。

9.4.1　环境构建与试验方法

时差定位系统各基站分别置于预定阵地；各类短波电台、超短波电台、数据链模拟系统、微波接力系统、敌我识别系统、塔康系统、通信背景信号模拟系统、通信干扰信号模拟系统、警戒雷达、目标指示雷达、雷达干扰信号模拟系统等置于预定阵地周围的不同阵地。空中平台载雷达信号模拟器沿预定航线飞行。试验布局及飞行航线设计和地面试验相同。

1. 轻度、中度和重度复杂电磁环境

战场电磁环境的主要特征是频域上密集交叠、空域上纵横交错、时域上动态变化、功率域上强弱起伏。这就要求在进行电磁环境模拟设置时，要在综合考虑战场电磁环境构成要素的基础上，重点对武器装备运用影响较大的各类电磁信号环境进行深入分析，以逼真地模拟构建典型场景下的战场电磁环境。

定义无干扰、轻度、中度和重度复杂电磁环境下对应的基站主瓣方位内的雷达信号分别为 1 路、10 路、20 路和 30 路。脉冲密度分别为 1 万脉冲/秒、10 万脉冲/秒、20 万脉冲/秒和 30 万脉冲/秒。信号形式为捷变信号、线性调频信号、编码信号、常规脉冲信号以及通信类信号。雷达类信号正常扫描，模拟信号强度起伏。

2. 试验方法

各阵地陪试装备开机工作，按复杂电磁环境等级划分设置分别构建战时轻度、中度、重度复杂电磁环境。时差定位系统对地面及空中各目标雷达信号进行侦收定位。电磁环境数据采集系统实时监测并记录电磁信号环境。在轻度、中度和重度复杂电磁环境下各进行多次试验。

3. 数据记录

记录各参试装备的工作状态和参数；记录时差定位系统在战时轻度、中度、重度复杂电磁环境下对雷达信号频率、脉冲宽度、脉冲重复周期等的测量结果；记录分选识别结果、单站设备反应时间、系统定位反应时间、航迹更新时间、对空中目标的探测距离、定位航迹等。

9.4.2　分选识别评估方法

时差定位基站可接收的环境信号脉冲密度为

$$\lambda = \sum_{i=1}^{N_1} \gamma_i \mathrm{PRF}_i \tag{9-5}$$

式中：PRF_i 为第 i 个辐射源的脉冲重复频率；γ_i 为第 i 个辐射源的脉冲检测概率，该值与侦察接收灵敏度、接收天线扫描和波束参数、第 i 个辐射源功率、发射天线扫描和波束参数有关。试验时，通常将辐射源放置到侦察接收机主瓣内，使辐射源副瓣对准侦察系统时侦察接收机主瓣能够侦察到辐射源信号。

时差定位基站截获接收机脉冲丢失概率测量值为

$$\rho_{\mathrm{L}} = \frac{\lambda'}{\lambda} \tag{9-6}$$

式中：λ'为实际时差定位基站截获的环境信号脉冲密度；λ 为时差定位基站可接收的环境信号脉冲密度。

理论上脉冲丢失概率可以表示为

$$P=1-\exp(-\alpha) \tag{9-7}$$

式中：P 为脉冲丢失概率；$\alpha=\sum_{i=1}^{N_1}\tau_i \mathrm{PRF}_i$ 为所有脉冲信号流的总占空比，PRF_i 为第 i 个辐射源的脉冲重复频率，τ_i 为第 i 个辐射源的脉冲宽度。

辐射源脉冲占空比与丢失概率曲线如图 9-11 所示。

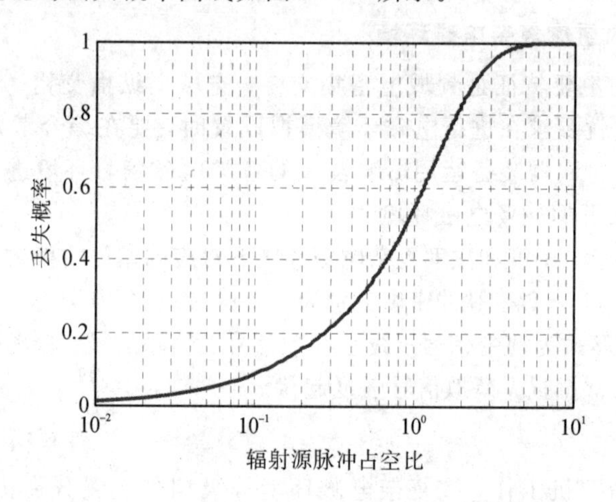

图 9-11　辐射源脉冲占空比与丢失概率曲线

假设在侦察主瓣内雷达目标数为 N_1，时差定位系统建批总数为 N，其中正确分选建批的总数为 N'，则增批率 Z 的表达式为

$$Z=\frac{N-N'}{N}\times 100\% \tag{9-8}$$

识别率 S 的表达式为

$$S=\frac{N'}{N_1}\times 100\% \tag{9-9}$$

为了提高试验结果的准确性，通常进行多次试验，用平均增批率 $\bar{Z}=\frac{1}{n}\sum_{i=1}^{n}Z_i$ 和平均识别率 $\bar{S}=\frac{1}{n}\sum_{i=1}^{n}S_i$ 进行评价，式中 n 为试验次数。

9.4.3　分选识别评估模型

试验采用辐射法检验被试装备在无干扰、轻度、中度和重度复杂电磁环境下的测频精度、重复周期、脉冲宽度测量精度。例如无干扰、轻度、中度和重度复杂电磁环境下的脉冲丢失率分别为 1%、15%、42% 和 70%；平均增批率和平均识别率($\bar{Z}$，$\bar{S}$)分别为(0%，100%)、(30%，80%)、(50%，60%)和(93%，31%)，得到信号分选识别结果如图 9-12 所示。一般情况下为使现有信号处理机较好地工作，允许的脉冲丢失概率为 10%；允许的极限丢失概率为 20%。

随着电磁环境复杂程度的加深，侦察主瓣内设置的辐射源目标数和脉冲密度逐渐增加，被试装备的增批比较明显，但平均增批率逐渐下降，建批总数逐渐减少。其原因可能是辐射源目标数和脉冲密度的增加，进入接收机信道的信号密度过高或超过系统负载，进入接收机的脉冲信号因首尾交叠，瞬时测量失效，脉冲大量丢失，信号截获大大降低。

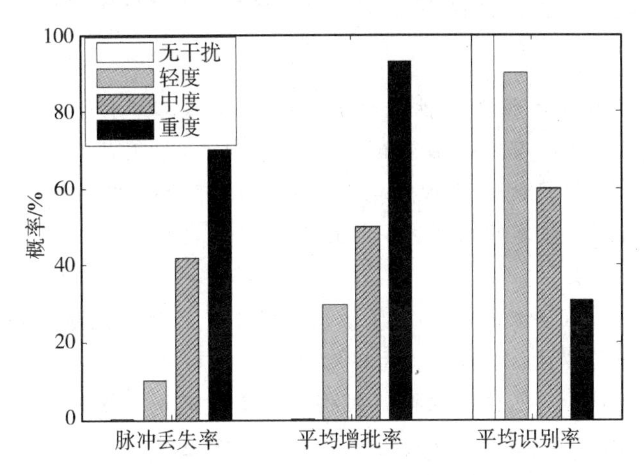

图 9-12　信号分选识别结果

第10章 时差定位系统定位精度试验评估方法

定位精度评估是时差定位系统性能试验评估的核心，由于外场试验时间和经费的限制，外场试验不可能遍历所有定位场景和所有辐射源对象，因此需要采用替代等效推算试验评估方法。替代等效推算试验评估是电子装备试验评估的重要手段，主要应用在雷达、雷达电子战试验评估中，技术比较成熟，但是有关时差定位系统的替代等效推算试验评估理论研究的文献比较少。

时差定位精度的替代等效推算试验评估就是根据外场时差定位数据，推算时差定位系统任意基站构型、任意辐射源参数、任意辐射源位置的定位性能。试验过程中，采用真实装备的替代辐射源进行试验，定位基站按照某构型部署于地面，辐射源采用机载模式按照预定航线飞行。最后根据理论分析建立的替代等效推算模型得到时差定位精度评估结果。

本章论述了时差定位系统定位精度试验评估方法。具体内容安排为：首先阐述了试验数据预处理方法，给出了坐标系转换、时差定位误差预处理、时差定位误差的平稳误差距离区间、基于置信区间的时差定位样本量、时差定位试验数据获取与预处理等，为试验数据样本设计和试验数据预备处理奠定了基础；其次给出了三站时差定位替代等效推算试验评估方法，综合考虑辐射源高程引起的三站时差定位模型误差，建立了三站和多站时差定位的综合时间测量误差(ITME)参数模型，给出了参数解算方法，以及替代等效推算评估方法、流程和实例，得到任意基站构型和任意辐射源位置的定位误差；接下来给出了多站时差定位替代等效推算试验评估方法，建立了多站时差定位的综合时间测量误差(ITME)参数模型，给出了参数解算方法，以及替代等效推算评估方法、流程和实例，得到任意基站构型和任意辐射源位置的定位误差；最后给出了时差定位辐射源替代等效推算模型和推算实例。

本章系统地建立了时差定位替代等效推算方法完善的理论体系，即根据单条试验航线或固定位置的时差定位数据，推算ITME参数，进而获取任意基站构型、任意辐射源参数和任意辐射源位置的定位精度，为时差定位系统定位精度综合评估奠定了理论基础。

10.1 试验数据预处理

10.1.1 坐标系转换

1. 地心大地坐标系与地心直角坐标系的相互转换

地心大地坐标系也称为大地坐标系，其坐标为经度 L、纬度 B 和高度 H。地心直角坐标系以地心为坐标原点，X 轴指向零子午线与赤道面的交点，Z 轴与地球旋转轴重合，向北为正，Y 轴与 XZ 平面垂直构成右手系。地心大地坐标系和地心直角坐标系的关系如图10-1所示。

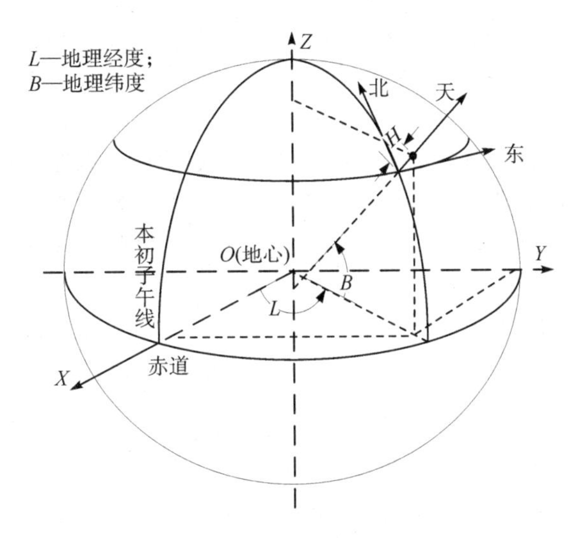

图 10-1　地心大地坐标系和地心直角坐标系关系示意图

某点 S 地心大地坐标系(L_S，B_S，H_S)到地心直角坐标系(X_S，Y_S，Z_S)的转换公式如下：

$$\begin{cases} X_S=(R_N+H_S)\cos B_S\cos L_S \\ Y_S=(R_N+H_S)\cos B_S\sin L_S \\ Z_S=[R_N(1-e^2)+H_S]\sin B_S \end{cases} \tag{10-1}$$

式中：(L_S，B_S，H_S)表示经度、纬度和高度；$e=\sqrt{1-(b/a)^2}$；$R_N=a/\sqrt{1-e^2\sin^2 B_S}$，$a$、$b$ 分别是地球长短半轴长度。WGS-84 坐标系中 $a=6378.137$ km，$b=6356.752$ km。

地心直角坐标系到地心大地坐标系(L_S，B_S，H_S)之间的转换一般采用迭代法，计算公式如下：

$$\begin{cases} L_S=\arctan\left(\dfrac{Y_S}{X_S}\right) \\ B_S=\arctan\left[\dfrac{Z_S}{\sqrt{X_S^2+Y_S^2}}\left(1-\dfrac{e^2R_N}{R_N+H_S}\right)^{-1}\right] \\ H_S=\dfrac{\sqrt{X_S^2+Y_S^2}}{\cos B_S}-R_N \end{cases} \tag{10-2}$$

在保证 H_S 的计算精度为 0.001 m 和 B_S 的计算精度为 5×10^{-8}°的情况下，使用 4 次以上迭代可求出 B_S、H_S。

2. 地心直角坐标系与站心地平直角坐标系的相互转换

以地心大地坐标系中 $S(L_S, B_S, H_S)$点为原点建立站心地平直角坐标系，站心地平直角坐标系 X 轴指向正东，Y 轴指向正北，Z 轴指向天顶。对于雷达站来说，通常用雷达站直角坐标系，雷达站直角坐标系 X 轴指向正北，Y 轴指向正东，即相当于站心地平直角坐标系中 X 轴和 Y 轴互换。

某点 P 在 S 点站心地平直角坐标系的坐标为(x_P，y_P，z_P)，则 P 点从站心地平直角坐标系(x_P，y_P，z_P)到地心直角坐标系(X_S，Y_S，Z_S)的转换公式如下：

$$\begin{bmatrix} X_P \\ Y_P \\ Z_P \end{bmatrix} = \begin{bmatrix} -\sin L_S & -\sin B_S \cos L_S & \cos B_S \cos L_S \\ \cos L_S & -\sin B_S \sin L_S & \cos B_S \sin L_S \\ 0 & \cos B_S & \sin B_S \end{bmatrix} \begin{bmatrix} x_P \\ y_P \\ z_P \end{bmatrix} + \begin{bmatrix} X_S \\ Y_S \\ Z_S \end{bmatrix} \tag{10-3}$$

式中：(L_S, B_S, H_S)为站心地平直角坐标系原点S点的地心大地坐标；(x_P, y_P, z_P)为某点P在S点站心地平直角坐标系的坐标；(X_S, Y_S, Z_S)为S点地心直角坐标系坐标。

P点从地心直角坐标系(X_P, Y_P, Z_P)到站心地平直角坐标系(x_P, y_P, z_P)的转换公式如下：

$$\begin{bmatrix} x_P \\ y_P \\ z_P \end{bmatrix} = \begin{bmatrix} -\sin L_S & \cos L_S & 0 \\ -\sin B_S \cos L_S & -\sin B_S \sin L_S & \cos B_S \\ \cos B_S \cos L_S & \cos B_S \sin L_S & \sin B_S \end{bmatrix} \begin{bmatrix} X_P - X_S \\ Y_P - Y_S \\ Z_P - Z_S \end{bmatrix} \tag{10-4}$$

3. 直角坐标系与球坐标系的关系

直角坐标系包括站心地平直角坐标系、地心直角坐标系。在球坐标系(r, A, E)中，r表示距离；A表示方位角，E表示俯仰角。直角坐标系和球坐标系的关系如图10-2所示。

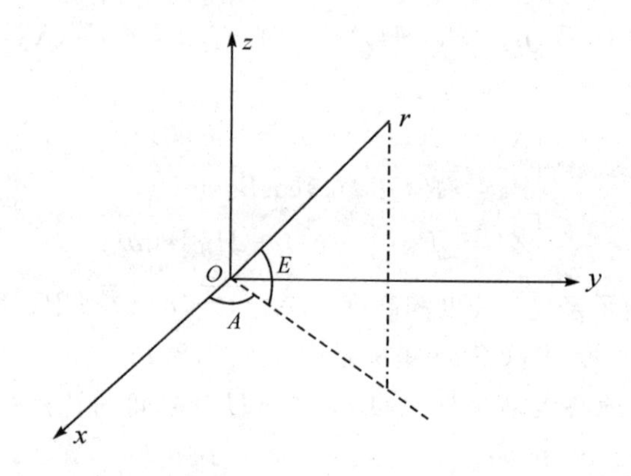

图10-2　直角坐标系和球坐标系的关系

直角坐标系(x, y, z)与球坐标系(r, A, E)之间进行转换的计算公式如下：

$$\begin{cases} r = \sqrt{x^2 + y^2 + z^2} \\ A = \arctan2(y, x) \\ E = \arctan\left(\dfrac{z}{\sqrt{x^2 + y^2}}\right) \end{cases} \tag{10-5}$$

球坐标系(r, A, E)与直角坐标系(x, y, z)之间进行转换的计算公式如下：

$$\begin{cases} x = r\cos E \cos A \\ y = r\cos E \sin A \\ z = r\sin E \end{cases} \tag{10-6}$$

10.1.2　时差定位误差预处理

影响定位误差的因素包括辐射源和定位站位置、位置测量误差、站址测量误差、系统固有时差测量误差、SNR引起的时差测量误差。其中辐射源和定位站位置引起的定位误差最为显著。试验获取的定位误差GDOP是非平稳信号，随空间位置变化而变化。固定航路任一点的多次试验样本的定位误差分布函数是平稳随机函数，但全航路的定位误差分布函数是非平稳随机函数。四站时差定位误差仿真示意图如图 10－3 所示。

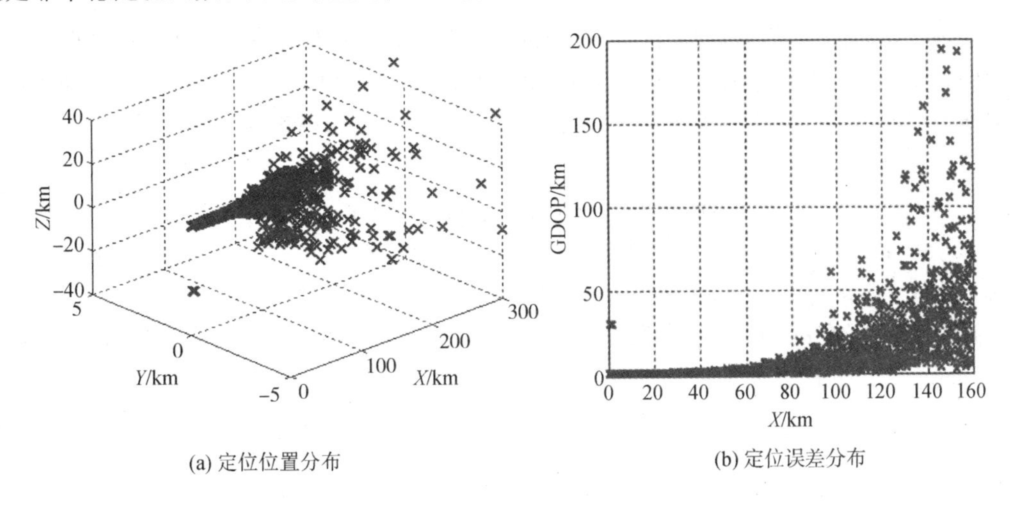

(a) 定位位置分布　　(b) 定位误差分布

图 10－3　四站时差定位误差仿真示意图

利用辐射源和定位站位置对综合时间测量误差进行预白化处理，预白化处理后，综合时间测量误差方差分布仍然受辐射源和定位站位置影响，严格来说仍是非平稳的。在非平稳信号处理的理论分析和工程实践过程中，通常采用划分间隔区间的方式，确保定位误差在一定范围内满足平稳随机过程的要求。采用等距离段(例如间隔 6 km)分段统计后，可以认为距离段内信号是平稳随机的。

对于三站时差定位，预白化处理后，得到综合时间测量误差平方为

$$\sigma_i^2=\frac{\|\boldsymbol{X}_i-\boldsymbol{X}_{0i}\|^2-\sigma_{zi}^2}{c^2\mathrm{GDOP}_{ei}^2}\tag{10-7}$$

式中：$\|\cdot\|$ 为向量范数或取向量长度；第 i 次定位实测结果为 $\boldsymbol{X}$；对应真实位置为 $\boldsymbol{X}_{0i}$；σ_{zi}^2 为第 i 个辐射源位置对应的定位模型误差方差；GDOP_{ei} 为第 i 个辐射源位置归一化定位误差；c 为光速。对于多站时差定位，预白化处理后，在不考虑定位模型误差方差时，得到综合时间测量误差平方为

$$\sigma_i^2=\frac{\|\boldsymbol{X}_i-\boldsymbol{X}_{0i}\|^2}{c^2\mathrm{GDOP}_{ei}^2}\tag{10-8}$$

采用分段处理后，段内数据完全可近似为平稳随机过程。对预白化处理后的时差定位误差数据(综合时间测量误差)进行分段预处理，剔除奇异值。

10.1.3　时差定位误差的平稳误差距离区间

如前所述，无源定位系统在航路上的定位精度是一个非平稳随机过程。因此，不能采用传统数据处理方法，必须应用非平稳随机过程的数据处理方法。非平稳随机函数的数学期望是很难求取的，如果将非平稳随机函数当成平稳随机函数处理会引入额外的误差，目前通用的非平稳随机过程处理都是将非平稳过程转为平稳过程，最常用的是分组处理，使每一小组的误差随机分布函数近似为平稳随机函数。

将非平稳随机信号化为平稳随机信号参数模型进行处理的关键是如何对信号进行分

段，其中最简单的是分成长度相等的短数据段，在各短数据段内认为信号是平稳的。

1. 非平稳信号 AIC 准则分段法

这种方法是用 AIC(Akaike 信息判阶)准则来判别，将一个长非平稳随机信号序列分成连续的、长度不一定相等的数据段，且各段均用 AR 参数模型来表征。AR 是平稳随机过程的标准线性模型，p 阶 AR 模型是一个自回归过程，一般用 AR(p)表示，p 阶 AR 模型满足：

$$x(n)=-a_1x(n-1)-a_2x(n-2)-\cdots-a_px(n-p)+\varepsilon(n) \tag{10-9}$$

式中：$a_0=1$；$a_1, a_2, \cdots, a_p$ 为实数，且 $a_p\neq 0$；$\varepsilon(n)$是均值为 0、方差为 σ_p^2 的平稳白噪声序列。但对实际测试数据而言 $\varepsilon(n)$为非平稳的随机噪声。

假设测量序列 $x(n)$，设序列段 $n\in[0, N-1]$，为了求解 p 阶 AR 模型参数，AR 模型用 Yule-Walker 方程表示为

$$\begin{bmatrix} r_x(0) & r_x(1) & \cdots & r_x(p) \\ r_x(1) & r_x(0) & \cdots & r_x(p-1) \\ \vdots & \vdots & & \vdots \\ r_x(p) & r_x(p-1) & \cdots & r_x(0) \end{bmatrix}\begin{bmatrix} 1 \\ a_1 \\ \vdots \\ a_p \end{bmatrix}=\begin{bmatrix} \sigma_p^2 \\ 0 \\ \vdots \\ 0 \end{bmatrix} \tag{10-10}$$

式中：$r_x(k)$为序列自相关函数，其表示式为

$$r_x(k)=\begin{cases} \dfrac{1}{N}\sum\limits_{n=0}^{N-k-1}x^*(n)x(n+k) & 0\leqslant k\leqslant p \\ r_x(-k) & -p\leqslant k\leqslant 0 \end{cases} \tag{10-11}$$

Yule-Walker 方程的求解方法如下：

$$\begin{bmatrix} a_1 \\ a_2 \\ \vdots \\ a_p \end{bmatrix}=-\begin{bmatrix} r_x(0) & r_x(1) & \cdots & r_x(p-1) \\ r_x(1) & r_x(0) & \cdots & r_x(p-2) \\ \vdots & \vdots & & \vdots \\ r_x(p-1) & r_x(p-2) & \cdots & r_x(0) \end{bmatrix}^{-1}\begin{bmatrix} r_x(1) \\ r_x(2) \\ \vdots \\ r_x(p) \end{bmatrix} \tag{10-12}$$

$$\sigma_p^2=\sum_{i=0}^{p}a_ir_x(i)=r_x(0)+\sum_{i=1}^{p}a_ir_x(i) \tag{10-13}$$

测量数据长度要大于 AR 模型阶次，AR 模型阶次 p 应该满足$\dfrac{N}{3}<p<\dfrac{N}{2}$。AIC 法估计 AR 模型阶数的方法是选取 AR 模型阶次 p，使下式的值最小：

$$\text{AIC}(p)=N\ln\sigma_p^2+2p \tag{10-14}$$

或使下式的值最小：

$$\text{AIC}(p)=N\ln\sigma_p^2+p\ln N \tag{10-15}$$

增加观测数据长度 N 可以有效改进估计结果。

在非平稳信号处理的理论分析和工程实践过程中通常采用划分间隔区间的方式，确保定位误差在一定范围内满足平稳随机过程的要求。根据航线设计，通过仿真得到该段航线内连续定位误差离散采样数据，采样间隔很小时，间隔区间内的采样次数满足数据量要求。

2. 平稳误差距离区间

测量序列 $x(n)$，设序列段 $n\in[1, N]$对应 AR 模型为 AR_0，序列段 $n\in[N+1,$

$N+M$]对应 AR 模型为 AR_1，序列段 $n\in[1,\ N+M]$对应 AR 模型为 AR_2。AR 模型的阶数分别为 N、M、$N+M$，拟合残差为 σ_j^2，$j=1,\ 2,\ 3$。

AR_0 与 AR_1 联合模型的 AIC_{01} 准则为

$$AIC_{01}=N\ln\sigma_0^2+M\ln\sigma_1^2+2(N+M) \tag{10-16}$$

AR_2 模型的 AIC_2 准则为

$$AIC_2=(N+M)\ln\sigma_2^2+2(N+M) \tag{10-17}$$

AIC 准则判决法是：如果 $AIC_{01}<AIC_2$，那么选择 AR_0 与 AR_1 联合模型，即将 $x(n)$ 分成 $n\in[1,\ N]$、$n\in[N+1,\ N+M]$两段；如果 $AIC_{01}>AIC_2$，那么选择 AR2 模型，即认为 $n\in[1,\ N+M]$是一个平稳段。

根据实际试验或仿真得到的定位误差数据，为了精确计算距离区间，仿真定位误差的距离步进可以尽可能地小，以便获取足够的定位误差数据样本量。利用定位误差样本可以获取辐射源航线的最大平稳误差距离区间 ΔR、ΔR 和定位基站布站、辐射源航线等因素有关，因此平稳误差距离区间应该结合试验场景进行计算，而且试验航程上各位置的平稳误差距离区间大小是不一样的，试验航线设计应该尽量避开非平稳区。

10.1.4　基于置信区间的时差定位样本量

1. 定位成功率的置信区间

设 n 为平稳误差距离区间 ΔR 内的定位次数，定位样本 X_i 为 ΔR 内第 i 次定位，若定位成功概率为 p，则 n 次观测中成功数为 m 的随机变量 X_i 是均值为 np、方差为 $np(1-p)$ 的 0-1 分布，则 $p_x=m/n$ 为 p 的无偏估计。为了对定位成功率 p 进行区间估计，令统计量为

$$z=\frac{p_x-p}{\sqrt{p(1-p)/n}} \tag{10-18}$$

n 充分大($n>30$)时，该统计量服从正态分布 $N(\mu,\ \sigma)=N(0,\ 1)$，即为中心极限定理。给定置信水平或置信度($1-\alpha$)时，由 $\mathrm{erf}\left(\frac{z_{\alpha/2}}{\sqrt{2}}\right)=1-\alpha$，可得 $z_{\alpha/2}=\sqrt{2}\,\mathrm{erfinv}(1-\alpha)$。由标准正态函数值可以确定界限值 $z_{\alpha/2}$，使得

$$P\left(\left|\frac{p_x-p}{\sqrt{p(1-p)/n}}\right|\leqslant z_{\alpha/2}\right)=1-\alpha \tag{10-19}$$

由准确值 p，可以得到 p_x 的置信区间 $p_x=p\pm z_{\alpha/2}\sqrt{(1-p)p/n}$，半置信区间长度为 δ，则置信区间长度为

$$L=2\delta=2z_{\alpha/2}\sqrt{(1-p)p/n} \tag{10-20}$$

定位次数表达式为

$$n=(1-p)p\left(\frac{z_{\alpha/2}}{\delta}\right)^2 \tag{10-21}$$

式中：n 为定位点数；δ 为半置信区间长度；$z_{\alpha/2}$ 为正态分布 $N(0,\ 1)$变量的临界限值；p 为定位成功概率。

不同置信水平下定位次数-置信区间关系如图 10-4 所示。定位成功

概率不同，定位次数-置信区间是不同的；定位成功概率相同时，定位次数越多，定位成功概率置信区间越小，越接近理论定位成功率；置信度 $1-\alpha$ 越大，置信区间越大。

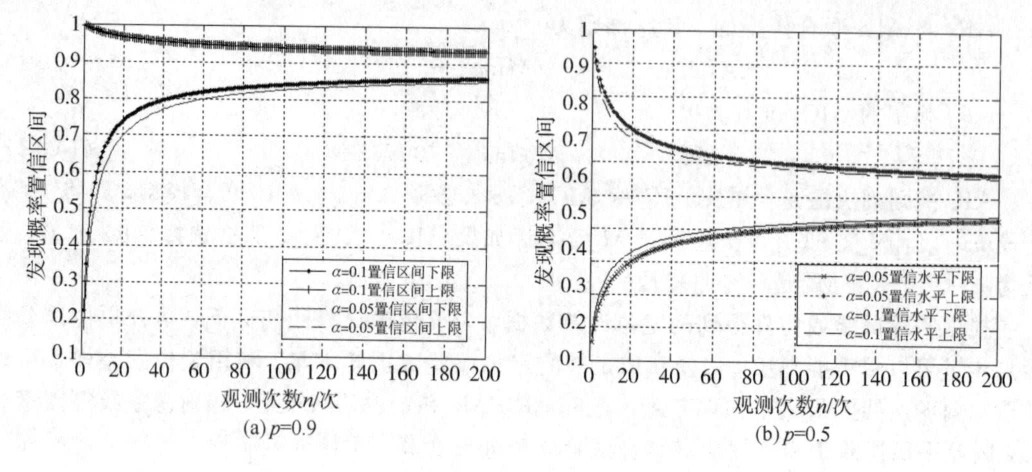

图 10-4 不同置信水平下定位次数-置信区间关系

当置信度 $1-\alpha=90\%$ 时，$z_{\alpha/2}=1.645$，当置信区间 2δ 分别为 0.06、0.12、0.18、0.24、0.30 时，试验所需的定位次数如表 10-1 所示。

表 10-1 定位成功次数与置信区间对应关系

定位成功概率 p	置信区间长度				
	0.06	0.12	0.18	0.24	0.30
0.50	748	182	81	44	28
0.55	741	182	80	44	27
0.60	719	177	78	43	26
0.65	681	168	73	40	25
0.70	629	156	68	37	23
0.75	562	139	61	33	20
0.80	480	119	52	29	18
0.85	333	95	42	23	15
0.90	272	69	31	18	11
0.95	150	42	21	13	9

2. 定位精度的置信区间

时差定位飞行试验结束后，需要对时差定位数据与标准设备录取的真值数据进行分析处理，得出时差定位精度是否满足指标的结论。设真值数据为 $[(t_1, X_{01}), (t_2, X_{02}), \cdots, (t_m, X_{0m})]$，时差定位数据为 $[(t_1, X_1), (t_2, X_2), \cdots, (t_n, X_n)]$，计算得到时差定位测量值一次差为

$$Y_i = X_i - X_{0i} \quad (i=1, 2, \cdots, n) \tag{10-22}$$

一次差均值为

$$\bar{Y}=\frac{1}{n}\sum_{i=1}^{n}Y_i \tag{10-23}$$

一次差标准差为

$$S_Y=\sqrt{\frac{1}{n-1}\sum_{i=1}^{n}(Y_i-\bar{Y})^2}=\sqrt{\frac{1}{n-1}\left(\sum_{i=1}^{n}Y_i^2-n\bar{Y}^2\right)} \tag{10-24}$$

测量值系统误差即为一次差的均值 $\bar{Y}$，随机误差为一次差的标准差 S_Y。

测量值的一次差均方根误差(时差定位精度估计)为

$$U_Y=\sqrt{\frac{1}{n}\sum_{i=1}^{n}Y_i^2}=\sqrt{\frac{n-1}{n}S_Y^2+\bar{Y}^2} \tag{10-25}$$

若测量值一次差 $Y_i \sim N(\mu_Y, \sigma_Y^2)$，令 $Z_i=\frac{Y_i-\mu_Y}{\sigma_Y}$，则 $Z_i \sim N(0, 1)$。系统误差为 μ_Y，随机误差为 σ_Y，时差定位精度一般用一次差的均方根误差表示，其数学期望值为$\sqrt{\mu_Y^2+\sigma_Y^2}$。

1) 时差定位系统误差 μ_Y 的置信区间

时差定位系统误差 μ_Y 服从均值为 $\bar{Y}$ 的 t 分布，其置信水平为 $1-\alpha$ 的置信区间为

$$\left[\bar{Y}-\frac{S_Y}{\sqrt{n}}t_{\alpha/2}(n-1),\ \bar{Y}+\frac{S_Y}{\sqrt{n}}t_{\alpha/2}(n-1)\right] \tag{10-26}$$

式中：$t(n-1)$表示自由度为 $n-1$ 的 t 分布。

令 $K=\bar{Y}/S_Y$，时差定位系统误差 μ_Y 与一次差的标准差 S_Y 的比值 μ_Y/S_Y 的置信区间为

$$\left[K-\frac{1}{\sqrt{n}}t_{\alpha/2}(n-1),\ K+\frac{1}{\sqrt{n}}t_{\alpha/2}(n-1)\right] \tag{10-27}$$

当 K 取不同值时，得到系统误差 μ_Y 与一次差标准差 S_Y 比值的置信区间如图 10－5所示。

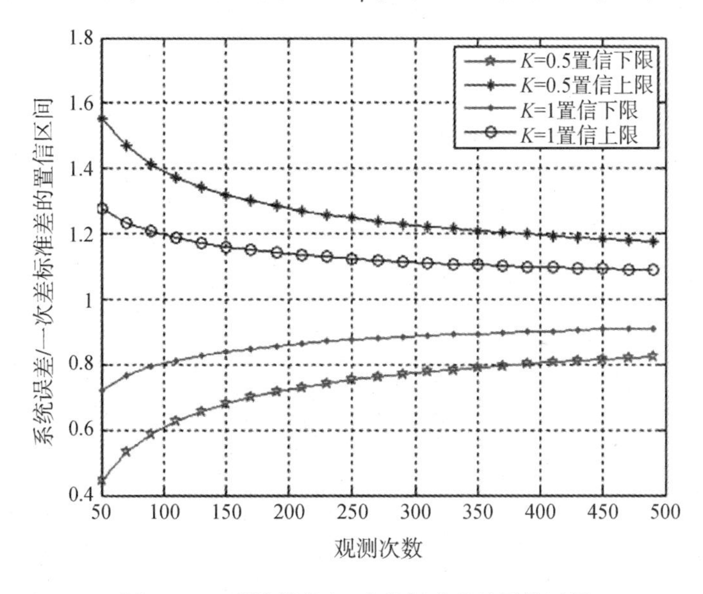

图 10－5　系统误差/一次差标准差的置信区间

2）时差定位随机误差 σ_Y 的置信区间

时差定位随机误差 σ_Y 服从 χ^2 分布，其置信水平为 $1-\alpha$ 的置信区间为

$$\left[\frac{\sqrt{n-1}S_Y}{\sqrt{\chi^2_{\alpha/2}(n-1)}}, \frac{\sqrt{n-1}S_Y}{\sqrt{\chi^2_{1-\alpha/2}(n-1)}}\right] \tag{10-28}$$

式中：$\chi^2(n-1)$为自由度为 $n-1$ 的 χ^2 分布。

时差定位随机误差 σ_Y 与一次差标准差 S_Y 的比值 σ_Y/S_Y 的置信区间为

$$\left[\frac{\sqrt{n-1}}{\sqrt{\chi^2_{\alpha/2}(n-1)}}, \frac{\sqrt{n-1}}{\sqrt{\chi^2_{1-\alpha/2}(n-1)}}\right] \tag{10-29}$$

时差定位随机误差 σ_Y 与一次差标准差 S_Y 比值的置信区间如图 10-6 所示。

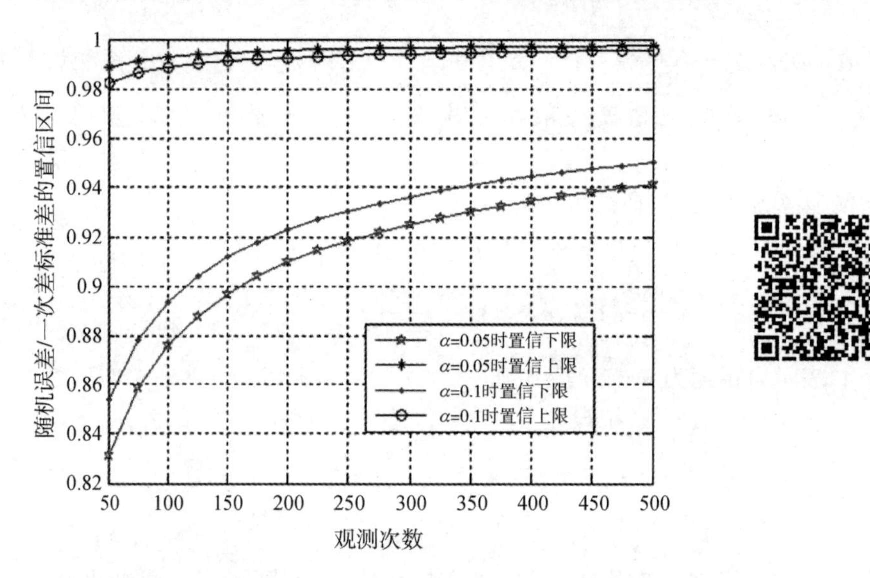

图 10-6 随机误差/一次差标准差的置信区间

3）均方根误差 U_Y 的置信区间

由于 $U_Y^2=\frac{1}{n}\sum_{i=1}^{n}(Y_i-\overline{Y})^2=\frac{1}{n}\sum_{i=1}^{n}(\mu_Y^2+2\mu_Y\sigma_Y Z_i+\sigma_Y^2 Z_i^2)=\frac{1}{n}\sum_{i=1}^{n}(\mu_Y^2+\sigma_Y^2 Z_i^2)$，则

$$\sum_{i=1}^{n}Z_i^2=\frac{n(U_Y^2-\mu_Y^2)}{\sigma_Y^2}\sim\chi^2(n) \tag{10-30}$$

故均方根误差 U_Y 的置信水平为 $1-\alpha$ 的置信区间满足

$$P\left\{\frac{1}{n}\chi^2_{1-\alpha/2}(n)\sigma_Y^2+\mu_Y^2<{U_Y}^2<\frac{1}{n}\chi^2_{\alpha/2}(n)\sigma_Y^2+\mu_Y^2\right\}=1-\alpha \tag{10-31}$$

令 $K=\mu_Y/\sigma_Y$，则$\sqrt{\frac{U_Y^2}{\mu_Y^2+\sigma_Y^2}}$的置信水平为 $1-\alpha$ 的置信区间为

$$\left[\sqrt{\frac{K^2+\chi^2_{1-\alpha/2}(n)/n}{1+K^2}}, \sqrt{\frac{K^2+\chi^2_{\alpha/2}(n)/n}{1+K^2}}\right] \tag{10-32}$$

时差定位均方根误差估计值 U_Y 与数学期望值$\sqrt{\mu_Y^2+\sigma_Y^2}$ 比值的置信区间如图 10-7 所示。

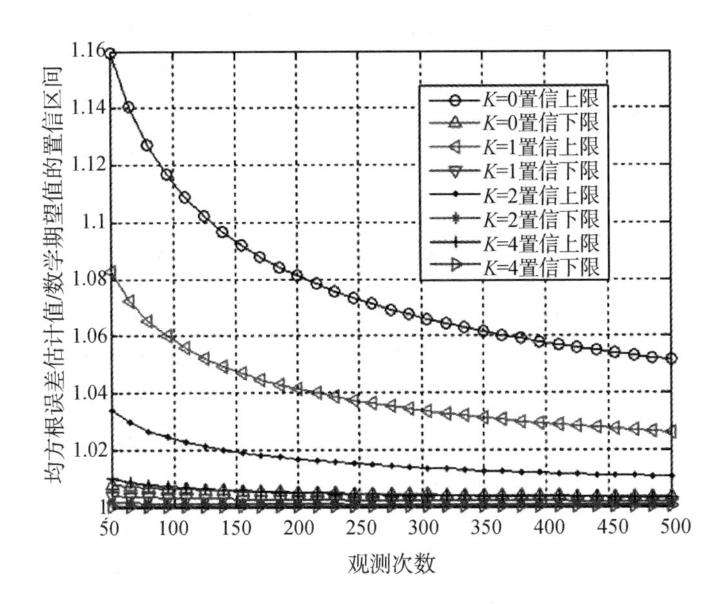

图 10-7　均方根误差估计值/数学期望值的置信区间($\alpha=0.1$)

3. 试验分段方法及数据样本量要求

根据试验用机载辐射源飞行速度、时差定位系统的定位数据率，可以得到辐射源单次飞行中最大平稳误差距离区间的数据量为

$$N_x = \frac{\Delta R}{V} f_{\text{data}} = \frac{\Delta R}{V \times T} \tag{10-33}$$

式中：f_{data} 为时差定位系统数据率；T 为定位系统数据录取周期；ΔR 为平稳误差距离区间；V 为机载辐射源飞行速度。

对间隔区间内的数据样本进行数据分析要求满足置信度、置信区间、精度等要求，间隔区间内的试验次数应该满足数据量要求。为了满足数据量要求，可以多次飞行，然后将同一距离段内所有航次的数据合并，作为数据处理的样本。

目标飞机一个架次可以在航线上往返多个航次，若目标飞机在试验场本场机场起飞，其最大航程与一个航次的航程之比即为一个架次可完成的飞行航次数。需要的飞行航次数为

$$F_n = \frac{N}{N_x} = \frac{N \times V \times T}{\Delta R} \tag{10-34}$$

式中：F_n 为试验航次；ΔR 为距离取样区间大小；N 为间隔区间内所需数据量；V 为目标机相对定位系统的速度；T 为定位系统数据录取周期。

10.1.5　时差定位试验数据获取与预处理

在实际外场试验中，时差定位系统对同一目标沿同一航线多次飞行进行定位，得出多条定位航迹。同时利用机载 GPS 测量系统(或精密测量雷达)得到目标飞机本身的位置航迹信息。数据处理过程如下：

1. 数据时间同步

由于真值设备给出的真值数据和定位系统给出的测量数据时间间隔不同，因此定位数

据的选取首先是时间上的同步配对，即将被试装备的实际定位值与真值以时间为基准一一对应起来。

2. 计算测量数据一次差

时差定位系统定位测量误差一次差为

$$\sigma_X = \| \boldsymbol{X}_i - \boldsymbol{X}_{0i} \| \tag{10-35}$$

式中：$\| \cdot \|$ 为向量范数，第 i 次定位实测结果为 $\boldsymbol{X}_i$，对应真实位置为 $\boldsymbol{X}_{0i}$。

3. 合并距离区间数据

通过前面对定位误差的仿真及分布函数的分析，得到平稳误差距离区间。在飞行航线上依次可以划分为若干个平稳误差距离区间，间距相同，相邻的距离区间重叠一半，同时将同一距离段内所有航次的数据合并，作为数据处理的样本。平稳区间内各误差随机变量具有(或近似于)相同分布，因而可以当作同一总体。

4. 剔除异常误差

数据选择必须遵循一定的原则，剔除异常误差，保留正常误差，都必须按一定的判别准则进行。3σ 准则是建立在正态分布的等精度重复测量基础上的，而造成的奇异数据的干扰或噪声难以满足正态分布，对那些有明确理由解释清楚是工作失误或客观条件造成的异常误差应剔除，例如试验条件的突然变化，数据录取或处理的某环节的失误等。如果证实异常误差不是被试装备以外的原因产生，则应保留，参加统计处理。

在正态分布中 σ 代表标准差，u 代表均值。3σ 原则为数值分布在 $(u-3\sigma, u+3\sigma)$ 中的概率为 0.9974，因此正态分布数据几乎全部集中在 $(u-3\sigma, u+3\sigma)$ 区间，超过该区间的数据即为异常数据。异常数据剔除后，可以继续采用 3σ 准则进行数据剔除，直到全部数据满足 3σ 准则要求。通常把等于 $\pm 3\sigma$ 的误差作为极限误差，对于正态分布的随机误差，落在 $\pm 3\sigma$ 以外的概率只有 0.27%，它在有限次测量中发生的可能性很小，故存在 3σ 准则。3σ 准则是最常用也是最简单的粗大误差判别准则，它一般应用于测量次数充分多($n \geqslant 30$)或当 $n > 10$ 时进行粗略判别时的情况。

动态测量误差在平稳区间内的系统误差和标准偏差估值为

$$\overline{\Delta x} = \frac{1}{n} \sum_{i=1}^{n} \Delta x_i \tag{10-36}$$

$$\bar{\sigma} = \sqrt{\frac{1}{n-1} \sum_{i=1}^{n} (\Delta x_i - \overline{\Delta x})^2} \tag{10-37}$$

采用 3σ 准则，如果 $|\Delta x_i - \overline{\Delta x}| > 3\bar{\sigma}$，则 Δx_i 为异常数据。

10.2　三站时差定位替代等效推算试验评估

根据时差定位理论和模型研究，可知时差定位性能最终影响因素包括站址测量误差、定位模型误差、时差测量误差、电波传播扰动误差等。三站时差定位假设前提是目标和三站定位平面在同一个平面内，因此无人机载三站时差定位的模型误差主要是侦察辐射源不在定位平面，即辐射源相对定位平面的高度引起的定位误差。

时差定位性能试验评估模型是指如何根据直线飞行数据定位精度，推算到任意定位空间或平面，这是试验评估的关键。本节综合考虑辐射源高程引起的三站时差定位模型误差，建立了三站和多站时差定位的综合时间测量误差(ITME)参数模型，给出了参数解算方法，以及替代等效推算评估方法、流程和实例。该方法能够根据单条试验航线或固定位置的时差定位数据推算 ITME 参数，进而获取任意基站构型和任意辐射源位置的定位误差。

10.2.1　三站时差定位误差评估模型

1. 基于 SNR 的综合时间测量误差(ITME)模型

重写综合时间测量误差方差模型即式(3-79)，第 i 个副站综合时间测量误差(ITME)为

$$\sigma_i^2=\sigma_{\mathrm{Pt}}^2+\sigma_{\mathrm{c}}^2+\frac{1}{k_{\mathrm{c}}^2\mathrm{SNR}_{\mathrm{c}}}=\sigma_{\mathrm{Pt}}^2+\sigma_{\mathrm{c}}^2+\frac{1}{k_{\mathrm{c}}^2B^2}\left[\frac{1}{K_0}(R_0^2+R_i^2)+\frac{1}{K_0^2}T_{\mathrm{c}}f_{\mathrm{s}}R_0{}^2R_i^2\right] \tag{10-38}$$

式中：时间测量误差方差常数项为 $\sigma_{\mathrm{Pt}}^2+\sigma_{\mathrm{c}}^2$，$\sigma_{\mathrm{c}}^2$ 为系统固有的时差测量误差，σ_{Pt}^2 为站址测量误差，假设站址测量误差满足三维正态分布，位置方差为 σ_{r}^2，则有 $\sigma_{\mathrm{Pt}}^2=\sigma_{\mathrm{r}}^2/(3c^2)$，$c$ 为光速；综合系统参数 $K_0=E(K_i)$；f_{s} 为采样率；B 为辐射信号带宽；k_{c} 为信号影响因子，对于确定信号 k_{c} 为常数；T_{c} 为相参处理时间长度；R_i 为辐射源与第 i 个定位基站的距离。随着距离减小，侦察信号信噪比引起的时差测量误差逐渐减小，这不同于理想固定系数模型。

将式(10-38)代入三站时差定位综合时间测量误差均值计算公式即式(4-40)，得到三个基站的综合时间测量误差方差的均值为

$$\begin{aligned}\sigma_{\mathrm{m}}^2&=\frac{1}{4c^2}\mathrm{trace}(\boldsymbol{P}_\varepsilon)=\sigma_{\mathrm{Pt}}^2+\frac{1}{4}(2\sigma_{\mathrm{T0}}^2+\sigma_{\mathrm{T1}}^2+\sigma_{\mathrm{T2}}^2)\\&=\sigma_{\mathrm{Pt}}^2+\sigma_{\mathrm{c}}^2+\frac{1}{4}(2\sigma_{\mathrm{t0}}^2+\sigma_{\mathrm{t1}}^2+\sigma_{\mathrm{t2}}^2)\\&=\sigma_{\mathrm{Pt}}^2+\sigma_{\mathrm{c}}^2+\frac{1}{k_{\mathrm{c}}^2B^2}\left[\frac{1}{4K_0}(6R_0^2+R_1^2+R_2^2)+\frac{1}{4K_0^2}T_{\mathrm{c}}f_{\mathrm{s}}R_0^2(R_0^2+R_1^2+R_2^2)\right]\end{aligned} \tag{10-39}$$

式中：$\sigma_{\mathrm{Pt}}=\sigma_{\mathrm{s}}/c$ 为站址测量误差；σ_{c}^2 为系统固有的时差测量误差；B 为辐射信号带宽；k_{c} 为信号影响因子；T_{c} 为相参处理时间长度；f_{s} 为信号采样率；R_i 为辐射源与第 i 个基站的距离；$\sigma_{\mathrm{Pt}}^2+\sigma_{\mathrm{c}}^2$ 和 K_0 为待求解的固定常数。同等信号参数情况下，K_0 越小，距离产生的影响越大。对于远距离辐射源，可以认为 $R_i\approx R_0$。

参考式(4-44)，由于时间测量误差和系统模型误差是相互独立的，因此实际三站时差定位系统的定位误差 GDOP 为

$$\sigma_X=\sqrt{\sigma_x^2+\sigma_y^2+\sigma_z^2}=\sqrt{\mathrm{GDOP}_{xy}^2+\sigma_z^2}=\sqrt{c^2\sigma_{\mathrm{m}}^2\mathrm{GDOP}_{\mathrm{e}}^2+\sigma_z^2} \tag{10-40}$$

式中：σ_z^2 为辐射源高度引入的定位模型误差方差；$\mathrm{GDOP}_{\mathrm{e}}$ 为归一化定位误差，该参数可通过各基站的位置信息获取。

通过试验数值 σ_X，利用 $\mathrm{GDOP}_{\mathrm{e}}$ 和 σ_z^2 可以得到 $\mathrm{ITME}\sigma_{\mathrm{m}}^2$ 的估计值 $\hat{\sigma}_{\mathrm{m}}^2$，即

$$f=\hat{\sigma}_{\mathrm{m}}^2=\frac{1}{c^2}\frac{\sigma_X^2-\sigma_z^2}{\mathrm{GDOP}_{\mathrm{e}}^2} \tag{10-41}$$

综合式(10-39)和式(10-41)得到基于试验数据的综合时间测量误差参数模型为

$$f=\hat{\sigma}_{\mathrm{m}}^{2}=\sigma_{\mathrm{Pt}}^{2}+\sigma_{\mathrm{c}}^{2}+\frac{1}{k_{\mathrm{c}}^{2}B^{2}}\left(\frac{1}{K_{0}}g+\frac{1}{K_{0}^{2}}T_{\mathrm{c}}f_{\mathrm{s}}q\right) \tag{10-42}$$

$$\begin{cases} f=\dfrac{1}{c^{2}}\dfrac{\sigma_{X}^{2}-\sigma_{z}^{2}}{\mathrm{GDOP}_{\mathrm{e}}^{2}} \\ g=\dfrac{1}{4}(6R_{0}^{2}+R_{1}^{2}+R_{2}^{2}) \\ q=\dfrac{1}{4}R_{0}^{2}(R_{0}^{2}+R_{1}^{2}+R_{2}^{2}) \end{cases} \tag{10-43}$$

式中：c 为光速；σ_{X}^{2} 为试验获取的定位误差；$\mathrm{GDOP}_{\mathrm{e}}$ 为由辐射源位置和定位站位置得到的归一化误差；$\sigma_{\mathrm{Pt}}^{2}+\sigma_{\mathrm{c}}^{2}$ 和 K_{0} 为固定常数，属于待求未知参数；$(6R_{0}^{2}+R_{1}^{2}+R_{2}^{2})/4$ 和 $R_{0}^{2}(R_{0}^{2}+R_{1}^{2}+R_{2}^{2})/4$ 可由辐射源位置和定位站位置得到；T_{c} 为相关处理长度；f_{s} 为采样率；B 为信号带宽；$f=\hat{\sigma}_{\mathrm{m}}^{2}$ 为 σ_{m}^{2} 的估计数值，通过试验可以获取综合时间测量误差方差 σ_{m}^{2} 的估计值 f。

2. 综合时间测量误差(ITME)的固定系数模型

为了简化三站时差定位系统的评估，可以忽略 K_{0} 的影响，采用理想固定系数模型，认为综合时间测量误差为常数，即

$$\sigma_{\mathrm{m}}^{2}=\sigma_{i}^{2}=\sigma_{\mathrm{Pt}}^{2}+\sigma_{\mathrm{c}}^{2} \tag{10-44}$$

式中：σ_{c}^{2} 为系统固有的时差测量误差；σ_{Pt}^{2} 为站址测量误差，假设站址测量误差满足三维正态分布，位置方差为 σ_{r}^{2}，则有 $\sigma_{\mathrm{Pt}}^{2}=\dfrac{\sigma_{\mathrm{r}}^{2}}{3c^{2}}$，$c$ 为光速。相当于只有时间测量误差方差常数项为 $\sigma_{\mathrm{Pt}}^{2}+\sigma_{\mathrm{c}}^{2}$，固定系数模型会带来模型误差，但是可应用到大信噪比的情况下，例如近距离定位时。

基于试验数据的综合时间测量误差(ITME)理想固定系数模型为

$$f=\hat{\sigma}_{\mathrm{m}}^{2}=\frac{1}{c^{2}}\frac{\sigma_{X}^{2}-\sigma_{z}^{2}}{{\mathrm{GDOP}_{\mathrm{e}}}^{2}}=\sigma_{\mathrm{Pt}}^{2}+\sigma_{\mathrm{c}}^{2} \tag{10-45}$$

10.2.2 三站时差定位 ITME 参数求解

假设第 m 个距离段得到 L 个定位实测结果 $\boldsymbol{X}_{i}$，对应真实位置为 $\boldsymbol{X}_{0i}$，以及 L 个定位点对应的辐射源和定位站位置，参考式(10-39)，利用辐射源和定位站位置可以直接计算 g_{m} 和 q_{m} 参数均值；对分段数据 f 用 3σ 准则剔除异常误差，统计得到第 m 个距离段的综合时间测量误差方差 f_{m} 为

$$f_{m}=\frac{1}{L}\sum_{i=1}^{L}\frac{\|X_{i}-X_{0i}\|^{2}-\sigma_{zi}^{2}}{c^{2}\mathrm{GDOP}_{\mathrm{e}i}^{2}} \tag{10-46}$$

式中：L 为距离段内定位点数；$\|\cdot\|$ 为向量范数或取向量长度；σ_{zi}^{2} 为第 i 个辐射源位置对应的定位模型误差方差；$\mathrm{GDOP}_{\mathrm{e}i}$ 为第 i 个辐射源位置归一化定位误差。

利用试验数据，可以求解综合时间测量误差参数。下面分别给出基于 SNR 的综合时间测量误差模型、固定系数模型的求解方法。

1. 基于 SNR 的 ITME 参数求解

方法 1：解析法参数估计。

对于连续定位误差试验结果 σ_X^2，分别以 C、D 点为中心，在分段窗内统计 C、D 点定位误差统计结果。通过式(4-43)对应归一化误差 $\mathrm{GDOP_e}$，通过式(4-46)得到系统模型误差 σ_z^2。

按照式(10-46)得到 C 和 D 两个位置的综合时间测量误差方差估计，即 f 参数估计。为了更精确地估计 C 和 D 两位置的 f 参数，可以采用分段数据曲线拟合方法，即可以先根据测量值 σ_X^2 获取所有定位位置的综合时间测量误差方差 f，然后对参数 f 进行二次曲线拟合，根据拟合参数求解 f_{C} 和 f_{D}。

由基站位置和辐射源位置，按照式(10-43)得到 C 和 D 两个位置的参数 g_{C}、q_{C} 和 g_{D}、q_{D}。由式(10-42)可以建立方程组：

$$\begin{cases} f_{\mathrm{C}}=\sigma_{\mathrm{Pt}}^2+\sigma_{\mathrm{c}}^2+\dfrac{1}{k_{\mathrm{c}}^2B^2}\left(\dfrac{1}{K_0}g_{\mathrm{C}}+\dfrac{1}{K_0^2}T_{\mathrm{c}}f_{\mathrm{s}}q_{\mathrm{C}}\right) \\ f_{\mathrm{D}}=\sigma_{\mathrm{Pt}}^2+\sigma_{\mathrm{c}}^2+\dfrac{1}{k_{\mathrm{c}}^2B^2}\left(\dfrac{1}{K_0}g_{\mathrm{D}}+\dfrac{1}{K_0^2}T_{\mathrm{c}}f_{\mathrm{s}}q_{\mathrm{D}}\right) \end{cases} \tag{10-47}$$

得到解析解：

$$\begin{cases} \dfrac{1}{K_0}=\dfrac{-(g_{\mathrm{C}}-g_{\mathrm{D}})\pm\sqrt{(g_{\mathrm{C}}-g_{\mathrm{D}})^2+8T_{\mathrm{c}}f_{\mathrm{s}}B^2(q_{\mathrm{C}}-q_{\mathrm{D}})(f_C-f_{\mathrm{D}})}}{2T_{\mathrm{c}}f_{\mathrm{s}}(q_{\mathrm{C}}-q_{\mathrm{D}})} \\ \sigma_{\mathrm{Pt}}^2+\sigma_{\mathrm{c}}^2=f_C-\dfrac{1}{k_{\mathrm{c}}^2B^2}\left(\dfrac{1}{K_0}g_{\mathrm{C}}+\dfrac{1}{K_0^2}T_{\mathrm{c}}f_{\mathrm{s}}q_{\mathrm{C}}\right) \end{cases} \tag{10-48}$$

式中：K_0 取正值，由于 q_{C}、q_{D} 与 g_{C}、g_{D} 具有同样的单调性，即 $q_{\mathrm{C}}-q_{\mathrm{D}}$ 与 $g_{\mathrm{C}}-g_{\mathrm{D}}$ 同号，因此当 $q_{\mathrm{C}}-q_{\mathrm{D}}>0$ 时，取正号，当 $q_{\mathrm{C}}-q_{\mathrm{D}}<0$ 时，取负号。

方法 2：最小二乘法参数估计。

分段统计得到 M 个位置的定位误差 σ_X，同时得到对应 M 个位置的归一化误差 $\mathrm{GDOP_e}$ 和系统模型误差 σ_z^2，计算得到 M 个位置的综合时间测量误差方差 f，也可直接对 f 进行分段统计，得到 M 个位置的 f 参数。同时可以得到 M 个位置的 g 和 q 参数，由式(10-42)，可以得到第 m 个位置的测时误差方差为

$$f_m=\sigma_{\mathrm{Pt}}^2+\sigma_{\mathrm{c}}^2+\frac{1}{k_{\mathrm{c}}^2B^2}\left(\frac{1}{K_0}g_m+\frac{1}{K_0^2}T_{\mathrm{c}}f_{\mathrm{s}}q_m\right) \tag{10-49}$$

式中：m 为 $1\sim M$。

式(10-49)可简化为

$$f_m=a+bx_m+b^2y_m \tag{10-50}$$

式中：m 为 $1\sim M$，$x_m=\dfrac{1}{2B^2}g_m$，$y_m=\dfrac{1}{2B^2}T_{\mathrm{c}}f_{\mathrm{s}}q_m$，$a=\sigma_{\mathrm{Pt}}^2+\sigma_{\mathrm{c}}^2=\dfrac{1}{c^2}\delta_s^2+\sigma_{\mathrm{c}}^2$，$b=\dfrac{1}{K_0}$。

按照最小二乘法，定义：

$$Q(a,b)=\sum_{m=1}^{M}(a+bx_m+b^2y_m-f_m)^2 \tag{10-51}$$

a、b 最优估计的问题，就是求解 $Q(a,b)$ 最小值的问题。$Q(a,b)$ 分别对 a、b 求偏导，并令它们等于零，解方程组就可以得到 a、b 的估计数值，即

$$\begin{cases} \dfrac{\partial Q(a,b)}{\partial a} = 2\sum_{m=1}^{M}(a+bx_m+b^2y_m-f_m)=0 \\ \dfrac{\partial Q(a,b)}{\partial b} = 2\sum_{m=1}^{M}(a+bx_m+b^2y_m-f_m)(x_m+2by_m)=0 \end{cases} \tag{10-52}$$

解式(10-52)可得到 b 的方程为

$$U(b)=S_{xf}+S_{yfxx}b+S_{xy}b^2+S_{yy}b^3=0 \tag{10-53}$$

$$\begin{cases} S_{xf}=\dfrac{1}{M}\sum_{m=1}^{M}x_m\sum_{m=1}^{M}f_m-\sum_{m=1}^{M}f_mx_m \\ S_{yfxx}=2\left(\dfrac{1}{M}\sum_{m=1}^{M}f_m\sum_{m=1}^{M}y_m-\sum_{m=1}^{M}f_my_m\right)-\left(\dfrac{1}{M}\sum_{m=1}^{M}x_m\sum_{m=1}^{M}x_m-\sum_{m=1}^{M}x_mx_m\right) \\ S_{xy}=-3\left(\dfrac{1}{M}\sum_{m=1}^{M}x_m\sum_{m=1}^{M}y_m-\sum_{m=1}^{M}x_my_m\right) \\ S_{yy}=-2\left(\dfrac{1}{M}\sum_{m=1}^{M}y_m\sum_{m=1}^{M}y_m-\sum_{m=1}^{M}y_my_m\right) \end{cases} \tag{10-54}$$

利用三次方程求解方法可得到该方程的解析解，或采用 MATLAB 中 roots 函数多项式求根方法，基于 MATLAB 的三次方程求解曲线如图 10-8 所示。由于 $b=1/K_0$，$K_0\gg 0$，因此 $0<b\ll 1$，另外根据辐射源和时差定位系统参数，也可估计出 K_0 的数量级或近似数值范围。

根据 b 的取值范围，可以得到 b 的一个有效解。解得 b，代入下式可解得 a。

$$a=\frac{1}{M}\left(\sum_{m=1}^{M}f_m-b\sum_{m=1}^{M}x_m-b^2\sum_{m=1}^{M}y_m\right) \tag{10-55}$$

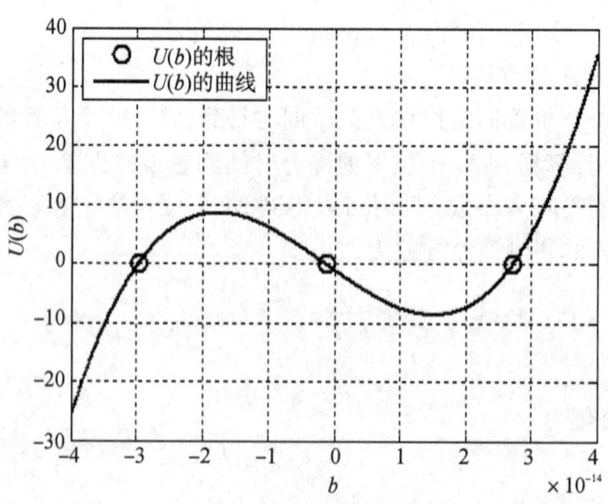

图 10-8　基于 MATLAB 的三次方程求解曲线

2. 固定系数模型

大信噪比的情况下，系统固有时差测量误差 σ_c 远大于 σ_{t1}，因此大信噪比时，综合时间测量误差可以简化为

$$f=\hat{\sigma}_{\mathrm{m}}^{2}=\sigma_{\mathrm{Pt}}^{2}+\sigma_{\mathrm{c}}^{2}=\frac{1}{c^{2}}\frac{\sigma_{X}^{2}-\sigma_{z}^{2}}{\mathrm{GDOP}_{\mathrm{e}}^{2}} \tag{10-56}$$

定位误差 σ_X 是非平稳信号，随空间位置变化而变化。处理时可以将测量误差逐点白化处理，变为平稳随机信号，求平稳随机信号的方差，即为综合时间测量误差。

假设得到 L 个定位实测结果 $\boldsymbol{X}_i$，对应真实位置为 $\boldsymbol{X}_{0i}$，以及 L 个定位点对应的辐射源和定位站位置。对白化处理后的综合时间测量误差用 3σ 准则剔除异常误差，平均得到综合时间测量误差方差为

$$\hat{\sigma}_{\mathrm{m}}^{2}=\sigma_{\mathrm{Pt}}^{2}+\sigma_{\mathrm{c}}^{2}=\frac{1}{L}\sum_{i=1}^{L}\frac{\|\boldsymbol{X}_i-\boldsymbol{X}_{0i}\|^{2}-\sigma_{zi}^{2}}{c^{2}\mathrm{GDOP}_{\mathrm{e}i}^{2}} \tag{10-57}$$

10.2.3　三站时差定位外场试验评估流程

时差定位性能试验评估技术的关键是建立定位误差 GDOP 模型和综合时间测量误差模型，综合时间测量误差模型包括由信噪比引起的时差测量误差和其他综合时间测量误差(包括基站站址误差)。

时差定位性能试验评估技术的过程是首先设计时差定位系统部署方案和机载辐射源(或机载雷达信号模拟器)飞行航线，然后基于整条航线的定位误差外场试验结果，解算综合时间测量误差模型中的未知参数，最后利用综合时间测量误差模型和定位误差精度几何稀释(GDOP)模型，得到任意位置的定位误差或任意平面的定位误差 GDOP。

三站时差定位性能试验评估模型的流程图如图 10-9 所示。

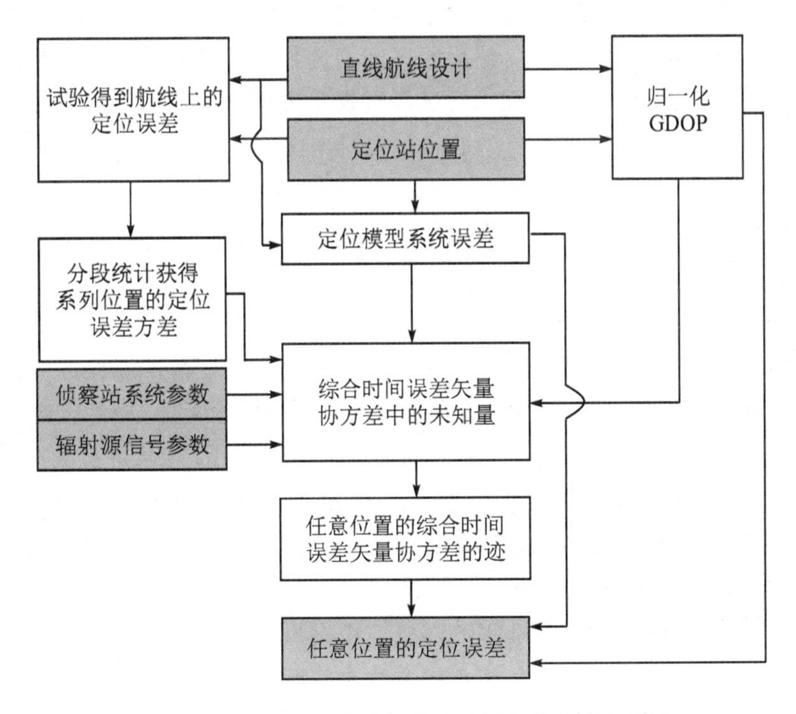

图 10-9　三站时差定位性能试验评估模型的流程图

步骤 1： 试验布站设计。

三站时差定位通常采用三角布站或直线布站。根据定位主站和副站间通信能力和定位系统确定最小基线长度，基线长度及夹角的确定还要考虑系统的站间通信距离以及发射站的信号辐射功率、波束宽度等条件。同时，阵地的选择也要兼顾试验飞行航线的设计，满足实际航线空域要求。

步骤 2： 求定位误差的归一化 GDOP。

计算机载辐射源飞行高度 H(飞行器巡航高度)平面的归一化定位误差精度几何稀释(GDOP)。根据步骤 1 的定位站部署位置，按照三站时差定位系统的定位方法获取系统误差和随机误差，并进行误差合成。

步骤 3： 机载辐射源直线航线设计。

外场试验通常设计直线飞行航线，航线上归一化定位误差精度几何稀释变化趋势平缓，航线应该避免通过定位误差梯度变换比较快的位置，以便分段统计定位误差；同时当目标飞机沿设计航线飞行时，要满足在有效航线上辐射源信号始终能被定位基站接收到。

本试验设计的主要内容包括航路最远点、航线长度、航线高度以及有效飞行航次等。航线最远点可以满足飞行空域限制、飞机有效航程、最远侦察距离等因素的限制。航线高度按照飞机巡航高度，试验航线最近点位置相对最近侦察站的俯仰角应该小于多站时差定位系统俯仰覆盖范围要求。

飞行架次的确定过程是：对任一固定航路而言，其任一点的多次试验样本的定位误差分布函数是平稳随机函数，但全航路的定位误差分布函数是非平稳随机函数。在非平稳信号处理的理论分析和工程实践过程中，通常采用划分间隔区间的方式，确保定位误差在一定范围内满足平稳随机过程的要求。然后对区间内的数据进行数值估计。为满足一定置信度和置信区间的估值要求，每个范围内的试验数据量应达到一定的数量要求。要确保精度统计的正确性和合理性，因此需要计算合适的飞行架次，飞行架次按式(10－34)计算。

通过试验可以获取辐射源真实位置和测量位置的相对误差，确保定位误差在一定范围内满足平稳随机过程的要求。然后把误差数据分段统计，得到目标飞机直线飞行时各位置的定位精度。

步骤 4： 试验数据的获取与处理。

具体试验方法为目标飞机沿预定水平航线直线往返飞行，根据统计数据量需求，航线往返多次，以满足数据统计需要。机载辐射源开机，被试装备主站、副站天线对准预定航线进行扇扫，分别对目标信号进行侦收。副站将数据传送到主站，主站进行数据处理，用相关处理法得到主站和所有副站的侦察信号时差数据，然后主站按照系统定位算法联合处理时差信息，获取空间辐射源的位置。标准位置测量设备(机载 GPS 系统或精密测量雷达)全航路跟踪目标获取辐射源真实位置。

定位误差分布是非平稳的，将非平稳随机信号化为平稳随机信号参数模型进行处理的关键是如何对信号进行分段，其中最简单的方法是将距离分成长度相等的短数据段，在各数据段内认为信号是平稳的。通过试验获取多站时差定位系统对机载辐射源整个航线的定位误差，统计计算实测误差方差，对分段数据用 3σ 准则剔除异常误差。假设第 D 数据段内

得到 L 个实测结果$\boldsymbol{X}_i$，对应真实位置为$\boldsymbol{X}_{0i}$，得到该第 D 数据段的误差方差为

$$\delta_{\mathrm{D}}^2=\frac{1}{L}\sum_{i=1}^{L}\|\boldsymbol{X}_i-\boldsymbol{X}_{0i}\|^2 \tag{10-58}$$

式中：$\|\cdot\|$ 为向量范数或取向量长度。

通过数据分段统计，得到直线飞行时任意位置的定位精度试验结果。假设通过步骤 4，得到 M 个位置的定位误差 GDOP，同时得到对应该 M 个位置的归一化误差 $\mathrm{GDOP_e}$。

步骤 5：参数化求解过程。

解算估计综合时间测量误差参数 $\sigma_{\mathrm{Pt}}^2+\sigma_{\mathrm{c}}^2$ 和 K_0，固定参数模型仅仅解算 $\sigma_{\mathrm{Pt}}^2+\sigma_{\mathrm{c}}^2$。

步骤 6：任意布站模式下定位性能。

三站时差定位存在系统模型误差，时间测量噪声误差和系统模型误差是相互独立的。三站时差定位系统定位精度的任意航线或任意 X 位置的定位误差为

$$\sigma_X=\sqrt{\sigma_x^2+\sigma_y^2+\sigma_z^2}=\sqrt{c^2(\sigma_{\mathrm{m}}^2)_X(\mathrm{GDOP_e})_X^2+\sigma_z^2} \tag{10-59}$$

式中：$\sigma_z^2=(x-x')^2+(y-y')^2+z^2$；$(\mathrm{GDOP_e})_X$ 由步骤 2 获取；$(\sigma_{\mathrm{m}}^2)_X$ 由步骤 5 获取。

10.2.4　三站时差定位试验数据仿真与参数估计

1. 时差定位系统试验数据仿真

假设三站时差定位系统直线布站，主站位置为(0,0,0)，2 个副站位置分别为(−10 km, 0, 0)和(10 km, 0, 0)，外场试验通常设计直线航线，辐射源载机航线高度 $H=6$ km。试验前不知道基站定位误差和时间测量误差，可以采用归一化 GDOP 表示定位误差，按照该布站方式，得到三站时差定位归一化 GDOP 与航线设计示意图如图 10-10 所示，航线起始点为 A 点，终止点为 B 点，C 点和 D 点为参数解算参考点。为了便于分段统计定位误差，航线设计时应避免通过定位误差梯度变换比较快的位置。

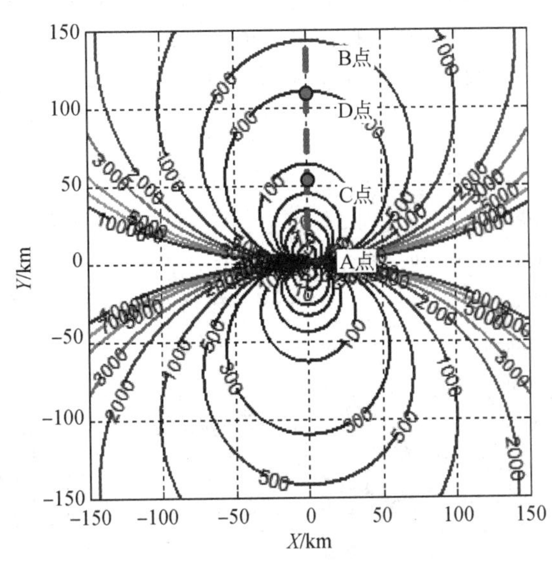

图 10-10　三站时差定位归一化 GDOP 与航线设计示意图

布站方式同上，辐射源载机航线高度为 6 km，按照设计航线沿着 Y 轴移动，假设时间测

量误差为 10 ns，站址位置测量误差为 $\sigma_{xi}=\sigma_{yi}=\sigma_{zi}=3$ m。辐射源最远点坐标为(0, 150 km)，最近点坐标为(0, 0)，时差测量系统对运动辐射源连续时差定位，辐射源每隔 100 m 定位一次，采用 6 km 分段统计，段内测量点为 60 个。通过仿真得到三站时差定位误差试验结果和综合时间测量误差方差统计结果如图 10－11 所示，其中图(a)为定位误差测量结果；图(b)为定位误差分段统计结果，表明定位误差是平面模型误差和系统误差的合成，定位误差分段统计结果和理论定位误差很好地吻合，证明了分段统计的可行性。

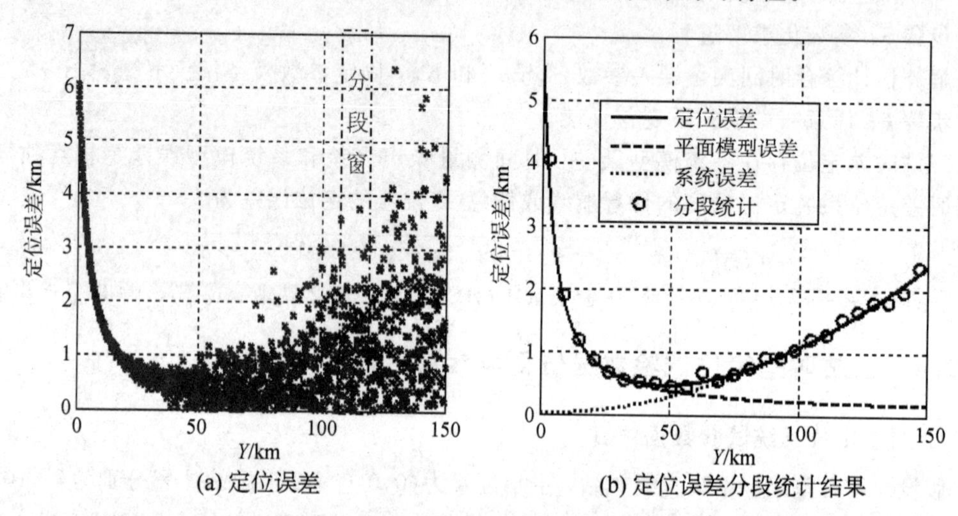

图 10－11　三站时差定位误差试验结果和综合时间测量误差方差统计结果

2. 解析法参数求解

获取机载辐射源航线上任意两点，例如 C 点(50 km, 0, 0)和 D 点(120 km, 0, 0)，利用基站和辐射源位置计算得到 C 和 D 点对应的参数 $GDOP_e$、σ_z^2、g、q。

采用分段数据曲线拟合方法得到 C 和 D 两个位置的综合时间测量误差方差估计，即参数 f_C 和 f_D。综合时间测量误差方差分段统计及曲线拟合结果如图 10－12 所示。可见解析法参数求解可估计出综合时差测量误差参数，分段数据曲线拟合方法相当于平滑处理，否则误差较大。

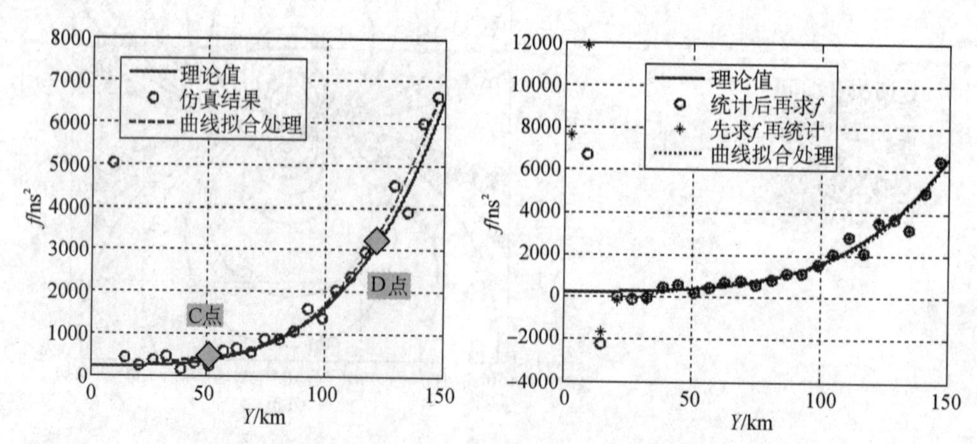

图 10－12　综合时间测量误差方差分段统计及曲线拟合结果

采用解析法参数求解得到测量参数如表 10－2 所示。

表 10-2　解析法估计测量参数

	f	g	q
数据属性	计算/测量统计结果	计算结果	计算结果
C 点(50 km)	4.4766e−016	5.1220e+009	2.8922e+010
D 点(120 km)	3.0578e−015	4.9502e+018	1.5702e+020

解析法可以估计出综合时差测量误差参数。按照解析法，利用表 10-2 中的测量参数可以解得 K_0 和 $\sigma_{\mathrm{Pt}}^2+\sigma_{\mathrm{c}}^2$ 的估计值，解析法参数估计结果与实际仿真参数对比如表 10-3 所示。

表 10-3　解析法参数估计结果与实际仿真参数对比

	仿真参数值	参数估计
K_0	4.0673e+013	3.9499e+013
$\sigma_{\mathrm{Pt}}^2+\sigma_{\mathrm{c}}^2$	2.0000e−016	2.6680e−016

3. 最小二乘法参数求解

对有效航线试验数据分段统计得到 M 个位置的参数 f_m 的测量值，利用已知参数可以得到 $x_m=g_m/(2B^2)$，$y_m=T_{\mathrm{c}}f_{\mathrm{s}}q_m/(2B^2)$。按照最小二乘法可得到待估计参数 $\sigma_{\mathrm{Pt}}^2+\sigma_{\mathrm{c}}^2$ 和 K_0。最小二乘法参数估计结果与实际仿真参数对比如表 10-4 所示。

表 10-4　最小二乘法参数估计结果与实际仿真参数对比

	仿真参数值	参数估计值(最小二乘法)
K_0	4.0673e+013	3.8960e+013
$\sigma_{\mathrm{Pt}}^2+\sigma_{\mathrm{c}}^2$	2.0000e−016	2.0382e−016

图 10-13 为最小二乘综合时间测量误差方差估计曲线与理论曲线对比图，可见最小二乘参数估计法可估计出综合时差测量误差参数，且估计精度高。实际最小二乘法需要分段统计平均，相当于平滑处理，否则误差很大。仿真表明在小于 20 km 的距离近端，综合时间

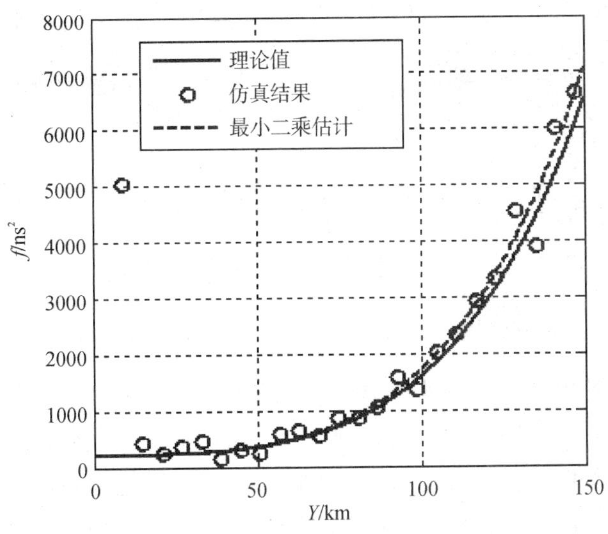

图 10-13　最小二乘综合时间测量误差方差估计曲线与理论曲线对比图

测量误差的估计数值逐渐增大，这和归一化的定位误差变化增大有关，因此应该利用远距离段进行参数估计。另外距离远端(超过侦察能力)无法定位的情况比较多，为了提高统计段误差稳定性，需要剔除距离远端定位误差测量数据。

10.2.5　基于时差定位参数估计的三站时差定位精度

基于时差定位模型，由站址测量误差、时差测量误差以及各定位主副站相对位置关系，可以得到任意空间辐射源位置所对应的定位精度。利用最小二乘法得到 $\sigma_{\mathrm{Pt}}^2+\sigma_{\mathrm{c}}^2$ 和 K_0，利用式(10-59)就可以得到同样直线布站情况下 $H=6$ km 平面的 GDOP 结果，如图 10-14 所示，其中，图(a)为模型误差分布；图(b)为系统误差分布；图(c)为理论综合定位误差 GDOP，理论综合定位误差是模型误差和系统误差的合成；图(d)为基于最小二乘法得到的综合时差测量误差模型法定位误差。理论综合定位误差 GDOP 和最小二乘法定位误差 GDOP 重合性很好，证明了其方法的有效性。

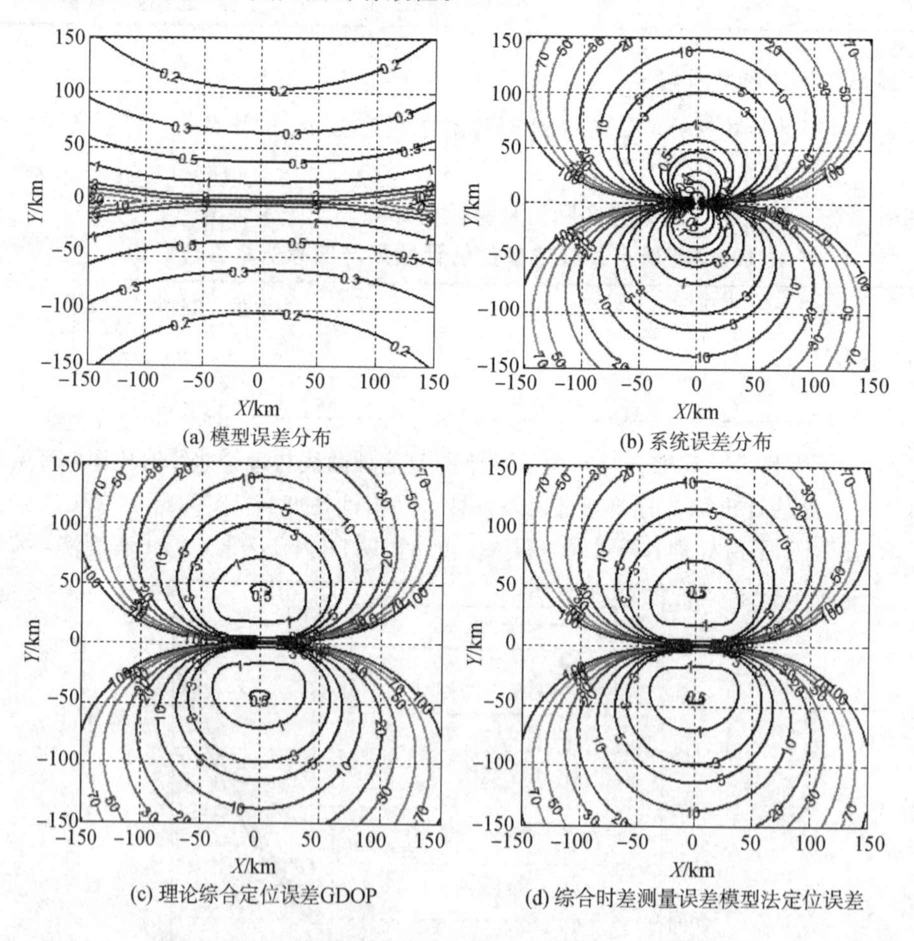

图 10-14　不同模型定位误差 GDOP 比较(误差单位为 km)

常规方法认为 $f=\sigma_{\mathrm{Pt}}^2+\sigma_{\mathrm{c}}^2+\sigma_{\mathrm{t1}}^2$ 为常数，即全程时差测量为常数，$\hat{f}=\mathrm{mean}(f)$，利用定位误差仿真试验结果，可以得到 $\hat{f}=2.3007\times10^{-15}$。固定综合时间测量误差情况下的 GDOP 如图 10-15 所示，可见理想固定系数模型得到的三站时差定位误差偏离了理论定位误差曲线(图 10-14(c))，存在系统误差。

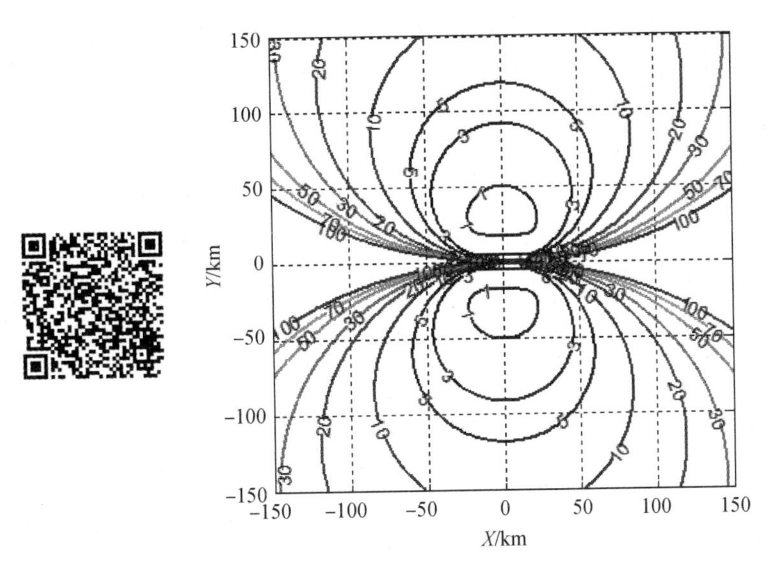

图 10-15　固定综合时间测量误差情况下的 GDOP(误差单位为 km)

为了对比基于时间测量误差固定系数模型、综合时间测量误差模型和理论误差模型的定位误差性能，仿真了单条航线情况下不同时差测量误差模型对定位误差的影响，如图 10-16 所示，其中航线为直线试验航线。可见综合时间测量误差模型和理论误差模型得到的定位误差 GDOP 非常接近，而固定系数模型与实际理论误差模型的定位误差 GDOP 相差很大，这体现了用时差定位性能试验评估方法进行定位性能研究的必要性。

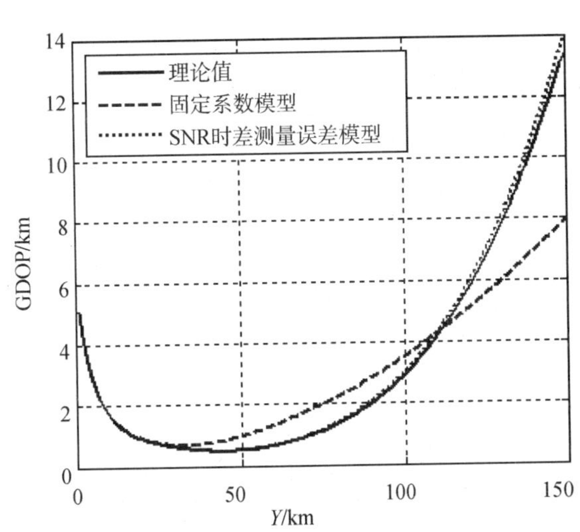

图 10-16　不同时差测量误差模型对定位误差的影响

10.3　多站时差定位替代等效推算试验评估

根据多站时差定位理论和模型研究，可知时差定位性能最终影响因素包括站址测量误差、定位模型误差、时差测量误差、电波传播扰动误差等。多站时差定位的模型误差主要是：如果定位系统采用直接求解法定位，仿真结果表明定位误差大于最小二乘法的定位误差，因此存在系统误差；如果定位系统采用直接求解＋最小二乘法定位，则定位系统误差能达到定位精度的CRLB，不存在系统误差。

下面以四、五站时差定位为例，研究定位性能试验评估模型。这里我们建立了多站时差定位的综合时间测量误差(ITME)参数模型，给出了参数解算方法，以及替代等效推算评估方法、流程和实例。该方法能够根据单条试验航线或固定位置的时差定位数据推算ITME参数，进而获取任意基站构型和任意辐射源位置的定位误差。

10.3.1 多站时差定位误差评估模型

多站时差定位方法包括间接求解法(≥4站)、直接求解法(≥5站)和最小二乘法。多站(≥4站)可以用最小二乘法求解，以提高定位精度，最小二乘法定位能够得到定位精度的CRLB。本小节以最小二乘法定位为例，研究多站时差定位试验评估方法。

1. 基于SNR的综合时间测量误差(ITME)模型

重写综合时间测量误差方差模型即式(3-79)，第 i 个基站综合时间测量误差(ITME)为

$$\sigma_i^2=\sigma_{\mathrm{Pt}}^2+\sigma_{\mathrm{c}}^2+\frac{1}{k_{\mathrm{c}}^2B^2\mathrm{SNR_c}}=\sigma_{\mathrm{Pt}}^2+\sigma_{\mathrm{c}}^2+\frac{1}{k_{\mathrm{c}}^2B^2}\left[\frac{1}{K_0}(R_0^2+R_i^2)+\frac{1}{K_0^2}T_{\mathrm{c}}f_{\mathrm{s}}R_0{}^2R_i^2\right] \tag{10-60}$$

式中：σ_{c}^2 为系统固有的时差测量误差；σ_{Pt}^2 为站址测量误差，假设站址测量误差满足三维正态分布，$\sigma_x^2=\sigma_y^2=\sigma_z^2=c^2\sigma_{\mathrm{Pt}}^2$，$c$ 为光速；综合系统参数 $K_0=E(K_i)$；f_{s} 为采样率；B 为辐射信号带宽；k_{c} 为信号影响因子，对于确定信号 k_{c} 为常数；T_{c} 为相参处理时间长度；R_i 为辐射源与第 i 个定位基站的距离。随着距离减小，侦察信号信噪比引起的时差测量误差逐渐减小，这不同于理想固定系数模型。

将式(10-60)代入多站时差定位综合时间测量误差均值计算公式即式(4-57)，得到多站时差定位系统综合时间测量误差方差为

$$\sigma_{\mathrm{m}}^2=\frac{1}{N}\sum_{i=0}^{N-1}\sigma_i^2=\sigma_{\mathrm{Pt}}^2+\sigma_{\mathrm{c}}^2+\frac{1}{k_{\mathrm{c}}^2B^2}\left[\frac{1}{K_0}\left(R_0^2+\frac{1}{N}\sum_{i=0}^{N-1}R_i^2\right)+\frac{T_{\mathrm{c}}f_{\mathrm{s}}R_0^2}{K_0^2}\left(\frac{1}{N}\sum_{i=0}^{N-1}R_i^2\right)\right] \tag{10-61}$$

式中：N 为定位站数目，B 为辐射信号带宽；k_{c} 为信号影响因子；T_{c} 为相参处理时间长度；f_{s} 为采样率；R_i 为辐射源与第 i 个侦察站的距离；σ_{c}^2 为系统固有时差测量误差方差；$\sigma_{\mathrm{Pt}}^2+\sigma_{\mathrm{c}}^2$ 和 K_0 为未知固定常数；站址测量误差 $\sigma_{\mathrm{Pt}}=\sigma_{\mathrm{s}}/c$。同等信号参数情况下 K_0 越小，距离产生的影响越大。对于远距离辐射源，可以认为 $R_i\approx R_0$。

由试验数值 σ_X 得到GDOP，利用 $\mathrm{GDOP_e}$ 可以得到ITME σ_{m}^2 的估计值 $\hat{\sigma}_{\mathrm{m}}^2$，即

$$f=\hat{\sigma}_{\mathrm{m}}^2=\frac{1}{c^2}\left(\frac{\mathrm{GDOP}}{\mathrm{GDOP_e}}\right)^2 \tag{10-62}$$

综合式(10-61)和式(10-62)得到基于试验数据的综合时间测量误差参数模型为

$$f=\hat{\sigma}_{\mathrm{m}}^2=\sigma_{\mathrm{Pt}}^2+\sigma_{\mathrm{c}}^2+\frac{1}{k_{\mathrm{c}}^2B^2}\left(\frac{1}{K_0}g+\frac{1}{K_0^2}T_{\mathrm{c}}f_{\mathrm{s}}q\right) \tag{10-63}$$

$$\begin{cases} f=\dfrac{1}{c^2}\left(\dfrac{\mathrm{GDOP}}{\mathrm{GDOP_e}}\right)^2 \\ g=R_0^2+\dfrac{1}{N}\sum\limits_{i=0}^{N-1}R_i^2 \\ q=\dfrac{R_0^2}{N}\sum\limits_{i=0}^{N-1}R_i^2 \end{cases} \tag{10-64}$$

式中：c 为光速，GDOP 为试验获取的定位误差，$\mathrm{GDOP_e}$ 为由辐射源位置和定位站位置得到的归一化误差，$\sigma_{\mathrm{Pt}}^2+\sigma_{\mathrm{c}}^2$ 和 K_0 为固定常数，$R_0^2+\dfrac{1}{N}\sum\limits_{i=0}^{N-1}R_i^2$ 和 $\dfrac{R_0^2}{N}\sum\limits_{i=0}^{N-1}R_i^2$ 可由辐射源位置和定位站位置得到，T_{c} 为相关处理长度，f_{s} 为采样率，B 为信号带宽，$f=\hat{\sigma}_{\mathrm{m}}^2$ 为 σ_{m}^2 的估计数值，可以通过试验获取。 现在的问题是如何对参数进行估计。

2. 综合时间测量误差(ITME)的固定系数模型

为了简化三站时差定位系统的评估，可以忽略 K_0 的影响，采用理想固定系数模型，认为综合时间测量误差为常数，即

$$\sigma_{\mathrm{m}}^2=\sigma_i^2=\sigma_{\mathrm{Pt}}^2+\sigma_{\mathrm{c}}^2 \tag{10-65}$$

式中：σ_{c}^2 为系统固有的时差测量误差；σ_{Pt}^2 为站址测量误差，假设站址测量误差满足三维正态分布，位置方差为 $\sigma_x^2=\sigma_y^2=\sigma_z^2=c^2\sigma_{\mathrm{Pt}}^2$，$c$ 为光速。相当于只有时间测量误差方差常数项为 $\sigma_{\mathrm{Pt}}^2+\sigma_{\mathrm{c}}^2$，固定系数模型会带来模型误差，但是可应用到大信噪比的情况下，例如近距离定位时。

基于试验数据的综合时间测量误差(ITME)理想固定系数模型为

$$f=\hat{\sigma}_{\mathrm{m}}^2=\frac{1}{c^2}\left(\frac{\mathrm{GDOP}}{\mathrm{GDOP_e}}\right)^2=\sigma_{\mathrm{Pt}}^2+\sigma_{\mathrm{c}}^2 \tag{10-66}$$

10.3.2　多站时差定位 ITME 参数求解

假设由第 m 个距离段得到 L 个定位实测结果 X_i，对应真实位置为 X_{0i}，同时假设已知辐射源和定位站位置，参考式(10-39)，利用辐射源和定位站位置可以直接计算 g_m 和 q_m 参数均值；对分段数据 f 用 3σ 准则剔除异常误差，统计得到第 m 个距离段的综合时间测量误差方差 f_m 为

$$f_m=\frac{1}{L}\sum_{i=1}^{L}\frac{\|\boldsymbol{X}_i-\boldsymbol{X}_{0i}\|^2}{c^2\mathrm{GDOP}_{\mathrm{e}i}^2} \tag{10-67}$$

式中：L 为距离段内定位点数；$\|\cdot\|$ 为向量范数或取向量长度；$\mathrm{GDOP}_{\mathrm{e}i}$ 为第 i 个辐射源位置的归一化定位误差。

利用试验数据，可以求解综合时间测量误差参数。下面分别给出基于 SNR 的综合时间测量误差模型、固定系数模型的求解方法。

1. 基于 SNR 的 ITME 参数求解

方法 1： 用解析法进行参数估计。

对连续定位误差试验结果 σ_X^2 分别以 C、D 点为中心，在分段窗内统计 C、D 点定位误差统计结果。通过式(4-60)或式(4-68)求得归一化误差 $\mathrm{GDOP_e}$。

按照式(10－46)得到C和D两个位置的综合时间测量误差方差估计，即 f 参数估计。为了更精确地估计C和D两位置的 f 参数，可以采用分段数据曲线拟合方法，即可以先根据测量值 σ_X^2 获取所有定位位置的综合时间测量误差方差 f，然后对参数 f 进行二次曲线拟合，根据拟合参数求解 f_C 和 f_D。

由基站位置和辐射源位置，按照式(10－64)得到C和D两个位置的参数 g_C、q_C 和 g_D、q_D。由式(10－63)可以建立方程组：

$$\begin{cases} f_C=\sigma_{Pt}^2+\sigma_c^2+\dfrac{1}{k_c^2B^2}\left(\dfrac{1}{K_0}g_C+\dfrac{1}{K_0^2}T_cf_sq_C\right) \\ f_D=\sigma_{Pt}^2+\sigma_c^2+\dfrac{1}{k_c^2B^2}\left(\dfrac{1}{K_0}g_D+\dfrac{1}{K_0^2}T_cf_sq_D\right) \end{cases} \tag{10-68}$$

式中：$\sigma_{Pt}^2+\sigma_c^2$ 和 K_0 为待求参数，通过解析法得到参数估计，求解方法同式(10－48)。

方法2：用最小二乘法进行参数估计。

分段统计得到 M 个位置的定位误差 σ_X，同时得到对应 M 个位置的归一化误差 $GDOP_e$ 和系统模型误差 σ_z^2，计算得到 M 个位置的综合时间测量误差方差 f，也可直接对 f 进行分段统计，得到 M 个位置的 f 参数。同时可以得到 M 个位置的 g 和 q 参数，由式(10－63)，可以得到第 m 个位置的测时误差方差为

$$f_m=\sigma_{Pt}^2+\sigma_c^2+\frac{1}{k_c^2B^2}\left(\frac{1}{K_0}g_m+\frac{1}{K_0^2}T_cf_sq_m\right) \tag{10-69}$$

式中：$\sigma_{Pt}^2+\sigma_c^2$ 和 K_0 为待求参数；g_m、q_m 参见式(10－64)，m 为 $1\sim M$。采用最小二乘法求解 a、b，求解方法同式(10－51)。

2. 固定系数模型

大信噪比的情况下，系统固有时差测量误差 σ_c 远大于 σ_{t1}，因此大信噪比时，综合时间测量误差可以简化为

$$f=\hat{\sigma}_m^2=\sigma_{Pt}^2+\sigma_c^2=\frac{1}{c^2}\left(\frac{GDOP}{GDOP_e}\right)^2 \tag{10-70}$$

定位误差 σ_X 是非平稳信号，随空间位置变化而变化。处理时可以将测量误差逐点白化处理，变为平稳随机信号，求平稳随机信号的方差，即为综合时间测量误差。

假设得到 L 个定位实测结果 $\boldsymbol{X}_i$，对应真实位置为 $\boldsymbol{X}_{0i}$，同时假设已知辐射源和定位站位置。对白化处理后的综合时间测量误差用 3σ 准则剔除异常误差，平均得到综合时间测量误差方差为

$$\hat{\sigma}_m^2=\sigma_{Pt}^2+\sigma_c^2=\frac{1}{L}\sum_{i=1}^{L}\frac{\|\boldsymbol{X}_i-\boldsymbol{X}_{0i}\|^2}{c^2GDOP_{ei}^2} \tag{10-71}$$

10.3.3 多站时差定位外场试验评估流程

时差定位性能试验评估技术的关键是建立综合时间测量误差模型和定位误差GDOP模型，综合时间测量误差模型包括由信噪比引起的时差测量误差和其他综合时间测量误差(包括基站站址误差)。时差定位性能试验评估模型流程图如图10－17所示。

时差定位性能试验评估技术的过程是首先设计外场时差定位系统部署方案和机载辐射源(或机载雷达信号模拟器)飞行航线；然后基于整条航线的定位误差外场试验结果，解算

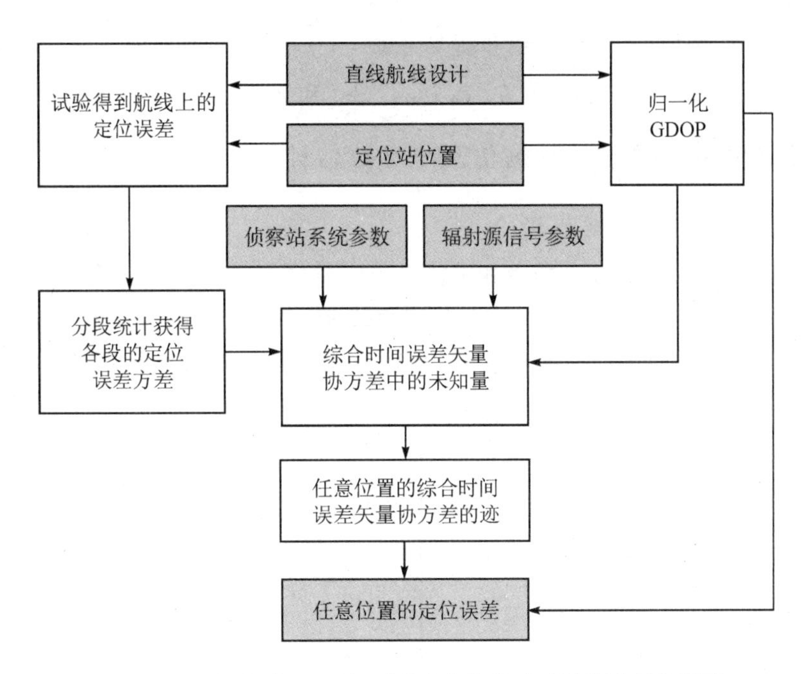

图 10-17　多站(大于 3 站)时差定位性能试验评估模型流程图

综合时间测量误差模型中的未知参数；最后利用综合时间测量误差模型和定位误差精度几何稀释(GDOP)模型，得到任意位置的定位误差或任意平面的定位误差 GDOP。具体步骤如下：

步骤 1：试验布站设计。

多站空间位置部署可以按照正方形、Y 形、T 形、五边形或任意空间位置布站(但要满足最小基线长度和站间通信能力要求)。其他参见三站时差定位评估流程步骤 1。

步骤 2：求定位误差的归一化 GDOP

计算机载辐射源飞行高度 H(飞行器巡航高度)平面的归一化定位误差精度几何稀释(GDOP)。根据步骤 1 的定位站部署位置，按照多站时差定位系统的定位方法，例如解析法、最小二乘法等进行定位。三维空间多站解析法定位误差大，通常用最小二乘法求解可降低误差，但最小二乘法时差定位对位置初估值比较敏感，容易得到局部最优解，因此在多站用解析法获取初始定位点的基础上，再用最小二乘迭代方法求解定位的最优解。

步骤 3：机载辐射源直线航线设计。

参见三站时差定位评估流程步骤 3。

步骤 4：试验数据的获取与处理。

参见三站时差定位评估流程步骤 4。

步骤 5：参数化求解过程。

解算估计综合时间测量误差参数 $\sigma_{\mathrm{Pt}}^2+\sigma_{\mathrm{c}}^2$ 和 K_0，固定参数模型仅仅解算 $\sigma_{\mathrm{Pt}}^2+\sigma_{\mathrm{c}}^2$。

步骤 6：任意布站模式下的定位性能分析。

多站时差定位系统定位精度的任意航线或任意 X 位置的定位误差为

$$\sigma_X=(\mathrm{GDOP})_X=\sqrt{\sigma_x^2+\sigma_y^2+\sigma_z^2}=(\mathrm{GDOP_e})_X\left(\sqrt{c^2\sigma_{\mathrm{m}}^2}\right)_X \tag{10-72}$$

式中：$(\mathrm{GDOP_e})_X$ 为归一化定位误差；σ_{m}^2 为综合时间测量误差方差；c 为光速。

如果不重新布站，$(\mathrm{GDOP_e})_X$ 由步骤 2 获取，$\left(\sqrt{c^2\sigma_m^2}\right)_X$ 由步骤 5 获取。如果重新布站，重新执行步骤 1、步骤 2 和步骤 5。其中 $\sigma_{Pt}^2+\sigma_c^2$ 和 K_0 为已知固定常数。

10.3.4　多站时差定位试验数据仿真与参数估计

1. 时差定位系统试验数据仿真

根据定位主站和副站间通信能力和定位系统确定最小基线长度，假设 5 站时差定位系统中主站位置为(0，0，0)，4 个副站位置分别为(5 km，0，0.3 km)、(0，5 km，0.3 km)、(−5 km，0，0.3 km)、(0，−5 km，0.3 km)。辐射源载机航线高度为 10 km，沿 X 轴方向由远及近运动。时差定位关系示意图如图 10－18 所示。

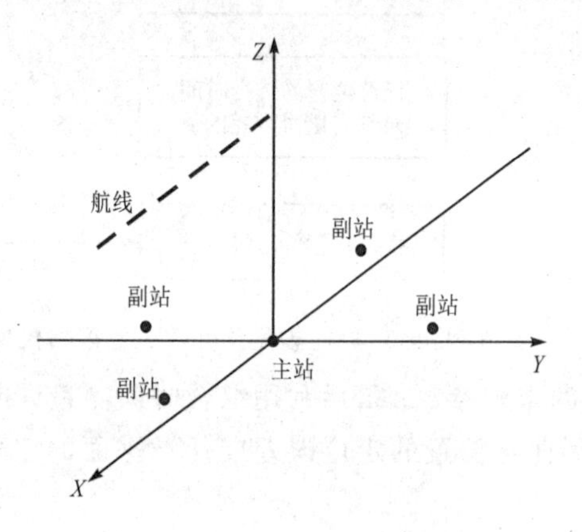

图 10－18　时差定位关系示意图

试验前不知道基站定位误差和时间测量误差，可以采用归一化 GDOP 表示定位误差，按照该布站方式，得到 10 km 高度五站时差定位的归一化 GDOP，归一化 GDOP 与航线设计示意图如图 10－19 所示，航线起始点为 A 点，终止点为 B 点，为了便于分段统计定位误差，航线设计时避免通过定位误差梯度变换比较快的位置。

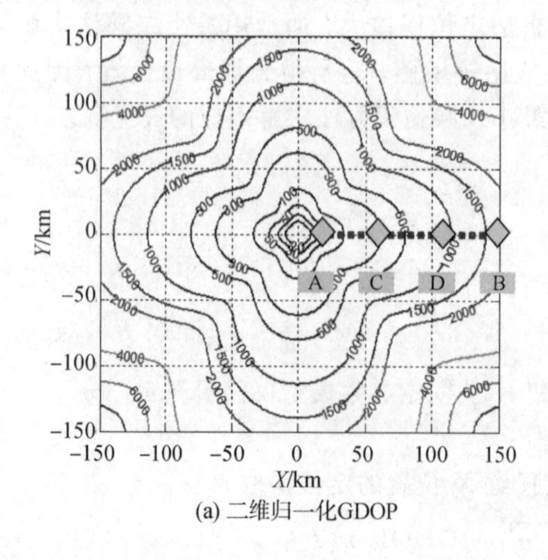

(a) 二维归一化GDOP

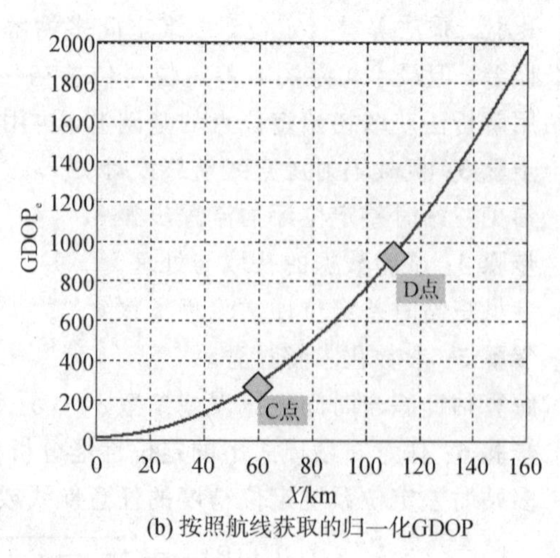

(b) 按照航线获取的归一化GDOP

图 10－19　归一化 GDOP 与航线设计示意图(5 站)

定位基站系统参数：自定位误差 $\sigma_r=3\sqrt{3}$ m，即 $\sigma_{Pt}=10$ ns，同时系统固有时差测量误差 $\sigma_0=10$ ns，时间测量误差常数项$\sqrt{\sigma_{Pt}^2+\sigma_c^2}=14.14$ ns，即 $\sigma_{Pt}^2+\sigma_c^2=2.0000\times10^{-16}(s^2)$。采样时间长度均为 $T_L=1$ ms，互相关处理时间 $T_c=T_L$，采样率 $f_s=50$ MHz，定位基站接收损耗 $L_{jr}=2$ dB，侦察天线增益 $G_i=10$ dB。同时假设侦察天线主瓣对辐射源副瓣进行侦察。辐射源系统参数为：信号频率为3 GHz，带宽 $B=1$ MHz，脉冲宽度 $T_r=10$ μs，脉冲周期为 3 ms(假设采样时间内侦察到一个脉冲，T_c 内的脉冲数为 $N_p=1$)，辐射源发射损耗 L_t 为 3 dB，辐射源副瓣等效辐射功率 $P_tG_t=22$ dBW。

时差定位站对辐射源进行时差定位，辐射源每隔 100 m 定位一次，通过仿真得到 5 站时差定位最小二乘定位测量结果。定位误差及其统计仿真结果如图 10－20 所示，其中图(a)为定位位置分布图；图(b)为定位误差连续统计结果，采用 6 km 分段统计，段内测量点为 60 个；图(c)为定位误差分段统计结果。

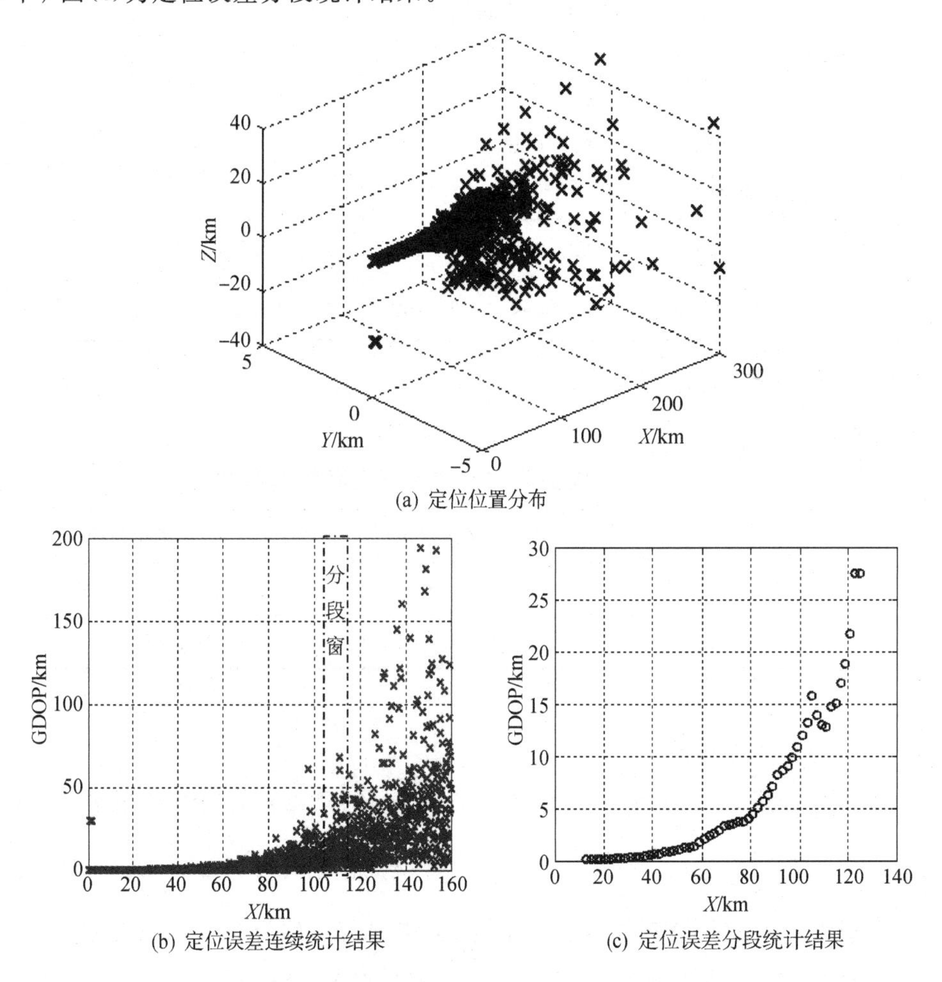

图 10－20　定位误差及其统计仿真结果

理论分析和仿真统计表明，随距离增大侦察信噪比逐渐降低，时差测量误差逐渐增大，当相关处理信噪比小于 13 dB 时，不能满足目标检测需要，因此不能正常进行时差测量。另一方面，时差定位的条件是时间测量误差要小于两基站路径差，否则不能定位；时差测量误差近似服从正态分布，随着侦察距离的增大，时差测量误差序列随机起伏增大，无法定位的情况增多。因此综合考虑，通常不统计信噪比较小的距离远端测量数据，以提高统计段误差方差的稳定性。本节定位误差统计的最远距离为 125 km，对应相关处理信噪比约为 17 dB。

2. 解析法参数求解

例如获取机载辐射源航线上任意两点 C 和 D 的坐标分别为(60 km，0，0)，(110 km，0，0)，可以计算得到 C 和 D 点对应的参数 $\mathrm{GDOP_e}$、g、q，对连续定位误差结果 GDOP 进行分段统计，然后用 3 次曲线拟合得到定位误差曲线的估计，从而得到 C、D 点定位误差，然后计算得到参数 f。当然也可以直接先获取参数 f，然后对参数 f 进行曲线拟合，求解 f_C 和 f_D。由此得到相关参数如表 10 - 5 所示。

表 10 - 5 解析法估计参数

	$\mathrm{GDOP_e}$	GDOP	$\hat{\sigma}_m=\sqrt{f}$	f	g	q
数据属性	计算结果	测量统计结果	计算/测量统计结果	计算/测量统计结果	计算结果	计算结果
C 点	281.65	1.8589e+003	22.00ns	4.8401e−016	7.4200e+009	1.3764e+019
D 点	913.96	1.4274e+004	52.06ns	2.7102e−015	2.4420e+010	1.4908e+020

按照解析法可以解得 K_0 和 $\sigma_{Pt}^2+\sigma_c^2$ 的估计值，解析法参数估计结果与实际仿真参数对比如表 10 - 6 所示。可见解析法可以估计出定位参数。

表 10 - 6 解析法参数估计结果与实际仿真参数对比

	仿真参数值	实际测量值
K_0	4.0673e+013	4.0938e+013
$\sigma_{Pt}^2+\sigma_c^2$	2.0000e−016	1.8807e−016

3. 最小二乘法参数求解

对航线全程分段统计得到 M 个位置的参数 f_m 的测量值，利用已知参数可以得到 $x_m=\dfrac{g_m}{2B^2}$，$y_m=T_c f_s\dfrac{q_m}{(2B^2)}$。按照最小二乘法可得到待估计参数 $\sigma_{Pt}^2+\sigma_c^2$ 和 K_0，最小二乘法参数估计结果与实际仿真参数对比如表 10 - 7 所示。综合时间测量误差最小二乘法参数估计曲线如图 10 - 21 所示，其中综合时间测量误差 $\sigma_m=\sqrt{f}$。可见最小二乘法可以估计出定位参数。实际中最小二乘法必须进行分段统计平均，相当于平滑处理，否则误差很大。

表 10－7　最小二乘法参数估计结果与实际仿真参数估计对比

	仿真参数值	参数估计值
K_0	4.0673e+013	3.7907e+013
$\sigma_{Pt}^2+\sigma_c^2$	1.9994e−016	1.4292e−016

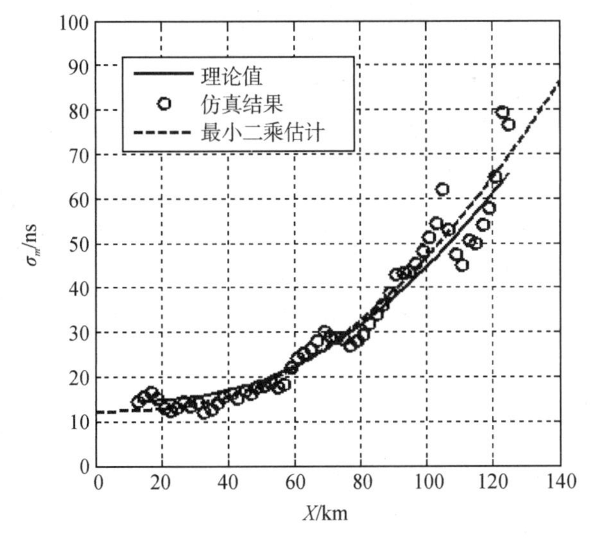

图 10－21　综合时间测量误差最小二乘法参数估计曲线

10.3.5　基于时差定位参数估计的多站时差定位精度

由 $\sigma_{Pt}^2+\sigma_c^2$ 和 K_0 参数估计，可以得到同布站条件下 $H=10$ km 平面的理论时差定位 GDOP 和最小二乘法 GDOP 估计对比，如图 10－22 所示，其中，图(a)为理论时差定位 GDOP；图(b)为最小二乘法 GDOP 估计。可见两者重合性很好，证明了该方法的有效性。

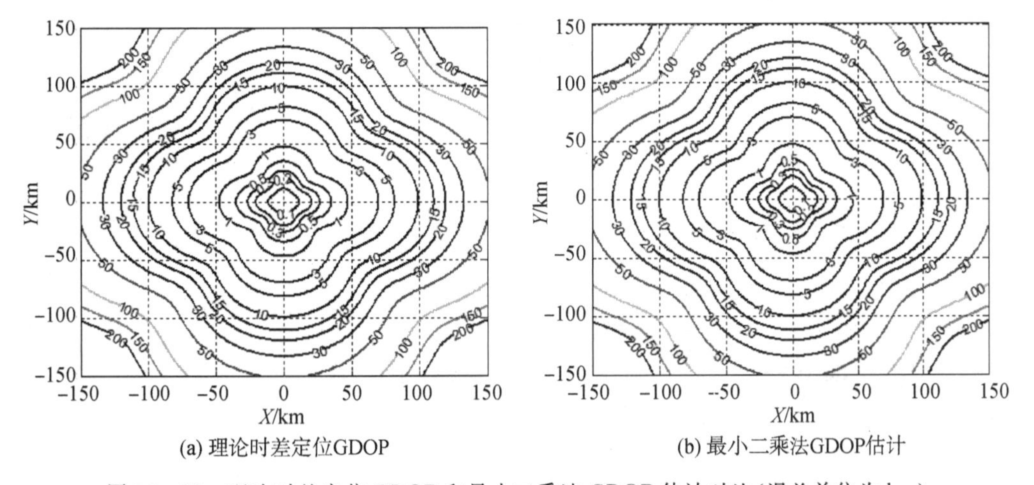

(a) 理论时差定位GDOP　(b) 最小二乘法GDOP估计

图 10－22　理论时差定位 GDOP 和最小二乘法 GDOP 估计对比(误差单位为 km)

常规方法认为 f 为常数，即全程时差测量为常数，认为 $f=\sigma_{\mathrm{Pt}}^2+\sigma_{\mathrm{c}}^2+\sigma_{\mathrm{t1}}^2$，$\hat{f}=\mathrm{mean}(f)$。利用定位误差仿真试验结果，可以得到 $\hat{f}=1.3086\times10^{-15}$，进一步可以得到固定时差定位误差情况下多站时差定位性能。固定综合时间测量误差情况下的 GDOP 如图 10-23 所示，可见理想固定系数模型得到的多站时差定位性能 GDOP 偏离了理论定位误差曲线，存在系统误差。

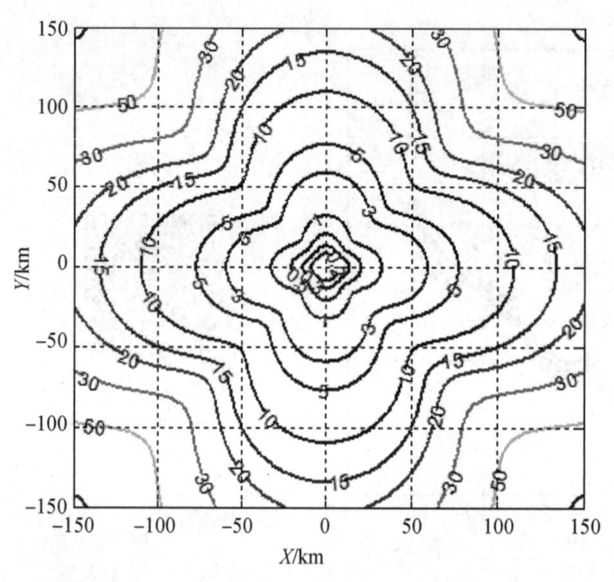

图 10-23　固定综合时间测量误差情况下的 GDOP(误差单位为 km)

以本节仿真航线为参考，对定位误差理论值、理想固定系数模型、SNR 时差测量误差模型三者的定位误差进行对比，仿真得到不同时差测量误差模型对定位误差的影响如图 10-24 所示。可见实际综合时间测量误差变化情况下，SNR 时差测量误差模型和理论值非常接近，而理想固定系数模型与实际理论值相差很大，这体现了用本书时差定位性能试验评估模型进行定位性能研究的必要性。

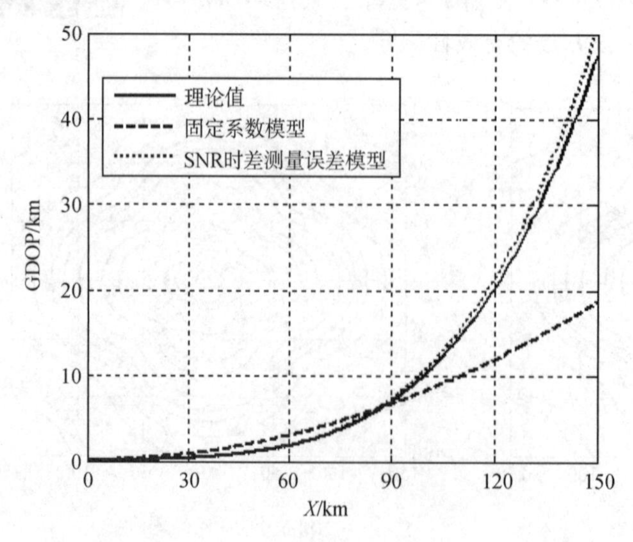

图 10-24　不同时差测量误差模型对定位误差的影响

10.4 时差定位辐射源替代等效推算模型和推算实例

由于受侦察站和辐射源天线动态扫描、两者之间的距离、辐射源发射信号样式和功率资源调度等因素的影响，侦察信号强度为时变量，侦察信号强度的变化导致时差测量精度是动态变化的。我们综合考虑辐射源侦察的统计特性，建立了辐射源综合系统参数的替代等效推算模型。由此建立了完善的时差定位精度替代等效推算试验评估理论，即根据单条试验航线或固定位置的时差定位数据推算 ITME 参数，进而获取任意基站构型、任意辐射源参数和任意辐射源位置的定位精度。

10.4.1 辐射源替代定位精度推算方法

辐射源系统参数和各定位侦察接收机系统参数确定后，统计意义上 K_0 为常数。另外由于多站时差定位各主副站间距一般比较小，而侦察天线波束比较宽，在远距离各站的参数 K_i 基本相同，如式(3-77)所示。替代试验辐射源和期望试验辐射源的工作频率相同，替代试验辐射源和期望试验辐射源对应的综合系统参数为

$$K_{0\text{Subs}}=E\left(\frac{P_{\text{tSubs}}G_{\text{tSubs}}(\phi_i)G_i(\theta_i)\lambda^2}{(4\pi)^2L_{ir}L_{\text{tSubs}}\sigma_i^2}f_{\text{PRFSubs}}T_{\text{c}}T_{\text{rSubs}}f_{\text{s}}\right) \tag{10-73}$$

$$K_{0\text{Expe}}=E\left(\frac{P_{\text{tExpe}}G_{\text{tExpe}}(\phi_i)G_i(\theta_i)\lambda^2}{(4\pi)^2L_{ir}L_{\text{tExpe}}\sigma_i^2}f_{\text{PRFExpe}}T_{\text{c}}T_{\text{rExpe}}f_{\text{s}}\right) \tag{10-74}$$

得到期望试验目标的综合系统参数为

$$K_{0\text{Expe}}=K_{0\text{Subs}}\frac{P_{\text{tExpe}}L_{\text{tSubs}}f_{\text{PRFExpe}}T_{\text{rExpe}}}{P_{\text{tSubs}}L_{\text{tExpe}}f_{\text{PRFSubs}}T_{\text{rSubs}}}E\left(\frac{G_{\text{tExpe}}(\phi_i)}{G_{\text{tSubs}}(\phi_i)}\right) \tag{10-75}$$

式中：$E\left(\frac{G_{\text{tExpe}}(\phi_i)}{G_{\text{tSubs}}(\phi_i)}\right)$为统计结果。

替代试验目标参数：$K_{0\text{Subs}}$ 为综合系统参数，P_{tSubs} 为发射峰值功率，L_{tSubs} 为发射损耗，f_{PRFSubs} 为重复频率，T_{rSubs} 为脉冲宽度，$G_{\text{tSubs}}(\phi_i)$为发射天线增益。

期望试验目标参数：$K_{0\text{Expe}}$ 为综合系统参数，P_{tExpe} 为发射峰值功率，L_{tExpe} 为发射损耗，f_{PRFExpe} 为重复频率，T_{rExpe} 为脉冲宽度，$G_{\text{tExpe}}(\phi_i)$为发射天线增益。

由外场试验估计数值 K_0(用 $K_{0\text{Subs}}$ 表示)，可以得到作战对象辐射源的综合系统参数 $K_{0\text{Expe}}$，同时利用 $\sigma_0^2+\sigma_{\text{Pt}}^2$，可以得到任意布站和任意辐射源位置的定位精度。

10.4.2 五站时差定位外场试验和等效推算实例

1. 五站时差定位试验结果数据

时差定位系统外场试验分为静态试验和动态试验。静态试验是指试验过程中定位基站和陪试装备相对位置固定，动态试验是指试验过程中定位基站和陪试装备相对位置随时间变化。

本次试验采用外场静态试验检验多站时差定位系统对多个辐射源的定位能力，采用相同型号的两部辐射源模拟器作为陪试装备，为定位系统提供定位目标，辐射源模拟器的信

号参数和理想陪试辐射源(某机载辐射源)相同。

外场布站要保证辐射源与定位基站相互通视，基站和辐射源 A 和 B 位置经过差分 GPS 标定，因此站址误差近似为 0。以主站为中心建立雷达站坐标系，根据 GPS 位置数据得到各站在坐标系中的位置，基站和辐射源坐标如表 10－8 所示。五站时差定位系统布站和试验结果如图 10－25 所示。

表 10－8　基站和辐射源坐标

序号	点位名称	X/m	Y/m	Z/m
1	0 号基站(主站)	0	0	0
2	1 号基站	－227.8802	110.9479	1.0460
3	2 号基站	－109.3823	122.0402	－0.2881
4	3 号基站	－63.8085	－188.6063	0.6539
5	4 号基站	－191.4261	－210.7936	0.0926
6	辐射源 A	－902.4343	－177.4673	1.3778
7	辐射源 B	－619.8478	－88.7349	1.7453

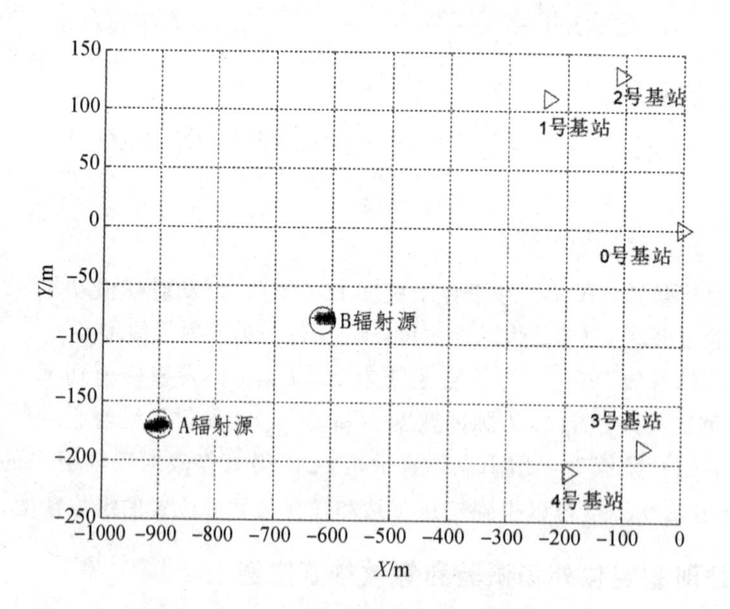

图 10－25　五站时差定位系统布站和试验结果

2. 相同场景和辐射源条件下的五站时差定位精度 GDOP

以本次外场试验结果为基础进行定位误差的数据处理和等效推算。采用多站时差定位系统的两点解析法进行参数估计，得到辐射源任意位置的定位精度 GDOP，相同场景和辐射源条件下的五站时差定位精度 GDOP 如图 10－26 所示。

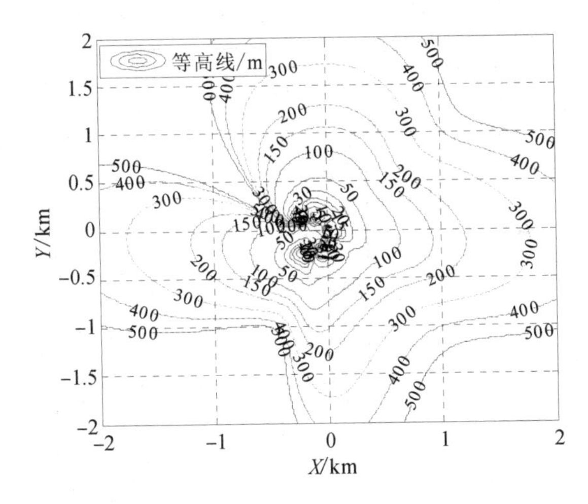

图 10-26　相同场景和辐射源条件下的五站时差定位精度 GDOP

3. 场景和辐射源替代等效推算

在定位辐射源和时差定位系统构型均改变的情况下，需要采用场景和辐射源替代等效推算方法评估五站时差定位精度 GDOP，即利用固定场景和固定辐射源参数的定位试验结果，推算出任意构型和任意辐射源参数的时差定位精度。

试验用陪试辐射源天线为宽波束，波束指向定位基站方向，等效辐射功率为 27 dBm，即 −3 dBW。某机载辐射源功率为 1000 W，飞行高度为 5000 m，辐射源副瓣增益取 −3 dB，在定位基站方向上的等效辐射功率为 27 dBW，按照式(10-75)可以得到 $K_{0\mathrm{Expe}}=1000K_{0\mathrm{Subs}}$。

时差定位系统按照五站定位，基站和辐射源坐标如表 10-9 所示。

表 10-9　基站和辐射源坐标

序号	点位名称	X/km	Y/km	Z/km
1	0 号基站(主站)	0	0	0
2	1 号基站	0	2.5	0
3	2 号基站	−2.5	0	0
4	3 号基站	0	−2.5	0
5	4 号基站	2.5	0	0

利用外场获取的试验数据，推算出在该构型情况下，对某机载辐射源的时差定位精度。五站时差定位系统对某机载辐射源的五站时差定位误差 GDOP 的推算结果如图 10-27 所示。其中，图(a)为五站时差定位系统基站位置；图(b)为定位误差 GDOP；图(c)为切向定位误差 GDOP；图(d)为径向定位误差 GDOP。可见定位误差包括切向定位误差和径向定位误差，切向定位误差远小于径向定位误差，即时差定位系统的角度测量精度较高。

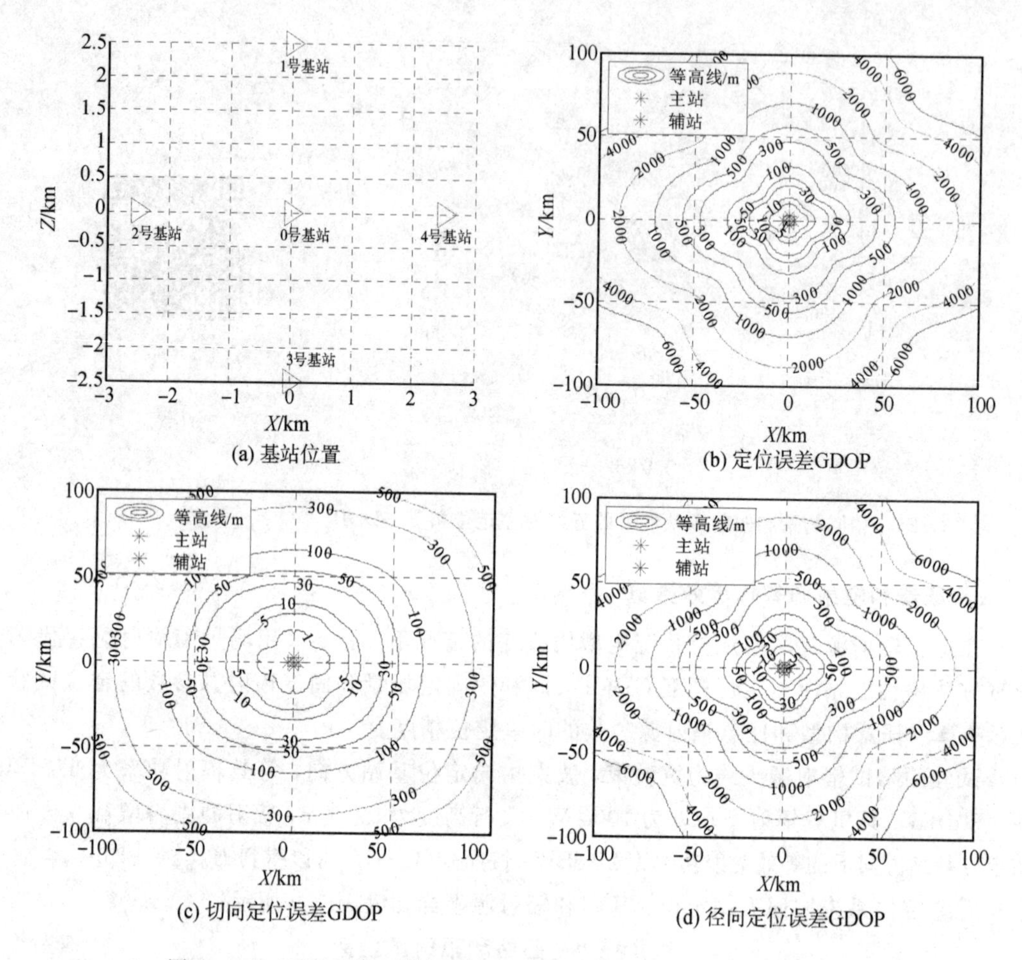

(a) 基站位置　(b) 定位误差GDOP

(c) 切向定位误差GDOP　(d) 径向定位误差GDOP

图 10-27　对某机载辐射源的五站时差定位误差 GDOP 的推算结果

参考文献

[1] 孙仲康. 单站无源定位跟踪技术[M]. 北京：国防工业出版社，2008.

[2] 胡来招. 无源定位[M]. 北京：国防工业出版社，2004.

[3] 尹成友. GJB 6520—2008 战场电磁环境分类与分级方法[S]. 中国人民解放军总装备部，2008.

[4] 王汝群. 战场电磁环境[M]. 北京：解放军出版社，2006.

[5] 孙仲康，周一宇，何黎星. 单多基地有源无源定位技术[M]. 北京：国防工业出版社，1996 .

[6] 王国玉，汪连栋，王国良，等. 雷达电子战系统数学仿真与评估[M]. 北京：国防工业出版社，2004.

[7] 王国玉，肖顺平，汪连栋. 电子系统建模仿真与评估[M]. 长沙：国防科技大学出版社，1999.

[8] 王国玉，汪连栋，阮祥新，等. 雷达对抗试验替代等效推算原理与方法[M]. 北京：国防工业出版社，2002.

[9] 张岳彤，陈柯帆、张焕梅，等. 数据链理论与系数[M]. 北京：电子工业出版社，2021.

[10] 王雪松，肖顺平，冯德军，等. 现代雷达电子战系统建模与仿真[M]. 北京：电子工业出版社，2010.

[11] LEE WILLIAM C. Y，LEE DAVID J. Y. 综合无线传播模型[M]. 刘青格，译. 北京：电子工业出版社，2015.

[12] POISEL RICHARD A. 电子战目标定位方法[M]. 屈晓旭，罗勇，译. 北京：电子工业出版社，2008.

[13] 王立宁，乐光新，詹菲. MATLAB 与通信仿真[M]. 北京：人民邮电出版社，2000.

[14] 包国忱，赵秀英. 电子装备试验数据处理[M]. 北京：国防工业出版社，2002.

[15] 陈伯孝. 现代雷达系统分析与设计[M]. 西安：西安电子科技大学出版社，2012.

[16] 沈国强. 雷达信号分选理论研究[M]. 北京：科学出版社，2010.

[17] 张永顺，童宁宁，赵国庆. 雷达电子战原理[M]. 北京：国防工业出版社，2007.

[18] 胡来招. 雷达侦察接收机设计[M]. 北京：国防工业出版社，2000.

[19] 王宏禹. 随机数字信号处理[M]. 北京：科学出版社，1988.

[20] 查光明，熊贤祚. 扩频通信[M]. 西安：西安电子科技大学出版社，2001.

[21] 黄河. 多站时差定位系统试验方法研究与应用[D]. 长沙：国防科学技术大学，2010.

[22] 江翔. 无源时差定位技术及应用研究[D]. 成都：电子科技大学，2008.

[23] 刘刚. 分布式多站无源时差定位系统研究[D]. 西安：西安电子科技大学，2006.

[24] 赵育才. 无线电波传播预测与干扰分析研究及实现[D]. 长沙：国防科学技术大学，2009.

[25] 陈锡明. 智能化雷达辐射源型号识别及其实现[J]. 系统工程与电子技术，2001，23(7)：1-3.

[26] 王文华，王宏禹. 分段平稳随机过程的参数估计方法[J]. 电子科学学刊，1997，19(3)：311-317.

[27] 李文臣，张政超，李宏，等. 多站时差定位性能试验评估技术[J]. 系统工程理论与实践，2015，35(2)：506-512.

[28] 李文臣，张政超，陆静. 基于最小二乘三站时差定位性能试验评估方法[J]. 电子信息靶场，2016，26(1)：5-10.

[29] 李文臣. 基于多通道矢量信号源的时差定位系统性能测试[J]. 现代雷达，2015，37(10)：21-24.

[30] 李文臣，李宏，李文学，等. 组网雷达干扰压制距离试验评估方法[J]. 太赫兹科学与电子信息学报，2020，18(3)：385-390.

[31] NI T, LI W C, JU J X, et al. Research on positioning accuracy of five-station time difference positioning algorithms[C]. International Conference on Intelligent Transportation, Big Data & Smart City (ICITBS 2021), Xi'an, China, 2021, 728-731.

[32] 田达，王根弟，卢鑫. 雷达信号时差频差定位关键技术研究[J]. 航天电子对抗，2011，27(1)：45-49.

[33] 俞志强. 四站时差定位精度分析[J]. 空军雷达学院学报，2010，24(6)：400-402.

[34] 孟建，胡来招. 用于信号处理的重复周期变换[J]. 电子对抗技术，1998，13(1)：1-7.

[35] 沈爱国，姜秋喜. 无源定位精度分析[J]. 舰船电子对抗，2007，30(4)：19-21.

[36] 谢恺，钟丹星，邓新蒲，等. 一种空间时差定位的新算法[J]. 信号处理，2006，22(2)：129-135.

[37] 李晖. 编队飞行分布式观测站群三维定位系统分析[D]. 哈尔滨：哈尔滨工业大学，2002.

[38] 张正明，杨绍全. 平面时差定位精度分析[J]. 西安电子科技大学学报，2000，27(1)：13-16.

[39] 杨政. 提高时差定位精度的方法[J]. 电子信息对抗技术，2007，22(4)：9-11.

[40] 郭福成，李宗华，孙仲康. 无源定位跟踪中修正协方差扩展卡尔曼滤波算法[J]. 电子与信息学报. 2004，26(6)：917-922.

[41] 尼涛，李文臣. 多站时差导航定位系统中测量误差建模与分析[J]. 电子世界，2021，(19)：59-62.

[42] 易云清，徐汉林，沈阳. 时差定位模型与定位精度分析[J]. 电子信息对抗技术，2010，25(3)：16-20.

[43] 朱伟强，黄培康，马琴，等. 多站时差频差高精度定位技术[J]. 数据采集与处理，

2010，25(3)：307－312.
[44] 冯富强，张海彦，陈永光．基于实验数据的时差定位系统定位精度推算[J]．现代雷达，2005，27(12)：11－14.
[45] 陈慧，潘继飞．基于信号互相关的无源时差定位技术仿真分析[J]．电子信息对抗技术，2010，25(2)：49－54.
[46] 王本才，何友，王国宏，等．多站无源定位最佳配置分析[J]．中国科学：信息科学，2011，41(10)：1251－1267.
[47] 高海舰，李陟．多站组网时差测量定位精度算法研究[J]．系统工程与电子技术，2005，27(4)：578－581.
[48] 朱伟强，黄培康，张朝．利用互模糊函数联合估计的双星高精度定位技术[J]．系统工程与电子技术，2006，28(9)：1294－1298.
[49] 卢鑫，郑同良，朱伟强．雷达信号相参脉冲串频测量方法研究[J]．航天电子对抗，2009，25(6)：30－32.
[50] 李文臣，张政超，陆静，等．电磁环境复杂度等级评估模型[J]．中国电子科学研究院学报，2012，7(4)：427－431.
[51] 李文臣，李青山，周颖．复杂电磁环境下雷达对抗仿真系统[J]．靶场试验与管理，2010(4)：39－43.
[52] 王伦文，孙伟，潘高峰．一种电磁环境复杂度快速评估方法[J]．电子与信息学报，2010，32(12)：2942－2947.
[53] 陈行勇，张殿宗，王祎，等．面向对象的战场电磁环境复杂度评估[J]．电子信息对抗技术，2010，25(2)：74－78.
[54] 李文臣，李青山，马飞．相位和差单脉冲相控阵天线方向图仿真与性能分析[J]．中国电子科学研究院学报，2011，6(4)：336－339.
[55] 李文臣，黄烽，杨会民，等．雷达噪声干扰和多假目标干扰效能分析[J]．中国电子科学研究院学报，2013，8(4)：403－406.
[56] 张政超，李文臣．对空情报雷达探测威力试验飞行设计[J]．舰船电子工程，2012，32(1)：103－104.
[57] 张政超，李文臣．有源无源一体模式下目标定位及其精度分析[J]．电讯技术，2012，52(11)：1758－1762.
[58] 王凌艳，李文臣．四站时差定位算法定位精度研究[J]．电子对抗，2013(6)：15－19.
[59] 王凌艳，李文臣，林秋杰．五站时差定位算法定位精度研究[J]．电子信息靶场，2013，23(3)：19－22.
[60] 张政超，李文臣，袁翔宇．基于相位差变化率单站无源定位及其试验方法研究[J]．中国电子科学研究院学报，2015，10(6)：636－640.
[61] 李文臣，刘付兵，袁翔宇，等．地基相控阵雷达的天线扫描空间分析[J]．雷达科学与技术，2004，2(5)：309－314.
[62] 张政超，李文臣．时差无源定位精度分析及其等效推算试验方法研究[J]．中国电子

科学研究院学报，2013，8(02)：196－200.
[63] 徐裴为，李宏，袁翔宇. 诱偏信号对时差定位精度的影响分析[J]. 飞行器测控学报. 2016，35(1)：33－40.
[64] 任凯强，孙正波. 存在参考站位置误差的三星时差定位算法[J]. 计算机仿真，2019，36(9)：62－65.
[65] 王领，申晓红，康玉柱，等. 水声传感器网络信号到达时间差目标定位的最小二乘法估计性能[J]. 兵工学报，2020，41(3)：542－551.
[66] 吴龙文，王宝莹，魏俊杰，等. 基于AOA的双机无源定位模型及其解算方法[J]. 系统工程与电子技术，2020，42(5)：978－986.
[67] 秦兆涛，王俊，魏少明，等. 基于目标高度先验信息的多站时差无源定位方法[J]. 电子与信息学报，2018，40(9)：2219－2226.
[68] 孙晋，祝俏妮. 三站时差定位下的目标时差与高度关系研究[J]. 信息技术，2019，(9)：16－19.
[69] 朱新权，俞志强，蒋晓宇，等. 时差定位无源雷达探测威力量化分析研究[J]. 雷达科学与技术，2015，13(1)：55－59.
[70] 任文娟，胡东辉，丁赤飚. 三星时差定位系统的多时差联合定位方法[J]. 雷达学报，2012，1(3)：262－269.
[71] 李文臣，王雪松，李盾，等. 基于Radon模糊图变换的数字采样信号快速调频参数估计[J]. 信号处理，2009，25(5)：687－691.
[72] 李文臣，王雪松，刘佳琪，等. 线性调频参数估计方法的数学统一[J]. 信号处理，2009，25(8)：1292－1297.
[73] 李文臣，王雪松，王国玉. 谐波法复杂周期信号周期测量[J]. 数据采集与处理，2009，24(6)：772－776.
[74] LIU Z X, WANG R, ZHAO Y J. Computationally efficient TDOA and FDOA estimation algorithm in passive emitter localisation[J]. IET Radar, Sonar and Navigation, 2019, 13(10): 1731－1740.
[75] LI W C, ZHANG T, LI F, et al. Location performance test and evaluation for tri-station time difference of arrival system[J]. Journal of Communications Technology and Electronics, 2021, 66(Suppl 2): S175－S184.
[76] 李文臣，李宏，陆静，等. 一种三站时差定位性能试验评估方法：ZL201410380137.4[P]. 2018－03－09.
[77] 李文臣，李宏，雷刚，等. 多站时差定位性能试验评估方法：ZL201318001046.1[P]. 2013－03－13.
[78] 李文臣，尼涛，潘春辉. 时差定位数字仿真系统软件[P]. 软著证书号：软著登字第7938848号，登记号2021SR1216222，2021－08－17.